"十三五"普通高等教育本科规划教材

高分子材料
分析测试与研究方法

陈厚 主编　郭磊 李桂英 副主编　曲荣君 审

（第二版）

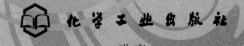

·北京·

本书介绍了高分子材料研究中最常用的测试分析技术，涵盖结构鉴定方法、分子量研究方法、形态与形貌表征方法、热分析方法等，还包括高分子材料性能研究方法，如流变性能研究方法、力学性能测试方法、吸附性能研究方法等。本书在介绍每种具体分析方法时重点突出针对高分子材料的分析原理以及制样技术，同时在高分子材料研究实例部分紧扣分析方法的原理。在尽量避免繁琐的数学推导公式的基础上注意引入各种方法在高分子材料分析应用中的最新进展。

本书可作为高分子材料相关学科的本科生及研究生教材，也可以作为从事高分子材料研究与分析测试的工程技术人员的参考书。

图书在版编目（CIP）数据

高分子材料分析测试与研究方法/陈厚主编. —2版.
北京：化学工业出版社，2018.3（2025.1重印）
"十三五"普通高等教育本科规划教材
ISBN 978-7-122-31422-2

Ⅰ.①高… Ⅱ.①陈… Ⅲ.①高分子材料-化学分析-高等学校-教材②高分子材料-性能试验-高等学校-教材③高分子材料-研究方法-高等学校-教材 Ⅳ.①TB324

中国版本图书馆CIP数据核字（2018）第013609号

责任编辑：王 婧 杨 菁　　　　　　装帧设计：张 辉
责任校对：边 涛

出版发行：化学工业出版社（北京市东城区青年湖南街13号 邮政编码100011）
印　　装：三河市双峰印刷装订有限公司
787mm×1092mm 1/16 印张14¾ 字数387千字 2025年1月北京第2版第9次印刷

购书咨询：010-64518888　　　　　　售后服务：010-64518899
网　　址：http://www.cip.com.cn
凡购买本书，如有缺损质量问题，本社销售中心负责调换。

定　价：49.00元　　　　　　　　　　　　　　　　　　版权所有　违者必究

前 言

随着工程教育专业认证在我国的深入推进，工程实践能力的培养被越来越多的高校重视。工程教育专业认证通用标准中明确指出培养的学生应能够针对复杂工程问题，开发、选择与使用恰当的技术、资源、现代工程工具和信息技术工具，预测与模拟复杂工程问题，并能够理解其局限性。《高分子材料分析测试与研究方法》课程在高分子材料相关专业实践能力培养方面起到重要作用。

本教材自2011年出版以来，先后4次印刷。为充分发挥培养高素质、工程应用型人才的作用，特此修订。在本次修订过程中，我们在保证系统地反映本课程内容的同时，力求语言简练、内容通俗易懂，避免因文字、图例等不够准确的情况影响质量。

本次主要修订内容有：

1. 删除了原教材中部分过时的应用案例，对各种分析测试与研究方法中样品制备的标准进行了更新，使教材保持新颖性。

2. 修订了原教材中不规范的文字，更正了图例中的错误以及教材中部分结构内容不合理的地方。

《高分子材料分析测试与研究方法》作为高分子材料相关专业的主要教材，我们既是教材的编写者，也是教材的使用者。通过对教材的反复使用，不断发现教材中的不足并改进和完善，力求使之更加符合工程教育培养目标的要求，同时更加具有可操作性和实用性。

由于修订时间有限，可能还存在暂未发现的瑕疵，欢迎各位同行、读者批评指正。

编者

2018 年 1 月

第一版前言

从19世纪开始，人类开始使用改性过的天然高分子材料。进入20世纪之后，高分子材料进入了大发展阶段。首先是在1907年，Leo Bakeland发明了酚醛塑料；1920年Hermann Staudinger提出了高分子的概念并且创造了Makromoleküle这个词。此后，聚氯乙烯、聚苯乙烯、尼龙开始大规模生产并被广泛使用。现代工程技术的发展对高分子材料提出了更高的要求，推动了高分子材料向高性能化、功能化和生物化方向发展。高分子材料的发展离不开分析测试技术的建立与发展。高分子材料分析测试与研究方法已经成为高分子材料设计、生产与应用中各个环节不可或缺的手段；无论是在高分子结构鉴定、分子量研究、高分子材料形态与形貌表征、热分析等领域，还是在高分子材料性能如流变性能、力学性能、吸附性能等研究领域，都发挥着越来越重要的作用。高分子材料分析测试技术种类很多，而且还在不断发展，本书尽量囊括了高分子材料研究中最常用的测试分析技术，并且在编排时突出了高分子材料分析方法的新颖性。本书既介绍了高分子材料研究中最常用的测试分析技术，涵盖结构鉴定方法、分子量研究方法、高分子材料形态与形貌表征方法、热分析方法等，还包括高分子材料性能研究方法，如流变性能研究方法、力学性能测试方法、吸附性能研究方法等。在对这些分析方法的基本原理、仪器构成及实验技术进行简明阐述的基础上，重点突出针对高分子材料研究的分析原理以及制样技术等。通过典型实例及结果分析，着重介绍上述各种测试分析技术在高分子研究中的应用。

本书内容的安排与编写力图实现以下目的：使学生熟悉高分子材料分析及测试方法，掌握各种方法的基本原理，了解各种分析方法在高分子材料科学与工程领域中的应用，学会正确使用各种分析方法为高分子材料设计、制备及应用服务。通过对本书的学习，使学生能够根据研究需要，选择适宜的分析测试方法，并能设定实验方案，运用所学基本理论对实验结果进行分析。

本书分为7章：第1章结构鉴定，由邢国秀、柳全文、郭磊、蒙延峰和李桂英编写；第2章分子量与分子量分布的测定，由李桂英和陈厚编写；第3章形态与形貌表征，由张盈、杨正龙、孙昌梅和陈厚编写；第4章热分析技术，由张锦峰和蒙延峰编写；第5章流变性研究，由马松梅和李桂英编写；第6章力学性能测定，由郭磊编写；第7章吸附性能测定，由郭磊编写。全书由陈厚和郭磊修改和统稿，最后由曲荣君审核。

本书在编写过程中，得到了山东省高等学校教学改革研究项目（2009330）、鲁东大学学科发展基金的资助。本书在出版过程中参考了国内外相关书刊，在此深表感谢。

本书可作为高等学校高分子材料相关专业的本科生和研究生的教学用书，也可供从事高分子材料生产和研究的科技人员参考。

《高分子材料分析测试与研究方法》内容涉及面广、信息量大，限于编者水平，疏漏和不妥之处难免，敬请读者批评指正。

编者

2010年10月

目 录

第1章 结构鉴定 …………………………… 1
1.1 傅里叶红外光谱 ………………………… 1
  1.1.1 红外光谱基本原理 ………………… 1
  1.1.2 频率位移的影响因素 ……………… 8
  1.1.3 红外吸收光谱仪及实验技术 ……… 9
  1.1.4 常见高分子化合物的红外光谱 …… 12
  1.1.5 红外吸收光谱在高分子材料分析中的应用 ………………………… 12
1.2 激光拉曼散射光谱 …………………… 19
  1.2.1 拉曼光谱基本原理 ……………… 19
  1.2.2 激光拉曼光谱仪 ………………… 20
  1.2.3 拉曼光谱与红外吸收光谱的异同 …………………………… 20
  1.2.4 激光拉曼散射光谱的特征 ……… 21
  1.2.5 常见高分子化合物的激光拉曼散射光谱 ………………………… 25
  1.2.6 激光拉曼散射光谱在高分子材料分析中的应用 ………………… 25
1.3 紫外光谱 ……………………………… 28
  1.3.1 紫外光谱基本原理 ……………… 29
  1.3.2 分子轨道和电子跃迁 …………… 30
  1.3.3 影响紫外光谱的一些因素 ……… 32
  1.3.4 紫外-可见分光光度计 …………… 38
  1.3.5 紫外吸收光谱在高分子材料研究中的应用 …………………… 44
1.4 荧光光谱 ……………………………… 46
  1.4.1 荧光光谱基本原理与方法 ……… 47
  1.4.2 分子荧光光谱仪 ………………… 49
  1.4.3 分子荧光光谱的定量分析 ……… 53
  1.4.4 影响荧光光谱强度的因素 ……… 54
  1.4.5 分子荧光光谱在高分子材料分析中的应用 …………………… 55
1.5 质谱法 ………………………………… 57
  1.5.1 质谱仪 …………………………… 57
  1.5.2 质谱图及其应用 ………………… 58
  1.5.3 有机化合物的断裂方式 ………… 60
  1.5.4 质谱法的应用 …………………… 61
1.6 气相色谱法 …………………………… 62
  1.6.1 气相色谱仪 ……………………… 62
  1.6.2 气相色谱分离原理 ……………… 63
  1.6.3 气相色谱固定相 ………………… 66
  1.6.4 气相色谱分离条件的选择 ……… 67
  1.6.5 定性分析 ………………………… 69
  1.6.6 定量分析 ………………………… 70
  1.6.7 毛细管气相色谱法 ……………… 72
  1.6.8 裂解气相色谱分析 ……………… 72
  1.6.9 气相色谱与质谱联用技术（GC/MS） …………………… 73
1.7 核磁共振波谱法 ……………………… 73
  1.7.1 核磁共振基本原理 ……………… 74
  1.7.2 核磁共振波谱仪 ………………… 76
  1.7.3 ^{1}H-核磁共振波谱 ……………… 77
  1.7.4 ^{13}C-核磁共振波谱 …………… 81
  1.7.5 核磁共振波谱法的应用 ………… 82
1.8 毛细管电泳 …………………………… 84
  1.8.1 毛细管电泳分类及特点 ………… 84
  1.8.2 毛细管电泳仪 …………………… 87
  1.8.3 毛细管凝胶电泳基本原理 ……… 87
  1.8.4 毛细管凝胶电泳在高分子材料分析中的应用 ………………… 88
1.9 X射线分析 …………………………… 89
  1.9.1 X射线概述 ……………………… 89
  1.9.2 X射线衍射分析 ………………… 90
  1.9.3 小角X射线散射 ………………… 97
1.10 X射线光电子能谱法 ………………… 99
  1.10.1 X射线光电子能谱的基本原理 … 100
  1.10.2 实验技术 ……………………… 101
  1.10.3 XPS在高分子研究中的应用 …… 102
参考文献 …………………………………… 104

第2章 分子量与分子量分布的测定 …… 106
2.1 聚合物分子量及分子量分布的表示 … 106
  2.1.1 分子量的统计意义 ……………… 106
  2.1.2 聚合物分子量分布的表示方法 … 107
  2.1.3 聚合物分子量与分子量分布的测定方法 …………………………… 107
2.2 数均分子量的测定 …………………… 108
  2.2.1 端基分析法 ……………………… 108
  2.2.2 沸点升高法和冰点降低法 ……… 109
  2.2.3 蒸气压下降法 …………………… 110
  2.2.4 膜渗透压法 ……………………… 110
2.3 光散射法测量重均分子量 …………… 112
  2.3.1 基本原理 ………………………… 112
  2.3.2 实验技术 ………………………… 115
2.4 黏度法测定聚合物的黏均分子量 …… 116

    2.4.1 黏度的定义 …………………… 116
    2.4.2 特性黏度与分子量的关系 …… 117
    2.4.3 特性黏度的测定 …………… 118
    2.4.4 聚电解质溶液的黏度 ……… 120
    2.4.5 支化高分子的黏度 ………… 120
  2.5 凝胶渗透色谱法测定聚合物分子量与
    分子量分布 …………………………… 120
    2.5.1 概述 ………………………… 120
    2.5.2 工作流程与原理 …………… 120
    2.5.3 GPC 的应用举例 …………… 122
  参考文献 …………………………………… 122
第3章 形态与形貌表征 ………………… 123
  3.1 扫描电子显微镜 …………………… 123
    3.1.1 扫描电子显微镜的结构与工作
        原理 ………………………… 124
    3.1.2 扫描电子显微镜高分子材料样品的
        制备方法 …………………… 125
    3.1.3 扫描电子显微镜在高分子材料研
        究中的应用 ………………… 125
    3.1.4 场发射扫描电子显微镜 …… 128
    3.1.5 低真空扫描电子显微镜与环境扫
        描电子显微镜 ……………… 128
  3.2 透射电子显微镜 …………………… 129
    3.2.1 透射电子显微镜的结构与工作
        原理 ………………………… 129
    3.2.2 透射电子显微镜高分子材料样品的
        制备方法 …………………… 131
    3.2.3 透射电子显微镜在高分子材料研究
        中的应用 …………………… 132
  3.3 扫描探针显微镜 …………………… 136
    3.3.1 扫描隧道显微镜 …………… 136
    3.3.2 原子力显微镜 ……………… 138
  3.4 偏光显微镜 ………………………… 146
    3.4.1 偏光显微镜的基本原理 …… 147
    3.4.2 偏光显微镜的制样方法 …… 148
    3.4.3 偏光显微镜的高分子材料研究中的
        应用 ………………………… 148
  3.5 比表面积及孔度分析 ……………… 152
    3.5.1 概述 ………………………… 152
    3.5.2 比表面积的测定 …………… 153
    3.5.3 孔径分布测定的原理 ……… 155
    3.5.4 ASAP2020 比表面及孔隙度分
        析仪 ………………………… 155
    3.5.5 测定实例 …………………… 156
  3.6 激光衍射粒度分析仪 ……………… 157
    3.6.1 基本原理 …………………… 158
    3.6.2 仪器结构与组成 …………… 159

    3.6.3 激光衍射粒度分析仪在高分子
        材料中的应用 ……………… 160
  参考文献 …………………………………… 161
第4章 热分析技术 ……………………… 163
  4.1 热重分析法 ………………………… 163
    4.1.1 热重分析原理 ……………… 164
    4.1.2 热重分析装置 ……………… 164
    4.1.3 影响热重分析的因素 ……… 165
    4.1.4 热重分析在高分子材料分析测试
        中的应用 …………………… 166
  4.2 差热分析法 ………………………… 168
    4.2.1 差热分析原理 ……………… 168
    4.2.2 差热分析装置 ……………… 169
    4.2.3 影响差热分析的因素 ……… 170
    4.2.4 差热分析在高分子材料分析测试
        中的应用 …………………… 171
  4.3 差示扫描量热法 …………………… 172
    4.3.1 差示扫描量热原理 ………… 172
    4.3.2 差示扫描量热装置 ………… 174
    4.3.3 差示扫描量热法在高分子材料分
        析测试中的应用 …………… 174
  4.4 热机械分析 ………………………… 176
    4.4.1 静态热机械分析法 ………… 176
    4.4.2 动态热机械分析 …………… 176
    4.4.3 热机械分析仪 ……………… 177
    4.4.4 热机械分析的应用 ………… 178
  参考文献 …………………………………… 179
第5章 流变性研究 ……………………… 180
  5.1 聚合物的流变性 …………………… 180
    5.1.1 聚合物流变行为的特性 …… 180
    5.1.2 聚合物黏性流动中奇异的弹性
        现象 ………………………… 181
    5.1.3 聚合物熔体的流动曲线 …… 182
    5.1.4 影响聚合物熔体剪切黏度的
        因素 ………………………… 183
    5.1.5 拉伸流动与拉伸黏度 ……… 185
  5.2 聚合物熔体切黏度的测定 ………… 186
    5.2.1 落球黏度计 ………………… 186
    5.2.2 毛细管流变仪 ……………… 187
    5.2.3 旋转黏度计 ………………… 189
    5.2.4 熔融指数仪与门尼黏度计 … 192
  参考文献 …………………………………… 195
第6章 力学性能测定 …………………… 196
  6.1 聚合物材料的拉伸性能 …………… 196
    6.1.1 应力-应变曲线 ……………… 196
    6.1.2 影响聚合物拉伸强度的因素 … 197
    6.1.3 电子拉力试验机 …………… 198

    6.1.4 拉伸实验的试样准备 ………… 199
    6.1.5 拉伸性能测试的数据处理 …… 199
    6.1.6 聚合物材料的拉伸性能测试 … 200
6.2 聚合物材料的冲击性能 ………… 200
    6.2.1 悬臂梁冲击试验机 …………… 201
    6.2.2 冲击实验的试样准备 ………… 201
    6.2.3 抗冲击性能测试的数据处理 … 202
    6.2.4 聚合物材料的冲击性能测试 … 203
6.3 聚合物材料的动态力学性能 …… 204
    6.3.1 高聚物的黏弹性 ……………… 204
    6.3.2 动态力学分析仪 ……………… 206
    6.3.3 聚合物材料的动态力学性能测试 … 206
6.4 纤维的拉伸性能 ………………… 207
    6.4.1 纤维细度及拉伸性能指标 …… 208
    6.4.2 常见纤维的拉伸曲线 ………… 209
    6.4.3 拉伸断裂机理及影响因素 …… 209
    6.4.4 纤维细度仪 …………………… 211
    6.4.5 纤维强伸度仪 ………………… 212
    6.4.6 纤维细度仪、强伸度仪在高分子
          纤维材料研究中的应用 ……… 213
参考文献 ………………………………… 214

第7章 吸附性能测定 ………………… 215

7.1 原子吸收光谱 …………………… 215
    7.1.1 原子吸收光谱的基本原理 …… 215
    7.1.2 原子吸收光谱仪 ……………… 216
    7.1.3 原子吸收光谱在高分子材料吸附
          性能研究中的应用 …………… 220
7.2 电感耦合等离子体发射光谱 …… 221
    7.2.1 电感耦合等离子体发射光谱的
          基本原理 ……………………… 221
    7.2.2 电感耦合等离子体发射光谱仪 … 221
    7.2.3 电感耦合等离子体发射光谱在
          高分子材料研究中的应用 …… 223
参考文献 ………………………………… 225

第1章 结构鉴定

高分子材料结构鉴定技术是将近代测试技术应用到高分子化学、物理、材料学等领域，为适应高分子材料科学发展需要而产生的技术。通过本章的学习，使学生掌握高分子材料结构鉴定技术的基本原理和基本知识，并掌握其在实践中的应用，为继续进行高分子材料科学学习奠定扎实的基础。近年来，高分子材料结构鉴定技术发展非常迅速，目前已成为高分子材料科研、技术开发和实际生产中各个环节必不可少的手段。本章选择了高分子结构鉴定研究中最常用的几种测试分析技术，包括傅里叶红外光谱法、激光拉曼光谱法、紫外光谱法、荧光光谱法、有机质谱法、气相色谱法、高效液相色谱法、核磁共振波谱法、毛细管电泳、X射线衍射法、X射线光电能谱仪等，对它们的基本原理、仪器的简单构成、样品的准备及相关实验技术等作了简明阐述，并通过一些典型实例及结果分析，着重介绍了各种结构鉴定分析技术在高分子研究中的应用。通过对这些分析技术的学习和应用，可以较容易地扩展到对其他分析技术的理解、学习和应用。

1.1 傅里叶红外光谱

红外光谱法（Infrared Spectrometry，IR）是利用物质分子对红外辐射的吸收，并由其振动或转动运动引起偶极矩的净变化，产生分子振动和转动能级从基态到激发态的跃迁，得到由分子振动能级和转动能级变化产生的振动-转动光谱，又称为红外光谱。红外光谱法是一种鉴别化合物和确定物质分子结构的常用分析手段。这种分析技术不仅可以对物质进行定性分析，还可对单一组分或混合物中各组分进行定量分析，尤其是在对于一些较难分离并在紫外、可见区找不到明显特征峰的样品，可以方便、迅速地完成定量分析。随着计算机的高速发展，时间分辨光谱和联用技术更有独到之处，红外与色谱联用可以进行多组分样品的分离和定性；与显微红外联用可进行微区和微量（10^{-12} g）样品的分析鉴定；与热失重联用可进行材料的热稳定性研究。这些新技术的应用为物质结构的研究提供了更多的方法，使红外光谱法广泛地应用于高分子化学及材料分析、有机化学、无机化学、化工、催化、石油、材料、生物、医药、环境等领域。

红外光谱法有以下特点：

① 有机化合物的红外光谱能提供丰富的结构信息，因此红外光谱是有机化合物结构解析的重要手段之一。

② 红外吸收谱带的位置、谱峰的数目及其强度，反映了分子结构的特点，通过官能团、顺反异构、取代基位置、氢键结合以及配合物的形成等结构信息可以推测未知物的分子结构。吸收谱带的吸收强度与分子组成或其化学基团的含量有关。

③ 在发生振动跃迁的同时，分子转动能级也发生改变，因而红外光谱形成的是带状光谱。

④ 红外光谱分析特征性强，气体、液体、固体样品都能测定，并具有样品用量少、分析速度快、不破坏样品的特点。

因此，红外光谱法不仅与其他许多分析方法一样，能进行定性和定量分析，而且是鉴定高分子化合物和测定其分子结构的有效方法之一。

1.1.1 红外光谱基本原理
1.1.1.1 基本原理

19世纪初，自然界红外光的存在通过实验被证实。20世纪初，人们进一步系统地了解了不同官能团具有不同红外吸收频率这一事实。1950年以后,出现了自动记录式红外分光光度计。随着计算机科学的进步,1970年以后出现了傅里叶变换型红外光谱仪,开始了物质结构分析的红外光谱时代。红外测定技术,如全反射红外、显微红外、光声光谱以及色谱-红外联用等也不断发展和完善,使红外光谱法得到了进一步的广泛应用。

为了熟练应用红外光谱进行高分子材料的分析,我们首先要了解红外光谱的基本原理,物质必须同时满足以下两个条件时才能产生红外吸收:

① 照射光的能量 $E=h\nu$ 等于两个振动能级间的能量差 ΔE 时,分子才能由低振动能级 E_1 跃迁到高振动能级 E_2,即 $\Delta E=E_2-E_1$,产生红外吸收光谱;

② 分子振动过程中能引起偶极矩变化的红外活性振动才能产生红外光谱。

也就是说,当一定频率的红外光照射分子时,如果分子中某个基团的振动频率和它一致,二者就会产生共振,此时光的能量通过分子偶极矩的变化而传递给分子,这个基团就吸收一定频率的红外光,产生振动跃迁。这可以用图1-1来说明。如果用连续改变频率的红外光照射某试样,由于试样对不同频率的红外光吸收的程度不同,使通过试样后的红外光在一些波数范围减弱了,在另一些波数范围内则仍较强,由仪器记录该试样的红外吸收光谱。

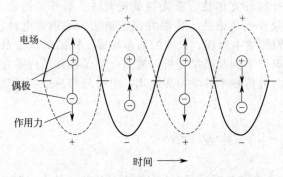

图1-1 偶极子在交变电场中的作用示意图

由此可见,对称性分子没有偶极矩,辐射不能引起共振,无红外活性,即不发生红外吸收,如 N_2、O_2、Cl_2 等。非对称性分子有偶极矩,辐射能引起共振、有红外活性,如图1-2所示。

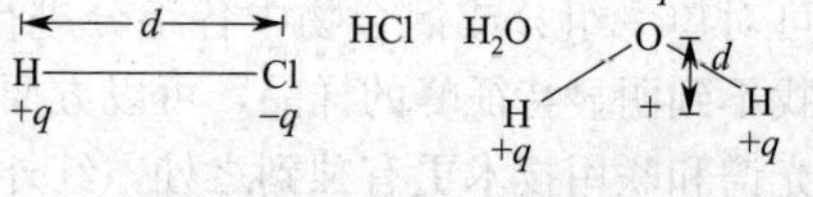

分子振动可以近似地看做是分子中的原子以平衡点为中心,以很小的振幅做周期性的振动。这种分子振动的模型可以用经典简谐振动的模型来模拟,如图1-3所示,把分子看成是一个弹簧连接两个小球,m_1 和 m_2 分别代表两个小球的质量,相当于分子中两个原子的质量,弹簧的长度就是分子化学键的长度,小球间弹簧的张力相当于分子的化学键。这个体系的振动频率取决于弹簧的强度和小球的质量,即化学键的强度和两个原子的相对原子质量。其振动是在连接两个小球的键轴方向发生的。

图1-2 HCl和H_2O的偶极距

用经典力学的方法可以得到如下的计算公式:

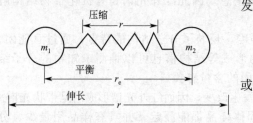

图1-3 双原子分子的简谐振动

$$\nu=\frac{1}{2\pi}\sqrt{\frac{k}{\mu}} \quad (1-1)$$

或

$$\sigma=\frac{1}{2\pi c}\sqrt{\frac{k}{\mu}} \quad (1-2)$$

式中,ν 为频率,Hz;σ 为波数,cm^{-1};k 为化学键的力常数,$N \cdot cm^{-1}$;c 为光速,其值为 $3\times10^8 m \cdot s^{-1}$;$\mu$ 为原子的折合质量:

$$\mu=\frac{m_1 \times m_2}{m_1+m_2} \quad (1-3)$$

式中,m_1、m_2 分别为相连两个原子的质量。

如果 m_1、m_2 分别代表相连两个原子的相对原子质量,则根据原子质量和相对原子质量的关系，代入阿伏伽德罗常数 N_A，并将 $1N=1\times10^5 g\cdot cm\cdot s^{-2}$ 代入，式(1-2)可简化为

$$\sigma=\frac{\sqrt{10^5 N_A}}{2\pi c}\sqrt{\frac{k}{\mu}}\approx 1302\sqrt{\frac{k}{\mu}} \tag{1-4}$$

一般来说，单键的 $k=4\sim 6 N\cdot cm^{-1}$；双键的 $k=8\sim 12 N\cdot cm^{-1}$；三键的 $k=12\sim 18 N\cdot cm^{-1}$。

【例 1-1】 C=C 键的力常数 $A=9.5\sim 9.9$，令其为 9.6，计算伸缩振动波数值。

解： 将 k 值及碳原子的原子质量代入振动方程式(1-2) 或式(1-4)中，

$$\sigma=\frac{1}{\lambda}=\frac{1}{2\pi c}\sqrt{\frac{k}{\mu}}=1302\sqrt{\frac{k}{\mu}}=1302\sqrt{\frac{9.6}{12/2}}=1647 cm^{-1}$$

故 C=C 键在 $1647 cm^{-1}$ 处出峰。正己烯中 C=C 键伸缩振动频率实测值为 $1652 cm^{-1}$。

简正振动的数目称为振动自由度，每个振动自由度相应于红外光谱图上一个基频吸收带。双原子分子振动只能发生在连接两个原子的直线上，并且只有一种振动方式，而多原子分子振动则有多种振动方式。每一个原子在空间都有 3 个自由度（原子在空间的位置可以用直角坐标系中的 3 个坐标表示），假设分子由 n 个原子组成，则分子有 $3n$ 个自由度，亦即 $3n$ 种运动状态。但在这 $3n$ 种运动状态中，包括整个分子的质心沿 x、y、z 轴 3 个方向平移运动和 3 个整个分子绕 x、y、z 轴的转动运动，这些运动都不是分子的振动，因此非线型分子有 $3n-6$ 种基本振动形式。但对于直线型分子，若贯穿所有原子的轴是在 x 方向，则整个分子只能绕 y、z 轴转动，因此直线型分子有 $3n-5$ 种基本振动形式。以 H_2O 分子为例，其各种振动如图 1-4 所示，水分子由 3 个原子组成并且不在一条直线上，其振动方式应有 $3\times 3-6=3$ 个，分别是对称伸缩振动和不（或反）对称伸缩振动及变形振动（又称弯曲振动）。键长改变的振动称伸缩振动。键角改变的振动称弯曲振动。通常键长的改变比键角的改变需要更大的能量，因此伸缩振动出现在高波数区，弯曲振动出现在低波数区。

图 1-4 水分子的振动及红外吸收

综合分子中可能出现的振动形式，主要有以下两类：

振动类型 { 伸缩振动（键长变化）{ 对称伸缩振动（ν_s 表示）; 不对称伸缩振动（ν_{as} 表示）}; 弯曲振动（键角变化）{ 面内 { 剪式振动（δ 表示）; 面内摇摆振动（r 或 ρ 表示）}; 面外 { 面外摇摆振动（ω 表示）; 扭曲变形振动（τ 或 t 表示）} } }

亚甲基基本振动形式和特征频率如图 1-5 所示。

但要注意的是，并非每一种振动方式在红外光谱上都能产生一个吸收带，实际吸收带比预期的要少得多，主要原因是：

① 不伴随偶极矩变化的振动，不产生红外吸收；

② 因为有些分子对称性高，造成两种或两种以上振动方式的频率相同，发生简并现象，吸收重叠；

③ 对一些频率较接近的吸收谱带，红外光谱仪很难分辨；

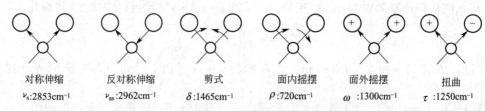

图 1-5 CH_2 基本振动形式和特征频率
+、-分别代表运动方向垂直纸面向里和向外

④ 有些吸收峰（如由基态跃迁到第二激发态、第三激发态等所产生的倍频峰、各种振动间相互作用而形成的合频峰、差频峰等，倍频峰、合频峰和差频峰统称为泛频谱带）吸收谱带一般较弱，落在了仪器检测范围之外，难以检测到。

例如，二氧化碳是线型分子，理论计算的基本振动数为 4，共有 4 个振动形式，在红外图谱上应有 4 个吸收峰，但在实际红外图谱中，只出现 $667cm^{-1}$ 和 $2349cm^{-1}$ 两个基频吸收峰。这是因为对称伸缩振动偶极矩变化为零，不产生吸收，而面内变形和面外变形振动的吸收频率完全一样，发生简并，如图 1-6 所示。

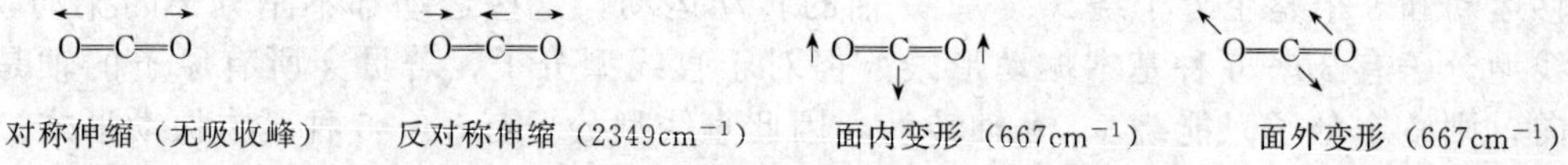

对称伸缩（无吸收峰）　　反对称伸缩（$2349cm^{-1}$）　　面内变形（$667cm^{-1}$）　　面外变形（$667cm^{-1}$）

图 1-6　CO_2 线型分子的振动形式与红外吸收

红外吸收峰的强度与偶极矩变化的大小有关，而偶极矩与分子结构的对称性有关。振动的对称性越高，振动中分子偶极矩变化越小，红外吸收峰就越弱。一般而言，红外吸收峰的强弱与分子振动时偶极矩变化的平方成正比，永久偶极矩大的，振动时偶极矩变化也较大，如 C=O（或 C—O）的强度比 C=C（或 C—C）要大得多，若偶极矩改变为零，则无红外活性，即无红外吸收峰。红外光谱的吸收强度一般用很强（vs）、强（s）、中（m）、弱（w）和很弱（vw）等来表示。相应的摩尔吸光系数的大小大致划分如下：

$\varepsilon > 100$　　　　　很强峰（vs）
$20 < \varepsilon < 100$　　　强峰（s）
$10 < \varepsilon < 20$　　　中强峰（m）
$1 < \varepsilon < 10$　　　　弱峰（w）
$\varepsilon < 1$　　　　　　很弱峰（vw）

物质的红外光谱是其分子结构的反映，谱图中的吸收峰与分子中各基团的振动形式相对应。高分子材料分子的红外光谱与其结构的关系，一般是通过实验手段获得，即通过比较大量已知化合物的红外光谱，从中总结出各种基团的吸收规律。实验表明，组成分子的各种基团，如 O—H、N—H、C—H、C=O 和 C=C 等，都有自己特定的红外吸收区域，分子的其他部分对其吸收位置影响较小。通常把这种能代表基团存在、并有较高强度的吸收谱带称为特征吸收峰，其所在的位置一般又称为基团频率。

红外光谱法所研究的是分子中原子的相对振动，也可归结为化学键的振动。不同的化学键或官能团，其振动能级从基态跃迁到激发态所需的能量不同，因此要吸收不同的红外光，物质吸收不同的红外光，将在不同波长处出现吸收峰，红外光谱就是这样形成的。把一定厚度的乙酸乙酯液膜放在红外光谱仪上可以记录如图 1-7 的谱图，谱图的横坐标是红外光的波数（波长的倒数），纵坐标是透射比，它表示红外光照射到乙酸乙酯液膜上，光能透过的程度。

红外波段范围较宽，通常分为近红外（13300～$4000cm^{-1}$）、中红外（4000～$400cm^{-1}$）

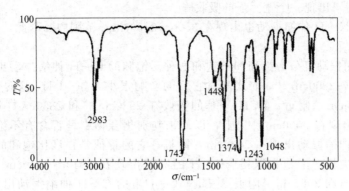

图 1-7 乙酸乙酯的红外光谱图

和远红外（400~10cm^{-1}）。在每一波段都建立了相应的仪器分析方法，即近红外光度法、中红外光度法和远红外光度法。其中，高分子材料分析中研究最为广泛的是中红外光度法，本章所述红外光度法即为中红外光度法。

1.1.1.2 官能团区与指纹区的划分区域

红外光谱最大的特点就是具有特征性。高分子材料分子中存在许多原子基团，各个原子基团在分子被激发后，都会产生其具有特征性的振动。分子的振动，实质上可归结为化学键的振动。因此，红外光谱的特征性来源于化学键的振动。高分子化合物的种类很多，但大多数都是由 C、H、O、N、S、P、卤素等元素构成，而其中的绝大部分是由 C、H、O、N 四种元素构成。这就决定了大部分高分子化合物的红外光谱基本上都是由这四种元素的化学键振动形成的。研究大量化合物的红外光谱发现，同一类型的化学键的振动频率是非常接近的，总在一定范围内波动。例如，来自不同化合物中的—CH_3 基团，吸收带总是在 3000~2800cm^{-1} 范围内，来自不同高分子化合物中的羰基，吸收带总是在 1700cm^{-1} 附近。相同的基团吸收带位置接近，是因为相同的化学键振动频率基本相同，而来自不同化合物中相同的基团的吸收带位置的微小差异，是由于该化学键所处的化学环境的不同所导致的。因此，吸收峰的位置和强度取决于分子中各基团（化学键）的振动形式和所处的化学环境。只要掌握了各种基团的振动频率及其位移规律，就可以用红外光谱来鉴定高分子化合物中存在的基团及其在分子中的相对位置。

中红外光区包括了 4000~400cm^{-1} 这个宽泛的区域，常见的化合物在 4000~650cm^{-1} 这个区域内有特征基团频率。最有分析价值的基团频率在 4000~1300cm^{-1} 之间，这一区域称为基团频率区、官能团区或特征区。区内的峰是由伸缩振动产生的吸收带，比较稀疏，容易辨认，常用于鉴定官能团。

1300~650cm^{-1} 区域内，除单控的伸缩振动外，还有因变形振动产生的谱带。这种振动与整个分子的结构有关。当分子结构稍有不同时，该区的吸收就有细微的差异，并显示出分子特征。这种情况就像人的指纹一样，因此称为指纹区。指纹区对于指认结构类似的化合物很有帮助，而且可以作为化合物存在某种基团的旁证。

(1) 官能团区的划分区域

① 4000~2500cm^{-1} X—H 伸缩振动区 X 可以是 O、N、C 或 S 等原子。X—H 基的伸缩振动出现在 3650~3200cm^{-1} 范围内，它可以作为判断有无醇类、酚类和有机酸类的重要依据。当醇和酚溶于非极性溶剂（如 CCl_4），浓度为 0.01mol/L 时，在 3650~3580cm^{-1} 处出现游离 O—H 基的伸缩振动吸收，峰形尖锐，且没有其他吸收阵干扰，易于识别。当试样浓度增加时，羟基化合物产生缔合现象，O—H 基的伸缩振动吸收峰向低波数方向位移，

在 3400～3200cm^{-1} 出现一个宽而强的吸收峰。

胺和酰胺的 N—H 伸缩振动也出现在 3500～3100cm^{-1} 范围内，因此，会对 O—H 伸缩振动有干扰。

C—H 的伸缩振动可分为饱和和不饱和两种。饱和的 C—H 伸缩振动出现在 3000cm^{-1} 以下，约为 3000～2800cm^{-1}，取代基对它们的影响很小。如—CH$_3$ 基的伸缩吸收出现在 2960cm^{-1} 和 2876cm^{-1} 附近；RCH$_2$—基的吸收在 2930cm^{-1} 和 2850cm^{-1} 附近；不饱和的 C—H 伸缩振动出现在 3000cm^{-1} 以上，以此来判别化合物中是否含有不饱和的 C—H 键。苯环的 C—H 键伸缩振动出现在 3030cm^{-1} 附近，它的特征是强度比饱和的 C—H 键稍弱，但谱带峰形比较尖锐。不饱和双键=C—H 的吸收出现在 3040～3010cm^{-1} 范围内，末端=CH$_2$ 的吸收出现在 3085cm^{-1} 附近。三键≡C—H 上的 C—H 伸缩振动出现在更高的区域（3300cm^{-1}）附近。

② 2500～1900cm^{-1} 为三键和累积双键区 主要包括—C≡C，—C≡N 等三键的伸缩振动及—C=C=C，—C=C=O 等累积双键的不对称伸缩振动。对于炔烃类化合物，可以分成 R—C≡C—H 和 R′—C≡C—R 两种类型。R—C≡C—H 的伸缩振动出现在 2140～2100cm^{-1} 附近，R′—C≡C—R 出现在 2260～2190cm^{-1} 附近，若 R′—C≡C—R 分子对称，则为非红外活性，无红外吸收。—C≡N 基的伸缩振动在非共轭的情况下出现在 2260～2240cm^{-1} 附近。当与不饱和键或芳香环共轭时，该峰位移到 2230～2220cm^{-1} 附近。若分子中含有 C、H、N 原子，—C≡N 基吸收比较强而尖锐。若分子中含有 O 原子，且 O 原子离—C≡N 基越近，—C≡N 基的吸收越弱，甚至观察不到。

③ 1900～1300cm^{-1} 为双键伸缩振动区 该区域主要包括三种伸缩振动：a. σ 伸缩振动，出现在 1900～1650cm^{-1} 是红外光谱中特征的且往往是最强的吸收，以此很容易判断酮类、醛类、酸类、酯类及酸酐等有机化合物。酸酐的羰基吸收带由于振动耦合而呈现双峰。b. C=C 伸缩振动，烯烃的 C=C 伸缩振动出现在 1680～1620cm^{-1}，一般很弱，单环芳烃的 C=C 伸缩振动出现在 1600cm^{-1} 和 1500cm^{-1} 附近，有两个峰，这是芳环的骨架结构，用于确认有无芳环的存在。c. 苯衍生物的泛频谱带，出现在 2000～1650cm^{-1} 范围，是 C—H 面外和 C=C 面内变形振动的泛频吸收，虽然强度很弱，但它们的吸收概貌在表征芳环取代类型上有一定的作用。

（2）指纹区的划分区域

① 1300～900cm^{-1} 区域是 C—O、C—N、C—F、C—P、C—S、P—O、Si—O 等单键的伸缩振动和 C=S、S=O、P=O 等双键的伸缩振动吸收。C—O 的伸缩振动吸收在 1300～1000cm^{-1}，是该区域最强的峰，也容易识别。

② 900～650cm^{-1} 区域的某些吸收峰可用来确认化合物的顺反构型。利用苯环的 C—H 面外变形振动吸收峰和 2000～1667cm^{-1} 区域苯的倍频或组合频吸收峰，可以共同配合确定苯环的取代类型。图 1-8 为不同的苯环取代类型在 2000～1667cm^{-1} 和 900～600cm^{-1} 区域的光谱。

对中红外光谱区的划分并不是绝对的，除了以上所述的划分方法，八区划分法常被各类教材采用。下面的划分方法也较常见：

4000～2500cm^{-1}	X—H 伸缩振动区；
2500～2000cm^{-1}	三键伸缩振动区；
2000～1500cm^{-1}	双键伸缩振动区；
1500～1300cm^{-1}	C—H 弯曲振动区；
1300～910cm^{-1}	单键伸缩振动区；
910cm^{-1} 以下	苯环取代区。

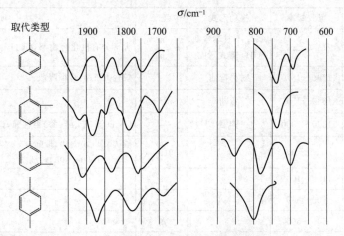

图 1-8 苯环取代类型在两个波段内的特征

(3) 主要基团的红外特征吸收峰 见表 1-1。

表 1-1 主要基团的红外特征吸收峰

基 团	吸收频率	振动形式	强度	说 明
—OH(游离)	3650～3580	伸缩	s	判断醇、酚、酸
—OH(缔合)	3400～3200		s	
—NH_2,—NH(游离)	3500～3300		m	
—NH_2,—NH(缔合)	3400～3100		s	
≡C—H	3300 附近			
=C—H	3010～3040		s	末端=C—H 3085 附近
苯环上 C—H	3030 附近	伸缩	s	强度比饱和 C—H 弱、尖锐
—CH_3	2960±5	不对称伸缩	s	
—CH_3	2870±10	对称伸缩	s	
—CH_2—	2930±5	不对称伸缩	s	三元环中—CH_2 在 3050
$\overset{O}{\underset{\|}{—C—H}}$	2720	伸缩	s	(醛的特征)
—C≡N	2260～2220	伸缩	s	针状,干扰少
—N≡N	2310～2135		m	
—C≡C—	2600～2100		s	R—C≡C—H 在 2100～2140 R—C≡C—R' 在 2190～2260
—C=C=C—	2000～1965	伸缩		R'≠R,对称分子无红外吸收
C=C	1680～1620		m,w	
芳环中 C=C	1600,1500 1500,1450		m	苯环的骨架振动
—C=O	1850～1600		s	其他吸收谱带干扰少,判断酮、酸、酯、酸酐的特征吸收
—NO_2	1600～1500	不对称	s	
—NO_2	1300～1250	对称	s	
S=O	1220～1040		s	

续表

基团	吸收频率	振动形式	强度	说明
—CH$_3$，=CH$_2$	1460±10	CH$_3$ 不对称弯曲 CH$_2$ 剪式弯曲	m m	大部分有机化合物都含 CH$_3$、CH$_2$，此峰经常出现
—CH$_3$	1380~1370	对称弯曲	s	烷烃 CH$_3$ 的特征吸收
—NH$_2$	1650~1560	弯曲	m~s	
C—O	1300~1000	伸缩	s	C—O 键（脂、醚、醇）极性强，谱图中最强峰
C—O—C	1150~900		s	醚类 1100±50，最强 1000~900，较弱
C—F	1400~1000		s	
C—Cl	800~600		s	
C—Br	600~500		s	
C—I	500~200		s	
=CH$_2$	910~890	摇摆	s	
—(CH$_2$)$_n$—	720	摇摆	s	—(CH$_2$)$_n$— 的特征峰

1.1.2 频率位移的影响因素

化学键的振动频率不仅与其性质有关，还受分子的内部结构和外部因素影响。因此，各种化合物中相同基团的特征吸收并不总在一个固定频率上，也就是说某一基团频率并不是绝对不变的，其基团的频率将随分子结构和外部环境的改变而发生位移。影响基团频率位移的因素可分为内部因素和外部因素。

1.1.2.1 内部因素

（1）诱导效应　诱导效应指电负性不同的取代基，会通过静电诱导作用而引起分子中电子分布的变化，从而导致化学键力常数的改变，使基团的特征频率位移。例如，羰基在不同的环境下伸缩振动的不同频率见表 1-2。由于诱导效应，电子云由氧原子向双键中间转移，增加了 σ 键的力常数，振动频率升高，吸收峰向高波数移动。取代原子电负性越大或取代数目越多，诱导效应越强，吸收峰向高波数移动的程度越显著。

表 1-2　诱导效应导致 C=O 吸收峰向高波数移动情况

σ/C=O/cm^{-1}	1715	1800	1828	1928
化合物	R—C(=O)—R	R—C(=O)—Cl	Cl—C(=O)—Cl	F—C(=O)—F

（2）共轭效应　分子特定的结构使分子趋向于形成大 π 键，产生共轭效应，共轭效应使共轭体系中的电子云密度趋于平均化，导致双键略有伸长，力常数减小，使其吸收频率向低波数方向移动（表 1-3）。

表 1-3　共轭效应导致 C=O 吸收峰向高波数移动情况

σ/C=O/cm^{-1}	1725~1710	1695~1680	1667~1661
化合物	R—C(=O)—R	Ph—C(=O)—R	Ph—C(=O)—Ph

（3）空间效应　共轭体系具有共平面性，当此性质被偏离或被破坏时，共轭体系亦受到影响或破坏，吸收频率位移向较高的波数。

(4) 张力效应 与环直接连接的环外双键的伸缩振动频率,环越小张力越大,其频率越高(表1-4)。

表1-4 张力效应导致 C=C 吸收峰向高波数移动情况

σ/C=C/cm^{-1}	1781	1678	1657	1651
化合物	▷=CH$_2$	◇=CH$_2$	⬠=CH$_2$	⬡=CH$_2$

(5) 氢键的影响 羰基和羟基之间容易形成氢键,使羰基的频率降低。无论形成分子间氢键还是分子内氢键,都使参与形成氢键的原化学键的键力常数降低,吸收波数移向低波数;但同时振动偶极矩的变化加大,因而吸收强度增加。这个规律在有机胺、有机羧酸类化合物上体现得最明显。游离的羰基出现在频率 1760cm^{-1} 左右,而在液态或固态时,羰基出现在频率 1700cm^{-1} 左右。这是由于羧酸通过氢键形成了二聚体的缘故。

(6) 振动耦合 当两个振动频率相同或相近的基团相邻且有一公共原子时,由于一个键的振动通过公共原子使另一个键的长度发生改变,产生一个"微扰",从而形成了强烈的振动相互作用。其结果使振动频率发生变化,一个向高频移动,另一个向低频移动,波谱分裂。振动耦合常出现在一些二羰基化合物中,如酸酐中,两个羰基的振动耦合,使 $\nu_{C=O}$ 吸收峰分裂成两个,波数分别为 1820cm^{-1}(反对称耦合)和 1764cm^{-1}(对称耦合)。

(7) Fermi 共振 当一振动的倍频与另一振动的基频接近时,由于发生相互作用而产生很强的吸收峰或发生裂分,这种现象称为 Fermi 共振。例如,在苯甲酰氯的红外光谱图上,羰基在 1773cm^{-1} 和 1736cm^{-1} 处发生了裂分的羰基吸收峰,这是由于羰基与苯基间的 C—C 变形振动的倍频发生了 Fermi 共振,进而导致了羰基峰的裂分。

1.1.2.2 外部因素

(1) 物态的影响 同一种物质因其物理状态不同,所得红外吸收光谱差异很大。气态分子间距离较大,作用小,因此可得到精细结构的吸收光谱;液态分子间作用较强,有时可能形成氢键,使相应谱带向低频位移;固态样品因分子间距离减小而相互作用增强,一些谱带低频位移程度增大。同一样品,不同晶形的红外光谱也有区别。

(2) 溶剂的影响 在选择测定物质红外光谱溶剂时,要考虑溶剂与溶质间的相互作用。极性溶剂与样品中的极性基团之间相互作用,会形成缔合,使该基团的伸缩振动波数降低。因而在红外光谱的测定中,应尽量采用非极性溶剂。常用的溶剂有 CS_2、CCl_4、$CHCl_3$ 等。

1.1.3 红外吸收光谱仪及实验技术

红外光谱仪的发展经历了这样的过程:第一代的红外光谱仪以棱镜为色散元件,它使红外分析技术进入实用阶段。由于常用的棱镜材料如氯化钠、溴化钾等的折射率均随温度的变化而变化,且分辨率低,光学材料制造工艺复杂,仪器需在恒温、低湿等条件下才能工作,这种仪器现已被淘汰。20世纪60年代以后发展起来的第二代红外光谱仪以光栅为色散元件。光栅的分辨能力比棱镜高得多,仪器的测量范围也比较宽。但由于光栅型仪器存在远红外区能量很弱,光谱质量差,同时扫描速度慢,动态跟踪以及 GC—IR 联用技术很难实现等缺点,目前大多数厂家已停止生产光栅型仪器。第三代红外光谱仪是20世纪70年代以后发展起来的傅里叶变换红外光谱仪(Fourier Transform Infrared Spectroscopy,FTIR),它无分光系统,一次扫描可得到全谱。由于它具有以下几个显著特点:第一个特点是扫描速度快,傅里叶变换红外光谱仪可以在 1s 内测得多张红外谱图;第二个特点是光通量大,因而可以检测透射比较低的样品,便于利用各种附件,如漫反射、镜面反射、衰减全反射等,并能检测不同的样品,如气体、固体、液体、薄膜和金属镀层等;第三个特点是分辨率高,便于观察气态分子的精细结构;第四个特点是测定光谱范围宽,一台傅里叶变换红外光谱仪,只要相应地改变光源、分束器和检测器的配置,就可以得到整个红外区的光谱。上述优点大大地扩展了红外光谱法的应用领域。

1.1.3.1 工作原理

傅里叶变换红外光谱仪的工作原理如图 1-9 所示。固定平面镜 M_2、分光器 BS 和可调凹面镜 M_1 组成傅里叶变换红外光谱仪的核心部件——迈克尔逊干涉仪。由光源 R 发出的红外光经过固定平面反射镜 M_2 后,被分光器 BS 分为两束:50%的光直射到可调凹面镜 M_1,另外 50%的光反射到固定平面镜 M_2。

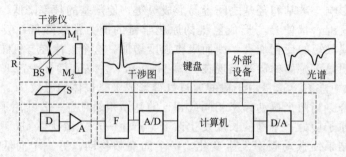

图 1-9 傅里叶变换红外光谱仪基本结构

可调凹面镜移动至两束光的光程差为半波长的偶数倍时,这两束光发生干涉,干涉波由红外检测器获得,经过计算机傅里叶变换处理后得到红外光谱图。

1.1.3.2 仪器的主要部件

(1) 光源 光源应能发射出稳定、高强度连续波长的红外光。通常使用能斯特(Nernst)灯或硅碳棒。Nernst 灯是用氧化锆、氧化钇和氧化钍烧结而成的中空棒或实心棒,工作温度约 1700℃,在此高温下导电并发射红外线。但在室温下是非导体,因此在工作之前需要预热。它的优点是发光强度高,使用寿命长,稳定性较好。缺点是价格比硅碳棒贵,机械强度差,且操作不如硅碳棒方便。硅碳棒是由碳化硅烧结而成,工作温度在 1200~1500℃,优点是坚固,发光面积大,使用寿命长。

(2) 吸收池 因玻璃、石英等材料不能透过红外光,所以红外吸收池要用透过红外光的 NaCl、KBr、CsI 等材料制成窗片。但这些材料制成的窗片要注意防潮。固体试样常与纯的 KBr 混合压片,然后直接进行测定。

(3) 干涉仪 迈克尔逊干涉仪的作用是将复色光变为干涉光。中红外干涉仪中的分束器主要是由溴化钾材料制成的;近红外分束器一般以石英和 CaF_2 为材料;远红外分束器一般由 Mylar 膜和网格固体材料制成。

(4) 检测器 因为红外光谱区的光子能量较弱,不足以引发光电子发射,所以紫外-可见分光光度计所用的光电管或光电倍增管等不适用于做红外光谱仪的检测器。常用的红外检测器是真空热电偶、热释电检测器和碲镉汞检测器。

真空热电偶是利用不同导体构成回路时的温差电现象,将温差转变为电位差。它以一个小片涂黑的金箔作为红外辐射的接受面。为了提高灵敏度和减少热传导的损失,将真空热电偶封于真空度约为 $7×10^{-7}$ Pa 的腔体内,在腔体上对着涂黑的金箔开一个小窗,窗口用红外透光材料,如 KBr(至 25μm)、CsI(至 50μm)等制成。当红外辐射通过此窗口射到涂黑的金箔上时,热接点温度上升,产生温差电位差,在回路中有电流通过,而电流的大小则随辐射的红外光的强弱而变化。

热释电检测器是把某些热电材料的晶体放在两块金属板中,当光照射到晶体上时,晶体表面电荷分布变化,由此可以测量红外辐射的功率。热检测器有氘化硫酸三甘肽(DTGS)、钽酸锂等类型。光检测器是利用材料受光照射后,由于导电性能的变化而产生信号,最常用的光检测器有锑化铟、汞镉碲等类型。

1.1.3.3 红外吸收光谱的实验技术

物质红外光谱测试的首要工作就是制样。在红外光谱法中,试样的制备及处理占有十分重要的地位。如果试样处理不当,那么即使仪器的性能很好,也不能得到满意的红外光谱图。在制备试样时,应注意下述几点。

(1) 制样注意事项

① 试样的浓度和厚度应选样适当　控制光谱图中大多数吸收峰的透射比处于15%～70%范围内。浓度太小,厚度太薄,会使一些弱的吸收峰和光谱的细微部分不能显示出来;过大,过厚,又会使强的吸收峰超越标尺刻度而无法确定它的真实位置。有时为了得到完整的光谱图,需要用几种不同浓度或厚度的试样进行测绘。

② 试样中不应含游离水　水分的存在不仅会侵蚀吸收它的盐窗,而且水分本身在红外区有吸收,将使测得的光谱图变形。

③ 试样应该是单一组分的纯物质　多组分试样在测定前应尽量预先进行组分分离(如采用色谱法、精密蒸馏、重结晶、区域熔融法等),纯化后的单一组分纯度应大于98%或符合商业规格。否则各组分光谱相互重叠,以致无法正确解释谱图。

(2) 制样的方法　测试气态试样时,使用气体吸收池,先将吸收池内空气抽去,然后吸入被测试样。测试液体和溶液试样时,可采用液膜法、液体池法和涂片法:

① 液膜法　沸点较高的试样,直接滴在两块盐片之间,形成液膜图。

② 液体池法　沸点较低、挥发性较大的试样。可注入封闭的液体池,液层厚度一般能在0.01～1mm。

对于一些吸收性很强的液体,当用调整厚度的办法仍然得不到满意的谱图时,往往可配制成溶液以降低浓度来测绘光谱;量少的液体试样,为了能灌满液槽,需要补充加入溶剂;一些固体或气体以溶液形式来进行测定,也是比较方便的。所以在红外光谱分析中经常使用溶液试样。但是红外光谱法中必须仔细选择所使用的溶剂,一般说来,除了对试样应有足够的溶解度外,还应在所测光谱区域内溶剂本身没有强烈吸收,不侵蚀盐窗,对试样没有强烈的溶剂化效应等。原则上,在红外光谱法中,分子简单、极性小的物质可用作试样的溶剂。例如,CS_2 是 1350～500cm^{-1} 区域常用的溶剂,CCl_4 用于 4000～1350cm^{-1} 区(在1580cm^{-1}附近稍有干扰)。为了避免溶剂的干扰,当需要得到试样在中红外区的吸收全貌时,可以采用不同溶剂配成多种溶液分别进行测定。例如用试样的 CCl_4 溶液测绘 4000～1350cm^{-1} 区的红外光谱,用试样的 CS_2 溶液测绘 1350～600cm^{-1} 区的红外光谱。也可以采用溶剂补偿法来避免溶剂的干扰,即在参比光路上放置与试样吸收池配对的、充有纯溶剂的参比吸收池,但在溶剂吸收特别强的区域(例如 CS_2 的吸收区 1600～1400cm^{-1}),用补偿法不能得到满意的结果。

③ 涂片法　黏度较大的液体样品可直接涂在一薄层,即可测量。

对于固体试样可采用压片法、石蜡糊法、薄膜法和溶液法:

a. 压片法　取试样 0.5～2mg,在玛瑙研钵中研细,再加入 100～200mg 磨细干燥的 KBr 或 KCl 粉末,混合均匀后,加入压膜内,在压力机(图1-10)中边抽气边加压,制成一定直径及厚度的透明片。然后将此薄片放入仪器光束中进行测定。

b. 石蜡糊法　试样(细粉状)与石蜡油混合成糊状,压在两盐片之间进行测谱。这样测得的谱图包含有石蜡油的吸收峰。石蜡油的吸收峰直接影响饱和 C—H 键的吸收情况,故不能用来研究饱和 C—H 键的吸收情况。若要进行饱和 C—H 键的吸收研究,可用六氯丁二

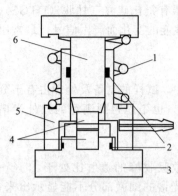

图 1-10 压力机
1—弹簧；2—橡胶圈；3—底座；
4—压舌；5—套筒套圈；6—压杆

烯来代替石蜡油。

c. 薄膜法　对于那些熔点低，在熔融时又不分解、升华或发生其他化学反应的物质，可将它们直接加热熔融后涂制或压制成膜。但对于大多数高分子聚合物，可先将试样制成溶液，然后蒸干溶剂以形成薄膜。

d. 溶液法　将试样溶于适当的溶剂中，然后注入液体吸收池中。

(3) 盐片的选择　在中红外光谱测定中，由于玻璃、石英等材料对红外光有吸收，故试样载体只能用在一定范围内对红外光不吸收的盐片。一般的光学材料为氯化钠（4000～600cm^{-1}）、溴化钾（4000～400cm^{-1}），这些晶体易吸水使晶体表面"发乌"，影响红外光的透过。为此，所用的窗片应放在干燥器内，在湿度较小的环境操作。另外，晶体片质地脆，而且价格较贵，使用要特别小心。

(4) 测定　依据以上方法制好样后，就可以上机在 4000～400cm^{-1} 范围内进行扫描、解谱。

1.1.4　常见高分子化合物的红外光谱

(1) 聚乙烯红外光谱图　图 1-11 为聚乙烯红外光谱图。其特征谱带是在 2950cm^{-1}，1460cm^{-1} 和 720/730cm^{-1} 处，有三个很强的吸收峰。它们分别属于 C—H 的伸缩，弯曲和摇摆振动。其中 720cm^{-1} 处光谱反映的是无定型的聚乙烯吸收峰，730cm^{-1} 处光谱是结晶聚乙烯吸收峰。

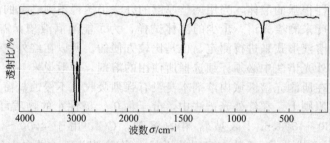

图 1-11　聚乙烯红外光谱图

(2) 聚氯乙烯红外光谱图　图 1-12 为聚氯乙烯红外光谱图。聚氯乙烯的链节是 —(CH$_2$CHCl)$_n$—，由于每个链节上有一个氯原子，使其谱图变得复杂得多，如果不是氯原子而是氢原子就是聚乙烯的结构，那么谱图较简单，就是前面图 1-12 的聚乙烯的谱图。由于氯原子的影响，使 C—H 的弯曲振动谱带（1250cm^{-1} 和 1340cm^{-1}）大大增强，=CH$_2$ 的变形振动也由于氯原子的影响而使强度增加，其波数比正常的 =CH$_2$ 变形振动（1475cm^{-1}）向低频位移了近 50cm^{-1}，出现在 1430cm^{-1} 处。在 800～600cm^{-1} 出现的强而宽的谱带是 C—Cl 的伸缩振动谱带。此外，在 960cm^{-1} 有 =CH$_2$ 面内摇摆谱带，在 1100cm^{-1} 有 C—C 伸缩振动谱带。

1.1.5　红外吸收光谱在高分子材料分析中的应用

红外光谱在高分子材料的定性分析中具有鲜明的特征性，每一化合物都具有特征的红外光谱，其谱带的数目、位置、形状和强度均随化合物及其聚集状态的不同而不同，因此根据化合物的光谱，就可以像辨别人的指纹一样，确定该化合物或其官能团是否存在。

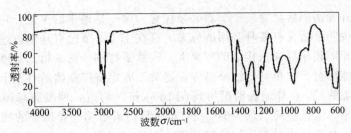

图 1-12　聚氯乙烯红外光谱图

红外光谱法在聚合物材料的研究中是一种必不可少的工具，也是近代分析方法中最成熟、最有效的方法之一。用它来进行研究的内容也很广泛，包括未知聚合物及其添加剂的分析、聚合物结构（包括链结构及聚集态结构）和结构变化的分析、聚合反应的研究、聚合物与配合剂相互作用及并用聚合物之间相互作用的研究，结晶度、取向度的测定，聚合物表面的分析等。

前面已讲了各种基团的特征吸收频率，聚合物也可看成由各种基团所组成，所以在聚合物中各种基团也与低分子化合物的基团有相似的红外光谱吸收带，例如，C=O 的吸收频率在低分子物质中为 $1720cm^{-1}$ 左右，在高分子化合物中只要有 C=O 的化合物，它在 $1720cm^{-1}$ 附近也应该有这一吸收带产生，如聚醋酸乙烯酯、聚酰胺、聚碳酸酯等。

又如图 1-11 是聚乙烯的红外光谱图，图 1-13 是十二烷的红外光谱图，两者都是饱和的碳氢化合物，都是由—CH_3 和 $\diagdown CH_2 \diagup$ 组成的。其出现吸收带的区域（A，B，C）都是很相似的，A 区为 C—H 的伸缩振动吸收区（包括—CH_3 和 $\diagdown CH_2 \diagup$），B 区为—CH 和 $\diagdown CH_2 \diagup$ 的 C—H 弯曲振动吸收区，C 区为 $\diagdown CH_2 \diagup$ 的面内摇摆振动吸收区。两个光谱图明显不同的是聚乙烯是结晶聚合物，所以在 C 区出现 $720cm^{-1}$ 和 $731cm^{-1}$ 两谱带，$731cm^{-1}$ 是它的结晶特征谱带。

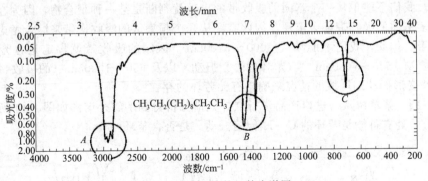

图 1-13　十二烷的红外光谱图

如果高分子材料分子中含有一些极性较强的基团，则对应这些基团的一些谱带（主要是伸缩振动的基频）在这个化合物的红外光谱中往往是最强的，很明显地显示出这个基团的结构特征。对于聚合物分子来说，含有的主要极性基团是酯、酸、酰胺、酰亚胺、苯醚、脂肪醚、醇等。此外，含有硅、硫、磷、氯和氟等原子的化合物也常常具有较强的极性。因此对应这些基团的谱带在其聚合物的谱图中常常是处于最显著的地位，明显地反映出这种聚合物的结构和预示这类聚合物的存在。

对聚合物红外光谱的解释有三个要素必须注意。第一是谱带的位置，它代表某一基团的振动频率，也是说明是否含有某种基团的标志。这在 1.1.3 节已有详细叙述，当然有些基团的谱带会出现在相同频率区或很接近的频率上，这就需特别注意。第二是谱带的形状，例如氢键和离子的官能团会产生很宽的红外谱带，这对于鉴定特殊基团的存在十分重要，如酰胺基的 C=O 和烯类的 C=C 伸缩振动都出现在 $1650cm^{-1}$ 附近，但酰胺基团的羰基大都形成氢键，其谱带较宽，这就容易与烯类的 C=C 谱带区分开。第三是谱带的相对强度，谱带的强弱对比不单是一种基团含量的定量分析基础，而且可以暗示某一特殊基团或元素的存在，例如 C—H 基团连接氯原子时，将使它的摇摆、扭绞和变形振动的谱带由弱变强，因此从其对应的谱带的增强可提示有氯原子的存在。分子中有极性较强的基团将产生强的吸收，如羰基、醚基等谱带的吸收都很强。下面举例说明红外光谱法在聚合物材料研究中的应用。

1.1.5.1 未知聚合物的鉴定

一般来说，一张聚合物的光谱图是较复杂的，需要进行细心的分析才能得到初步的结果，最后还要根据分析结果查对标准谱图再作最后的确定。最常见的标准图谱有三种。

(1) Sadtler 标准红外光谱图集　这是一套连续出版的大型综合性活页图谱集，由美国费城 Sadtler Research Laboratories 收集整理并编辑出版。另外，它备有多种索引，便于查找。

(2) Aldrich 红外图谱库　Pouchert C J 编，Aldrich Chemical Co. 出版，汇集各类有机化合物的红外光谱图，附有化学式索引。

(3) Sigma Fourier 红外光谱图库　Keller R J 编，Sigma Chemical Co. 出版。它汇集了各类有机化合物的 FT-IR 谱图，并附索引。

首先可以从表 1-1 介绍的基团频率及频率分区中排除一些基团的存在。例如，$3100\sim3700cm^{-1}$ 区域没有吸收带就可以排除 O—H 和 N—H 基团的存在；在 $3000\sim3100cm^{-1}$ 附近没有吸收带则表示不是芳环或不饱和碳氢化合物；在 $2242cm^{-1}$ 处没有谱带则表示不是含 C≡N 基团的聚合物（如丁腈胶、聚丙烯腈等）；在 $1720\sim1735cm^{-1}$ 之间没有谱带则表示被分析聚合物不是含羰基或酯基的聚合物。相反，若在上述几种情况中有相应吸收带出现则表示被测聚合物含有相应的基团。

当然，我们不能单从一个基团的吸收带的出现就判断是某一种聚合物，因为在某一波数区域，很多基团的吸收带都会出现，因此需要从几个频率区的吸收谱带来综合考虑某一基团的存在与否。例如，我们不能单凭 $3000\sim3100cm^{-1}$ 区域的吸收带就肯定是含芳环的聚合物，还需要从 $1500\sim1600cm^{-1}$（苯环的骨架振动）以及 $650\sim1000cm^{-1}$ 的吸收带（苯环的 C—H 面外变形振动）区域的情况来确定有无芳环的存在。

【例 1-2】　某单位从一进口产品进行红外光谱分析得到的红外谱图如图 1-14 所示，谱图中 $3030cm^{-1}$ 处有可能是苯环的 C—H 伸缩振动，是否含苯环？

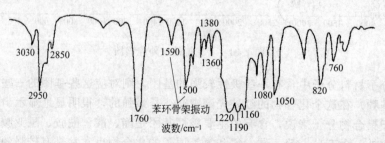

图 1-14　某进口产品红外光谱

从 $1500cm^{-1}$ 和 $1590cm^{-1}$ 吸收带的出现可看出有苯环骨架振动谱带，$820cm^{-1}$ 是对位取代苯环上相邻两个氢的面外弯曲振动，而 1700～2000cm^{-1} 的一组不强的吸收带又是苯环的 C—H 面外弯曲振动的倍频和合频，证明有苯环的存在。1760cm^{-1} 是 C=O 的伸缩振动谱带，为什么频率比一般的羰基高，有可能由相连接的基团或原子的诱导效应的影响造成的。1220cm^{-1}、1190cm^{-1}、1160cm^{-1} 等谱带是 C—O 的伸缩振动吸收带（见表 1-1），1080cm^{-1} 和 1050cm^{-1} 是 C—O—与苯环相连的醚键的伸缩振动，1380cm^{-1} 和 1360cm^{-1} 这双峰吸收特征性很强，是两个甲基都连接在一个碳原子上的偕二甲基的特征峰（例如双酚 A 的两个甲基）。2950cm^{-1} 和 2850cm^{-1} 是 CH_3 上的饱和 C—H 伸缩振动吸收带。根据上述分析，把可能归属的聚合物的范围缩小了。最后查证标准谱图，证明是聚碳酸酯，其结构式为

$$\left[\begin{array}{c}O\\\parallel\\-C-O--\overset{\overset{CH_3}{|}}{\underset{\underset{CH_3}{|}}{C}}--O-\end{array}\right]_n$$

1.1.5.2 聚合物链结构的研究

聚合物分子链的研究包括链的组成、链的序列结构、链的构型和构象、链的支化、端基及交联等。这些结构状况都可用红外光谱法进行研究。一般来说，在聚合物红外光谱图中吸收最强的谱带往往对应于其主要的基团的吸收。例如，单烯类或二烯类碳氢聚合物链都在 2800～3100cm^{-1} 之间有强的吸收，它表示 C—H 的伸缩振动，在 1400～1500cm^{-1} 之间有甲基、亚甲基和次甲基的弯曲振动谱带等，这些谱带具有较明显的特征。不过有些基团的谱带虽不是很强，但是它对聚合物的某种结构具特征性，这些谱带对于鉴定该聚合物是特别有用的，例如天然橡胶在 835cm^{-1} 处是表示全顺式 1,4-聚异戊二烯的 C—H 面外弯曲振动，丁基胶的偕二甲基结构 CH_3CCH_3 在 1385～1365cm^{-1} 的双峰吸收带，反式聚丁二烯的 965cm^{-1} 吸收带，三聚氰胺环的 815cm^{-1} 吸收带，聚乙烯的 720cm^{-1} 和 731cm^{-1} 吸收带、环氧树脂的 915cm^{-1} 吸收带等都能很明显地反映出某种结构的存在。了解这些特征谱带就能了解聚合物的特有结构，以达到聚合物结构分析和鉴定的目的。下面举出一些结构研究的例子。

【例 1-3】 聚丁二烯结构的研究。聚丁二烯有以下三种不同的构型：

顺式 1,4-结构　　　反式 1,4-结构　　　1,2-结构

图 1-15 是这三种结构的红外光谱图。图(a) 中 724cm^{-1} 和 1650cm^{-1} 两谱带是顺式 1,4-聚丁二烯的特征谱带。图(b) 中 967cm^{-1} 强吸收谱带的出现和 1650cm^{-1} 的谱带的大大减弱是反式 1,4 结构的特征。图(c) 中 911cm^{-1}、990cm^{-1} 以及 1645cm^{-1} 的出现是 1,2-结构的特征。从这些特征谱带的相对强度的比较，可以估算出聚丁二烯中各种构型的相对含量。

1.1.5.3 聚合物结晶度的测定

大多数结晶聚合物都包含着晶区和非晶区两部分，它们应有不同的红外光谱。但是实际上不能分别观察到晶区和非晶区的光谱，因为分光光度计的光源辐射面积远大于单独晶区的面积。不过，可以采取同种聚合物的完全非结晶样品和聚合物的高结晶度样品的光谱进行比较的方法来分析结晶对光谱的影响。在聚合物红外光谱中有些谱带的位置和强度均不受结晶状态的影响，这些谱带可作为结晶度测定的内标谱带。有些谱带对聚合物的结晶状态很敏感，其中为晶区所特有的谱带称为晶带，这些谱带强度随聚合物结晶度增加而增强，例如聚乙烯中的 731cm^{-1} 谱带。另外，有一些谱带是表征非晶态结构的，其强度随聚合物的结晶度增加而减弱，例如聚四氟乙烯光谱中的 770cm^{-1} 和 638cm^{-1} 谱带。表 1-5 列出常用高聚物的晶带和非晶带。

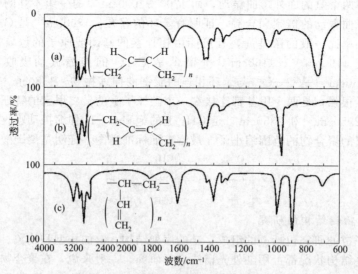

图 1-15　三种聚丁二烯的红外光谱图

表 1-5　常用高聚物的晶带和非晶带

高聚物	晶带/cm^{-1}	非晶带/cm^{-1}
聚乙烯	1894,731	
全同聚丙烯	1304,1167,998,841,322,250	1368,1353,1303
间同聚丙烯	1005,977,867	
间同 1,3-聚戊二烯	1340,1178,1140,1014,988,934,910	1230,1199,1131
全同聚苯乙烯	1365,1312,1297,1261,1194,1185 1080,1055,985,920,898	
聚氯乙烯	638,603	
聚偏氯乙烯	1070,1045,885,752	690,615
聚四氟乙烯		
聚三氟氯乙烯	1290,490,440	770,638
聚偏氟乙烯	975,794,763,614	657
全同聚醋酸乙烯酯	1141	
聚乙烯醇	1144	
聚对苯二甲酸乙二酯	1340,972,848	
α 型尼龙 6	959,928	1044,916,825
尼龙 66	935	1145,1370,1045,898
尼龙 7	940	1130
尼龙 9	940	1140

聚合物结晶度的测定应选择对结晶结构变化敏感的谱带作为分析谱带，它可以是晶带也可以是非晶带。结晶谱带一般比较尖锐，强度比较大，因此有较高的测量灵敏度。不过聚合物并不是 100% 结晶的，因此没有绝对的标准，不能独立地测量。一般要用其他测试方法如量热法、密度法、X 射线衍射法等测得的结果作为相对标准，以计算该结晶谱带的吸收率，最后计算聚合物的结晶度。

【例 1-4】 聚氯丁二烯结晶区的测定。

在聚氯丁二烯的光谱中，位于 953cm^{-1} 和 780cm^{-1} 的谱带是结晶谱带，可作为测量样品结晶度的分析谱带。由于样品薄膜的厚度不容易准确测量，可把位于 2940cm^{-1} 的 C—H 伸缩振动谱带作为衡量薄膜厚度的内标，其他对结晶不敏感的谱带如 1665cm^{-1}（C=C，伸缩振动）和 1450cm^{-1}（CH$_2$，变形振动）的谱带也可用来表征薄膜的相对厚度。样品的结晶度 x 可由下式得到：

$$x = \frac{A_{953}}{A_{2940}} \times K_{2940} \qquad (1\text{-}5)$$

式中，A_{2940} 和 A_{953} 分别是样品的 2940cm^{-1} 和 953cm^{-1} 谱的吸光度；K_{2940} 是比例常数，应用不同的谱带测量，它的值也随着改变。为了测定 K 值，需要有结晶度已知的样品，可采用密度法等测量结果作为相对标准。K 值确定后便可以应用式(1-5)测出未知样品的结晶度。

1.1.5.4 聚合物结构变化的分析

这里所讲的聚合物结构变化是指聚合物在一定环境条件下（如温度、压力、气氛等），由于某种因素的作用而发生的分子结构的变化，如各种条件下的老化、硫化、固化等。另外，表面的物理或化学处理等都会使原来的聚合物链断裂生成新的侧基。在一定条件下，链的构型、构象也可能发生变化，如聚合物分子链从线型变成体型结构。所有这些结构变化都可以用红外光谱法进行测试分析。下面举例说明红外光谱法在聚合物结构变化研究中的应用。

【例 1-5】 聚乙烯在机械应力下的表面结构变化。

聚合物在机械应力下会产生分子链的断裂而造成所谓的机械老化。分子链的断裂会产生自由基，从而引发一系列的化学反应过程。例如把线型聚乙烯的热压薄膜在 1.33×10^4Pa 的真空度下施加 196MPa 的负荷达 3h，然后用内反射方法测其红外光谱，结果如图 1-16，图中 890cm^{-1} 谱带属于端乙烯基，另一谱带 910cm^{-1} 是 —CH$_2$—CH=CH$_2$ 基团的吸收。如果这一实验是在空气中进行，那么样品将产生另外三种含氧的基团，即

$$-CH_2-\overset{O}{\underset{\|}{C}}-OH \qquad -CH_2-\overset{O}{\underset{\|}{C}}-H \qquad -CH_2-\overset{O}{\underset{\|}{C}}-O-CH_2-$$

上面三个基团对应谱带分别为 1710cm^{-1}、1735cm^{-1} 和 1742cm^{-1}。图 1-16 中的虚线表示聚合物本体的吸收系数的增加，实线表示表面层（约 1μm）的吸收系数的增加。比较这两条曲线可知，在聚乙烯的表面层中，由于化学键的离解所产生的端基数要比样品内部的高一个数量级。这种链端基的形成和迅速积累使样品表面形成了初期裂纹，使应力分布更不均匀，导致最后样品的破坏。当 P (St-MA) 用 2℃/min 的速度升温时，随着温度的升高，1700cm^{-1} 谱带的强度不断下降，而 1745cm^{-1} 谱带的强度却增加，前者谱带代表二聚羧基的伸缩振动，后者代表单一羰基的伸缩振动。同时 3440cm^{-1} 谱带强度也随温度升高而增强，它代表自由烃基的伸缩振动。这说明由于温度的升高，所形成的氢键在不断减少。当温度升到

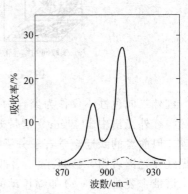

图 1-16 真空中聚乙烯薄膜施加 196MPa 负荷 3h 后所产生端基的吸收（实线为表面层的；虚线为本体的）

120℃时，1700cm^{-1} 和 1745cm^{-1} 谱带的吸收强度曲线有一突变，这一温度就是共聚物的玻璃化转变温度，它与差热分析法、DSC 方法和动态力学方法测得的玻璃化转变温度一致。这一结果更清楚地说明氢键随温度升高而减少的结果，因为在玻璃化转变温度以上。分子链可以自由运动而使氢键数大大减少。

1.1.5.5 红外二向色性和聚合物取向的研究

图 1-17 是红外二向色性基本原理示意图，当红外光源 S 发出的一束自然光经过一偏振

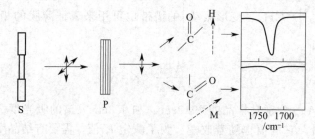

图 1-17 红外二向色性基本原理示意图

器 P 后，就成为其电矢量只是一个方向的红外偏振光。当这红外偏振光通过小分子单晶或取向的聚合物薄膜时，如其电矢量方向与样品中某一个基团简正振动的偶极矩变化方向（即跃迁矩方向）平行时，则对应该振动的模式的谱带具有最大的吸收强度；反之，当其电矢量方向与该振动模式的跃迁矩方向垂直时，则这个简正振动不产生吸收。这种现象称为红外二向色性。聚合物的取向方式可采用不同的取向方法得到。基本上可分为单轴取向和双轴取向两种主要的取向类型。图 1-18 表示结晶聚合物薄膜取向类型示意图。图 1-18(a) 为未取向的结晶聚合物薄膜的晶体和分子排列情况，图 1-18(b) 为单轴取向的情况，图 1-18(c) 为双轴取向情况。在单轴取向下，分子链和晶粒倾向于沿着与拉伸方向平行的排列，但从垂直于拉伸方向的截面来看，分子链和晶粒还是无序的。在双轴取向下，分子链和晶粒沿着两个拉伸方向都是排列有序的。

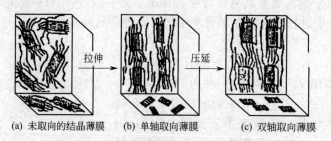

(a) 未取向的结晶薄膜　　(b) 单轴取向薄膜　　(c) 双轴取向薄膜

图 1-18 结晶高聚物薄膜取向类型的示意图

红外二向色性不仅作为聚合物取向分析的方法，还可用它进行其他方向的分析。例如聚乙烯醇红外光谱中 $1144cm^{-1}$ 谱带既可解释 C—O 的伸缩振动，也可视为 C—C 骨架的伸缩振动。但前者的跃迁矩垂直于分子链，而后者是平行于分子链的。测量拉伸聚乙烯醇薄膜的偏振红外光谱表明，$1144cm^{-1}$ 谱带的 R 值要比 1 小很多，因此是垂直谱带，由此可以判断这个谱带主要是—C—O 伸缩振动的贡献。又如天然胶和杜仲胶都是 1,4-聚异戊二烯，但前者是顺式结构，后者是反式结构，前者 $1650cm^{-1}$ 表示的双键伸缩振动是平行谱带，后者的 $1650cm^{-1}$ 是垂直谱带，据此可分析两者分子链的排列方式是不同的。

1.1.5.6　差谱技术的应用

所谓差谱就是一个光谱减去另一个光谱以分析两个光谱的差异。以前的差谱技术要求被减的试样在测试和参比光路中有相同的厚度，因此制样和操作都比较繁琐。但是傅里叶变换红外光谱仪是把测量样品的红外光谱经模/数转换后储存在电子计算机里，所以可把两个光谱按特定的比例进行吸光度相减，然后再经过数-模转变在记录仪上，画出所需要的差谱。被减的样品在两光谱中的强度可以是任意的。如果差谱信号很弱，为了提高信噪比，可以使用纵坐标扩展，并进行平滑处理，或多次扫描，通过光谱平均累加快信号增强。傅里叶变换红外光谱仪的这种差谱技术现已广泛应用，可解决许多以前不能或难以解决的问题。使用这种差谱技术可以不用物理方法的分离而直接鉴定混合物的组分,甚至于微量的组分,例如有人就应用差谱技术检查出棉籽中含有 0.5% 的甲醛。在聚合物的研究中,有时需要分析聚合物中少量配合剂(如增塑剂、抗氧剂、其他添加剂乃至于杂质或聚合物降解产物等)以及这些配合剂与聚合物本体相互作用的情况,差谱在这方面是能够胜任的。

1.2 激光拉曼散射光谱

拉曼光谱法(Raman spectorscopy)是建立在拉曼散射效应基础上的光谱分析方法。1928 年,印度物理学家 C.V. Raman 将太阳光用透镜聚光并照射到无色透明的液体样品上,然后通过不同颜色的滤光片观察光的变化情况,他在实验中发现了与入射光波长不同的散射光,为了纪念这一发现,人们将与入射光不同频率的散射光称为拉曼散射。由此而产生的光谱称为拉曼光谱。从拉曼光谱可以间接得到分子振动、转动方面的信息,据此可以对分子中不同化学键或官能团进行辨认。

1.2.1 拉曼光谱基本原理

如图 1-19 所示,当激发光照射样品时,左边的一组线代表分子与光作用后的能量变化,样品分子被激发至能量较高的虚态;中间一组线代表瑞利散射,光子与分子间发生弹性碰撞,碰撞时只是方向改变而未发生能量交换;右边一组线代表拉曼散射,光子与分子碰撞后发生了能量交换。光子将一部分能量传递给了样品分子或从样品分子获得了一部分能量,因而改变了光的频率。如果从基态振动能级跃迁到受激虚态的分子不返回基态,而返回至基态的某一振动激发态能级,即分子保留了一部分能量,此时散射光子的能量为 $h\nu=\Delta E$。$\Delta E=h\nu$ 为振动激发态的能量,其频率 $\nu_R=\nu_0-\nu$,显然低于入射光频率。由此产生的拉曼线称为斯托克斯线。若处于基态某一振动激发态的分子跃迁到受激虚态后,直接返回到基态振动能级,此时散射光子的能量则为 $h(\nu_0+\nu)$,其频率 $\nu_R=\nu_0+\nu$,显然高于入射光

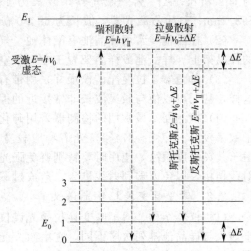

图 1-19 分子的散射能级图

频率,所产生的拉曼线称为反斯托克斯线。在常温下,根据玻尔兹曼分布,处于振动激发态的分子概率不足 1%,因此斯托克斯线远强于反斯托克斯线。

由于室温下基态最低振动能级的分子数目最多,与光子作用后返回同一振动能级的分子也最多,所以上述散射出现的概率大小顺序为:瑞利散射>斯托克斯线(Stokes 线)>反斯托克斯线(反 Stokes 线)。

拉曼光谱参数包括拉曼位移和拉曼位移强度。

(1) 拉曼位移 拉曼散射光与入射光的频率之差称为拉曼位移,一般用 Stokes 位移表示。
即
$$\Delta\nu=\nu_0-\nu_R \tag{1-6}$$
它与发生散射的分子振动频率相等。如以波数为单位,通常可用式(1-7)表示:
$$\Delta\sigma=\sigma_0-\sigma_R \tag{1-7}$$
可见,通过拉曼位移的测定可以得到分子的振动光谱。因此,拉曼位移是拉曼光谱进行物质分子结构分析和定性鉴定的依据。

(2) 拉曼位移强度　当样品分子不产生吸收时,拉曼散射强度与激发波长的 4 次方成反比,因此选择较短波长的激光时灵敏度高。拉曼散射强度与样品分子的浓度成正比,利用拉曼散射光强度与物质浓度之间的比例关系也能进行定量分析。

测定拉曼散射光谱时,一般激发能量应大于振动能级的能量差,低于电子能级间的能量差,并且激发光要远离分析物的紫外-可见吸收光范围。

1.2.2　激光拉曼光谱仪

1.2.2.1　色散型拉曼光谱仪

仪器主要由激光光源、样品池、单色器及信号控制记录系统组成,如图 1-20 所示。

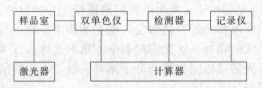

图 1-20　激光拉曼光谱仪原理图

(1) 光源　激光光源多用连续式气体激光器或脉冲激光器。如 He-Ne 激光器,其波长为 632.8nm；Ar^+ 离子激光器,波长为 488.0nm 和 514.5nm；Kr^- 离子激光器,波长为 568.2nm；红宝石激光器,波长为 694.0nm。后三种激光功率大,能提高拉曼线的强度。

(2) 样品池　常用样品池有液体池、气体池和毛细管。对固体、薄膜样品则可置于特制的样品架上。样品池或样品架置于在三维空间可调的样品平台上。

(3) 单色器　拉曼光谱仪最好采用带有全息光栅的双单色器,它能有效地消除杂散光,这样,甚至可以使与激光波长非常接近的但强度弱的拉曼线得到检测。

(4) 检测器　最常用的检测器采用砷化镓(GaAs)光阴极光电倍增管。它的优点是量子效率较高(17%~37%),光谱响应较宽(300~800nm),而且在可见光区内响应稳定。由于其灵敏度很高,使用时要特别避免强光的进入,在拉曼测试设置参数时,一定要把瑞利射线挡住。以免因瑞利射线进入,造成过载而烧毁光电倍增管。

1.2.2.2　傅里叶变换拉曼光谱仪

(1) 仪器结构　傅里叶变换拉曼光谱仪的光路设计极类似于傅里叶变换红外光谱仪,但干涉仪与样品池排列次序不同。它由激光光源、样品池、干涉仪、滤光片组、检测器从控制用计算机等组成。

激光光源采用 Nd/YAG 激光器,发射波长为 1064nm 近红外激光。从激光器发射出的光被样品散射后,再经过干涉仪,得到散射光的干涉图,然后经过计算机进行快速的傅里叶变换后,就得到正常的拉曼线强度随拉曼位移而变化的光谱图,仪器还采用一组特殊的滤光片组,它由几个介电干涉滤光片组成,用来滤去比拉曼散射光强 10^4 倍以上的瑞利散射光。拉曼散射线的检测器常采用置于液氮冷却下的 GE 检测器或能在室温下工作的 InGaAs 检测器。

(2) 特点　傅里叶变换拉曼光谱仪具有扫描速度快、分辨率高、精度高及重现性好等优点。对一般分子的研究,由于其光源为 1064nm 近红外激光,比可见光长近一倍,能量低,其拉曼散射信号比常规激光拉曼散射信号弱。

1.2.3　拉曼光谱与红外吸收光谱的异同

拉曼光谱法与红外光谱法通常有很多相似之处,但两种光谱法又有明显差别。

(1) 红外与拉曼光谱法的相同点　对于一个给定的化学键,其红外吸收频率与拉曼位移相等,均代表第一振动能级的能量,化合物某些峰的红外吸收波数与拉曼位移完全相同。红外吸收波数与拉曼位移均在红外光区,两者都反映分子的结构信息互补,可用于有机化合物的结构鉴定。

（2）红外与拉曼光谱法的不同点　红外光谱的入射光及检测光都是红外光，而拉曼光谱的入射光大多数是可见光，散射光也是可见光。红外光谱测定的是分子对光的吸收，横坐标用波数或波长表示；而拉曼光谱测定的是分子对光的散射，横坐标是拉曼位移。红外吸收是由于振动引起分子偶极矩或电荷分布变化产生的；拉曼散射是由于键上电子云分布产生瞬间变形引起暂时极化，产生诱导偶极，当返回基态时发生的散射。

因此，拉曼光谱最适合于研究由相同原子组成的分子的非极性键，如C—C、N—N、S—S等的振动，以及对称分子，如CS_2的骨架振动。CS_2分子的对称伸缩振动显然属非红外活性，但是电子云形状在振动平衡位置前后起了很大变化，即极化率改变很大，因此对称伸缩振动方式显示拉曼活性。相反，对于CS_2分子的不对称伸缩振动和弯曲振动，虽然都引起偶极矩的变化，显示红外活性，但是它们的电子云分布在振动平衡位置前后的形状完全相同，极化率不变，所以不显示拉曼活性。

对任何分子，可粗略地用下面的规则来判别其拉曼或红外是否有活性。

（1）相互排斥规则　凡具有对称中心的分子，若其分子振动具有拉曼活性，则红外便是非活性的；反之亦然。如氧分子具有拉曼活性，红外便是非活性的。

（2）相互允许规则　凡是没有对称中心的分子，其红外和拉曼光谱都是活性的。

（3）相互禁阻规则　对于少数分子的振动，其红外和拉曼光谱都是非活性的，如乙烯分子的扭曲振动等。

由此可见，拉曼光谱和红外吸收光谱是互相补充的，与红外光谱配合使用，能更好地解决分子结构测定的问题。

1.2.4　激光拉曼散射光谱的特征

1.2.4.1　基团特征频率的概念

有机化合物的分子是由各种基团组成的，每个基团又是由各种原子组成的。各原子间由化学键相互连接着。分子的振动和转动产生分子光谱。分子振动表现为组成分子的各原子间键长和键角的变化，这种变化在分子的每一部分都不停地进行着。如果把分子的某一基团视为孤立的，其振动也是孤立的，则这个基团的振动频率便是该基团的特征。因此，有机化合物中各种基团都具有其特征的振动频率，通常称为基团特征频率。然而，实际的有机分子中任何基团都不可能是完全孤立的，它们是通过各种化学键同分子的其他部分相连接着，因而每个基团的任何振动必然会受到分子内其他基团的影响。有时也会受到其他分子的影响，如氢键和溶剂效应的影响。由于各种因素对分子基团振动的影响，基团的振动频率将随着这种影响的不同而变化。所以基团特征频率是与基团在分子中所处的化学环境有关的。因此，我们就可以从基团的特征频率变化规律判断有机分子中各种基团的存在与否以及它们所处的化学环境。这样就把分子光谱信息与分子的结构联系在一起了。实践证明，基团特征频率在拉曼和红外光谱分析中是十分有用的。

1.2.4.2　谱带的强度

拉曼谱带的强度由分子振动过程中分子的极化率 α 变化所决定，正比于 α；红外谱带的强度由偶极矩 P 变化所决定，正比于 P。各种有机基团的偶极矩和极化率有很大的差别。因比，可以预料某些基团振动将产生强的拉曼谱带，而另一些基团振动则产生强的红外谱带。但也有一些基团振动在两种光谱中都产生较强的谱带。显然，某些基团的鉴别用拉曼光谱较为容易，而另一些基团则用红外光谱较容易鉴别。若同时分析拉曼和红外光谱可以得到最大信息量。可以用一般规律定性地预言各种有机基团在拉曼光谱和红外光谱中的谱带强度。

① 非极性或极性很小的基团振动有较强的拉曼谱带,而强极性基团振动有较强的红外谱带。但有个别例外,如 C═N 基团的光谱有很强的拉曼谱带,通常在红外光谱带很弱。

② 根据互不相容原理,具有对称中心的分子,任何一个振动模式的谱带不可能同时出现在拉曼光谱和红外光谱中。

③ C—H 伸缩振动:在脂肪族化合物的拉曼光谱中为强谱带,而在红外光谱中是弱的;在乙烯基或芳香基的光谱中,是中等强度的拉曼谱带和较弱的红外谱带;乙炔的 C—H 伸缩振动谱带在拉曼光谱中是弱谱带,而在红外光谱中是中等强度的。

④ C—H 变形振动:脂肪族基团的 C—H 弯曲振动在红外光谱中是中等强度的谱带,而在拉曼光谱中为弱谱带;不饱和系统(乙烯基,芳香化合物)的 C—H 面外变形振动只在红外光谱中是强谱带。

⑤ OH 和 NH 基团是极性基团。因此,在红外光谱中是强谱带,而在拉曼光谱中是很弱的谱带。此外,弯曲振动的红外光谱谱带总是比拉曼光谱强。

⑥ C—C、N—N、S—S 和 C—S 等单键在拉曼光谱中产生强谱带,而在红外光谱中为弱谱带。

⑦ C═C、C═N、N═N、C≡C 和 C≡N 等多重键的伸缩振动在拉曼光谱中多为强的谱带,在红外光谱中为很弱的谱带。而 C═O 伸缩振动在红外光谱中有很强的谱带,而在拉曼光谱中仅为中等强度的谱带。

⑧ 环状化合物在拉曼光谱中有一个很强的谱带,是环的全对称(呼吸)振动的特征。这个振动频率由环的大小所决定。

⑨ 芳香族化合物在拉曼和红外光谱中都有一系列尖锐的强谱带。

⑩ H—C—H 和 C—O—C 类型的基团有一个对称伸缩振动和一个反对称伸缩振动。前者对应很强的拉曼谱带,而后者为较强的红外谱带。

⑪ 各种振动的倍频及合频谱带在红外光谱中比在拉曼光谱中强,有时在拉曼光谱中弱到难以检测的程度。

1.2.4.3 影响基团频率的因素

影响基团频率的主要因素包括:基团在分子中的空间配置、相邻基团的诱导效应和内消旋效应,费米共振以及样品的物理状态等。

(1) 原子间距离和基团的空间配置的影响

① BAB 型基团 在有机化合物中常常出现 BAB 型的基团,如,—CH_2、—NH_2、—NO_2、CO_2、SO_2、CCl_2 等。这些基团总是由两个谱带所表征——对称伸缩振动和反对称伸缩振动。BAB 中两个键成直线形结构时,对称伸缩振动和反对称伸缩振动之间的频率相差最大。叠烯基 C═C═C 的 $\nu_{对称}$ 在拉曼光谱中出现在 1707cm^{-1},$\nu_{反对称}$ 在红外光谱中出现在 1905cm^{-1}。孤立的 C═C 伸缩振动频率在 1640cm^{-1} 附近。当 BAB 中两个键成直角结构时,对称和反对称伸缩频率彼此趋于接近,但总是 $\nu_{反对称} > \nu_{对称}$。假如 BAB 中两个键之间的夹角小于 90°时,对称伸缩振动频率变得大于反对称伸缩振动频率,$\nu_{反对称} < \nu_{对称}$。这种情况在环状化合物的光谱中表现最为明显。对于三元环,对称伸缩振动的谱带在 1250cm^{-1} 附近,反对称伸缩振动的谱带在 820cm^{-1} 附近;对于四元环,两个谱带的频率都接近 1000cm^{-1};对于五元环,反对称伸缩振动的频率大于对称伸缩振动的频率,即 $\nu_{反对称} \approx 1060cm^{-1}$,$\nu_{对称} \approx 900cm^{-1}$;对于六元环,这种差距更大,$\nu_{反对称} \approx 1120cm^{-1}$,$\nu_{对称} \approx 820cm^{-1}$。表 1-6 列出饱和环化合物的特征频率。表中的对称伸缩振动(环呼吸)为强拉曼谱带。反对称伸缩振动在红外光谱中是很强的谱带。

表 1-6　饱和环化合物的特征谱带

化合物	谱带位置		化合物	谱带位置	
	$\nu_{对称}$（拉曼）	$\nu_{反对称}$（红外）		$\nu_{对称}$（拉曼）	$\nu_{反对称}$（红外）
环丙烷	1185		四氢化吡咯	900	1078
环氮丙烷	1210		环己烷	800	
环氧丙烷	1270	840	四氢吡喃	815	1098
环硫丙烷	1120		哌啶	817	
环丁烷	1000	920	1,1-二氧杂环己烷	835	1120
氧杂环丁烷	1028	980	1,3,5-三氧杂环己烷	960	1175
环戊烷	890		环庚烷	735	
四氢呋喃	915	1070	环辛烷	700	
四氢噻吩	690				

② AB₃ 型基团　甲基或三氯甲基属于 AB$_3$ 型基团。有三个振动，两个反对称振动和一个对称振动，如结构式 1 所示：

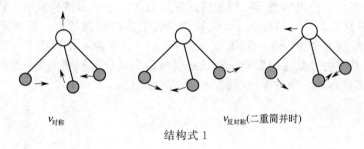

结构式 1

两个反对称振动具有相同的能量，因此这两个振动是二重简并的，通常是反对称振动的频率大于对称振动。

③ ABBA 型基团　ABBA 型基团产生一个反对称振动谱带和一个对称振动谱带，与 BAB 型基团相似。两频率之间的差别很小，且取决于 A 和 B 的原子量之差，AB 键和 BB 键力常数之差以及 ABBA 基团的空间配置。如果 A 是轻原子，B 是一个重原子，则两个频率之差甚小。如果 AB 键是双键，BB 键是单键，则这两个谱带在光谱中是明显分开的。在这种情况下，比较拉曼光谱和红外光谱中两个谱带的强度可以确定 AB 和 BA 两个基团在分子中的空间配置。如果 AB 和 BA 键具有 sp^2 杂化，则由于 π 电子云的耦合，两个双链位于同一平面内，此基团可能有两种构象：Z 构象（Ⅰ）和 E 构象（Ⅱ），如结构式 2 所示。对于Ⅰ，反对称振动的频率大于对称振动频率；对于Ⅱ，则相反。丁二烯只有 E 构象，其拉曼光谱在 1643cm^{-1} 有一个强的对称振动谱带，红外光谱在 1600cm^{-1} 有一个强的反对称振动谱带。另一个例子是 2,4-二甲基戊二烯分子，有两种构象。在拉曼光谱中有四个谱带。在 1642cm^{-1} 和 1629cm^{-1} 的强谱带分别对应于Ⅰ构象和Ⅱ构象的对称振动。另两个强度较弱的谱带是由两种构象的反对称振动产生的。分别出现在 1604cm^{-1} 和 1659cm^{-1}。当两个双链被两个单键隔开时。由双键产生的反对称和对称振动谱带仍然会出现在光谱中。羧酸酐和 β-二酮的光谱是两个典型的例子。

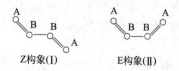

结构式 2

(2) 费米共振的影响　如果一个倍频（$2\nu_1$）或者和频（$\nu_1+\nu_2$）同一个基频相同或者两个振动属于相同的对称类型时，则可能出现费米共振现象。费米共振的结果是产生两个新的谱带，一个在原来频率的高频一侧，另一个在原来频率的低频一侧。与此同时还观察到另一种有趣的现象，通常是弱的合频（或倍频）谱带的强度增加合基频谱带的强度减弱。在极端的情况下，两个谱带有相等的强度。在费米共振存在时，谱带的位置和强度都不同于正常情况下观察到的结果，可能导致光谱解释的错误。例如，在二氧化碳的拉曼光谱中，在 $1388 cm^{-1}$ 和 $1285 cm^{-1}$ 有两个强谱带。它们代替了在 $1336 cm^{-1}$ 的一个伸缩振动谱带。这是由于特征基团频率谱带同出现在 $667 cm^{-1}$ 变形振动频率 δ 的倍频之间的费米共振所产生的结果。

(3) 诱导效应、内消旋数和邻近基团场效应的影响　由于邻近基团的诱导或内消旋效应，任何具有特征频率的 AB 基团附近的基团能够影响原于 A 和 B 之间的电荷密度，从而改变了 AB 键的力常数，因而使 AB 基团的特征频率发生明显的位移。可用基团的共振结构来说明诱导效应的影响。例如，在二甲基亚砜中的硫氧伸缩频率在 $1055 cm^{-1}$。假如与硫原子相连的碳原子被负电性强的原子，例如氧或氯所取代，电子云将从氧原子移向硫原子，结果使结构（1）明显增多，见结构式 3。硫氧键具有更多的双键特征。其力常数增大。在二乙基亚硫酸酯的拉曼光谱中，ν_{S-O} 谱带位于 $1210 cm^{-1}$。在羰基化合物中，碳—氧键的双键特征不仅受邻近基团诱导效应的影响，而且还受内消旋效应的影响。在下面的例子中，取代 X 与羰基相连的基团可用三种共振结构表示，见结构式 4。

结构式 3

结构式 4

(4) 物理状态，介质极性和氢键的影响　对于处在气体状态的分子可以求解没有受到干扰的简正振动模。与在气态下得到的特征频率相比较，当变为凝聚相时，由于分子间相互作用（范德华力），氢键的生成和配合物的产生等因素，将导致特征频率的降低。例如，气态丙酮的 ν_{C-O} 频率在 $1740 cm^{-1}$，而液态丙酮在 $1715 cm^{-1}$。对于强极性基团，可以观察到最大频率的降低，例如，O—H 和 C=O 基团。因此，在测试光谱时，如果可能，应尽量使用非极性溶剂。在含有 OH 和 NH 基团的分子中可能生成强的氢键。一旦氢键生成，X—H 键的力常数减小。4-氯苯酚的光谱中羟基的谱带出现在 $3250 cm^{-1}$，在四氯化碳稀溶液中，相应的谱带出现在 $3610 cm^{-1}$，表明在四氯化碳溶液中分子间的氢键被破坏。如果羟基的氧原子参与氢键，其振动频率将减小。例如，甲基苯甲酯的 C=O 振动频率在 $1730 cm^{-1}$，在甲基水杨酸酯的光谱中相应的谱带出现在 $1680 cm^{-1}$，这是因为甲基水杨酸酯有很强的分子间氢键。由 X—H 基团产生的氢键阻止其变形振动，因而增加了变形振动的频率。在纯羟胺中的 δ_{NH_2} 振动谱带在 $1635 cm^{-1}$。而在四氯化碳稀溶液中，这个谱带出现在 $1600 cm^{-1}$。

样品内液体转变为固体时，有两种因素会影响其光谱：固态时，由于分子可能的构象数减少，通常只能观察到与液体相似的光谱（某些谱带消失）；另外，晶格中的局部电场可能使某些谱带裂分（称为晶格场裂分），并且还影响谱带的强度。

1.2.5 常见高分子化合物的激光拉曼散射光谱

1.2.5.1 聚氨酯弹性体的拉曼光谱

图 1-21(a) 是一块聚氨酯弹性体的普通拉曼光谱，由于强的荧光背景，导致样品的振动信号根本无法得到；图 1-21(b) 是该材料的近红外傅里叶变换拉曼光谱，该图的收集时间是 20 分钟；为了便于比较，图 1-21(c) 是给出了同种物质的傅里叶变换红外光谱。

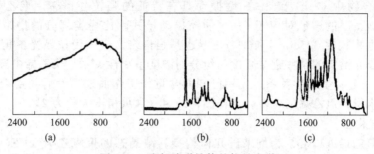

图 1-21　聚氨酯弹性体的拉曼光谱

1.2.5.2 聚{吡咯-2,5-二[(对二甲氨基)苯甲烯]}的原位拉曼光谱

图 1-22 为 PPDMABE 在 pH=3 的 1mol/L NaNO$_3$ 溶液中随电位变化的原位拉曼光谱。图中电位由高到低变化。PPDMABE 在低电位下的拉曼图谱中，1449cm^{-1} 和 1499cm^{-1} 分别对应于芳式和醌式吡啶环中 C═C—N 的对称和反对称伸缩振动吸收峰。在电位由低点位向高点位跃迁的过程中，1449cm^{-1} 的峰逐渐减弱直至消失，相应的在 1477cm^{-1} 处出现新峰并随电位的正移而逐渐增强，1499cm^{-1} 的峰向高波数移动，在 +0.2V 时已移到 1533cm^{-1}，而峰强逐渐减弱直至消失。1477cm^{-1} 的峰对应于介质化的氧化态吡啶环的 C═NH$^+$ 伸缩振动，因此可以断定在氧化过程中吡啶环发生了氧化反应。950~1110cm^{-1} 的一组峰对应于芳式和醌式吡啶环的变形振动，其在高电位和低电位下明显不同也说明了吡啶环发生了氧化反应。1178cm^{-1} 和 1600cm^{-1} 的峰分别对应于苯环的 C—H 面外弯

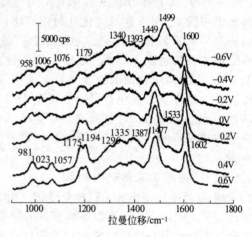

图 1-22　聚{吡咯-2,5-二[(对二甲氨基)苯甲烯]}的拉曼光谱

曲振动和 C═C 的伸缩振动。这两个峰以及 1600cm^{-1} 等处的峰随电位正移而逐渐增强，主要是因为在较高电位下聚合物共轭程度加大，一是引起聚合物本身共振效应增强。PPDMABE 拉曼图谱变化最明显的电位在 −0.4~0.2V 之间，与循环伏安法图中的氧化峰的电位范围基本相同。

1.2.6 激光拉曼散射光谱在高分子材料分析中的应用

1.2.6.1 化学结构和组成分析

拉曼光谱对于分子的某些基团振动是敏感的，可用于研究高分子的化学组成。例如，对于同核（碳-碳，硫-硫，氮-氮等）单键和多重键，已经建立起高分子的结构和谱带频率之间的对应关系。800~1150cm^{-1} 范围内的碳-碳伸缩振动的强拉曼谱带可用于研究烃类的异构体。用它可以区分伯、仲、叔和环状化合物。拉曼光谱可用于测量碳链的长度，所以能研究石油产物。对于含有烯烃的链，拉曼光谱用来检测主链和侧链中的双键，顺-反异构体以及共轭特性等。很强的 C═C 伸缩振动谱带可用以研究丁二烯橡胶。异戊间二烯橡胶的不饱和

度。顺式-和反式-1,4-聚丁二烯的 C=C 伸缩谱带分别在 $1654cm^{-1}$ 和 $1650cm^{-1}$，而 1,2-乙二烯的 C=C 伸缩谱带在 $1639cm^{-1}$。顺式-和反式-1,4-聚异戊间二烯的 C=C 伸缩谱带都在 $1662cm^{-1}$，3,4-聚异戊间二烯的 C=C 伸缩谱带在 $1641cm^{-1}$。用拉曼光谱还可以测定交链系统的相对不饱和度。不饱和乙烯基的拉曼谱带很强，表明它可用于端基的分析。含多环芳香烃类化合物的拉曼散射很强。因此，可以用拉曼光谱研究其稳定的聚合物，例如聚苯乙烯。含硫的聚合物中 C—S 和 S—S 键振动具有特征的强拉曼谱带。聚乙烯硫化合物在 $756cm^{-1}$ 和 $724cm^{-1}$ 的谱带对应于 C—S 伸缩振动模式。比烃类部分的谱带强 10 倍左右。C—S—C 的弯曲模式在 $337cm^{-1}$ 和 $317cm^{-1}$ 也是强谱带。表明用拉曼光谱可以研究高聚物的硫化度。拉曼光谱中的某些谱带强度与组分的浓度呈线性关系。聚乙烯中聚氯乙烯的组分浓度与强度 I_{2906}/I_{2926} 呈线性关系，先用已知的含量作工作曲线，然后测量未知含量的强度比，从图中可求得聚氯乙烯的含量。这样测得的组分含量精度大约为 2%。

1.2.6.2 几何构型

我们以聚氧乙烯（PEO）为例来讲几何构型，结晶态的聚氧乙烯（PEO）具有螺旋构象，每一个循环周期内（1.93nm）含有 7 个—CHCH—O—化学单元，环绕二道五圈。可以用 C（$4\pi/7$）或 C（$10\pi/7$）循环群，也称为双股螺旋群 D（$4\pi/7$）或 C（$10\pi/7$）来处理 PEO 的分子振动。双重轴的一个轴通过氧原子，另一个轴平行于 C—C 键。对于循环群 C（$4\pi/7$），19 种振动模式为平行二向色性的红外谱带，拉曼光谱带具有相同的频率。红外光谱中的 20 个垂直二向色性的模式将同退偏的拉曼光谱带出现在相同的频率。对于 C（$10\pi/7$）群有同样的结果。也可以用二面体群（dihedral group）处理 PEO 的分子振动。在二面体群的情况下，A_2 类有 9 个平行二向色性的红外谱带，而在拉曼光谱中是禁阻的。A_1 类为两个偏振的拉曼谱带，而在红外光谱中是禁阻的。21 个 E_1 类振动模式在红外光谱中是垂直二向色性的，在拉曼光谱中是退偏振的。此外，21 个 E_d 振动模式是拉曼活性的和退偏振的，在红外光谱中是非活性的。各种研究已经断定结晶态 PEO 分子的螺旋结构相对于 O—C、C—C 和 C—O 键为反式，斜式和反式连接方式所组成，属二面体对称群。

1.2.6.3 固态高聚物链的构象

碳-碳骨架振动模式为强拉曼谱带。由于碳-碳键存在相互耦合作用，构象上的任何变化将改变键之间的耦合。所以基频谱带的频率对骨架构象的变化是很敏感的。例如，2 螺旋构象和 3 螺旋构象与单环构象的拉曼和红外光谱的选律不同，可用来测定链的构象。聚丁烯-1：很多有关聚丁烯-1 结构的研究工作证明它有三种结构变型。由熔融态冷却可得到 11 螺旋构成的四边形晶胞的Ⅰ型结构。在室温下，Ⅱ型将慢慢地转化为Ⅰ型（不可逆）。Ⅰ型为含六个 3 螺旋的六边形晶胞。用苯，四氯化碳，甲苯，对-二甲苯和萘烷等溶剂可使纤维状物变成Ⅲ型。加热可使Ⅲ转变为Ⅱ型。然后可自动地转变为Ⅰ型。由于是纤维形的变性，不能用 X-衍射法研究它。一般认为型具有正菱形晶胞，为 10 螺旋结构。Ⅰ，Ⅱ 和Ⅲ型聚丁烯-1 各自的红外和拉曼光谱谱带的频率是一致的。$774cm^{-1}$、$824cm^{-1}$、$875cm^{-1}$ 和 $982cm^{-1}$ 的拉曼谱带频率位移是螺旋转角的函数。根据简正坐标分析，所有这些频率都有 C—C 骨架振动的贡献。这四个谱带均为中等强度，只有Ⅲ型的光谱中没有 $875cm^{-1}$ 谱带。为了从拉曼光谱决定型的构象，必须建立振动模式和螺旋转角变化之间的关系。简正坐标分析证明，在 98°～120° 之间这种关系是线性的。

1.2.6.4 熔融态的链构象

熔融等规聚丙烯（IPP）的红外光谱研究证明熔融过程不破坏 IPP 的螺旋结构。熔融态的链段长度大约为 5 个丙烯单体。如果熔融态聚丙烯具有 3 螺旋构象，其极化率与固态时很接近。如果结构是无规的，则属 C_1 点群，其极化率相对固态有很大的变化，从 0 到

0.75。从拉曼谱带的偏振性可以认为两种相态下的结构是一样的。没有观察到分子构象和偏振性能之间的确切关系。曾经认为 998cm^{-1} 谱带的偏振性对构象是敏感的。在聚丙烯情况下，固态和熔融态的 998cm^{-1} 谱带的偏振性能相同，因而可以认为它们的结构十分相似。

1.2.6.5 在水和其他溶剂中的链构象

我们以聚甲基丙烯酸（PMAA）为例来讲聚合物溶液的链构象分析，用 X 射线结晶学方法对固态 PMAA 构象的研究没有得到任何确切的证据。从光谱学的选律和谱带偏振性能的研究结果可以得到有关 PMAA 构象的信息。用红外光谱法不便于研究 PMAA 吸收光谱的二重色性。但是可以用水溶液拉曼光谱谱带的偏振性能研究 PMAA 的构象。PMAA 的固相和水溶液的拉曼光谱很相似，只有两个谱带有位移，它们都是与固态的和溶液中氢键的差别有关。这表明不能用溶解作用来研究 PMAA 构象上的变化。等规 PMAA 的偏振拉曼谱带在红外光谱中不出现，五条退偏振的拉曼谱带是 857cm^{-1}、872cm^{-1}、1044cm^{-1}、1067cm^{-1} 和 1110cm^{-1}，在红外光谱中也不出现；而另外有几条退偏振的拉曼谱带在红外光谱中出现。有四条谱带在红外光谱中出现，而在拉曼光谱中不出现。由此，PMAA 的振动模式分类为（P，0）、（d，0）、（d，IR）和（0，IR）。由于（P，0）、（d，0）谱带本身就很弱，超出光谱仪器的灵敏限度。所以总共有 12 条谱带在红外和拉曼光谱中都观察不到。这一结果表明 PMAA 为螺旋构象。每两圈为一重复单元。每一单元内有六个以上的单体。有四条谱带只在红外光谱中观察到，而在拉曼光谱中没有观察到，是由于其拉曼强度太弱所致。聚甲基丙烯酸钠（PNaMA）的振动模式分类与 PMAA 相似。表明其螺距大于 3。PMAA 和 PNaMA 之间的频率位移分析指出，PNaMA 的螺旋构象具有较多的开放型构象。这是因为羧酸盐离子的高电荷将相互排斥，这种静电作用力可能由于螺旋的轻微解开而降低，因此羧酸盐离子进一步分开。在水溶液中 PMAA 构象的变化出现在聚合物电解质中和程度处于临界状态，这种变形类似于蛋白质的变性。在中和度大约为 0.2~0.3 时，PMAA 出现这种变形，使聚合物伸长。拉曼光谱研究表明构象变形将引起 C—C 伸缩范围内的光谱变化，是中和度的函数。用醋酸中和时，在这个频率范围内只观察到两个清晰的谱带，一个对应于非离子化的酸，另一个对应于羧酸盐离子。随着醋酸的离子化的出现，两个谱峰的强度比随着中和度的变化呈线性关系。分析在各种中和度得到的间规 PMAA 的光谱时，简单的离解作用不能说明这些数据。774cm^{-1} 的偏振拉曼光谱带属于未离解羧酸基的 C—C 伸缩模式，832cm^{-1} 谱带对应于羧酸盐离子。在 $\sigma=0.2$ 和 0.3 时，744cm^{-1} 谱带表现出不可忽视的加宽，表示是由几个谱峰组成的谱带，因为拉曼谱带的偏振性质相同，这表明多重化结构对加宽有贡献。在 $\sigma=0.4$ 时，735cm^{-1}、768cm^{-1}、811cm^{-1} 和 822cm^{-1} 以肩峰形式出现新的谱线。在 $\sigma=0.5$ 时，主峰的位置位移到 828cm^{-1}，中和度再高，这个谱带的位置不再变化，光谱变化与根据离子化和未离子化羟基两个组分的重叠所预料的情况有很大差别。在中和度 0.4 时，拉曼谱带加宽，肩峰的多重化表明在这种离子化度时结构的多重性。这种结构上的多重性通常由结构的不规则性表征。研究结果表明，这种变化与球状蛋白质的变性不同。这是经过临界中和范围后，结构上无规则性的改进。

聚乙二醇（PEG）的水溶液与熔融态的拉曼光谱没有明显的差别，其氯仿溶液与熔融态的拉曼光谱也十分相似。水溶液光谱谱带的半高宽度明显地比熔融态窄。表明水溶液时分子可占有的能级比熔融态少。水溶液的拉曼谱带出现在 884cm^{-1}、846cm^{-1} 和 807cm^{-1}，是亚甲基的面内摇摆，其中 846cm^{-1} 谱带是主要的。这表明水溶液时骨架结构的变化不像在熔融态和氯仿溶液中那样完全，这个结果同红外光谱和核磁共振结果一致。

1.2.6.6 多肽和蛋白质

多肽和蛋白质是由氨基酸构成的。氨基酸的通式为 $RCH(NH_3^+)CO_2^-$,其中 R 称为边链。20 种不同的边链构成 20 种氨基酸。由两个氨基酸组成二肽的例子如图 1-23 所示。两个氨基酸相互连接的部分—CONH—称酰胺基团或肽链。

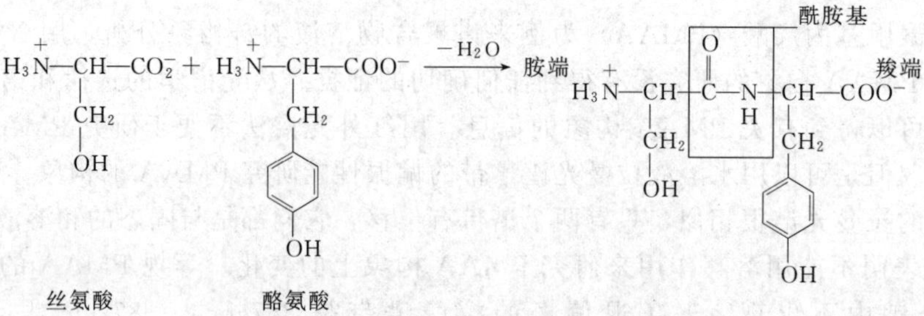

图 1-23 丝氨酸和酪氨酸组成二肽

肽键的振动可以产生多种类型的谱带,如酰胺 A 和 B 谱带,酰胺 Ⅰ,Ⅱ,Ⅲ,Ⅳ,Ⅴ,Ⅵ和Ⅶ谱带等。在这些谱带中,酰胺 Ⅰ 和 Ⅲ 谱带在拉曼光谱中为强谱带,且它们的强度和位移都与蛋白质分子的结构特性有关。因此,本节只讨论这两个谱带,酰胺 Ⅰ 和 Ⅲ 谱带起源于肽键的不同振动(图 1-24)。

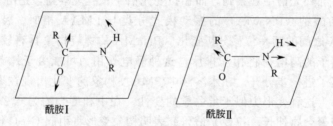

图 1-24 肽键的面内振动-酰胺Ⅰ和Ⅱ谱带

从图 1-24 可以看出,酰胺 Ⅰ 谱带包括 C=O 伸缩振动和 N—H 面内变形振动,其中 C=O 伸缩振动的贡献是主要的。由于酰胺 Ⅰ 谱带是—CONH—基团中的 C=O 伸缩振动,它不同于—COOH 或—COOR 中的 C=O 伸缩振动,所以酰胺 Ⅰ 谱带在拉曼光谱中出现的位置在上述两种 C=O 伸缩振动谱带位置($1610cm^{-1}$ 和 $1700cm^{-1}$)的中间,即在 $1640 \sim 1670cm^{-1}$ 范围内。由于酰胺 Ⅰ 谱带主要来源于 C=O 伸缩振动,而 N—H 面内变形振动的贡献甚少,所以氘交换对它的影响不大。酰胺 Ⅲ 谱带包括 N—H 面内变形振动和 C—N 伸缩振动,其中 N—H 面内变形振动的贡献是主要的。酰胺 Ⅲ 谱带位于 $1240 \sim 1300cm^{-1}$ 范围内。

1.3 紫外光谱

紫外-可见分光光度法也称紫外-可见吸收光谱法(ultraviolet and visible spectrophotometry),属于分子吸收光谱法,是利用某些物质对 200~800nm 光谱区辐射的吸收进行分析测定的一种方法。紫外-可见吸收光谱主要产生于分子价电子在电子能级间的跃迁。该方法由于具有灵敏度高,准确度好,使用的仪器设备简便,价格低廉,且易于操作等优点,故广泛应用于无机和有机物质的定性和定量测定。

1.3.1 紫外光谱基本原理

1.3.1.1 分子吸收光谱的形成

图 1-25 是双原子分子的能级示意图。图中 A 和 B 表示不同能量的电子运动能级（简称电子能级）。A 是电子能级的基态，B 是电子能级的最低激发态。在同一电子能级内，分子的能量还因振动能差的不同而分成若干支级（$v=0,1,2,3\cdots$），称为振动能级。当分子处于某一电子能级中的某一振动能级时，分子的能量还会因转动能差的不同再分为若干支级（$J=0,1,2,3\cdots$），称为转动能级。显然，电子能级的能量差 ΔE_e、振动能级的能量差 ΔE_v 和转动能级的能量差 ΔE_r 间相对大小关系为 $\Delta E_e > \Delta E_v > \Delta E_r$。

根据量子理论，如果分子从外界吸收的辐射能（$h\nu$）等于该分子的较高能级与较低能级的能量差时，即

$$\Delta E = h\nu = h\frac{c}{\lambda} \quad (1-8)$$

分子将从较低能级跃迁至较高能级。

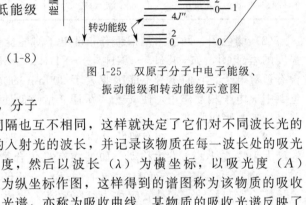

图 1-25 双原子分子中电子能级、振动能级和转动能级示意图

由于各种物质分子内部结构的不同，分子的能级也是千差万别，各种能级之间的间隔也互不相同，这样就决定了它们对不同波长光的选择吸收。如果改变通过某一吸收物质的入射光的波长，并记录该物质在每一波长处的吸光度，然后以波长（λ）为横坐标，以吸光度（A）为纵坐标作图，这样得到的谱图称为该物质的吸收光谱，亦称为吸收曲线。某物质的吸收光谱反映了它在不同的光谱区域内吸收能力的分布情况，通过吸收曲线的波形、波峰的位置、波的强度及其数目，可为研究物质的内部结构提供重要的信息。

图 1-26 是四种浓度 $KMnO_4$ 溶液的吸收光谱。从图可见：

① 同一溶液对不同波长的光的吸收程度不同。如 $KMnO_4$ 对 525nm 的光吸收程度最大，此波长称为最大吸收波长，以 λ_{max} 或 $\lambda_{最大}$ 表示，所以吸收光谱上有一高峰。

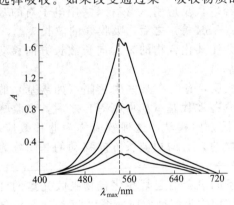

图 1-26 $KMnO_4$ 溶液的吸收曲线

② 不同浓度的 $KMnO_4$ 溶液的吸收光谱形状相似，其最大吸收波长 λ_{max} 不变。吸收光谱与物质的特性有关，不同物质吸收光谱的形状和最大吸收波长可能不同。故据此可作为物质定性分析的依据。

③ 同一物质不同浓度的溶液，在一定波长处吸光度随溶液浓度的增加而增大。这个特性可作为物质定量分析的依据。在测定时，只有在 λ_{max} 处测定吸光度，其灵敏度才最高，因此，吸收光谱是吸光光度法中选择测量波长的依据。

1.3.1.2 基本概念

(1) 生色团 分子中能吸收紫外或可见光的结构单元称为生色团。它是含有非键轨道和 π 分子轨道的电子体系，能引起 $n \to \pi^*$ 和 $\pi \to \pi^*$ 跃迁，例如碳碳双键、共轭双键、羰基、硝

基等。表1-7列出了某些常见生色团的吸收特征。

表1-7 一些常见生色团的吸收特征

生色团	实例	溶剂	λ_{max}/nm	$\varepsilon_{max}/(L \cdot mol^{-1} \cdot cm^{-1})$	跃迁类型
烯	$C_6H_{12}CH=CH_2$	正庚烷	177	13000	$\pi \to \pi^*$
			178	10000	$\pi \to \pi^*$
炔	$C_6H_{11}C\equiv CCH_3$	正庚烷	196	2000	—
			225	160	
羧基	CH_3COOH	乙醇	204	41	$n \to \pi^*$
酰胺基	CH_3CONH_2	水	214	60	$n \to \pi^*$
	CH_3COCH_3	正己烷	186	1000	$n \to \sigma^*$
			280	16	$n \to \pi^*$
羰基	CH_3CHO	正己烷	180	大	$n \to \sigma^*$
			293	12	$n \to \pi^*$
偶氮基	$CH_3N=NCH_3$	乙醇	339	5	$n \to \pi^*$
硝基	CH_3NO_2	异辛烷	280	22	$n \to \pi^*$
亚硝基	C_4H_9NO	乙醇	300	100	$n \to \pi^*$
			665	20	$n \to \pi^*$
硝酸酯	$C_2H_5ONO_2$	二氧六环	270	12	$n \to \pi^*$

（2）助色团 助色团是指带有非键电子对的能使生色团吸收峰向长波方向移动并增强其强度的官能团，如—OH、—NH_2、—NHR、—SH、—Cl、—Br、—I等。这些基团中都含有孤对电子，它们本身不能吸收大于200nm的光，但是当它们与生色团相连时，能与生色团中π电子相互作用，使$\pi \to \pi^*$跃迁能量降低使其吸收带的最大吸收波长λ_{max}发生移动，并且增加其吸收强度。

（3）红移与蓝移 在有机化合物中，常常因取代基的变更或溶剂的改变，而使其吸收带的最大吸收波长λ_{max}发生移动。如某些有机化合物经取代反应引入含有未共用电子对的基团（—NH_2、—NR_2、—OH、—Cl、—Br、—SH、—SR等）之后，吸收峰的波长λ_{max}将向长波长方向移动，这种效应称为红移效应。这些会使某化合物的λ_{max}向长波长方向移动的基团称为向红基团。

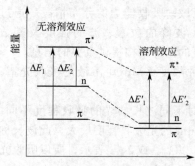

图1-27 溶剂极性对$\pi \to \pi^*$和$n \to \pi^*$跃迁能量的影响

与红移效应相反，有时在某些生色团（如羰基）的碳原子一端引入一些取代基（如甲基等）之后，吸收峰的波长会向短波长方向移动，这种效应称为蓝移效应。这些会使某化合物的λ_{max}向短波长方向移动的基团称为向蓝基团。

溶剂极性的不同也会引起某些化合物吸收光谱的红移或蓝移，这种作用称为溶剂效应。图1-27给出了溶剂极性对$\pi \to \pi^*$和$n \to \pi^*$跃迁能量变化的示意图。

在$\pi \to \pi^*$跃迁中，激发态极性大于基态，当使用极性大的溶剂时，由于溶剂与溶质相互作用，激发态π^*比基态π的能量下降更多，因而激发态与基态之间的能量差减小（$\Delta E_1' < \Delta E_1$），导致吸收谱带λ_{max}红移。而在$n \to \pi^*$跃迁中，基态n电子与极性溶剂形成氢键，降低了基态能量，使激发态与基态之间的能量差变大（$\Delta E_2' > \Delta E_2$），导致吸收带λ_{max}蓝移。由此可见，溶剂的极性增大时，$\pi \to \pi^*$跃迁的λ_{max}发生红移；而$n \to \pi^*$跃迁的λ_{max}发生蓝移。

1.3.2 分子轨道和电子跃迁

1.3.2.1 有机化合物的分子轨道和电子跃迁

有机化合物的紫外-可见吸收光谱取决于有机化合物分子的结构及分子轨道上电子的性

质。按照分子轨道理论,有机化合物分子中的价电子包括形成单键的 σ 电子、形成重键的 π 电子和非成键的 n 电子。当分子吸收一定能量后,其价电子将从能量较低的轨道跃迁至能量较高的反键轨道。如图 1-28 所示,σ、π 表示成键分子轨道;n 表示非成键分子轨道;σ*、π* 表示反键分子轨道。

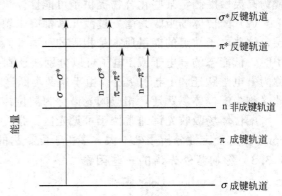

图 1-28 各种电子跃迁相应的吸收峰和能量示意图

一个有机化合物分子对紫外光或可见光的特征吸收,可以用吸收最大处的波长,即吸收峰波长(λ_{max})来表示,它取决于分子激发态与基态间的能量差。图 1-28 定性地表示了几种分子轨道能量的相对大小、各种类型的电子跃迁光谱能量大小和相应的吸收峰波长的位置。从化合物的性质来看,与紫外-可见吸收光谱有关的电子跃迁是 n→σ*、n→π* 和 π→π*。

(1) n→σ* 跃迁　含有杂原子 S、N、O、P、卤素原子的饱和有机化合物都可以发生这种跃迁。n→σ* 跃迁的大多数吸收峰出现在波长 200 nm 以下,在紫外区不易观察到这类跃迁。

(2) n→π* 和 π→π* 跃迁　这两类跃迁一般出现在波长大于 200nm 的紫外区,要求有机化合物分子中含有不饱和基团,例如碳碳双键、羰基、硝基等,均是含有 π 键的基团。还有一些基团例如—OH、—NH$_2$、—SH 及卤素元素等,它们都含有未成键 n 电子。π→π* 跃迁产生强吸收带,摩尔吸光系数可达 10^4 L·mol·cm^{-1},而 n→π* 跃迁吸收光谱的强度小,摩尔吸光系数一般在 500L·mol·cm^{-1} 以下。

如果有机化合物含有几个生色团,且生色团之间不产生共轭效应,该化合物的吸收光谱基本上由这些生色团的吸收带所组成。如果有机化合物中含有多个相同的生色团,其吸收峰的波长基本不变,而摩尔吸光系数将随生色团数目增加而增大。如果有机化合物分子中生色团发生共轭作用,则原有的吸收峰将发生位移,同时摩尔吸光系数增大。

当有机化合物处于气态时,它的吸收光谱由孤立的分子给出,因而其振动光谱和转动光谱的精细结构也能表现出来。当有机化合物溶解于某种溶剂时,该有机物分子被溶剂分子所包围,限制了分子的自由转动,使转动光谱表现不出来。如果溶剂的极性很大,该分子的振动光谱也将消失。此外,溶剂的极性不同,也将使吸收光谱的位置发生移动,这在前面已有叙述。极性较大的溶剂,一般会使 π→π* 跃迁谱带红移,而使 n→π* 跃迁谱带蓝移。某些有机化合物在引入含有孤对电子基团后,吸收光谱也会发生红移或蓝移。

1.3.2.2　无机化合物的分子轨道和电子跃迁

(1) 电荷转移吸收光谱　某些无机化合物的分子同时具有电子给予体和电子接受体部分,当辐射照射到这些化合物时,电子从给予体外层轨道跃迁到接受体轨道,这种由于电子转移产生的吸收光谱,称为电荷转移光谱。电子电荷转移过程可用下式表示:

$$D-A \xrightarrow{h\nu} D^+ - A^-$$

D 和 A 分别表示电子给予体和电子接受体。在辐射作用下,一个电子从给予体转移到接受体。在配合物的电荷转移过程中,金属离子通常是电子接受体,配位体是电子给予体。许多无机配合物能发生这种电荷转移光谱,例如,

$$[Fe^{3+}-SCN^-]^{2+} \xrightarrow{h\nu} [Fe^{2+}-SCN]^{2-}$$

电荷转移吸收光谱的最大特点是吸收强度大,摩尔吸光系数一般超过 10^4 L·mol·cm^{-1},这

就为高灵敏度测定某些化合物提供了可能性。

(2) 配位体场吸收光谱　过渡元素都有未填满的 d 电子层，镧系和锕系元素含有 f 电子层，这些电子轨道的能量通常是相等的（简并）。当这些金属离子处在配位体形成的负电场中时，低能态的 d 电子或 f 电子可以分别跃迁到高能态的 d 轨道成 f 轨道，这两类跃迁分别称为 d 电子跃迁和 f 电子跃迁。由于这两类跃迁必须在配位体的配位场作用下才能发生，因此又称为配位体场跃迁，相应的光谱称为配位体场吸收光谱。

配位体场吸收光谱通常位于可见光区，强度弱，摩尔吸光系数约为 $0.1\sim100\text{L}\cdot\text{mol}\cdot\text{cm}^{-1}$，对于定性分析用处不大，多用于配合物的研究。

1.3.3　影响紫外光谱的一些因素

1.3.3.1　Lambert-Beer 定律

Lambert-Beer 定律是光吸收的基本定律，也是分光光度分析法的理论依据和计算基础。Lambert 和 Beer 分别于 1760 年和 1852 年独立研究了光通过溶液的吸收程度与溶液层厚度和溶液浓度之间的定量关系。当一束平行的单色光通过浓度一定的均匀溶液时，该溶液对光的吸收程度与溶液层厚度 b 成正比。这种关系称为 Lambert 定律，数学表达式为

$$\lg\frac{I_0}{I}=k_1 b \tag{1-9}$$

当单色光通过液层厚度一定的均匀的吸收溶液时，该溶液对光的吸收程度与溶液的浓度 c 成正比。这种关系称为 Beer 定律，数学表达式为

$$\lg\frac{I_0}{I}=k_2 c \tag{1-10}$$

如果同时考虑溶液浓度与液层厚度对光吸收程度的影响，即将 Lambert 定律与 Beer 定律结合起来，则可得

$$\lg\frac{I_0}{I}=kbc \tag{1-11}$$

式(1-11) 称为 Lambert-Beer 定律的数学表达式。上述各式中：I_0、I 分别为入射光强度和透射光强度；b 为光通过的液层厚度；c 为吸光物质的浓度；k_1、k_2 和 k 均为比例常数，与吸光物质的性质、入射光波长及温度等因素相关。上式的物理意义为：当一束平行的单色光通过均匀的某吸收溶液时，溶液的吸收程度 $\lg I_0/I$ 与溶液的浓度和光通过的溶液层厚度的乘积成正比。式(1-11) 中的 $\lg I/I_0$ 项表示溶液的吸收程度，定义为吸光度，并用符号 A 表示；同时，I/I_0 是透射光强度与入射光强度之比，表示了入射光透过溶液的程称为透射比（旧称透光度或透光率），以 T 表示，所以式(1-11) 又可表示为

$$A=\lg\frac{I_0}{I}=\lg\frac{1}{T}=kbc \tag{1-12}$$

透射比常以百分数（T）表示，称为百分透射比。

应用 Lambert-Beer 定律时，应注意：①该定律应用于单色光，既适用于紫外-可见光，也适用于红外光，是各类分光光度法进行定量分析的理论依据；②该定律适用于各种均匀非散射的吸光物质，包括液体、气体和固体；③吸光度具有加合性，指的是溶液的总吸光度等于各吸光物质的吸光度之和。根据这一规律，可以进行多组分的测定及某些化学反应平衡常散的测定。这个性质对于理解吸光光度法的实验操作和应用都有着极其重要的意义。

1.3.3.2　吸光系数与摩尔吸光系数

式(1-12) 中的比例常数 k 值随浓度 c 所用单位不同而不同。如果 c 的单位为 $\text{g}\cdot\text{L}^{-1}$，$k$ 常用 a 表示，a 称为吸光系数，其单位是 $\text{L}\cdot\text{g}^{-1}\cdot\text{cm}^{-1}$，式(1-12) 可转化为

$$A=abc \tag{1-13}$$

如果 c 的单位为 $mol \cdot L^{-1}$，则常数 k 用 ε 表示，ε 称为摩尔吸光系数，其单位是 $L \cdot mol \cdot cm^{-1}$，此时式(1-12)成为

$$A = \varepsilon bc \qquad (1-14)$$

吸光系数 a 和摩尔吸光系数 ε 是吸光物质在一定条件、一定波长和溶剂情况下的特征常数。同一物质与不同显色剂反应，生成不同的有色化合物时具有不同的 ε 值，同一化合物在不同波长处的也可能不同。在最大吸收波长处的摩尔吸光系数，常以 ε_{max} 表示。ε 值越大，表示该有色物质对入射光的吸收能力越强，显色反应越灵敏。所以，可根据不同显色剂与待测组分形成有色化合物的 ε 值的大小，比较它们对测定该组分的灵敏度。以前曾认为 $\varepsilon > 1 \times 10^4 L \cdot mol \cdot cm^{-1}$ 的反应即为灵敏反应，随着近代高灵敏显色反应体系的不断开发，现在，通常认为 $\varepsilon \geqslant 6 \times 10^4 L \cdot mol \cdot cm^{-1}$ 的显色反应才属灵敏反应，$\varepsilon < 2 \times 10^4 L \cdot mol \cdot cm^{-1}$ 已属于不灵敏的显色反应。目前已有许多 $\varepsilon \geqslant 1 \times 10^5 L \cdot mol \cdot cm^{-1}$ 高灵敏显色反应可供选择。

应指出的是，ε 值仅在数值上等于浓度为 $1mol \cdot L^{-1}$，比色皿厚度为 $1cm$ 时的溶液的吸光度，在分析实践中不可能直接取浓度为 $1mol \cdot L^{-1}$ 的溶液测定 ε 值，而是根据低浓度时的吸光度，通过计算求得。

1.3.3.3 偏离 Lambert-Beer 定律的因素

根据 Lambert-Beer 定律，当波长和强度一定的入射光通过液层厚度一定的溶液时，吸光度与溶质浓度成正比。即当液层厚度（b）一定时，以吸光度（A）为纵坐标，对应的浓度（c）为横坐标作图，可得一条通过原点的直线，称为校正曲线或工作曲线。但在实际工作中，特别是当吸光物质浓度较高时，吸光度与浓度之间常常会偏离线性关系，如图 1-29 所示。若溶液的实际吸光度比理论值大，则为正偏离；若吸光度比理论值小，则为负偏离。产生偏离的原因主要来源于以下三个方面。

（1）Beer 定律本身的局限性 Beer 定律通常只有在稀溶液（小于 $0.01mol \cdot L^{-1}$）中才适用。高浓度时，因吸光质点间的平均距离缩小而使得相邻质点的电荷分布会受到彼此的影响，导致其吸光系数发生改变，从而产生线性偏离。

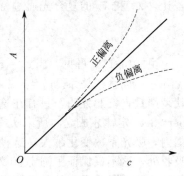

图 1-29 校正曲线对 Lambert-Beer 定律的偏离

（2）化学因素 不同物质，甚至同一物质的不同型体对光的吸收程度可能不同。按 Beer 定律假定，溶液中各组分之间的行为必须是相互无关的，这一假定也是利用光吸收的加合性同时测定多组分混合物的基础。而当溶液浓度较大时，溶液中的吸光物质因离解、缔合、溶剂化作用或化合物形式的改变，结果使吸收曲线的位置、形状及峰高随着浓度的增加而改变，从而引起对 Beer 定律的偏离。如 $Cr_2O_7^{2-}$ 水溶液在 $450nm$ 处有最大吸收，但因存在下列平衡：

$$Cr_2O_7^{2-} + H_2O \Longleftrightarrow 2HCrO_4^- \Longleftrightarrow 2H^+ + 2CrO_4^-$$

当 $Cr_2O_7^{2-}$ 溶液按一定程度稀释时，$Cr_2O_7^{2-}$ 的浓度并不按相同的程度降低，而 $Cr_2O_7^{2-}$、$2HCrO_4^-$、$2CrO_4^{2-}$ 对光的吸收特性明显不同，此时，若仍以 $450nm$ 处测得的吸光度制作工作曲线，将严重地偏离 Lambert-Beer 定律。如果控制溶液均在高酸度时测定，由于六价铬均以重铬酸根形式存在，就不会引起偏离。对于酸碱反应，如一弱酸 HB，其最大吸收波长为 λ_{max}。HB 在溶液中存在下列离解平衡：

$$HB \Longleftrightarrow H^+ + B^-$$

溶液的总吸光度：

$$A = A_{HB} + A_{B^-} = (\varepsilon_{HB} c_{HB} + \varepsilon_{B^-} c_{B^-}) b$$

当有 pH 缓冲溶液时，酸型 HB 与碱型 B^- 之比值在各种浓度下保持不变。但若无缓冲作用，离解度将随稀释而增大。若 $\varepsilon_{B^-} > \varepsilon_{HB}$，当溶液浓度增大时，产生负偏离；若 $\varepsilon_{B^-} < \varepsilon_{HB}$，当溶液浓度增大时，产生正偏离。

所以在用吸光光度法进行分析测定时，要严格控制测定条件，使被测组分以一种形式存在，克服化学因素引起的偏离。

（3）仪器因素　仪器因素引起的偏离，包括入射光不是真正的单色光、单色器内的内反射，以及因光源的被动、检测器灵敏度波动等引起的偏离，其中最主要的是非单色光作为入射光引起的偏离。

严格地说，Lambert-Beer 定律只适用于单色光，但采用任何方法都不可能得到纯的单色光，实际上得到的都是具有某一波段的复合光。由于物质对不同波长光的吸收程度不同，因而导致对 Lambert-Beer 定律的偏离。

设有两种波长的单色光 λ_1 和 λ_2 分别通过溶液，根据 Lambert-Beer 定律有：

当 $\lambda = \lambda_1$ 时，
$$A_1 = \lg \frac{I_{01}}{I_1} = \varepsilon_1 bc \tag{1-15}$$

当 $\lambda = \lambda_2$ 时，
$$A_2 = \lg \frac{I_{02}}{I_2} = \varepsilon_2 bc \tag{1-16}$$

若让含 λ_1 和 λ_2 的复合光通过待测溶液，其吸光度为

$$A = \lg \frac{I_{01} + I_{02}}{I_{01} \times 10^{-\varepsilon_1 bc} + I_{02} \times 10^{-\varepsilon_2 bc}} \tag{1-17}$$

由式(1-17)可见，当 $\varepsilon_1 = \varepsilon_2$ 时，$A = \varepsilon bc$，A 与 c 成直线关系；当 $\varepsilon_1 \neq \varepsilon_2$ 时，$A \neq \varepsilon bc$，A 与 c 不成直线关系。ε_1 与 ε_2 相差越大，即 λ_1 和 λ_2 相差越大，对 Lambert-Beer 定律偏离就越严重；实验证明，只有在选用的入射光波带宽度中，吸光度随波长变化不大时，Lambert-Beer 定律才成立。所以实际工作中，并不严格要求很纯的单色光。在所使用的波长范围内，吸光系数变化越大，这种偏离就越明显。一般应将入射光波长选择在被测物质的最大吸收处，这不仅保证了测定有较高的灵敏度，而且此处的吸收曲线较为平坦，吸光系数变化不大，非单色光引起的偏离比在其他波长处小得多。

1.3.3.4　分析条件的选择

为使分析方法有较高的灵敏度和准确度，选择最佳的测定条件。这些条件综合起来包括试样反应条件和仪器测量条件。

（1）显色反应的选择　在无机分析中，很少利用金属离子本身的颜色进行光度分析，因为它们的吸光系数值都比较小。一般都是选用适当的试剂，与待测离子反应生成对紫外或可见光有较大吸收的物质再测定，这种反应称为显色反应，所用的试剂称为显色剂。配位反应、氧化还原反应以及增加生色基团的衍生化反应等都是常见的显色反应类型，尤以配位反应应用最广。许多有机显色剂与金属离子形成稳定性好、具有特征颜色的络合物，其灵敏度和选择性都较高。

同一组分常可与多种显色剂反应生成不同的有色化合物。所选用的显色反应通常应满足下述要求：

① 反应的生成物必须在紫外-可见光区有较强的吸光能力，即摩尔吸光系数较大。但是，在分析化学中接触到的试样大多是成分复杂的物质，必须认真考虑共存组分的干扰，即希望显色反应的选择性好，干扰少。需要指出的是，在满足测定灵敏度的前提下，选择性的好坏常常成为选择显色反应的主要依据。例如，Fe(Ⅱ)与邻二氮菲在 pH=2~9 的水溶液中生成橙红色配合物的反应，虽然灵敏度不是很高（$\varepsilon_{508} = 1.1 \times 10^4 \text{ L} \cdot \text{mol}^{-1} \cdot \text{cm}^{-1}$），但

由于选择性好,在实际分析中仍广泛被采用。

② 反应生成物应当组成恒定,符合一定的化学式。对于形成不同配位比的配位反应,必须注意控制实验条件,使其生成一定组成的配合物,以免引起误差。

③ 反应生成物的化学性质应足够稳定,至少保证在测量过程中溶液的吸光度基本恒定。且显色条件易于控制,这样才能保证测量结果有良好的重现性。

④ 对照性要好,有色化合物与显色剂的吸收峰波长的差别要大,即显色剂对光的吸收与配合物的吸收有明显区别,一般要求两者的 λ_{max} 之差 $\Delta\lambda$(称为对比度)要大于60nm。

(2) 反应条件的选择　实际上能同时满足上述条件的显色反应不很多,因此在初步决定显色剂以后,认真细致地研究显色反应的条件也是十分重要的。这一般是通过实验研究来得到的。这些实验条件包括:溶液酸度、显色剂用量、试剂加入顺序、显色时间、显色温度、有机配合物的稳定性及共存离子的干扰等。

① 显色剂　灵敏的分光光度法是以待测物质与显色剂之间的反应为基础的。多数无机配位剂单独与金属离子生成的配合物(如 Cu^{2+} 与 NH_3 形成的蓝色配合物,Fe^{3+} 与 SCN^- 形成的红色配合物等)组成不恒定,也不够稳定,反应的灵敏度不高.选择性也较差,所以单独应用不多。目前不少高灵敏的方法是基于金属的硫氰酸盐、氟化物、氯化物、溴化物和碘化物的配位离子与碱性染料的阳离子形成的离子缔合物的反应,特别是基于这些离子缔合物的萃取体系和引入表面活性剂或水溶性高分子的多元体系。例如,在 $0.12mol \cdot L^{-1}$ H_2SO_4 介质中,在聚乙烯醇存在下,Hg^{2+}-I^--乙基罗丹明B离子缔合物显色体系的 ε 高达 $1.14 \times 10^6 L \cdot mol^{-1} cm^{-1}$,$\lambda_{max}=605nm$,测量范围是每25mL含Hg $0 \sim 2.5\mu g$。

分光光度法中主要使用有机显色剂。有机显色剂及其与金属离子反应产物的颜色和它们的分子结构有密切关系。由于显色剂分子结构的复杂性和各基团间相互影响的多样性分子结构与颜色的关系十分复杂。

② 反应体系的酸度　反应时,介质溶液的酸度常常是首先需要确定的问题。因为酸度的影响是多方面的,表现为R的不同型体可能有不同的颜色,产生不同的吸收;M离子可能形成羟基配合物乃至沉淀,影响显色反应的定量完成以及显色配合物存在的型体,甚至组成比,产生不同的吸收。例如,Fe(Ⅲ) 与磺基水杨酸的反应随pH的改变,产物的组成和颜色会产生明显的改变。pH为1.8~2.5时,形成1∶1的紫红色配合物;在pH=4~8时,生成1∶2的橙红色配合物;pH为8~11.5时,生成1∶3的黄色配合物;而当pH>12时,只能生成棕红色的 $Fe(OH)_3$ 沉淀。

对某种显色体系,最适宜的pH范围与显色剂、待测元素以及共存组分的性质有关。目前,显然已有从有关平衡常数值估算显色反应适宜酸度范围的报道,但在实践中,仍然是通过实验来确定。其方法是保持其他实验条件相同,分别测定不同pH条件下显色溶液和空白溶液相对于纯溶剂的吸光度,显色溶液和空白溶液吸光度之差值呈现最大而平坦的区域,即为该显色体系最适宜的pH范围。控制溶液酸度的有效方法是加入适宜的缓冲溶液。缓冲溶液的选择,不仅要考虑其缓冲pH范围和缓冲容量,还要考虑缓冲溶液阴、阳离子可能引起的干扰效应。

③ 显色剂的用量　为了使显色反应进行完全,一般需加入过量的显色剂,但显色剂并不是越多越好。对于有些显色反应,显色剂加入过多,反而会引起副反应,对测定不利。在实际工作中,显色剂的用量可通过实验来确定,作出吸光度随显色剂浓度的变化曲线,选择恒定吸光度值时的显色剂用量。

例如,用 SCN^- 测定 Mo(Ⅴ) 时,Mo(Ⅴ) 与 SCN^- 生成 $Mo(SCN)_3^{2-}$(浅红)、$Mo(SCN)_5$(橙红)、$Mo(SCN)_6^-$(浅红)配位数不同的配合物,用吸光光度法测定时,通常测得的是

$Mo(SCN)_5$ 的吸光度。因此,如果 SCN^- 浓度太高,由于生成浅红色的 $Mo(SCN)_6^-$ 配合物,而使试液的吸光度降低。再如用 SCN^- 测定 Fe^{3+} 随着 SCN^- 浓度的增大,生成颜色越来越深的高配位数配合物 $Fe(SCN)_4^-$ 和 $Fe(SCN)_5^{2-}$,溶液颜色由橙黄变至血红色,试液的吸光度也增大。对于以上这种情况,只有严格地控制显色剂的用量,才能得到准确的结果。

④ 显色反应时间 有些显色反应瞬间完成,溶液颜色很快达到稳定状态,并在较长时间内保持不变;有些显色反应虽能迅速完成,但配合物的颜色很快开始褪色;有些显色反应进行缓慢,溶液颜色需经一段时间后才稳定。因此,必须经实验来确定合适测定的时间区间。实验方法为配制一份显色溶液,从加入显色剂起计算时间,每隔几分钟测量一次吸光度,制作吸光度-时间曲线,根据曲线来确定适宜时间。

⑤ 显色反应温度 通常,显色反应大多在室温下进行,但是,有些显色反应必须加热至一定温度才能完成。例如,用硅钼酸法测定硅的反应,在室温下需 10min 以上才能完成;而在沸水浴中,只需 30s 便能完成反应。许多有色化合物在温度较高时容易分解,如 MnO_4^- 溶液长时间煮沸就会与水中的微生物或有机物反应而褪色。同样,显色反应的适宜温度也是通过实验来确定的。

⑥ 溶剂 有机溶剂常能降低有色化合物的解离度,从而提高显色反应的灵敏度。如在 $Fe(SCN)_3$ 溶液中加入与水互溶的有机溶剂丙酮,由于降低了 $Fe(SCN)_3$ 的解离度而使颜色加深,提高了测定的灵敏度。此外,有机溶剂还能提高显色反应的速率,影响有色配合物的溶解度和组成等。如用偶氮氯膦Ⅲ法测定 Ca^{2+},加入乙醇后,吸光度显著增大。又如,用氯代磺酚 S 法测定钼(Ⅵ)时,在水溶液中显色需几小时,加入丙酮后,则只需 30min。

(3) 仪器测量条件的选择

任何光度计都有一定的测量误差。仪器测量误差主要源于光源的发光强度不稳定、光电效应的非线性、杂散光的影响、实验条件的偶然变动、读数不准等因素。

① 测量波长的选择 根据吸收曲线,宜选择被测组分具有最大吸收时的波长(λ_{max})的光作为入射光,这称为"最大吸收原则"。选用 λ_{max} 处作为测量波长,不仅灵敏度高,而且此处曲线较为平坦,能够减少或消除由非单色光引起的对 Lambert-Beer 定律的偏离。但是若在 λ_{max} 处有其他吸光物质干扰测定时,则应根据"吸收最大,干扰最小"的原则来选择测量波长,即可选用灵敏度稍低但能避开干扰的入射光进行。

② 狭缝宽度的选择 理论上,定性分析时采用最小的狭缝宽度。在定量分析中,为了避免狭缝太小,使出射光太弱而引起信噪比降低,可以将狭缝开大一点。通过测定吸光度随狭缝宽度的变化规律,可选择出合适的狭缝宽度。狭缝宽度在某一范围内,吸光度恒定,狭缝宽度增大至一定程度时吸光度减小。

③ 参比溶液的选择 基于吸光度具有加合性这一性质,可选择适当的参比溶液消除干扰。测量试样溶液的吸光度时,先要用参比溶液调节透射比为 100%,以消除由于吸收池壁及溶剂、试剂对入射光的反射和吸收带来的误差,并可扣除干扰的影响。参比溶液的选择方法如下。

a. 溶剂参比 当试样溶液的组成较为简单,共存的其他组分很少且对测定波长的光几乎没有吸收时,可采用纯溶剂作为参比溶液,称为"溶剂空白"。这样可消除溶剂、吸收池等因素的影响。

b. 试剂参比 如果显色剂或其他试剂在测定波长有吸收,可用不加样品的显色剂、试剂的溶液作参比溶液,称为"试剂空白"。这种参比溶液可消除试剂中的组分产生吸收的影响。

c. 试样参比 如果试样基体在测定波长有吸收,而与显色剂不起显色反应时,可采用不加显色剂的样品溶液作参比溶液，称为"样品空白"。这种参比溶液适用于试样中有较多的共存组分，加入的显色剂量不大，且显色剂在测定波长无吸收的情况。

d. 平行操作溶液参比 用不含被测组分的试样，在相同条件下与被测试样同样进行处理，由此得到平行操作参比溶液。

此外，有时可改变加入试剂的顺序，使待测组分不发生显色反应，可以用此溶液作为参比溶液。总之，选择参比溶液总的原则是：使试液的吸光度真正反映待测组分的浓度。

1.3.3.5 控制合适的吸光度范围

在吸光光度法分析中，除了前面已讲述的偏离 Lambert-Beer 定律所引起的误差外，仪器测量不准确也是误差的主要来源。这种误差可能来源于光源不稳定、实验条件的偶然变动、读数不准确及仪器噪声等。其中透射比与吸光度的读数误差是衡量测定结果的主要因素，也是衡量仪器精度的主要指标之一。当试样浓度较大或较小时，这些因素对于测定结果的影响较大。因而要选择适宜的吸光度范围以使测量结果的误差尽量减小。

为了提高光度法分析结果的准确度，减小测定结果的浓度误差，入射比（或吸光度）的适宜范围推证如下：若在测量吸光度 A 时产生了一个微小的绝对误差 dA，则测量 A 的相对误差 ΔE_r 为

$$\Delta E_r = \frac{dA}{A} \times 100\%$$

根据 Lambert-Beer 定律 $A = \varepsilon bc$，当 b 值一定时，

$$dA = \varepsilon b dc$$

为测量浓度 c 的微小的绝对误差。两式相除得

$$\frac{dA}{A} = \frac{dc}{c}$$

由此可见，吸光度测量的相对误差 $\dfrac{dA}{A}$ 与浓度测量的相对误差 $\dfrac{dc}{c}$ 相当

又因为

$$A = -\lg T = -0.4343 \ln T$$

微分得

$$dA = -0.4343 \frac{dT}{T}$$

$$\frac{dA}{A} = \frac{dT}{T \ln T}$$

所以

$$E_r = \frac{dc}{c} \times 100\% = \frac{dA}{A} \times 100\% = \frac{dT}{T \ln T} \times 100\%$$

由于 T 的测量绝对误差对同一台仪器而言是固定不变的，即 $dT = \Delta T$，故

$$E_r = \frac{\Delta c}{c} \times 100\% = \frac{\Delta T}{T \ln T} \times 100\% = \frac{0.4343 \Delta T}{T \lg T} \times 100\% \tag{1-18}$$

由式(1-18)可知，浓度的相对误差不仅与透射比的绝对误差 ΔT 的大小有关，还与透射比本身的大小有关。不同 T 值时计算的浓度相对误差数据作图，可得图1-30。由图可看出透射比很大或很小时相对误差都较大，为使测量的相对误差较小，吸光度读数应尽量落在标尺的中间而不要落在标尺的两端。

在实际测定时，只有使待测溶液的透射比 T 在 15%～65% 之间，或使吸光度 A 在 0.2～0.8 之间，才能保证浓度测量的相对误差较小（$|E_r| < 4\%$）。当透射比 $T = 36.8\%$ 或 $A = 0.434$ 时，浓度测量的相对误差最小。

所以，为使测量结果的准确度较高，一般应控制标准溶液和被测试液的吸光度使吸光度 A 在 0.2～0.8 之间。为此，可通过控制溶液的浓度或选择不同厚度的吸收池来达到

目的。

1.3.3.6 干扰及其消除方法

试样中存在干扰物质会影响被测组分的测定。在光度分析中,体系内存在的干扰物质的影响有以下几种情况:干扰物质本身有颜色或与显色剂反应后的生成物在测量条件下也有吸收,造成正干扰;干扰物质与被测组分反应或与显色剂反应形成更稳定的配合物,使显色反应不完全,也会造成干扰;干扰物质在测量条件下从溶液中析出,使溶液变混浊,导致无法准确测定溶液的吸光度。

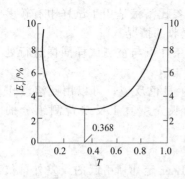

图 1-30 透射比对吸光度相对误差的影响

为消除以上原因引起的干扰,可采取以下几种方法。

(1) 控制溶液酸度 例如,用二苯硫腙法测定 Hg^{2+} 时,Cd^{2+}、Cu^{2+}、Co^{2+}、Ni^{2+}、Sn^{2+}、Zn^{2+}、Pb^{2+}、Bi^{3+} 等均可能发生反应,但如果在稀酸(0.5mol·L^{-1} H_2SO_4)介质中进行测定,则上述离子不与二苯硫腙作用,从而消除其干扰。

(2) 加入掩蔽剂 选取的条件是掩蔽剂不与待测离子作用,掩蔽剂及其与干扰物质形成的配合物的颜色应不干扰待测离子的测定。如用二苯硫腙法测定 Hg^{2+} 时,即使在稀酸(0.5mol·L^{-1} H_2SO_4)介质中进行测定,也不能消除 Ag^+ 和大量 Bi^{3+} 的干扰。这时,加 KSCN 掩蔽 Ag^+,EDTA 掩蔽 Bi^{3+} 可消除其干扰。

(3) 利用氧化还原反应改变干扰离子的价态 如用铬天青 S 比色测定 Al^{3+} 时,Fe^{3+} 有干扰,加入抗坏血酸将 Fe^{3+} 还原为 Fe^{2+} 后,干扰即消除。

(4) 改变显色剂的用量 当溶液中存在有消耗显色剂的干扰离子时,可以通过增加显色剂的用量来消除干扰。

(5) 利用校正系数 例如,用 SCN^- 测定钨时,可利用校正系数扣除钒(V)的干扰,因为钒(V)与 SCN^- 生成蓝色 $(NH_4)_2[VO(SCN)_4]$ 配合物而干扰测定。实验表明,质量分数为 1% 的钒相当于 0.20% 钨(随实验条件不同略有变化)。这样,在测得试样中钒的量后,就可以从钨的结果中扣除钒的影响。

(6) 利用参比溶液消除显色剂和某些共存有色离子的干扰 例如,用铬天青 S 比色法测定试样中的铝,Ni^{2+}、Co^{2+} 等干扰测定。为此可取一定量试液,加入少量 NH_4F,使 Al^{3+} 形成 AlF_6^{3-} 配离子而不再显色,然后加入显色剂及其他试剂,以此作参比溶液,来消除 Ni^{2+}、Co^{2+} 对测定的干扰。

(7) 选择适当的波长 例如,MnO_4^- 的最大吸收波长为 525nm,测定 MnO_4^- 时,若溶液中有 $Cr_2O_7^{2-}$ 存在,由于它在 525nm 处也有一定的吸收,故影响 MnO_4^- 的测定。为此,可选用 545nm 或 575nm 波长进行 MnO_4^- 的光度测定。这时,虽测定灵敏度较低,但却在很大程度上消除了 $Cr_2O_7^{2-}$ 的干扰。

(8) 分离 若上述方法均不能奏效时,只能采用适当的预先分离的方法,如应用沉淀、萃取、离子交换、蒸发、蒸馏以及色谱分离法等。

此外,还可利用化学计量学的方法实现多组分同时测定,以及利用导数光谱法、双波长法等新技术来消除干扰。

1.3.4 紫外-可见分光光度计

1.3.4.1 仪器主要组成

紫外-可见分光光度计的基本结构都是由五部分组成,即光源、吸收池(样品室)、检测器和信号读出装置,如图 1-31 所示。

图 1-31　单波长单光束分光光度计基本结构示意图

(1) 光源　光源的作用是提供分析所需的复合光。一般采用钨灯（350～800nm，适用于可见光区）和氘灯（190～400nm，适用于紫外光区），根据不同波长的要求选择使用。光源要有一定的强度且稳定。

(2) 单色器　单色器的作用是将光源发出的复合光分解为按波长顺序排列的单色光。它的性能直接影响入射光的单色性，从而影响测定的灵敏度、选择性和校正曲线的线性关系等。单色器由入射狭缝、反射镜、色散元件、聚焦元件和出射狭缝等几部分组成，其关键部分是色散元件，起分光作用。色散元件有两种基本形式：棱镜和光栅。

① 棱镜　由玻璃或石英制成。玻璃棱镜用于 350～3200nm 波长范围。它吸收紫外光而不能用于紫外分光光度分析。石英棱镜用于 185～400nm 波长范围，它可用于紫外-可见分光光度计中作分光元件。复合光通过棱镜时，由于棱镜材料的折射率不同而产生折射，折射率与入射光的波长有关。当复合光通过棱镜的两个界面发生两次折射后，根据折射定律，波长小的偏向角大，波长大的偏向角小（图 1-32），就能将复合光色散成不同波长的单色光。

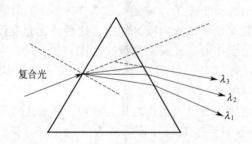

图 1-32　棱镜的色散作用

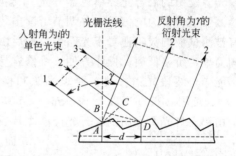

图 1-33　闪耀光栅衍射的原理示意图

② 光栅　光栅有多种，光谱仪中多采用平面闪耀光栅，即在高度刨光的表面（如铝）上刻划许多根平行线槽而成。一般为 600 条·mm^{-1}，1200 条·mm^{-1}，有的可达 2400 条·mm^{-1}，甚至更多。当复合光照射到光栅上时，光栅的每条刻线都产生衍射作用，而每条刻线所衍射的光又会互相干涉而产生干涉条纹，光产生干涉条纹。光波正是利用不同波长的入射光产生干涉条纹的衍射角不同，波长长的衍射角大，波长短的衍射角小，从而使复合光一般成按波长顺序排列的单色光。图 1-33 是光栅衍射原理示意图。

(3) 吸收池　吸收池，也称样品室、比色皿等，用于盛放试液，由玻璃或石英制成。玻璃吸收池只能用于可见光区，而石英池既可用于可见光区，亦可用于紫外光区。一般分光光度计都配有不同厚度的吸收池，有 0.5cm、1.0cm、2.0cm、3.0cm、5.0cm 等规格供选择使用。

(4) 检测器　检测器是一种光电转换元件，其作用是将透过吸收池的光信号强度转变成可测量的电信号强度，便于进行测量。在过去的光电比色计和低档的分光光度计中常用硒光电池。目前，紫外-可见分光光度计中多用光电管和光电倍增管。

① 光电管　光电管是一个真空或充有少量惰性气体的二极管。阳极为一金属丝，阴极为半圆形的金属片，内表面涂有光敏物质。根据光敏材料的不同，光电管分为紫敏和红敏两种。前者是镍阴极涂有锑和铯，适用波长范围为 200～625nm；后者阴极表面涂银和氧化铯，适用波长范围为 625～1000nm。与光电池比较，它具有灵敏度高、光敏范围广、不易疲劳等优点。

② 光电倍增管　光电倍增管是利用二次电子发射放大光电流的一种真空光敏器件。它由一个光电发射阴极、一个阳极以及若干级倍增极所组成。

当阴极 K 受到光撞击时，发出光电子，K 释放的一次光电子再撞击倍增极，就可产生增加了若干倍的二次光电子，这些电子再与下一级倍增极撞击，电子数依次倍增，经过 9～16 极倍增，最后一次倍增极上产生的光电子可以比最初阴极放出的光电子多约 10^6 倍，最高可达 10^9 倍。最后倍增了的光电子射向阳极 A 形成电流。阳极电流与入射光强度及光电倍增管的增加成正比，改变光电倍增管的工作电压，可改变其增益。光电流通过光电倍增管的负载电阻 R，即可变成电压信号，送入放大器进一步放大。

(5) 信号读出装置　早期的分光光度计多采用检流计、微安表作为显示装置，直接读出吸光度或透射比。近代的分光光度计则多采用数字电压表等显示，或者用 X-Y 记录仪直接绘出吸收（或透射）曲线，并配有计算机数据处理平台。

1.3.4.2　紫外-可见分光光度计的类型

紫外-可见分光光度计分为单波长和双波长分光光度计两类。光度计又分为单光束和双光束分光光度计。

(1) 单波长单光束分光光度计　单波长单光束分光光度计的基本结构如图 1-31 所示。

光源发出的混合光经单色器分光，其获得的单色光通过参比（或空白）吸收池后，照射在检测器上转换为电信号，并调节由读出装置显示的吸光度为零或透射比为 100%，然后将装有被测试液的吸收池置于光路中，最后由读出装置显示试液的吸光度值。这种分光光度计结构简单，价格低廉，操作方便，维修容易，适用于在给定波长处测量吸光度或透射比，一般不能作全波段光谱扫描，要求光源和检测器具有很高的稳定性。国产 722 型、751 型、724 型、英国 SP500 型以及 Backman DU-8 型等均属于此类光度计。

由钨卤灯光源发出的混合光经滤光片后，再经聚光镜至入射狭缝聚焦成像，然后通过平面反射镜反射至准直镜，使之成为平行光后，被光栅色散，再经准直镜聚焦于出射狭缝。调节波长调节器可获得所需要的单色光，此单色光通过聚光镜和吸收池后，照射在光电管上，所产生的电流经放大后，由数字显示器可直接读出吸光度 A 或透射比 T 或浓度 c。

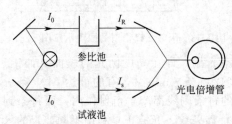

图 1-34　双光束分光光度计原理图

(2) 单波长双光束分光光度计　其工作原理见图 1-34。经单色器分光后经反射镜分解为强度相等的两束光，一束通过参比池，另一束通过样品池。光度计能自动比较两束光的强度，此比值即为试样的透射比，经对数变换将它转换成吸光度并作为波长的函数记录下来。双光束分光光度计一般都能自动记录吸收光谱曲线，进行快速全波段扫描。由于两束光同时分别通过稳定、检测器灵敏度变化等所引起的误差，特别适合于结构分析。不过仪器较为复杂，价格也较高。

(3) 双波长分光光度计　其基本光路如图 1-35 所示。由同一光源发出的光被分成两束，分别经过两个单色器，得到两束不同波长（λ_1 和 λ_2）的单色光，利用切光器使两束光以一定的频率交替照射同一吸收池，然后经过光电倍增管和电子控制系统，最后由显示器显示出两个波长处的吸光度差值，ΔA（$\Delta A = A_{\lambda_1} - A_{\lambda_2}$）。设波长为 λ_1 和 λ_2 的两束单色光的强度相等，则有：

$$A_{\lambda_1} = \varepsilon_{\lambda_1} bc ; \quad A_{\lambda_2} = \varepsilon_{\lambda_2} bc$$

所以
$$\Delta A = A_{\lambda_1} - A_{\lambda_2} = \varepsilon_{\lambda_1} bc - \varepsilon_{\lambda_2} bc \tag{1-19}$$

可见，ΔA 与吸光物质的浓度成正比。这是用双波长分光光度法进行定量分析的理论依据。由于只用一个吸收池，而且以试液本身对某一波长的光的吸光度为参比，因此消除了因试液与参比液及两个吸收池之间的差异所引起的测量误差，从而提高了测量的准确度。

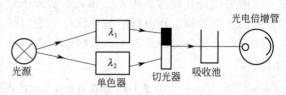

图 1-35 双波长分光光度计原理图

通过光学系统转换，可使双波长分光光度很方便地转化为单波长工作方式。如果能在 λ_1 和 λ_2 处分别记录吸光度随时间变化的曲线，还能进行化学反应动力学研究。而且，测量时使用同一吸收池，不用空白溶液作参比，可消除参比池的不同和制备空白溶液等产生的误差。此外，使用同一光源来获得两束单色光，减小了由光源电压变化而产生的误差。所以对于多组分混合物、浑浊试样（如生物组织液）分析，以及存在背景干扰或共存组分吸收干扰的情况下，利用双波长分光光度法，往往能提高方法的灵敏度和选择性。

1.3.4.3 紫外-可见分光光度法的应用

紫外-可见分光光度法不仅可以用来对物质进行定性分析及结构分析，而且可以进行定量分析及测定某些化合物的物理化学数据等，例如相对分子质量、配合物的配位比及稳定常数和解离常数等。

在有机化合物的定性鉴定和结构分析中，由于紫外-可见光区的吸收光谱比较简单，特征性不强，并且大多数简单官能团在近紫外光区只有微弱吸收或者无吸收，因此，该法的应用也有一定的局限性。但它可用于鉴定共轭生色团，以此推断未知物的结构骨架。在配合红外光谱、核磁共振谱等进行定性鉴定及结构分析中，它仍不失为一种十分有用的辅助方法。

利用紫外-可见分光光度法确定未知不饱和化合物结构的结构骨架时，一般有两种定性方法。

① 比较法（比较吸收曲线） 所谓比较法是在相同的测定条件下，比较未知物与已知标准物的吸收曲线，如果它们的吸收曲线完全相同，则可以认为待测试样与已知化合物有相同的生色团。吸收曲线的形状、吸收峰的数目以及最大吸收波长的位置和相应的摩尔吸光系数，是进行定性鉴定的依据。其中，最大吸收波长 λ_{max} 及相应的 ε_{max} 是定性鉴定的主要参数。在进行比较时，也可以借助于前人汇编的以实验结果为基础的各种有机化合物的紫外-可见光谱标准谱图或有关电子光谱数据表。

② 用经验规则计算最大吸收波长，然后与实测值比较 当采用物理和化学方法判断某化合物的几种可能结构时，可用经验规则计算最大吸收波长 λ_{max} 并与实测值进行比较，然后确认物质的结构。Woodward 和 Fieser 总结了许多资料，对共轭分子的最大吸收波长提出了一些经验规律，据此可对一些共轭分子的最大吸收波长值进行计算，这对分子结构的推断是有参考价值的。

(1) 结构分析 采用紫外光谱法，还可以确定一些化合物的构型和构象。一般来说，顺式异构体的最大吸收波长 λ_{max} 和摩尔吸光系数的都比反式异构体小，因此有可能用紫外光谱法进行区别。例如，在顺式肉桂酸和反式肉桂酸中，顺式的空间位阻大，苯环与侧链双键共平面性差，不易产生共轭；反式则空间位阻小，双键与苯环在同一平面上，容易产生共振。因而，反式的最大吸收波长 λ_{max}（295nm）和摩尔吸光系数 ε_{max}（27000L·cm^{-1}·mol^{-1}）要大于顺式的最大吸收波长 λ_{max}（280nm）和摩尔吸光系数 ε_{max}（13500L·cm^{-1}·mol^{-1}）。利用紫外光谱法，还可以测定某些化合物的互变异构现象。一般来说，共轭体系的 λ_{max} 和 ε_{max} 要大于非共轭体系。例如，乙酰乙酸乙酯有酮式和烯醇式间的互变异构。在极性溶剂中该化合物以酮式存在，吸收峰弱；在非极性溶剂（如正己烷）中该化合物以烯醇式为主，吸收峰较强。表 1-8 列出了一些有机化合物的互变异构体的 λ_{max}（ε_{max}）。

表 1-8　某些有机化合物的互变异构体的 λ_{max} 和 ε_{max}

化合物	$\lambda_{max}(\varepsilon_{max})$	
	共轭（烯醇式）	非共轭（酮式）
乙酰乙酸乙酯	245(18000)	204(110)
苯酰乙酸乙酯	308	245
乙酰丙酮	269(12100)（水中）	277(1900)（己烷中）
亚油酸	232	无吸收

(2) 定量分析　紫外-可见分光光度法是进行定量分析的最有用的工具之一。它不仅可以对那些本身在紫外-可见光区有吸收的无机和有机化合物进行定量分析，而且可利用许多试剂可与非吸收物质反应产生在紫外和可见光区有强烈吸收的产物，即"显色反应"，进而对非吸收物质进行定量测定。该法灵敏度可达 $10^{-6} \sim 10^{-7}$ mol·L^{-1}，准确度也较高，相对误差为 1‰～3‰。如果操作得当，误差往往可以更低；而且操作容易、简单。

紫外-可见分光光度法定量分析的依据是 Lambert-Beer 定律，即物质在一定波长处的吸光度与它的浓度呈线性关系。因此，通过测定溶液对一定波长入射光的吸光度，就可求出溶液中物质浓度和含量。由于最大吸收波长 λ_{max} 处的摩尔吸光系数 ε_{max} 最大，所以通常都是测量 λ_{max} 的吸光度，以获得最大灵敏度。同时，吸收曲线在最大吸收波长处常常是平坦的，使所得数据能更好地符合 Beer 定律。

① 单组分定量分析

a. 校正曲线法　这是实际工作中用得最多的一种方法。具体做法是：配制一系列不同浓度的标准溶液，以不含被测组分的空白溶液为参比。在相同条件下测定标准溶液的吸光度，绘制吸光度对浓度曲线，这种曲线就是校正曲线（calibration curve），又称标准曲线（standard curve）。在相同条件下测定未知试样的吸光度，从校正曲线上就可以找到与之对应的未知试样的浓度。当测试样品较多时，利用校正曲线法比较方便，而且误差较小。

b. 比较法　比较法是先配制与被测试液浓度相近的标准溶液，使标准溶液（c_s）和被测试液（c_x）在相同条件下显色后，测其相应的吸光度 A_s 和 A_x，

根据 Lambert-Beer 定律有：

$$A_s = \varepsilon b_s c_s; \quad A_x = \varepsilon b_x c_x$$

两式相比再整理得

$$c_x = \frac{A_x}{A_s} c_s$$

这种方法比较简便，但应当注意，只有当 c_x 与 c_s 相近时，利用该式计算的结果才可靠，否则将有较大误差。

② 多组分定量分析　根据吸光度具有加合性的特点，在同一试样中可以测定两个以上的组分。假设试样中含有 x 和 y 两种组分，在一定条件下将它们转化为有色化合物，分别绘制其吸收光谱，会出现如图 1-36 所示的三种情况。

a. 图 1-36(a) 的情况是光谱不重叠，或至少可能找到某一波长处 x 有吸收而 y 不吸收，在另一波长处，y 吸收而 x 不吸收。则可分别在波长 λ_1 和 λ_2 时，测定组分 x 和 y 而相互不产生干扰，即测定方法与单组分相似。

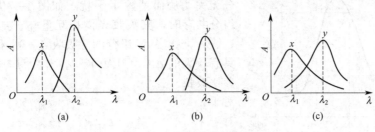

图 1-36　多组分吸收光谱

b. 图 1-36(b) 的情况是光谱部分重叠，组分 x 对组分 y 的光度测定有干扰，但组分 y 对组分 x 无干扰，这时可以先在 λ_1 处测量溶液的吸光度 A_1，并求得 x 组分的浓度。然后再在 λ_2 处测量溶液的吸光度 A_2，根据吸光度的加合性原则，可列出下式：

$$A_2 = \varepsilon_{x,2} b c_x + \varepsilon_{y,2} b c_y \tag{1-20}$$

式中，$\varepsilon_{x,2}$、$\varepsilon_{y,2}$ 分别为 x 和 y 在波长 λ_2 时的摩尔吸光系数，可用纯组分 x 和 y 的标准溶液在 λ_2 波长处测得，由式(1-17) 即可求得组分 y 的浓度 c_y。

c. 图 1-36(c) 的情况是吸收光谱相互重叠，表明两组分彼此相互干扰。可找出两个波长，在该波长下，两组分的吸光度差值 ΔA 较大。在波长为 λ_1 和 λ_2 分别测定吸光度 A_1 和 A_2，由吸光度的加合性得联立方程：

$$\begin{cases} A_1 = \varepsilon_{x,1} b c_x + \varepsilon_{y,1} b c_y \\ A_2 = \varepsilon_{x,2} b c_x + \varepsilon_{y,2} b c_y \end{cases} \tag{1-21}$$

式中，$\varepsilon_{x,1}$、$\varepsilon_{y,1}$ 分别为 x 和 y 在波长 λ_1 时的摩尔吸光系数；$\varepsilon_{x,2}$、$\varepsilon_{y,2}$ 分别为 x 和 y 在波长 λ_2 时的摩尔吸光系数，它们可用 x 和 y 的标准溶液在两波长处分别测得，解联立方程可求出 c_x 和 c_y 值。

原则上对任何数目的组分都可以用此方法建立方程求解，在实际应用中通常仅限于两个或三个组分的体系。如能利用计算机解多元联立方程，则不会受到这种限制。但随着测量组分的增多，实验结果的误差也将增大。当然对于多组分分析，还有导数分光光度法等多种分析方法。

③ 双波长分光光度法　对于吸收光谱有重叠的单组分（显色剂与有色配合物的吸收光谱重叠）或多组分（两种性质相近的组分所形成的有色配合物吸收光谱重叠）试样、混浊试样以及背景吸收较大的试样，由于存在很强的散射和特征吸收，难以找到一个合适的参比溶液来抵消这种影响。利用双波长分光光度法，使两束不同波长的单色光以一定的时间间隔交替地照射同一吸收池，测量并记录两者吸光度的差值（原理如图 1-36 所示）。这样就可以从分析波长的信号中扣除来自参比波长的信号，消除上述各种干扰求得被测组分的含量。该法不仅简化了分析手续，还能提高分析方法的灵敏度、选择性及测量的精密度。因此，被广泛用于环境试样及生物试样的分析。

a. 单组分的测定　用双波长分光光度法进行定量分析，是以试液本身对第一波长的光的吸光度作为参比，这不仅避免了因试液与参比溶液或两吸收池之间的差异所引起的误差，而且还可以提高测定的灵敏度和选择性。在进行单组分的测定时，以配合物吸收峰作测量波长，参比波长可选择：等吸收点；有色配合物吸收曲线下端的第一波长，显色剂的吸收峰。

b. 两组分共存时的分别测定　当两种组分（或它们与试剂生成的有色物质）的吸收光谱有重叠时，要测定其中一个组分就必须设法消除另一组分的光吸收。对于相互干扰的双组分体系，它们的吸收光谱重叠，选择参比波长和测定波长的条件是：待测组分在两波长处的吸光度之差 ΔA 要足够大，干扰组分在两波长处的吸光度应相等，即以等吸收点为参比波长和测定波长。这样用双波长法测得的吸光度差值与待测组分的浓度呈线性关系，而与干扰组

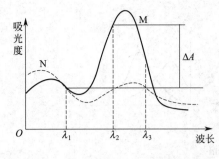

图 1-37 用等吸收法选择波长组合

分无关，从而消除了干扰。如图 1-37 所示，M 和 N 组分共存时，其吸收光谱相互重叠。要测定 M 组分，λ_1、λ_2、λ_3 为 N 组分的等吸收点，λ_1 和 λ_2 处组分 M 具有较大的 ΔA，因而可选 λ_2 作为测量波长，λ_1 作为参比波长。

对于 λ_1，$\quad A_1 = \varepsilon_{M,1} b c_M + \varepsilon_{N,1} b c_N$

对于 λ_2，$\quad A_2 = \varepsilon_{M,2} b c_M + \varepsilon_{N,2} b c_N$

因为 $\quad \varepsilon_{N,1} = \varepsilon_{N,2}$（等吸收点）

由双波长光度计测得

$$\Delta A = A_2 - A_1 = (\varepsilon_{M,2} - \varepsilon_{M,1}) b c_M \tag{1-22}$$

可见 ΔA 与 c_M 成正比，而与 c_N 无关，从而消除了组分 N 的干扰。同理，可另选两波长测定 N 组分而 M 组分不干扰。

c. 浑浊试液中组分的测定　浑浊试液中组分的测定在一般分光光度法必须使用相同浊度的参比溶液。但在实际中很难找到合适的参比溶液。双波长光度法中，参比溶液不是另外的参比溶液，而是试液本身，它只需要用一个比色皿盛装试液，用两束不同波长的光照射试液时，两束光都受到同样的悬浮粒子的散射，当 λ_1 和 λ_2 相距不大时，由同一试样产生的散射可认为大致相等，不影响吸光度差 ΔA 的值。一般选择待测组分的最大吸收波长 λ_{max} 为测量波长 λ_1，选择与 λ_1 相近而两波长相差在 40~60nm 范围内且又有较大的 ΔA 值的波长（λ_2）为参比波长。

1.3.5　紫外吸收光谱在高分子材料研究中的应用

紫外光谱法是一种广泛应用的定量分析方法，也是对物质进行定性分析和结构分析的一种手段。在高分子材料研究中，紫外光谱法常用来鉴别聚合物中的某些官能团和添加剂，还可以检测聚合反应前后的变化，从而探讨聚合反应机理等。在解析紫外吸收谱图时，可以从下面几个方面加以判别。

① 从谱带的分类、电子跃迁的方式来判别。注意吸收带的波长范围（真空紫外、近紫外、可见区域）、吸收系数以及是否有精细结构等。

② 从溶剂极性大小引起谱带移动的方向判别。

③ 从溶液酸碱性的变化引起谱带移动的方向判别。

1.3.5.1　定性分析

由于高分子材料的紫外吸收峰通常只有 2~3 个，且峰形平缓，因此它的选择性远不如红外光谱。而且紫外光谱主要决定于分子中生色团和助色团的特性，而不是决定整个分子的特性，所以紫外吸收光谱用于定性分析不如红外光谱重要和准确。

同时，因为只有具有重键和芳香共轭体系的高分子材料才有近紫外活性，所以紫外光谱能测定的高分子材料种类受到很大局限。已报道的某些高分子材料的紫外特性数据列于表 1-9。

表 1-9　某些高分子材料的紫外特性

高分子材料	生色团	最大吸收波长/nm
聚苯乙烯	苯基	270,280(吸收边界)
聚对苯二甲酸乙二醇酯	对苯二甲酸酯基	290(吸收尾部),300
聚甲基丙烯酸甲酯	脂肪族酯基	250~260(吸收边界)
聚丙烯酰胺	脂肪族酰胺基	202(最大值)
聚醋酸乙烯	脂肪族酯基	210(最大值)
聚(苯基-二甲基)硅烷	主链 σ 共轭和苯基 π 共轭	342(最大值)
聚乙烯基咔唑	咔唑基	345

图 1-38 是聚（苯基-二甲基）硅烷在环己烷溶剂中的紫外吸收光谱图，这是高分子紫外光谱的典型例子。在作定性分析时，如果没有相应高分子材料的标准谱图可供对照，也可以根据以下有机化合物中发色团的出峰规律来分析，例如，一个化合物在 220～800nm 无明显吸收，它可能是脂肪族碳氢化合物、胺、腈、醇、醚、羧酸的二聚体、氯代烃和氟代烃，不含直链或环状的共轭体系，没有醛基、酮基、Br 或 I；如果在 210～250nm 具有强吸收带 $[\varepsilon \approx 10000 L \cdot (mol \cdot cm)^{-1}]$，可能是含有 2 个不饱和单位的共轭体系；如果类似的强吸收带分别落在

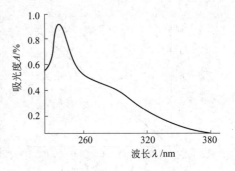

图 1-38 聚(苯基-二甲基)硅烷在环己烷溶剂中的紫外吸收光谱图

260nm，300nm 或 330nm 左右，则可能相应地具有 3，4 或 5 个不饱和单位的共轭体系；如果在 260～300nm 间存在中等吸收峰 $[\varepsilon \approx 200～1000 L \cdot (mol \cdot cm)^{-1}]$ 并有精细结构，则表示有苯环存在；在 250～300nm 有弱吸收峰 $[\varepsilon \approx 20～100 L \cdot (mol \cdot cm)^{-1}]$，表示有羰基的存在；若化合物有颜色，则分子中所含共轭的生色团和助色团的总数将大于 5。某些生色团的紫外吸收特征列于表 1-10。

表 1-10 典型生色团的紫外吸收特征

生色团	λ_{max}/nm	$\varepsilon_{max}/[L \cdot (mol \cdot cm)^{-1}]$	生色团	λ_{max}/nm	$\varepsilon_{max}/[L \cdot (mol \cdot cm)^{-1}]$
C=C	175	14000		185	5000
	185	8000		280	15
C≡C	175	10000	C=C—C=C	217	20000
	195	2000	苯环	184	60000
	223	150		200	4400
C=O	160	18000		255	204

尽管只有有限的特征官能团能生色，紫外谱图过于简单而不利于定性，但利用紫外谱图，容易将具有特征官能团的高分子材料与不具有特征官能团的高分子材料区别开来。比如聚二甲基硅氧烷（硅树脂或硅橡胶）就易于与含有苯基的硅树脂或硅橡胶区分：首先用碱溶液破坏这类含硅高分子材料，配成适当浓度的溶液进行测定，含有苯基的在紫外区有 B 吸收带，不含苯基的则没有吸收。

1.3.5.2 定量分析

紫外光谱法的吸收强度比红外光谱法大得多，红外的 ε 值很少超过 $10^3 L \cdot (mol \cdot cm)^{-1}$，而紫外的 ε 值最高可达 $10^4 \sim 10^5 L \cdot (mol \cdot cm)^{-1}$；紫外光谱法的灵敏度高（$10^{-5} \sim 10^{-4} mol \cdot L^{-1}$），测量准确度高于红外光谱法；紫外光谱法的仪器也比较简单，操作方便。所以紫外光谱法在定量分析上有优势。

紫外光谱法很适合研究共聚物的组成、聚合物浓度、微量物质（单体个的杂质、聚合物中的残留单体或少量添加剂等）和聚合反应动力学。下面以丁苯橡胶中共聚物的组成分析为例具体讲解分析过程，经实验，选定氯仿为溶剂，260nm 为测定波长（含苯乙烯 25%的丁苯共聚物在氯仿中的最大吸收波长是 260nm，随苯乙烯含量增加会向高波长偏移）。在氯仿溶液中，当 $\lambda=260nm$ 时，丁二烯吸收很弱，吸光系数是苯乙烯的 1/50，可以忽略。但丁苯橡胶中的芳胺类防老剂的影响必须扣除。为此选定 260nm 和 275nm 两个波长进行测定，得到 $\Delta\varepsilon=\varepsilon_{260}-\varepsilon_{275}$，这样就消除了防老化剂特征吸收的干扰。将聚苯乙烯和聚丁二烯两种均聚物以不同比例混合，以氯仿为溶剂测得一系列已知苯乙烯含量

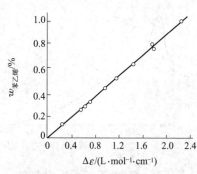

图 1-39 丁苯共聚物中苯乙烯质量分数与 $\Delta\varepsilon$ 值的关系

所对应的 $\Delta\varepsilon$ 值。作出工作曲线（见图 1-39）。只要测得未知物的 $\Delta\varepsilon$ 值就可从曲线上查出苯乙烯含量。

1.3.5.3 结构分析

有规立构的芳香族高分子有时会产生减色效应。所谓减色是指紫外吸收强度降低，是由于邻近发色基团间色散相互作用的屏蔽效应。紫外光照射在发色基团而诱导了偶极，这处偶极作为很弱的振动电磁场而为邻近发色团所感觉到，它们间的相互作用导致紫外吸收谱带覆盖，减少发色团间距离或使发色基团的偶极矩平行排列，而使紫外吸收减弱。这种情况常发生在有规立构等比较有序的结构中。

例如，芳香族偶氮化合物最显著的性质是它的顺反异构化。在对应反式构型吸收波长的光照下，偶氮基团会从反式转变为顺式；同样，顺式构型也可以转变为反式构型。当聚合物中引入偶氮基团后，偶氮基团的顺反异构化可以使聚合物的性质如黏度、溶解性、力学性能等发生变化。图 1-40 为一种含偶氮基团的双酚 A 聚芳酯，它具有与其他主链型偶氮聚合物相类似的光致异构的特性。这可以从图 1-41 的紫外光谱图中看出。这是由于光照前后聚合物的构型会发生可逆变化，从热力学稳定的 E 式构型逐步向能量较高的 Z 式转变，黑暗中则会慢慢恢复到 E 式构型。

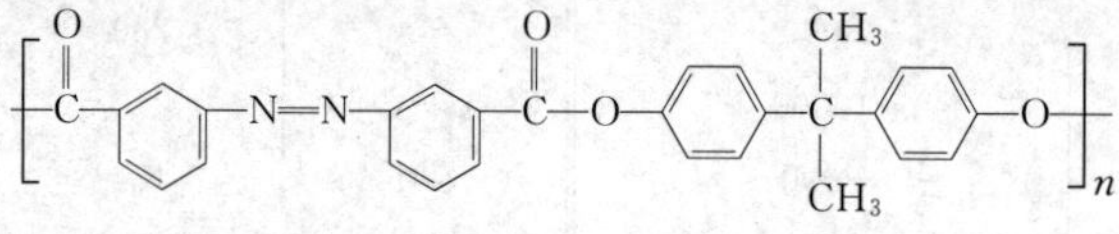

图 1-40 含偶氮基团的双酚 A 聚芳酯的分子结构式

在共聚物分析中也应注意到有类似的效应，比如嵌段共聚物与无规共聚物相比就会因为较为有序而减色。

结晶可能使紫外光谱发生的变化是谱带的位移和分裂。

总的来说，紫外光谱在高分子材料领域的应用主要是定量分析，而定性和结构分析还用得不很多。

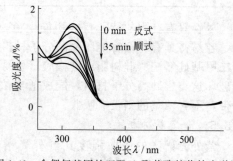

图 1-41 含偶氮基团的双酚 A 聚芳酯的紫外光谱图

1.4 荧光光谱

分子发光分析主要包括分子荧光分析、分子磷光分析和化学发光分析。分子由基态激发至激发态，所需激发能可由光能、化学能或电能等供给。若分子吸收了光能而被激发到较高能态，在返回基态时，发射出与吸收光波长相等或不等的辐射，这种现象称为光致发光。荧光分析和磷光分析就是基于这类光致发光现象建立起来的分析方法。物质的基态分子受一激发光源的照射，被激发至激发态后，在返回基态时，产生波长与入射光相同或较长的荧光，通过测定物质分子产生的荧光强度进行分析的方法称为分子荧光分析。若在化学反应中，产物分子吸收了反应过程中释放的化学能而被激发，在返回基态时发出光辐射称为化学发光或生物发光。根据化学发光强度或化学反应产生的总发光强度来确定物质含量的方法称为化学发光分析法。

分子荧光分析可应用于物质的定性及定量分析。由于物质结构不同,分子所能吸收的紫外光波长不同,在返回基态时,所发射的荧光波长也不同,利用这个性质可以对物质进行定性分析;对于两种物质的稀溶液,其产生的荧光强度与浓度呈线性关系,利用这个性质可进行定量分析。荧光分析法的主要特点是:①灵敏度高,检出限为 $10^{-7} \sim 10^{-9}\,\text{g} \cdot \text{mL}^{-1}$,比紫外-可见分光光度法高 $10 \sim 10^3$ 倍;②选择性强,能吸收光的物质并不一定产生荧光,且不同物质由于结构不同,虽吸收同一波长的光,产生的荧光波长却不同;③用样量少、操作简便。荧光分析法的缺点是,由于许多物质不发射荧光,因此使它的应用范围受到限制。

目前,分子荧光分析应用日益增多,在高分子材料分析、分子生物学、免疫学、生物医学、环境监测、食品分析及农牧产品分析等方面应用日益广泛,本章主要介绍荧光光谱基本原理和方法及其在高分子材料分析中的应用。

1.4.1　荧光光谱基本原理与方法

荧光和磷光同属于发光光谱,反映了分子在吸收辐射能被激发到较高电子能态后,为了返回基态而释放出能量。荧光是分子在吸收辐射之后立即(在 $10^{-8}\,\text{s}$ 数量级)发射的光,而磷光则是在吸收能量后延迟释放的光。两者的区别是:荧光是由单态—单态的跃迁产生的,而磷光所涉及的是三重态—单态跃迁。

荧光光谱(molecular luminescence analysis)通过激发光谱和发射光谱提供包括荧光强度、量子产率、荧光寿命、荧光偏振等多个物理参数,具有灵敏度高、选择性强、用样量少、方法简便等优点。尤其是荧光探针(probe)或标记(label)的引入极大地扩展了荧光光谱在高聚物研究中的应用。目前,荧光光谱已经深入到高聚物科学的各个领域,它能提供分子水平的信息,在高聚物构象、形态、动态以及共混相容性等方面的研究已取得显著的成功。

1.4.1.1　荧光光谱的基本原理

荧光光谱与紫外光谱一样都是电子光谱,不同的是前者为电子发射光谱,后者为电子吸收光谱。样品受到光源发出的光照射,其分子和原子中的电子由基态激发到激发态。激发态有两种电子态:一种为激发单线态,处于这种状态的两个电子的自旋是配对的(反相平行),自旋量子数的代数和 $s=0$,保持单一量子态,即 $2s+1=1$;第二种为激发三线态,处于这种状态的两个电子的自旋不配对(同相平行),自旋量子数的代数和 $s=1$,在激发时分裂为 3 个量子态,即 $2s+1=3$。

一般对分析上有用的荧光体系几乎都是含有一个或几个苯环的复杂有机化合物。这些化合物中能产生最强荧光的吸收过程通常是 $\pi \rightarrow \pi^*$ 跃迁。

(1) 分子的激发态

大多数分子含有偶数个电子,在基态,这些自旋成对的电子在各个原子或分子轨道上运动,方向相反。电子的自旋状态可以用自旋量子数(m_s)表示,$m_s=\pm 1/2$。所以配对电子自旋总和是零。如果是一个分子所有的电子自旋是成对的,那么这个分子光谱项的多重性 $M=2s+1=1$,此时,所处的电子能态称单重态,以 s_0 表示。当配对电子中一个电子被激发到某一较高能级时,将可能形成两种激发态,一种是受激电子的自旋仍然与处于基态的电子配对(自旋相反),则该分子处于激发单重态,以 s 表示;另一种是受激电子的自旋与处于基态的电子不再配对,而是相互平行,$s=1$,$2s+1=3$,则分子是处于激发三重态,以 T 表示。

激发单重态与激发三重态的性质有明显不同。其主要不同点是:①激发单重态分子是抗磁性分子,而激发三重态分子则是顺磁性的;②激发单重态的平均寿命约为 $10^{-8}\,\text{s}$,而激发三重态的平均寿命长达 $10^{-4} \sim 1s$；③基态单重态到激发单重态的激发容易发生，为允许跃迁，而基态单重态到激发三重态的激发概率只相当于前者的 10^{-6}，实际上属于禁阻跃迁；④激发三重态的能量较激发单重态的能量低。

(2) 分子的去活化过程

分子中处于激发态的电子以辐射跃迁方式或无辐射跃迁方式最终回到基态，这一过程中，各种不同的能量传递过程统称为去活化过程。辐射跃迁主要是荧光和磷光的发射；无辐射跃迁是指分子以热的形式失去多余能量，包括振动弛豫、内转换、系间跨越、淬灭等。各种跃迁方式发生的可能性及程度与荧光物质分子结构和环境等因素有关。

当处于基态单重态（s_0）的分子吸收波长为 λ_1 和 λ_2 的辐射后，分别被激发至第一激发单重态（s_1）和第二激发单重态（s_2）的任一振动能级上，而后发生下述失活过程。

① 振动弛豫　同一电子能级内以热能量交换形式由高振动能级至低振动能级间的跃迁，这一过程属无辐射跃迁，称为振动弛豫。发生振动弛豫的时间为 $10^{-13} \sim 10^{-11}$s。

② 内转换　相同多重态电子能级中，等能级间的无辐射能级交换称为内转换。如第二激发单重态的某一较低振动能级，与第一激发单重态的较高振动能级间有重叠时，位能相同，可能发生电子由高电子能级以无辐射跃迁的方式跃迁至低能级上。此过程效率高，速度快，一般只需 $10^{-13} \sim 10^{-11}$s。通过内转换和振动弛豫，较高能级的电子均跃回到第一电子激发态（s_1）的最低振动能级（$v=0$）上。

③ 系间跨越　指激发单重态与激发三重态之间的无辐射跃迁。此时，激发态电子自旋反转，分子的多重性发生变化。如单重态（s_1）的较低振动能级与三重态 t_1 的较高振动能级有重叠，电子有可能发生自旋状态的改变而发生系间跨越。含有重原子（如碘、溴等）的分子中，系间跨越最为常见，这是由于高原子序数的原子中电子自旋与轨道运动之间相互作用较强，更有利于电子自旋发生改变的缘故。

④ 荧光发射　处于激发单重态的最低振动能级的分子，也存在几种可能的去活化过程。若以 $10^{-9} \sim 10^{-7}$s 的时间发射光量子回到基态的各振动能级，这一过程就有荧光发生，称为荧光发射。

⑤ 磷光发射　分子一旦发生系间跨越跃迁后，接着就会发生快速的振动弛豫而达到三重激发态 t_1 的最低振动能级（$v=0$）上，再经辐射跃迁到基态的各振动能级就能发射磷光，这一过程称为磷光发射。这种跃迁，在光照停止后，仍可持续一段时间，因此磷光比荧光的寿命长。通过热激发，可能发生 $t_1 \rightarrow s_1$ 的系间跨越，然后由 s_1 发射荧光，这种荧光称延迟荧光。第一电子激发态三重态与单重态之间能量差较小，随振动耦合增加而增加内转换的概率，从而使磷光减弱或消失。另外，由于激发三重态的寿命较长，增大了分子与溶剂分子间碰撞而失去激发能的可能性，因此室温下不易观察到磷光现象。

⑥ 淬灭　激发分子与溶剂分子或其他溶质分子间相互作用，发生能量转移，使荧光或磷光强度减弱甚至消失，这一现象称为"淬灭"。

总之，激发态分子的去活化过程可归纳如下所示：

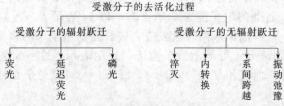

由于不同物质的分子结构及分析时所处的环境不同，因此各个去活化过程的速率也就不同。如果荧光发射过程比其他去活化过程速率更快。就可观察到荧光现象。相反，如果无辐

射跃迁过程具有更大的速率常数，荧光将消失或强度减弱。

1.4.1.2 高聚物荧光光谱的研究方法

高聚物荧光光谱研究从方法上可分为直接测定法和间接测定法两种。直接测定法是利用高聚物自身发射的荧光进行分析的方法，又称为"自荧光"或"内源荧光"方法。间接测定法是引入荧光探针[即"探针"（probe）或"标记"（label）化合物]，在分子水平上研究某些体系的物理、化学过程以及检测某些特殊环境下材料的结构和物理性质的方法。所谓"探针"是将含生色团小分子用物理方法分散在高分子体系中，而"标记"则是指生色团以化学键连接在高分子链上。按不同研究目的，"标记"基团可以连接在链内或链端，同一分子链上可以含一种或两种不同的生色团。

间接测定法的基本特点是具有高灵敏度和极宽的动态时间响应范围，可用于体系稳态性质的研究和动态过程的监测。该方法所需探针试剂浓度极稀，仅 $10^{-9} mol \cdot L^{-1}$ 的浓度就能满足检测要求，对研究那些要求尽量减少外来分子影响的体系非常重要。值得注意的是，所选择的探针必须与被研究高聚物的某一微区具有特异性的结合，并且结合得比较牢固，同时探针试剂的荧光要对环境条件敏感，但又不能影响被研究高聚物的结构和特性。

间接测定法中引入的探针在高聚物体系中的旋转弛豫对高聚物的分子质量不敏感，只与其自由体积相关。不同类型的探针在激发后的构象变化所涉及的体积大小不同，可以反映出不同体积分数，因此可利用这一特点估测体系中不同自由体积的分布。按照弛豫机制的不同，探针至少可分为5种类型：①具有分子内电荷转移态的给体-受体分子探针（TICT）；②可形成激基缔合物的探针（Excimer）；③预扭曲 TICT 型探针；④异构体类 Dewar 型探针；⑤二苯乙烯类化合物的顺反异构化探针。不同类型的探针具有不同的检测极限，激基缔合物的形成和顺反异构化的变化能测得高聚物中较大的自由体积，而预扭曲的 TICT 型及 Dewar 型探针则测定体系中较小的自由体积，TICT 型探针的检测范围介于两者之间。

1.4.2 分子荧光光谱仪

1.4.2.1 荧光光谱分析仪基本结构流程

荧光分析通常用荧光分光光度计，与其他光谱分析仪器一样，主要有光源（激发光源）、样品池、单色器系统及检测器四部分组成。不同的是荧光分析仪器需要两个独立的波长选择系统，一个为激发单色器，可对光源进行分光，选择激发波长；另一个用来选择发射波长，或扫描测定各发射波长下的荧光强度，可获得试样的发光光谱。检测器与激发光源成直角。荧光分析仪器的基本结构流程如图 1-42 所示。

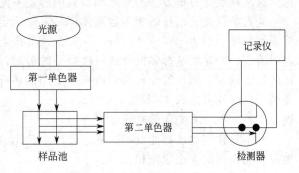

图 1-42　荧光分析仪结构示意图

（1）激发光源　激发光源应具有强度大，稳定性好、适用波长范围宽等特点。因为光源的强度直接影响测定的灵敏度，而光源的稳定性直接影响到测定的重复性和精确度。常用的光源有高压汞灯氙灯和卤钨灯。高压汞灯常用在荧光计中，发射光强度大而稳定。荧光分析中常用 365nm、405nm、436nm 三条谱线但不是连续光谱。分光荧光计所用的光源大都采用 150W 和 500W 的高压氙灯作为光源，发射强度大能在紫外-可见光区给出比较好的连续光谱可用于 200~700nm 波长范围，在 200~400nm 波段内辐射线强度几乎相等。单氙灯需要稳定光源以保证光源的稳定。

（2）单色器　荧光分光光度计有两个单色器——激发单色器和发射单色器。激发单色器放于光源和样品池之间起作用是让所选择的激发光透过并照射于被测试样上。放于试样和检测器之间的为发射单色器,它的作用是把激发光所发生在容器表面的杂散光滤去,让荧光物质发出的荧光通过且照射到检测器上。

荧光计用滤光片作单色器,分激发滤光片和荧光滤光片。它们的功能比较简单,价格也便宜,适用于固定试样的常规分析。大部分分光荧光计采用光栅作为单色器。在测定激发光谱时,应固定发射单色器波长,而扫描激发单色器波长;而当测定荧光物质的荧光光谱时,则应固定激发单色器波长,扫描发射单色器的波长。

(3) 狭缝　在仪器上狭缝是用来调节一定的光通量和单色性的装置。狭缝越小单色性越好,但光强和灵敏度降低。因此通常狭缝应调节到既有足够大的光通量,同时也有较好的分辨率为宜。

(4) 样品池　荧光分析用的样品池需用低荧光材料,常用石英池。有的荧光分光光度计附有恒温装置。测定低温荧光时,在石英池外套上一个盛有液氮的石英真空瓶,以便降低温度。

(5) 检测器　荧光的强度比较弱,因此要求检测器有较高的灵敏度。在荧光计中常用光电池或光电管;在一般较精密的分光荧光光度计中常用光电倍增管检测。为了改善信噪比,常采用冷却检测器的办法。二极管阵列和电荷转移检测器的使用,更大程度上提高了仪器测定的灵敏度,并可以快速记录激发和发射光谱,还可以记录三维荧光光谱图。

荧光光谱仪与紫外光谱仪、红外光谱仪的不同之处主要有两点:一是它有两个单色器,在样品池前设一激发单色器,光经激发单色器滤光后照射样品池,样品产生的荧光经过第二个单色器-发射单色器后进入检测器;二是为了避免激发单色器的辐射光被检测,在垂直于入射光的方向测定荧光或磷光的相对强度。进行磷光测定时,在样品室内必须装有带石英窗的特殊杜瓦瓶和石英试样管。如果在荧光计的样品池前后的光路中分别加偏振器和检偏器,还可以测量偏振荧光。荧光光谱仪的光源一般用氙灯或高压汞灯。而有些文献中介绍的 X 荧光光谱仪则是用 X 射线或放射性同位素辐射源照射样品,将其原子中的某内层电子轰击出来成为自由电子,并在内层形成电子空穴。当其他内层电子发生层间窜跃进入空穴时发生辐射,产生荧光 X 射线。有这种荧光 X 射线的波长和强度可以获得元素的种类和含量等信息。这两种荧光分析方法的原理和研究内容是不同的,应加以区别。

先进的荧光光谱仪既能测定液体样品又能测定固体样品。聚合物的研究多用溶液体系,溶液的浓度一般为 $10^{-5} \sim 10^{-4}$ mol·L^{-1},用石英液槽进行测定。测定液体样品时,要慎重选择溶剂:一是要选择非极性或极性很小的溶剂;二是要求溶剂本身的吸光度小;三是要保证溶剂的纯度。无机发光材料的研究一般用固体样品,可将样品压成片状,放在小托盘中,样品平面与入射角成 45°放置。

1.4.2.2　荧光强度与荧光量子产率

并不是任何物质都能发射荧光,能产生荧光的分子称为荧光分子。分子结构与荧光的发生及荧光强度的大小紧密相关。

稀溶液中的荧光强度 I 可出式(1-23) 计算:

$$I = \Phi_F K' A I_0 \tag{1-23}$$

式中,Φ_F 为荧光量子产率,代表处在电子激发态的分子放出荧光的概率;K' 为检测效率,是与荧光仪结构有关的参数,并与样品和聚光镜之间的距离、检测器的灵敏度有关;A 为吸光度;I_0 为入射光的强度。

分子产生荧光必须具备两个条件:①具有合适的结构。荧光分子通常为含有苯环或稠环的刚性结构有机分子,如典型的荧光物质荧光素的分子结构;②具有一定的荧光量子产率。由荧光产生过程可知,物质分子在吸收了特征频率的辐射能之后,必须具有较高的荧光效率,用 Φ_F 表示,常称为荧光量子产率。

荧光量子产率的定义为:

$$\Phi_F = \frac{发射的荧光量子的数目}{吸收到激发单线态的光量子的数目} \tag{1-24}$$

在产生荧光的过程中,涉及许多辐射和无辐射跃迁过程。很明显,荧光效率将与上述每个过程的速率常数有关。若用数学式表示,得到

$$\Phi_F = \frac{k_F}{k_F + \sum k_i} \tag{1-25}$$

式中,k_F 为荧光发射过程的速率常数,主要取决于物质的化学结构;$\sum k_i$ 为其他有关过程的速率常数的总和,主要取决于产生荧光的化学环境,同时也与物质的化学结构有关。显然,凡是能使 k_F 值升高并使物质 k_i 值降低的因素,都可增强荧光。高荧光物质如荧光素,其 Φ_F 值在某些情况下接近于 1,说明 $\sum k_i$ 很小,可以忽略不计。多数物质的 Φ_F 值一般都小于 1,如罗丹明 B 的乙醇溶液 $\Phi_F = 0.97$;蒽的乙醇溶液 $\Phi_F = 0.30$。荧光效率大,在相同浓度下,荧光发射的强度 I_F 也大。当 $\Phi_F = 0$ 时,就意味着不能发射荧光。

荧光量子产率是一个物质荧光特性的重要参数,它反映了荧光物质发射荧光的能力,其值越大物质发射的荧光越强。

1.4.2.3 荧光谱图

一台荧光光谱仪可对任何一种荧光试样提供两种荧光谱图:荧光激发光谱(excitation spectrum)和荧光发射光谱(emission spectrum)。荧光激发光谱是固定发射单色器的波长 λ_{em} 及狭缝宽度,使激发单色器的波长连续变化,从而得到荧光激发扫描谱图,其纵坐标为相对荧光强度,横坐标为激发光的波长。荧光发射光谱通常称为荧光光谱,它是固定激发单色器的波长 λ_{ex} 及狭缝宽度,使发射单色器的波长连续变化,从而得到荧光发射扫描谱图,其纵坐标为相对荧光强度,横坐标为发射光的波长。荧光光谱与紫外-可见光谱在聚合物的分析中往往同时使用,相互印证。其中,荧光激发单色器波长 λ_{ex} 的固定数值可通过测定样品的紫外-可见光谱的最大吸收所对应的波长值来确定;荧光发射单色器波长 λ_{em} 的固定数值可通过荧光发射光谱的最大强度所对应的波长值来确定。

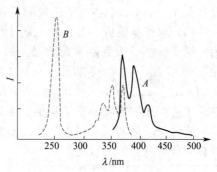

图 1-43 蒽的发射(A)和激发谱(B)

图 1-43 给出了蒽的甲醇溶液($0.3\mu g \cdot ml^{-1}$)测得的发射和激发光谱。其中,曲线 A 是从 350~500nm 的发射光谱;曲线 B 是激发光谱,波长从 220~390nm。激发光谱中每一谱带的波长位置与紫外-可见吸收光谱中谱带的位置是一样的。从图中还可以看出,蒽的发射光谱与激发光谱互为映像。

1.4.2.4 荧光与分子结构的关系

(1) 跃迁类型 实验证明,对于大多数荧光物质分子来说,存在 $\pi^* \rightarrow \pi$ 和 $\pi^* \rightarrow n$ 跃迁的荧光效率高,系间跨越过程的速率常数较小,有利于荧光的产生。在这两种跃迁类型中,$\pi^* \rightarrow \pi$ 跃迁常能发出较强的荧光(较大的荧光效率),这主要是由于 $\pi \rightarrow \pi^*$ 跃迁具有较大的摩尔吸光系数(一般比 $n \rightarrow \pi^*$ 跃迁大 $10^2 \sim 10^3$ 倍)。

(2) 共轭效应 提高 π 电子共轭程度的结构,有利于增加荧光效率并产生红移。如对苯基化、间苯基化和乙烯基化的作用会增加光的强度,并使荧光光谱红移,见表 1-11。含有脂肪族和脂环族碳基结构或高共轭双键结构的化合物也可能发生荧光,如含有高共轭双键的

脂肪烃维生素 A 也有荧光，但这一类化合物数目要比芳香类化合物少。

表 1-11 共轭结构对荧光光谱的影响

化合物(在环己烷中)	Φ_F	λ/nm	化合物(在环己烷中)	Φ_F	λ/nm
苯	0.07	293	蒽	0.36	402
联苯	0.18	316	9-苯基蒽	0.49	419
1,3,5-三苯基苯	0.27	355	9-乙烯基蒽	0.76	432

（3）刚性平面结构　分子具有刚性的不饱和的平面结构可降低分子振动，减少与溶剂的相互作用，故具有较高的荧光效率。分子刚性及共平面性越大，荧光效率越高，并使荧光波长红移。例如酚酞和荧光素有相似结构，但荧光素中多 1 个氧桥，使其具有刚性平面结构，因而荧光素有强烈荧光，而酚酞的荧光却很弱。某些螯合剂本身不发生荧光或荧光较弱，但与金属离子螯合后，平面构型和刚性增强，就可发生或增强荧光。例如，8-羟基喹啉是弱荧光物质，当与 Zn^{2+}、Mg^{2+}、Al^{3+} 螯合后，荧光就增强。相反，如果原来结构中平面性较好，但分子上取代了较大基团后，由于位阻的原因，使分子的共平面性下降，因而荧光减弱。表 1-12 表明 1-二甲胺基萘-8-磺酸盐的荧光效率最低，这是因为磺酸基团与二甲胺基之间的位阻效应，使分子发生扭转，两个环不能共平面，因而使荧光大大减弱。

表 1-12 共平面性对荧光效率的影响

化合物	Φ_F	化合物	Φ_F
1-二甲胺基萘-4-磺酸盐	0.48	1-二甲胺基萘-7-磺酸盐	0.75
1-二甲胺基萘-5-磺酸盐	0.53	1-二甲胺基萘-8-磺酸盐	0.03

同理，对于顺反异构体，顺式分子的两个基团在同一侧，由于位阻原因不能共平面，而没有荧光。例如，1,2-二苯乙烯的反式异构体有强烈荧光，而顺式异构体没有荧光。

（4）取代基效应　芳香环上的不同取代基对该化合物的荧光强度和荧光光谱有很大影响。通常给电子基团使荧光增强，如—OH、—NH_2、—NR_2、—OR 等；而同 π 电子体系相互作用较小的取代基如—SO_3H 和烷基对分子荧光影响不明显；吸电子基团，如—COOH、—C＝O、—NO_2、—NO、—N＝N— 及卤素会减弱甚至破坏荧光。

了解荧光和物质分子结构的关系，可以帮助我们考虑如何将非荧光物质转化为荧光物质，或将荧光强度不大或选择性较差的荧光物质转化为荧光强度大及选择性好的荧光物质，以提高分析测定的灵敏度。

1.4.2.5　仪器的灵敏度

分光荧光计的灵敏度与三个方面有关：①与仪器的光源强度、单色器（包括透镜、反射镜等）的性能、放大系统的特征和光电倍增管的灵敏度有关；②和所选用的波长及狭缝宽度有关；③和被测定的空白溶剂的拉曼散射、激发光、杂质荧光等有关。由于影响荧光计灵敏度的因素很多，同一型号的仪器，甚至同一台仪器，在不同时间操作所测得的结果也不尽相同。目前，荧光分析仪器的灵敏度趋向使用纯水的拉曼峰信噪比（S/N）表示。以纯水拉曼峰高为信号值（S），确定发射波长，使记录仪进行时间扫描，测出仪器的噪声信号（N），用 S/N 的值作为衡量仪器灵敏度的指标。一般其值在 20~200 之间，此法应用比较广泛。

1.4.2.6　激发光谱和荧光光谱的形状及其相互关系

（1）激发光谱　如果将激发光的光源用单色器分光，测定不同波长的激发光照射下，荧光最强的波长处荧光强度的变化，以激发波长 λ 为横坐标，荧光强度 I_F 为纵坐标作图，便可得到荧光物质的激发光谱。

（2）发射光谱　简称荧光光谱。如果将激发光波长固定在最大激发波长处，而让物质发射的荧光通过单色器分光，以测定不同波长的荧光强度。以荧光的波长 λ 作横坐标，荧光强度 I_F 为纵坐标作图，便得到荧光光谱。如图 1-44 所示。

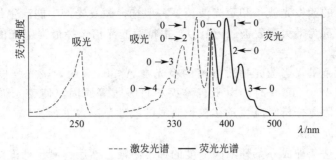

---- 激发光谱　—— 荧光光谱

图 1-44　蒽的乙醇溶液激发光谱和荧光光谱

荧光物质的最大激发波长（λ_{ex}）和最大荧光波长（λ_{em}）数据，也是定量测定时最灵敏的条件。比较蒽的荧光光谱和激发光谱（吸收光谱）的形状可见，荧光光谱和激发光谱呈现大致的镜像对称关系。蒽的乙醇溶液有两个吸收带：一个峰在 250nm 波长处的吸收带，相应从基态到第二激发态的跃迁；另一个峰在 350nm 波长处的吸收带，相应从基态到第一激发态的跃迁。但由于内转换及振动弛豫的速度远远大于由 S_2 返回基态发射荧光的速度，故在荧光发射时，不论用哪一个波长的光辐射激发，电子都从第一激发态的最低振动能级回至基态的各个振动能级，所以荧光光谱只能出现一个谱带。即无论用 λ_1、λ_2 或 λ_3 波长激发，荧光光谱的形状、位置都相同。荧光光谱是受激分子从 S_1 的最低振动能级回至基态中各振动能级所致，其形状决定于基态的振动能级的分布情况。由于激发态与基态的振动能级分布类似，因此荧光光谱和激发光谱形状相似，呈镜像对称。

1.4.3　分子荧光光谱的定量分析

1.4.3.1　荧光强度与溶液浓度的关系

当一束强度为 I_0 的紫外光照射一盛有浓度为 c、厚度为 l 的液池时，可在液相的各个方向观察到荧光，其强度为 I_F，透射光强度为 I_t，吸收光强度为 I_a。由于激发光的一部分能透过液池，因此，一般在激发光源垂直的方向测量荧光强度（I_F），见图 1-45。溶液的荧光强度和该溶液的吸收光强度以及荧光物质的荧光效率有关。

$$I_F = \Phi_F I_a$$

根据 Lambert-Beer 定律：

$$I_a = I_0 - I_t$$

$$\frac{I_t}{I_0} = 10^{-\varepsilon l c}$$

$$I_t = I_0 \times 10^{-\varepsilon l c}$$

$$I_a = I_0 - I_0 \times 10^{-\varepsilon l c} = I_0(1 - e^{-2.303\varepsilon l c})$$

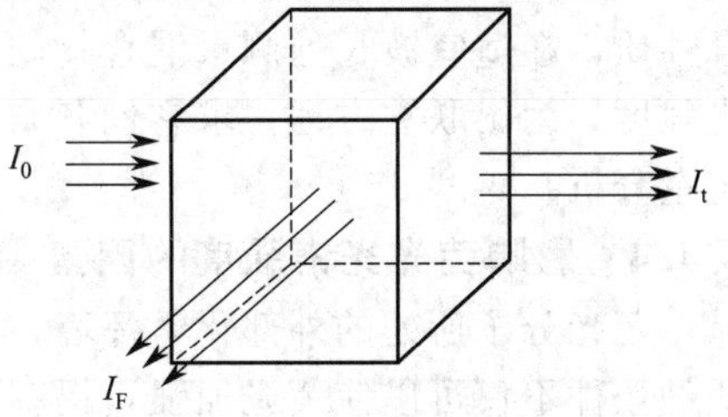

图 1-45　溶液的荧光

I_0—激发光强度；I_t—透射光强度；I_F—荧光强度

对于很稀的溶液，将上式按 Taylor 展开，并作近似处理后可得

$$I_F = 2.303 \Phi_F I_0 \varepsilon l c$$

当荧光效率（Φ_F）、入射光强度（I_0）、物质的摩尔吸光系数（ε）、液层厚度（l）固定不变时，荧光强度（I_F）与溶液的浓度（c）成正比。可写成

$$I_F = Kc \qquad (1\text{-}26)$$

式(1-26)即为荧光分析的定量基础。但这种关系只有在极稀的溶液中，当 $\varepsilon l c < 0.05$ 时

才成立。对于 $\varepsilon lc > 0.05$ 较浓的溶液,由于荧光猝灭现象和自吸收等原因,使荧光强度与浓度不呈线性关系,荧光强度与浓度的关系向浓度轴偏离。

1.4.3.2 测定条件的选择

(1) 选择合适的激发光波长和荧光波长 一般选择激发光谱中能产生最强荧光的入射光波长作为激发光,称为最大激发波长(λ_{ex})。根据荧光光谱选择最强荧光的波长作为荧光测定的波长。

(2) 选择线性范围 当荧光物质溶液的吸光度 $A \leqslant 0.05$ 时,荧光强度和浓度才呈线性关系。当高浓度($A > 0.05$)时,由于自淬灭和自吸收等原因,使荧光强度和浓度不呈线性,发生负偏差。因此分析时应注意在校正曲线的线性范围内进行。

1.4.3.3 定量分析方法

(1) 校正曲线法 配成一系列不同浓度的标准溶液。然后,测出标准溶液的相对荧光强度和空白溶液的相对荧光强度。以相对荧光强度为纵坐标、标准溶液浓度为横坐标,绘制校正曲线;然后将处理后的试样,配成一定浓度的溶液,在同一条件下测定其荧光强度,从校正曲线上求出试样中荧光物质的含量。

为了使一个实验在不同时间所测的数据前后一致,在测绘校正曲线时或者在每次测定试样前,常用一个稳定的荧光物质(其荧光峰与试样的荧光峰相近)的标准溶液作为基准进行校正。例如,在测定维生素 B_1 时,采用硫酸奎宁作基准。

(2) 比较法 取已知量纯荧光物质配成在线性范围内的标准溶液,测出荧光强度($I_{F(s)}$),然后在同样条件下测定试样溶液的荧光强度($I_{F(x)}$)。分别扣除空白($I_{F(0)}$)的含量。以标准溶液和试样溶液的荧光强度比,求试样中荧光物质。

$$\frac{I_{F(s)} - I_{F(0)}}{I_{F(x)} - I_{F(0)}} = \frac{c_s}{c_x} \tag{1-27}$$

$$c_x = c_s \frac{I_{F(x)} - I_{F(0)}}{I_{F(s)} - I_{F(0)}} \tag{1-28}$$

(3) 多组分混合物的荧光分析 如果混合物中各组分荧光峰相互不重叠,则可分别在不同波长测量各个组分的荧光强度,从而直接求出各个组分的浓度。Al^{3+} 和 Ga^{3+} 的 8-羟基喹啉配合物的氯仿萃取液荧光峰均为 520nm,但激发峰不同,可分别在 365nm 及 435.8nm 激发,在 520nm 处测定互不干扰。若不同组分的荧光光谱相互重叠,则可利用荧光强度的加合性质,在适宜波长处测量混合物的荧光强度,再根据被测物质各自在适宜波长处的最大荧光强度,列出联立方程,求它们各自的含量(可参见紫外-可见分光光度法多组分混合物的定量分析)。

1.4.4 影响荧光光谱强度的因素

荧光分子所处的外部化学环境,如温度、溶剂、pH 等都会影响荧光效率,因此选择合适的条件不仅可以使荧光加强,提高测定的灵敏度,还可以控制干扰物质的荧光产生,提高分析的选择性。

(1) 温度的影响 大多数荧光物质的溶液随着温度降低,荧光效率和荧光强度将增加;相反,温度升高,荧光效率将下降。如荧光素的乙醇溶液在 0℃ 以下每降低 10℃,荧光效率增加 3%;冷至 -80℃,荧光效率为 100%。这是由于当温度降低时,溶液中分子的活动性减弱,溶剂化度降低,溶质分子与溶剂分子间碰撞机会减少,降低了无辐射去活概率,使荧光效率增加。

(2) 溶剂的影响 溶剂对荧光强度和形状的影响主要表现在溶剂的极性、氢键及配位键的形成等。溶剂极性增大时,通常使荧光波长红移。氢键及配位键的形成更使荧光强度和形状发生较大的变化。含有重原子的溶剂，如 CBr_4 和 CH_3CH_2I 等也可使荧光强度减弱。

(3) 溶液 pH 的影响 当荧光物质本身是弱酸或弱碱时，其荧光强度受溶液 pH 值的影响较大。例如苯胺在 pH=7～12 溶液中会发生蓝色荧光，在 pH<2 或 pH>13 的溶液中都不发生荧光。有些荧光物质在离子状态无荧光，而有些则相反；也有些荧光物质在分子和离子状态时都有荧光，但荧光光谱不同。

(4) 溶液荧光的猝灭 荧光物质分子与溶剂分子或其他溶质分子相互作用，引起荧光强度降低、消失或荧光强度与浓度不呈线性关系的现象，称为荧光猝灭。引起荧光猝灭的物质称为猝灭剂，如卤素离子、重金属离子、氧分子以及硝基化合物、重氮化合物、羰基化合物等均为常见的猝灭剂。

引起荧光猝灭的因素很多。碰撞猝灭是荧光猝灭的主要原因，它是指处于单重激发态的荧光分子与猝灭剂碰撞后，使激发态分子以无辐射跃迁回到基态，因而产生猝灭作用。除碰撞猝灭外，还有静态猝灭、转为三重态的猝灭、自吸猝灭等。静态淬灭是指荧光分子与淬灭剂生成不能产生荧光的物质。O_2 是最常见的猝灭剂，荧光分析时需要除去溶液中的氧。荧光分子由激发单重态转入激发三重态后也不能发生荧光。浓度高时，荧光分子发生自吸收现象也是发生荧光淬灭的原因之一。荧光物质的荧光光谱与吸收光谱重叠时，荧光被溶液中处于基态的分子吸收，称为自吸收。

1.4.5 分子荧光光谱在高分子材料分析中的应用

荧光光谱法应用在高分子材料研究中虽然只有 20 年的历史，然而其应用已深入到高分子科学中许多领域。由于其灵敏度极高，在高分子溶液、共混物等方面的研究十分引人注目。

1.4.5.1 高分子在溶液中的形态转变

合成聚合物的激基缔合物荧光最早是在聚苯乙烯溶液中发现的，聚苯乙烯在溶液中的激基缔合作用已被许多学者所研究。所谓高分子溶液中的激基缔合物，是指对于像聚苯乙烯这类聚合物中的苯环或其他芳环等具有平面 π 电子共轭结构的发色基团，除单独存在外，还有可能出于分子链处于某种构象时，邻近的两平面结构相互平行靠近产生相互作用，从而形成一种激基缔合物（eximer）。这种激基缔合物吸光后发出了不同于单独发色基团（monomer）的异常荧光。反映在荧光谱图上，就表现为聚合物（如聚苯乙烯）溶液的荧光谱峰与相应的结构单元（如乙苯）的荧光谱峰有明显不同。

1.4.5.2 高分子共混物的相容性和相分离

不同品种的高分子均聚物共混，有可能获得具有新的功能，或综合两者优点的新材料体系。自 20 世纪 70 年代以来，这一领域的研究有了很快的发展。组成共混物的高分子间若存在特殊相互作用，包括氢键、偶极-偶极、离子-离子、电荷转移络合等，便会产生有利于互相溶解的混合焓，因而形成相容体系。用荧光光谱法表征高分子共混体系的相容性主要有两种方法：激基缔合物法和 Forster 能量转移法。

Frank 发展了用含芳香基均聚物的激基缔合物来研究高聚物相容性的技术。用 0.2% 聚乙烯萘与不同的聚烷基丙烯酸甲酯共混，发现随两组分溶度参数差增大而升高。当溶度参数差接近零时，最小，表明两组分以分子水平相容。后来 Frank 又将该技术用于研究 PS/乙烯基甲基醚共混物的相分离。对于聚苯乙烯-聚乙烯基甲基醚体系，从甲苯溶液中成膜表现出相容的性质，从 THF 溶液中成膜则出现相分离。在相同的聚苯乙烯含量时，相分离体系的远高于相容体系。钱人元等发现，对从甲苯中成膜的聚苯乙烯-聚乙烯基醚体系，聚苯乙烯含量低于 5%（质量分数）时，为一常数，小于聚苯乙烯在良溶剂中的数值，这表明两种聚合物以分子水平相容。

江明等用荧光光谱法研究了含氢键体系的相容性。所用的含荧光生色团的聚合物是乙烯基萘（VN，90%）和少量甲基丙烯酸甲酯（MMA）的共聚物（PVM），后者提供了与对应聚合物生成氢键的羰基，与之共混的对应聚合物为含羰基的聚苯乙烯［PS(OH)］在羟基含量很低时，几乎不随—OH 的含量而改变，表明了 PVM 在 PS(OH) 中的状态是独立成形的。在羟基含量较高（>2.8%）时，在一个低值的水平上保持不变，这表明体系中形成激基缔合物的可能性大为减少，即 PVM 已和 PS(OH) 充分贯穿和均匀混合了。介于此两区域之间，明显的存在一个转变区。氢键作用的增强使 PVM 链由自身聚集的状态过渡到在 PS(OH) 基质中的充分均匀混合。荧光光谱法给出的如此低含量下的相容行为的变化，是其他相容性技术如 DSC 或动态力学方法等所无法观察到的。

激基缔合物法仅适用于研究含生色团的均聚物的共混体系。而 Forster 能量转移法却具有更普遍的意义。这一方法的基本原理在于：当某种体系中同时存在一种荧光能量给体 D（donor）和一种能量受体 A（acceptor）时，它们之间的能量转移效率 E 与其间的距离的 6 次方成反比，即 $E=1/[1+(D/R_0)^6]$。这里的 D 是两生色团之间的距离，R_0 是所谓特征距离，它取决于 D 的发射光谱和 A 的吸收光谱间重叠的程度及体系的折光指数等。对给定的体系来说，它是一个常数。通常 R_0 值为 2～4nm，由于生色团间的能量转移效率强烈依赖于两者距离，如将两种荧光生色基团分别标记到两种聚合物上，则可通过其能量转移效率的变化来了解 2～4nm 尺度下异种分子间相互混合的程度。显然，体系由相分离状态向相容性状态变化时，其能量转移效率将有较大的增加，因为前者只有在两相界面上才发生能量转移。

1.4.5.3 研究高聚物的降解与老化

高聚物的降解和老化过程可以利用中间和最终产物中基团的荧光光谱变化进行动态的描述。图 1-46 给出了某种聚酯膜在 300℃经不同时间热降解后在 330nm 波长激发时的荧光发射光谱。结果显示热降解后荧光发射强度明显增加，发射波长随热处理时间的延长而红移（由 1h 的 38nm 移至 5h 的 415nm），同时热处理 2h 后在 450nm 处出现宽肩峰。这些结果表明热老化过程由两个协同效应组成，即经热分解作用形成单羟基单元，随之快速发生双羟基化反应生成双羟基单元。聚酯膜经紫外光降解不同时间后在 330nm 波长激发时的荧光发射光谱见图 1-47，其变化与热老化不同。光降解后在 460nm 处的荧光发射强度虽处理时日的延长而显著增强，但无红移现象，由此表明光降解后主要的反应是单羟基化的快速反应，仅生成极少量的双羟基单元；进一步分析还说明光老化在形成高聚物的短链段的同时伴有结构的重排和聚集。

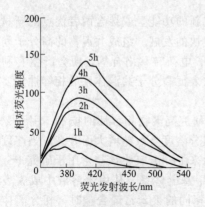

图 1-46 聚酯膜在 300℃热
降解不同时间后的
荧光发射光谱图（激发波长 330nm）

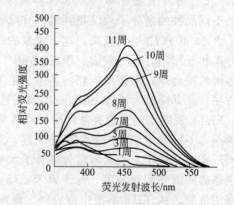

图 1-47 聚酯膜经紫外光降解后的
光谱（激发波长 330nm）

1.4.5.4 发光聚合物材料的荧光光谱研究

为研究聚合物发光材料，往往将小分子发光物质引入聚合物长链中。例如，图 1-48 显示出取代肉桂酸单体铕盐与相应的聚合物的荧光谱，其激发光波长固定在 241.1nm。曲线 1 为取代肉桂酸单体铕盐，曲线 2 为其聚合物。可见，取代肉桂酸单体铕盐的荧光强度大，聚合后荧光减弱，在 700nm 处峰的变化尤为明显。铕（Eu）是稀土金属，具有一定数目的共轭单体的低分子有机配体与稀土金属盐形成的有机盐类有较高的发光效率，其单体聚合后，由于羧酸盐基聚集引起亚微观的不均匀性，导致 Eu^{3+} 的荧光部分淬灭，致使荧光强度减弱。

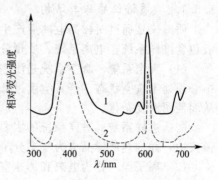

图 1-48 聚合物发光材料的荧光光谱
1—取代肉桂酸单体铕盐；2—相应的聚合物

1.4.5.5 常用荧光试剂及使用范围

目前分子荧光分析法被广泛用于高分子材料分析中。分子荧光分析已经成为了非常灵敏的测定方法。

常用的荧光试剂见表 1-13。

表 1-13 常用的荧光试剂及其使用范围

荧光试剂	使用时适宜条件	适用范围
荧光胺 $1mg \cdot mL^{-1}$ 无水丙酮	水-丙酮、水-二氧六环	聚芳香胺、聚脂肪伯胺
1,2-萘醌-4-磺酸钠（NA） 0.5% 水溶液	生成物用 $NaBH_4$ 还原	聚芳香族及聚脂肪族伯、仲胺，如蛋白质、聚乙烯胺
1-二甲氨基-5-氯化磺胺萘（丹酰氯，Dansyl-Cl）	乙醚、苯等有机溶剂提取后测定	聚伯、仲胺及含酚基的聚合物
邻苯二甲醛（OPA） $50mg \cdot mL^{-1}$ 乙醇液	α-巯基乙醇存在下 pH9～10	聚伯胺类，如聚乙烯胺、聚丙烯胺

1.5 质谱法

质谱法，一般采用高能离子束（如电子）轰击样品的蒸气分子，打掉分子中的价电子，形成带正电荷的离子，然后按质荷比（m/z）的大小顺序进行收集和记录，得到质谱图。根据质谱图可实现对样品成分、结构和相对分子质量的测定。

质谱法与核磁共振谱、红外光谱联合使用，用于对复杂化合物的结构分析和鉴定，已经成为研究有机化合物结构的有力工具之一。

1.5.1 质谱仪

1.5.1.1 质谱仪的工作原理

质谱仪是利用电磁学原理，使带电的样品离子按质荷比进行分离的装置。离子电离后经加速进入磁场中，其动能与加速电压及电荷有关，即

$$zeU = \frac{1}{2}mv^2 \tag{1-29}$$

式中，z 为电荷数，e 为元电荷（$e = 1.6 \times 10^{-19}$ C），U 为加速电压，m 为离子的质量，v 为离子被加速后的运动速度。具有速度 v 的带电粒子进入质谱分析器的电磁场中，将各种离子按 m/z 的大小实现分离和测定。

1.5.1.2 质谱仪的基本结构

质谱仪是通过对样品电离后产生的具有不同 m/z 的离子来进行分离分析的,质谱仪一般包含进样系统、电离系统、质量分析器、检测系统和真空系统。

(1) 真空系统　真空系统是质谱仪的重要组成部分,质谱仪中的离子在产生、运动过程中必须处于真空状态。若真空度过低,则会造成离子源灯丝损坏、本底增高、副反应过多,从而使图谱复杂化。

(2) 进样系统　进样系统的主要作用是把处于大气环境中的样品送入处于真空状态的质谱仪中,并加热使样品成为气态分子。

(3) 离子源　称为电离和加速室,是将被分离物质的气态分子电离成各种离子,并汇聚成具有一定能量的离子束。

常见离子源有电子轰击电离法(electron impact ionization,EI)、化学电离(chemical ionization,CI)、场电离(field ionization,FI)、场解析(field desorption,FD)、快原子轰击(fast atom bombandment,FAB)等。下面简要介绍电子轰击电离法和化学电离。

① 电子轰击电离法　以前叫电子轰击,现在也叫做电子轰击电离或电子电离,是应用最普遍、发展最成熟的电离法,是使用高能电子束从试样分子中撞出一个电子而产生正离子,即

$$M + e \longrightarrow M^+ + 2e$$

式中,M 为待测分子,M^+ 为分子离子或母体离子,若产生的分子离子能量较高,会发生碎裂反应,形成广义的碎片离子,如

$$M^+ \begin{array}{c} \nearrow M_1^+ \longrightarrow M_3^+ \\ \searrow M_2^+ \longrightarrow M_4^+ \end{array}$$

由于电子电离得到的质谱图中一般均为单电荷离子,即质荷比的数值为离子的质量,而有些分子离子由于形成时获能不足,难以发生碎裂作用,则可以检测到分子离子。

电子电离法的优点:易于实现,质谱图再现性好,便于计算机检索和对比,含有推测未知物结构必需的碎片信息。质谱图的解析所依据的主要是 EI 产生的质谱图。

② 化学电离　化学电离是通过离子-分子反应来进行。化学电离时因为有反应气(如 CH_4),一般在 $1.3×10^2$ Pa 压强下工作,由于样品分子的数量与反应气分子相比是极少的,所以在具有一定能量的电子作用下,反应气分子被电离,随后有复杂的反应过程。以甲烷反应为例,部分反应为:

$$CH_4 + e \longrightarrow CH_4^{·+} + 2e$$
$$CH_4^{·+} + CH_4 \longrightarrow CH_5^+ + CH_3^·$$
$$CH_5^+ + M \longrightarrow CH_4 + MH^+$$

上式中,M 代表被分析的样品分子,由它生成了准分子离子 MH^+。由此可以进一步推断出分子量。

(4) 质量分析器　质谱仪的质量分析器位于离子源和检测器之间,其作用是依据不同方式将样品离子按质荷比 m/z 分开,是质谱仪的核心。

(5) 检测系统　检测器的作用是接收被分离的离子,放大和测量离子流的强度。

1.5.2 质谱图及其应用

1.5.2.1 质谱图

质谱法的主要应用是鉴定复杂分子并阐明其结构、确定元素的同位素质量及分布等。

质谱图是以质荷比(m/z)为横坐标、相对强度为纵坐标构成,一般将原始质谱图上最

强的离子峰定为基峰并规定其相对强度100％，其他离子峰以对基峰的相对百分值表示。

1.5.2.2 质谱中的离子峰

分子在离子源中可以产生各种电离，即同一种分子可以产生多种离子峰，因此质谱图中的离子信号十分丰富，包括分子离子峰、碎片离子峰、同位素离子峰、重排离子峰、亚稳离子峰等。

（1）**分子离子峰** 试样分子在高能电子撞击下产生正离子，即

$$M + e \longrightarrow M^+ + 2e$$

M^+ 称为分子离子或母离子。

一般来说，有机化合物中杂原子上未共用电子对（n 电子）最易失去，其次是 π 电子，再其次是 σ 电子。所以对于含有氧、氮、硫等杂原子的分子，首先是杂原子失去一个电子而形成分子离子，此时正电荷的位置处在杂原子上，例如

$$\begin{array}{c} R \\ \diagdown \\ C=O \\ \diagup \\ R' \end{array} \xrightarrow{-e} \begin{array}{c} R \\ \diagdown \\ C=\overset{+\cdot}{O} \\ \diagup \\ R' \end{array}$$

上式中氧原子上的"$+\cdot$"表示由未共用电子对失去一个电子。当正电荷的位置不明确时，可表示为"$\rceil\overset{+}{\cdot}$"。

分子离子的质量对应于中性分子的质量，这对解释未知化合物的质谱十分重要。几乎所有的有机分子都可以产生可以辨认的分子离子峰，有些分子，如含芳香环的分子可产生较强的分子离子峰，而高分子量的烃、脂肪醇、醚及胺等则产生较弱的分子离子峰。若不考虑同位素的影响，分子离子应该具有最高质量。分子中若含有偶数个氮原子，则相对分子质量将是偶数；反之，将是奇数，这就是所谓的"氮律"。

（2）**碎片离子峰** 有机化合物受高能作用时会产生各种形式的分裂。一般强度最大的质谱峰相应于最稳定的碎片离子，通过各种碎片离子相对峰高的分析，有可能获得整个分子结构的信息。但由此获得的分子拼接结构并不总是合理的，因为碎片离子并不是只由 M^+ 一次碎裂产生，而且可能会由进一步断裂或重排产生。相应的在质谱图上可以出现碎片离子峰。例如

$$\begin{array}{c} H_3C \\ \diagdown \\ C=\overset{+\cdot}{O} \\ \diagup \\ H_3C \end{array} \xrightarrow{-CH_3} H_3C\!-\!C\!\equiv\!\overset{+}{O} \xrightarrow{-CO} CH_3^+$$

$$m/z=58 \qquad m/z=43 \qquad m/z=15$$

反应式中 $CH_3\!-\!C\!\equiv\!O^+$ 为碎片离子，它进一步裂解生成新的碎片离子 CH_3^+，同时失去中性碎片分子 CO。分子的裂解和分子结构有关，因此可根据质谱图中碎片离子的出现来推测化合物可能的结构。但是要准确地进行定性分析最好与标准图谱进行比较。

（3）**同位素离子峰** 有机化合物一般是由 C、H、O、N、S、F、Cl、Br、I、Si、P 组成的，这些元素中有些是有同位素的。由于同位素的存在，在质谱图上出现一些 M+1、M+2 的峰，由这些同位素形成的离子峰称为同位素离子峰。分子离子中有同位素离子，碎片离子中也有同位素离子。

在一般有机分子鉴定时，可以通过同位素峰的统计分布来确定其元素组成，分子离子的同位素离子峰相对强度之比总是符合统计规律的。

如在含有一个溴原子的化合物中 $(M+2)^+$ 峰的相对强度几乎与 M^+ 峰的相等。含一个溴原子的分子中，质谱中分子离子峰簇中 ^{79}Br 与 ^{81}Br 的积分比为 1∶1，如图 1-49(a) 所示为分子式为 $C_7H_7BrO_3$ 的 EI 质谱图（分子离子峰簇 m/z 218 和 m/z 220 积分比为 1∶1）；而含两个溴原子的分子中，质谱中分子离子峰簇中 ^{79}Br 与 ^{81}Br 的积分比为 1∶2∶1，如图

1-49(b) 所示为分子式为 $C_{16}H_{12}Br_2O_6$ 的 EI 质谱图（分子离子峰簇 m/z 458、m/z 460 和 m/z 462 积分比为 1∶2∶1）。

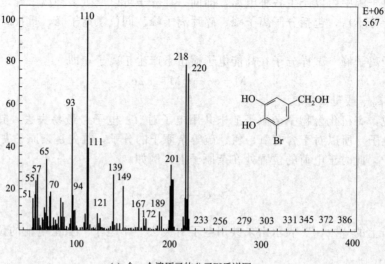

(a) 含一个溴原子的分子EI质谱图

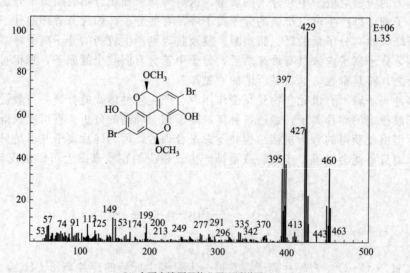

(b) 含两个溴原子的分子EI质谱图

图 1-49 含溴元素的化合物分子质谱图

1.5.3 有机化合物的断裂方式

有机化合物中，C—C 键不如 C—H 键稳定，因此烷烃的断裂一般发生在 C—C 键之间，且较易发生在支链上，形成正离子稳定性的顺序是三级＞二级＞一级，如 2,2-二甲基丁烷，在高能离子源中断裂发生在带支链的碳原子周围，形成较稳定的 $m/z=71$ 或 $m/z=57$ 的离子。

在烷烃的质谱中可以观察到这样一个规律，即 m/z 为 41、43、55 和 57 占优势，这些代表 $C_3H_5^+$、$C_3H_7^+$、$C_4H_7^+$、$C_4H_9^+$，在 $m/z > 57$ 的谱图区域出现峰的相对强度随 m/z 增大而减小，相邻的两峰之间往往 m/z 相差 14，这是由于碎裂下来—CH_2—的结果。

饱和脂肪族化合物如果含有杂原子（N、O、卤素原子等），由于杂原子的定位作用，在质谱图中，断裂主要发生在杂原子周围。例如，对于含有电负性较强的杂原子如 Cl、Br 等，发生以下反应：

$$R+X \longrightarrow R^+ + X\cdot$$

而可以通过共振形成正电荷稳定化的离子时，可发生以下反应：

对于烯烃，多在双键旁的第二个键上断裂，丙烯型共振结构对含有双键的碎片有着明显的稳定作用。

对含有羰基的化合物通常在与其相邻的键上断裂，正电荷保留在含羰基的碎片上：

苯是芳香化合物中最简单的化合物，其图谱中 M^+ 通常是最强峰。在取代的芳香化合物中将优先失去取代基形成苯甲离子，而后进一步形成䓬鎓离子：

这个规律说明对于邻、间、对位取代的苯环很难通过质谱法来进行鉴定。

1.5.4 质谱法的应用

【例 1-6】 图 1-50 为某常用高分子溶剂的谱图，试判断该溶剂的组成结构。

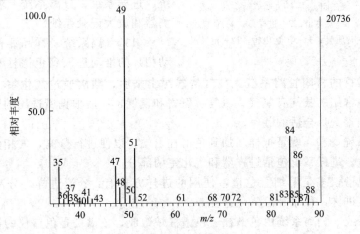

图 1-50 某种有机溶剂的质谱图

首先确认分子离子峰，在谱图中质量数最高的离子 m/z 为 88。如果此离子为分子离子，则有 M-2 和 M-4 的峰。但由于图上 M-4 峰（$m/z=84$）的丰度比较大，按分子离子峰的条件判别可能性不大，因此应考虑 m/z 分别为 84、86、88 为一同位素峰组，分子离子峰为 m/z 为 84。再观察谱图中同位素峰组的丰度比约为 M：(M+2)：(M+4)＝9：6：1，该化合物可能含有两个氯原子。依照分子量初步推测该溶剂的分子式是 CH_2Cl_2，为二氯甲烷。然后再根据谱图进一步验证：

$$CH_2Cl_2^{+\cdot} \xrightarrow{-\cdot Cl} CH_2Cl^-$$
$$m/z=49.51$$

因此基峰是分子离子峰丢掉一个氯游离基而形成的，m/z 49 与 51 峰丰度之比约为 3：1，与该碎片离子结构符合。

1.6 气相色谱法

气相色谱法（gas chromatography，GC）是一种以气体为流动相的色谱分离方法。根据所选用的固定相的不同，可以进一步分为气固色谱和气液色谱。由于它能分离气体及在操作温度下能成为气态，但又不分解物质，而且分离效能高、灵敏度高、分析速度快，得到了广泛应用。

1.6.1 气相色谱仪

1.6.1.1 气相色谱流程

气相色谱的一般流程见图 1-51，载气由高压气瓶供给，经减压阀降压后，由气流调节阀调节到所需流速，经净化干燥管净化后得到稳定流量的载气；载气流经气化室，样品在气化室气化后随载气进入色谱柱进行分离，分离后的各组分先后流入检测器；检测器将按物质的浓度或质量的变化转变为一定的电信号，经放大后在记录仪上记录下来，得到色谱流出曲线。

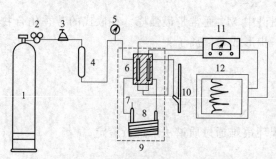

图 1-51 气相色谱流程示意图
1—高压气瓶；2—减压阀；3—气流调节阀；4—净化干燥管；5—压力表；6—热导池；7—进样口；8—色谱柱；9—恒温箱；10—流量计；11—测量电桥；12—记录仪

1.6.1.2 气相色谱仪的结构

气相色谱仪由五大系统组成：气路系统、进样系统、分离系统、温控系统以及检测器和放大记录系统。

(1) 气路系统　样品要依靠载气（即流动相）的推动进入到色谱柱和检测器中，气路是载气连续运行的密闭管路系统。载气从气源出来后，顺次通过气化室、色谱柱、检测器，然后放空。常用的载气有氢气、氮气、氦气和氩气，一般根据所选用的检测器和分析对象及其他一些因素选择合适的载气。

(2) 进样系统　进样就是把样品加到色谱柱上端，以便进行分离，气相色谱对进样的要求是快速而定量。进样系统包括进样器和气化室两部分。

目前气相色谱仪多是毛细管色谱，使用的进样方式有：分流进样，分流/不分流进样，柱头进样，直接进样，程序升温气化进样。

(3) 分离系统　分离系统由色谱柱、色谱柱炉组成，色谱柱是色谱仪的核心部件，其作用是分离样品；色谱柱炉是给色谱柱提供适宜温度的场所。

(4) 温控系统 在气相色谱测定中流动相为气体,只有气态样品才能被载气携带通过色谱柱,要使样品保持为气态而且不变质,温度是很重要的指标,它直接影响色谱柱的选择分离、检测器的灵敏度和稳定性。控制温度主要指对色谱柱炉、气化室和检测器三处的温度进行控制。对于色谱柱的温度控制方式有恒温和程序升温两种。对于沸点范围很宽的混合物,往往采用程序升温法进行分析。程序升温指在一个分析周期内柱温随时间由低温向高温作线性或非线性变化,以达到用最短时间获得最佳分离的目的。

(5) 检测器和放大记录系统 检测器是一种将载气中被分离组分的量转化为易于测量的信号(多为电信号)的装置。样品经色谱柱分离后,各成分按保留时间不同,顺序地随载气进入检测器,检测器把进入的组分按其浓度或质量,转化成电信号,经过放大传递给记录仪,最后记录得到该混合样品的色谱流出曲线。

常用的气相色谱检测器包括热导池检测器、氢火焰离子化检测器、电子捕获检测器、火焰光度检测器等。如表 1-14 所示。

表 1-14 常用气相色谱检测器

检测器	灵敏度	线性范围	检测原理	适用范围
热导池检测器(thermal conductivity detector, TCD)	$10^{-4} mV \cdot mL \cdot mg^{-1}$	$10^4 \sim 10^5$	根据各种物质和载气的导热系数不同,采用热敏元件进行检测,通常载气与试样气的导热系数相差越大,灵敏度越高	通用性检测器,对所有物质均有响应。通常选用 H_2、He 作为载气
氢火焰离子化检测器(flame ionization detector, FID)	$10^{-2} C \cdot g$	$10^6 \sim 10^7$	利用有机物在氢火焰中燃烧生成的离子,在电场作用下产生电信号	选择性检测器,仅对含碳有机化合物有响应,对某些物质如永久性气体、水、CO、CO_2、氮的氧化物、硫化物等不产生信号
电子捕获检测器(electron-capture detector, ECD)	$800 A \cdot mL \cdot g^{-1}$	$10^2 \sim 10^4$	载气分子在放射源的 β 粒子下离子化并在电场中形成稳定基流,当电负性基团样品通过时,捕获电子使基流减小而产生电信号	选择性检测器,只对具有电负性的物质有响应,且电负性越强,灵敏度越高,如农药、污染物
火焰光度检测器(flame photometric detector, FPD)	$400 C \cdot g$	约 10^4	利用含硫、磷的化合物在富氢火焰中产生 392nm、526nm 特征光,然后再转化为电信号	选择性检测器,适宜测定含硫或含磷化合物,如农药残留物及大气污染

1.6.2 气相色谱分离原理

1.6.2.1 色谱流出曲线及有关术语

(1) 色谱流出曲线和色谱峰 由检测器输出的电信号强度对时间作图,所得曲线称为色谱流出曲线(图 1-52)。曲线上突起部分就是色谱峰。

(2) 基线 基线是色谱柱中仅有流动相通过时,检测器响应信号的记录值。即色谱柱后没有样品组分流出时的流出曲线称为基线,稳定的基线应该是一条水平直线。

(3) 峰高 色谱峰顶点与基线之间的垂直距离,以 h 表示,如图 1-52 中 AB' 段。

(4) 保留值

① 死时间 t_0 不被固定相吸附或溶解的物质进入色谱柱时,从进样到色谱图上出现峰极大值所需的时间称为死时间,也可以认为是流动相流经色谱柱的时间。如图 1-52 中 $O'A'$。测定流动相平均线速 u 时,可用柱长 L 与 t_0 的比值计算,即

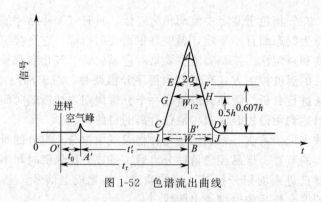

图 1-52 色谱流出曲线

$$u = \frac{L}{t_0} \tag{1-30}$$

② 保留时间 t_r　试样从进样开始到柱后出现峰极大值时所经过的时间，称为保留时间，如图 1-52 中 $O'B$。它相应于试样到达柱末端的检测器所需的时间。

③ 调整保留时间 t'_r　某组分的保留时间扣除死时间后，称为该组分的调整保留时间，即

$$t'_r = t_r - t_0 \tag{1-31}$$

由于组分在色谱柱中的保留时间 t_r 包含了组分随流动相通过柱子所需的时间和组分在固定相中滞留所需的时间，所以 t_r 实际上是组分在固定相中停留的总时间，反映了组分与固定相和流动相之间相互作用时间，而调整保留时间 t'_r 则只反映了组分与固定相之间的相互作用时间。保留时间是色谱法定性的基本依据。

④ 死体积 V_0　指色谱柱在填充后，柱管内固定相颗粒间的空间、色谱仪中管路和连接头间的空间以及检测器的空间的体积总和，当后两项很小可忽略不计时，以气相色谱为例，死体积可由死时间与色谱柱出口的载气流速 F_c（$cm^3 \cdot min^{-1}$）计算，即

$$V_0 = t_0 F_c \tag{1-32}$$

式中，F_c 为校正到柱温下的载气体积流速。

⑤ 保留体积 V_r　指从进样开始到被测组分在柱后出现浓度极大点时所通过的流动相的体积。保留时间与保留体积关系：

$$V_r = t_r F_c \tag{1-33}$$

⑥ 调整保留体积 V'_r　某组分的保留体积扣除死体积后，称该组分的调整保留体积。

$$V'_r = V_r - V_0 = t'_r F_c \tag{1-34}$$

⑦ 相对保留值　某组分 2 的调整保留值与组分 1 的调整保留值之比，称为相对保留值。

$$r_{2,1} = \frac{t'_{r2}}{t'_{r1}} = \frac{V'_{r2}}{V'_{r1}} \tag{1-35}$$

相对保留值只与柱温及固定相性质有关，与柱径、柱长、填充情况及流动相流速无关，因此，它在色谱法中，特别是在气相色谱法中，广泛用作定性的依据。

在定性分析中，通常固定一个色谱峰作为标准（s），然后再求其他峰（i）对这个峰的相对保留值，此时可用符号 α 表示，即

$$\alpha = \frac{t'_r(i)}{t'_r(s)} \tag{1-36}$$

式中，$t'_r(i)$ 为较晚出峰的组分的调整保留时间，所以 α 总是大于 1 的。相对保留值往往可作为衡量固定相选择性的指标，又称选择因子。

(5) 区域宽度　色谱峰的区域宽度是色谱流出曲线的重要参数之一，用于衡量柱效率及

反映色谱操作条件的动力学因素。表示色谱峰区域宽度通常有三种方法。

① 标准偏差 σ　即 0.607 倍峰高处色谱峰宽的一半，如图 1-52 中 EF 距离的一半。

② 半峰宽 $W_{1/2}$　即峰高一半处对应的峰宽。如图 1-52 中 GH 间的距离，它与标准偏差的关系为

$$W_{1/2}=2.354\sigma \tag{1-37}$$

③ 峰底宽度 W　即色谱峰两侧拐点上的切线在基线上的截距。如图 1-52 中 IJ 间的距离，它与标准偏差 σ 的关系是

$$W=4\sigma \tag{1-38}$$

1.6.2.2　色谱法基本原理

试样由载气携带进入色谱柱后，立即被吸附剂所吸附。载气不断流过吸附剂时，吸附着的组分又被洗脱下来，这种洗脱下来的现象称为脱附，脱附的组分随着载气继续前进时，又可被前面的吸附剂所吸附，随着载气的流动，被测组分在吸附剂表面进行反复的物理吸附、脱附过程。由于被测组分中各组分的性质不同，它们在吸附剂上的吸附能力就不一样，较难被吸附的组分就容易被脱附，逐渐走在前面，保留时间较短，容易被吸附的组分就不易被脱附，逐渐走在后面，保留时间较长，经过一定的时间后，即通过一定量的载气后，试样中各组分就彼此分离而先后流出色谱柱，各自进入检测器，形成色谱流出曲线。

(1) 分配系数 K　分配色谱的分离是基于样品组分在固定相和流动相之间反复多次地分配过程，而吸附色谱的分离是基于反复多次地吸附——脱附过程。固定相和流动相是互不相溶的两相。描述组分在两相间分配的参数称为分配系数 K。它是指在一定温度和压力下，组分在固定相和流动相之间分配达平衡时的浓度之比值，即

$$K=\frac{溶质在固定相中的浓度}{溶质在流动相中的浓度}=\frac{c_s}{c_m} \tag{1-39}$$

分配系数是由组分和固定相的热力学性质决定的，它是每一个溶质的特征值，它仅与固定相和温度有关，与两相体积、柱管的特性以及所使用的仪器无关。

(2) 分配比 k　分配比是指在一定温度和压力下，组分在两相间分配达平衡时，组分在固定相和流动相中的质量比，即

$$k=\frac{组分在固定相中的质量}{组分在流动相中的质量}=\frac{m_s}{m_m} \tag{1-40}$$

k 值越大，说明组分在固定相中的量越多，相当于柱的容量大，因此又称分配容量或容量因子。它是衡量色谱柱对被分离组分保留能力的重要参数。k 值也决定于组分及固定相热力学性质。它不仅随柱温、柱压变化而变化，而且还与流动相及固定相的体积有关。

$$k=\frac{m_s}{m_m}=\frac{c_s V_s}{c_m V_m} \tag{1-41}$$

式中，c_s，c_m 分别为组分在固定相和流动相的浓度，V_m 为柱中流动相的体积，近似等于死体积。V_s 为柱中固定相的体积，在各种不同的类型的色谱中有不同的含义。

例如，在分配色谱中，V_s 表示固定液的体积；在尺寸排阻色谱中，则表示固定相的孔体积。

根据以下公式，分配比 k 值可直接从色谱图测得：

$$t_r=t_0(1+k) \tag{1-42}$$

$$k=\frac{t_r-t_0}{t_0}=\frac{t_r'}{t_0}=\frac{V_r'}{V_0} \tag{1-43}$$

(3) 分配系数 K 与分配比 k 的关系

$$K=\frac{c_s}{c_m}=\frac{m_s/V_s}{m_m/V_m}=k\cdot\frac{V_m}{V_s}=k\cdot\beta \tag{1-44}$$

式中，β 为相比，它是反映各种色谱柱柱型特点的又一个参数。

（4）分配系数 K 及分配比 k 与选择因子 α 的关系

根据式(1-36)、式(1-43) 和式(1-44)，对 A、B 两组分的选择因子，用式(1-45) 表示

$$\alpha = \frac{t'_r(B)}{t'_r(A)} = \frac{k(B)}{k(A)} = \frac{K(B)}{K(A)} \tag{1-45}$$

式(1-45) 表明：如果两组分的 K 或 k 值相等，则 $\alpha=1$，两个组分的色谱峰必将重合，说明分不开。两组分的 K 或 k 值相差越大，则分离得越好。因此两组分具有不同的分配系数是色谱分离的先决条件。

1.6.3 气相色谱固定相

气相色谱法能否将某一样品中的各组分完全分离，主要取决于色谱柱的选择性和效能。这在很大程度上是由固定相的性能决定的。气相色谱固定相分为两类：

① 用于气液色谱的液体固定相（包括固定液和载体）；

② 用于气固色谱的固体吸附剂。

1.6.3.1 气液色谱固定相

气液色谱固定相由载体（担体）和固定液构成，载体为固定液提供一个大的惰性表面，以承担固定液，使它能在表面展成薄而均匀的液膜。

（1）载体（担体）　载体为多孔性固体颗粒，起支持固定液的作用，一般有较大的表面积和良好的热稳定性，无吸附和催化活性。载体大致可分为硅藻土和非硅藻土两类。

硅藻土载体是由天然硅藻土经煅烧等处理而成，又分为红色载体和白色载体。

非硅藻土载体品种不一，如有机玻璃微球载体、氟载体、高分子多孔微球等。

（2）固定液　固定液一般为高沸点有机物，均匀地涂渍在多孔的载体表面、起分离作用的物质，操作温度下呈液膜状态。对固定液，要求选择性要好，有良好的热稳定性和化学稳定性；对试样各组分有适当的溶解能力；在操作温度下有较低蒸气压，以免流失太快。

1.6.3.2 气固色谱固定相

在气相色谱分析中，气液色谱法固然应用范围广，但在分离和分析永久性气体及气态烃类，效果并不好。若采用吸附剂作固定相，利用其对气体的吸附性能差别，可得较满意的结果。

（1）固体吸附剂　主要有强极性的硅胶，弱极性的氧化铝，非极性的活性炭和特殊作用的分子筛等。使用时，可根据它们对各种气体的吸附能力不同，选择最合适的吸附剂。

硅胶：分离永久性气体及低级烃。

氧化铝：分离烃类及有机异构物，在低温下可分离氢的同位素。

活性炭：分离永久性气体及低沸点烃类，不适于分离极性化合物。

分子筛：特别适用于永久性气体和惰性气体的分离。

（2）人工合成的固定相　高分子多孔微球是一类人工合成的多孔共聚物。将它作为有机固定相则既起到载体的作用，又作为固定液，可在活化后直接用于分离，也可作为载体在其表面涂渍固定液后再用。由于是人工合成的，可控制其孔径大小及表面性质。圆球形颗粒容易填充均匀。数据重现性好。在无液膜存在时，没有"固定相流失"问题，有利于大幅度程序升温，这类高分子多孔微球特别适用于有机物中痕量水的分析，也可用于多元醇、脂肪酸、腈类、胺类的分析。

高分子多孔微球分为极性和非极性两种：①非极性的是由苯乙烯、二乙烯苯共聚而成，如国内的 GDX 1 型和 2 型，国外的 Chromosorb 系列等；②极性的是在苯乙烯、二乙烯苯共聚物中引入了极性官能团，如国内的 GDX 3 型和 4 型，国外的 Porapak N 等。

1.6.4 气相色谱分离条件的选择

1.6.4.1 色谱柱的分离效果

可由以下三方面进行评价。

(1) 柱效能 将一根色谱柱当作一个精馏塔,可以用"塔板"概念来描述组分在色谱柱内的分配行为。塔板的概念是从精馏中借用而来的,可以理解为极小的一段色谱柱,每个色谱柱可以分为许多个塔板。组分在每块塔板的两相间的分配平衡瞬时达到,达到一次分配平衡所需的最小柱长称为理论塔板高度,用 H 表示。H 越小,表明柱效能越高。假设在柱子中,各段的 H 都是一样的,设色谱柱的长度为 L,则一根色谱柱的塔板数目为

$$n=\frac{L}{H} \quad 或 \quad H=\frac{L}{n} \tag{1-46}$$

实验证明,理论塔板数与色谱峰宽有关,可按式(1-47)计算:

$$n=5.54\left(\frac{t_r}{W_{1/2}}\right)^2=16\left(\frac{t_r}{W}\right)^2 \tag{1-47}$$

式中,n 为理论塔板数;t_r 为保留时间;$W_{1/2}$ 为半峰宽;W 为峰底宽。

由上述两式可见,柱长一定时,色谱峰越窄,塔板数 n 越多,理论塔板高度 H 就越小,柱效能越高。

由于死时间 t_0 包括在 t_r 中,而实际死时间不参与柱内的分配,所以计算出来 n 值尽管很大,H 很小,但与实际柱效相差甚远。因而提出把死时间扣除的有效理论塔板数 n_{eff} 和有效塔板高度 H_{eff} 作为柱效能指标。

$$n_{eff}=5.54\left(\frac{t'_r}{W_{1/2}}\right)^2=16\left(\frac{t'_r}{W}\right)^2 \tag{1-48}$$

$$H_{eff}=\frac{L}{n_{eff}} \tag{1-49}$$

由于 n_{eff} 和 H_{eff} 较好地反映了组分与固定相和流动相间的相互作用,因而能较为真实地反映柱效能的好坏。

必须指出,在相同色谱条件下,对不同物质计算所得的塔板数不同,因此,在说明柱效时,除注明色谱条件外,还应明确物质名称。

(2) 选择性 样品中各组分能否在一支色谱柱中得到有效分离,取决于各组分在固定相中分配系数的差异,而不是由分配平衡次数的多少所决定。因此,不能将有效理论塔板数看做是能否实现分离的依据,而应以选择性作为样品中各组分能否得到分离的依据。选择性是指色谱柱对不同组分保留值的差别,以相对保留值 α 来表示选择性的好坏,α 值越大,选择性越好,色谱图中两组分峰的距离就越大,两组分就越容易分离。

(3) 分离度 选择性 α 和柱效能 n 分别从两个不同的方面评价色谱分离效果,但不能全面地表示色谱柱的总分离效能。故需引入一个综合性指标:分离度(R)。分离度是既能反映柱效率又能反映选择性的指标,称总分离效能指标。分离度定义为相邻两组分色谱峰保留值之差与两组分色谱峰底宽总和一半的比值,即

$$R=\frac{t_{r2}-t_{r1}}{\frac{1}{2}(W_1+W_2)}=\frac{t'_{r2}-t'_{r1}}{\frac{1}{2}(W_1+W_2)} \tag{1-50}$$

分离度 R 的定义并没有反映影响分离度的诸因素。实际上,分离度受柱效 n、选择因子 α 和容量因子 k 三个参数的控制。在实际应用中,往往用下面两个公式:

$$R=\frac{\sqrt{n}}{4}\left(\frac{\alpha-1}{\alpha}\right)\left(\frac{k}{k+1}\right) \tag{1-51}$$

$$R = \frac{\sqrt{n_{\text{eff}}}}{4}\left(\frac{\alpha-1}{\alpha}\right) \tag{1-52}$$

R 值越大，表明相邻两组分分离越好。一般说，当 $R<1$ 时，两峰有部分重叠；当 $R=1$ 时，分离程度可达 98%；当 $R=1.5$ 时，分离程度可达 99.7%。通常用 $R=1.5$ 作为相邻两组分已完全分离的标准。

1.6.4.2 色谱分离条件的选择

根据分离条件选择的指标，可指导选择色谱分离的操作条件。

(1) 柱长的选择 理论上，由于分离度与柱长的平方根成正比，在塔板高度不变的情况下，增加柱长可使理论塔板数增大，有利于提高分离度，但增加柱长会使各组分的保留时间增加，使峰展宽加大，分析时间延长。因此，填充柱的柱长要选择适当。一般情况下，柱长选择原则是以使组分达到一定分离度的条件下，尽量使用短柱。

(2) 载气及其流速的选择 1956年荷兰学者 van Deemter 等在研究气液色谱时，提出了色谱过程动力学理论——速率理论，概括解释了影响柱效，即影响板高的各种因素。van Deemter方程的数学简化式为

$$H = A + \frac{B}{u} + Cu$$

式中，u 为在一定柱温、柱压下载气的平均线速度；A、B、C 为影响峰宽的三项因素，分别代表涡流扩散项、分子扩散项、传质阻力项。

根据 Van Deemter 方程的简化式可知，当流动相线速 u 一定时，仅在 A、B、C 较小时，塔板高度 H 才能较小，柱效才较高；反之，则柱效较低，色谱峰将展宽。

对气相色谱，以不同流速下测得的塔板高度 H 对流动相线速作图，得如图 1-53 所示的 H-u 曲线。由图 1-53 可得出以下结论：①涡流扩散与流动相线速无关；②在低流速区时，纵向分子扩散占主导地位，此时应选用相对分子质量较大的 N_2、Ar 作为载气，使组分在流动相中有较小的扩散系数；③在高流速区时，传质阻力占主导地位，此时应选用相对分子质量较小的 H_2、He 作为

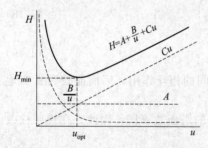

图 1-53 H-u 关系图

载气，使组分有较大的扩散系数，以提高柱效。

由图 1-53 可知，H-u 曲线有一最低点，与最低点所对应的塔板高度 H 值最小（即 $H_{\min}$），该点所对应的线速度为最佳线速度 u_{opt}，此时可得到最高的柱效。

最小塔板高度 $H_{\min}$ 和最佳线速 u_{opt} 可以通过图 1-53 直观地观察到，也可通过对 Van Deemter 简化式微分，并令其等于 0，求得

$$\frac{\mathrm{d}H}{\mathrm{d}u} = -\frac{B}{u^2} + C = 0 \tag{1-53}$$

$$u_{\text{opt}} = \sqrt{\frac{B}{C}} \tag{1-54}$$

$$H_{\min} = A + 2\sqrt{BC} \tag{1-55}$$

应当注意的是，载气的选择还要考虑与检测器相适应，如在实际应用中，当使用氢火焰检测器时，多选用氮气作载气；而使用热导池检测器时，一般以氢气为载气。

(3) 柱温的选择 提高柱温可使气相、液相传质速率加快，有利于降低塔板高度，改善柱效。但增加柱温同时又加剧纵向扩散，从而导致柱效下降。如果柱温较低，又往往延长了

分析时间。因此，选择柱温的一般原则是：在使最难分离的组分有尽可能好的分离前提下，采取适当低的柱温，但以保留时间适宜、峰形不拖尾为度。具体操作条件应根据实际情况而定。

另外，柱温的选择还应考虑固定液的使用温度，柱温不能高于固定液的最高使用温度，否则容易导致固定液挥发流失，对分离不利。

对于宽沸程的多组分混合物，可采用程序升温法，即在分析过程中按一定速度提高柱温，在程序开始时，柱温较低，低沸点的组分得到分离，中等沸点的组分移动很慢，高沸点的组分还停留于柱口附近；随着温度上升，组分由低沸点到高沸点依次分离出来。采用程序升温后不仅可以有效地改善分离，而且可以缩短分析时间，得到的峰形也很理想。

(4) 载体粒度的选择　载体的粒度越小，填装越均匀，柱效就越高。但粒度也不能太小。否则，阻力和柱压也急剧增大。

1.6.5 定性分析

气相色谱分析对象是在气化室温度下能成为气态的物质。气相色谱法是一种高效、快速的分离分析技术，它可以在很短时间内分离几十种甚至上百种组分的混合物，这是其他方法无法比拟的，但是，由于色谱法定性分析主要依据是保留值，所以需要标准样品。而且单靠色谱法对每个组分进行鉴定，往往不能令人满意。

近年来，气相色谱与质谱、光谱等联用，既充分利用色谱的高效分离能力，又利用了质谱、光谱的高鉴别能力，加上运用计算机对数据的快速处理和检索，为未知物的定性分析开创了一个广阔的前景。

1.6.5.1　用已知纯物质对照定性

这是气相色谱定性分析中最方便、最可靠的方法。

这个方法基于在一定操作条件下，各组分的保留时间是一定值的原理，如果未知样品较复杂，可采用在未知混合物中加入已知物，通过未知物中哪个峰增大，来确定未知物中成分。图1-54是进行对照定性的示意图。

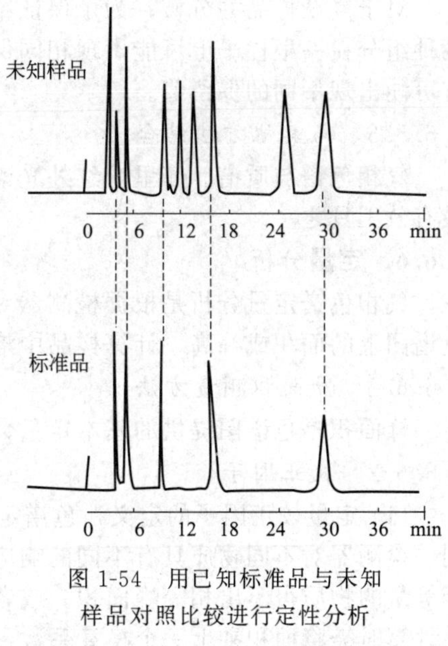

1.6.5.2　用经验规律和文献值进行定性分析

当没有待测组分的纯标准样时，可用文献值定性，或用气相色谱中的经验规律定性。

(1) 碳数规律　大量实验证明，在一定温度下，同系物的调整保留时间的对数与分子中碳原子数呈线性关系，即

$$\lg t_r' = A_1 n + C_1 \quad (1-56)$$

式中，A_1 和 C_1 是常数，n 为分子中的碳原子数（$n \geqslant 3$）。该式说明，如果知道某一同系物中两个或更多组分的调整保留值，则可根据上式推知同系物中其他组分的调整保留值。

图1-54　用已知标准品与未知样品对照比较进行定性分析

(2) 沸点规律　同族具有相同碳数碳链的异构体化合物，其调整保留时间的对数和它们的沸点呈线性关系，即

$$\lg t_r' = A_2 T_b + C_2 \quad (1-57)$$

式中，A_2 和 C_2 均为常数，T_b 为组分的沸点，K。由此可见，根据同族同数碳链异构体中几个已知组分的调整保留时间的对数值，可求得同族中具有相同碳数的其他异构体的调整保留时间。

1.6.5.3 根据相对保留值定性

利用相对保留值定性比用保留值定性更为可靠。在用保留值定性时，必须使两次分析条件完全一致，有时不易做到。而用相对保留值定性时，只要保持柱温不变即可。这种方法要求找一个基准物质，一般选用苯、正丁烷、环己烷等作为基准物。所选用的基准物的保留值尽量接近待测样品组分的保留值。

1.6.5.4 根据保留指数定性

保留指数又称 Kovats 指数，是一种重现性较其他保留数据都好的定性参数，可根据所用固定相和柱温直接与文献值对照，而不需标准样品。

人为规定正构烷烃的保留指数为其碳数乘 100，如正己烷和正辛烷的保留指数分别为 600 和 800。至于其他物质的保留指数，则可采用两个相邻正构烷烃保留指数进行标定。测定时，将碳数为 n 和 $n+1$ 的正构烷烃加于样品 x 中进行分析，若测得它们的调整保留时间分别为 $t'_r(C_n)$，$t'_r(C_{n+1})$ 和 $t'_r(X)$，且 $t'_r(C_n)<t'_r(X)<t'_r(C_{n+1})$ 时，则组分 x 的保留指数可按下式计算，即

$$I_x = 100\left[n+\frac{\lg t'_r(X)-\lg t'_r(C_n)}{\lg t'_r(C_{n+1})-\lg t'_r(C_n)}\right] \tag{1-58}$$

同系物组分的保留指数之差一般应为 100 的整数倍。一般说来，除正构烷烃外，其他物质保留指数的 1/100 并不等于该化合物的含碳数。利用式(1-58)求出未知物的保留指数，然后与文献值对照，即可实现未知物的定性。在与文献值对照时，一定要重现文献值的实验条件，如固定液、柱温等，而且要用几个已知组分进行验证。

1.6.5.5 双柱、多柱定性

对于复杂样品的分析，为了保证结果的准确性，往往利用双柱或多柱法更有效、可靠。两种组分在一根柱子上可能出现相同保留值，当改变色谱分离条件，使用不同的柱子时，就有可能出现不同的保留值。

1.6.5.6 与其他方法结合

气相色谱与质谱、傅里叶红外光谱、发射光谱等仪器联用是目前解决复杂样品定性分析最有效工具之一。

1.6.6 定量分析

气相色谱定量分析是根据检测器对溶质产生的响应信号与溶质的量成正比的原理，通过色谱图上的面积或峰高，计算样品中溶质的含量。

1.6.6.1 峰面积测量方法

峰面积是色谱图提供的基本定量数据，峰面积测量的准确与否直接影响定量结果。

1.6.6.2 校正因子

(1) 定量校正因子的定义 色谱定量分析是基于峰面积与组分的量成正比关系。但由于同一检测器对不同物质具有不同的响应值，即对不同物质，检测器的灵敏度不同，所以两个相等量的物质得不出相等峰面积。或者说，相同的峰面积并不意味着相等物质的量。因此，在计算时需将面积乘上一个换算系数 (f'_i)，使组分的面积转换成相应物质的量，即

$$w_i = f'_i A_i \tag{1-59}$$

式中，w_i 为组分 i 的量，它可以是质量，也可以是摩尔或体积（对气体）；A_i 为峰面积，f'_i 为换算系数，称为定量校正因子，它可表示为

$$f'_i = \frac{w_i}{A_i} \tag{1-60}$$

定量校正因子定义为：单位峰面积的组分的量。检测器灵敏度 S_i 与定量校正因子有以

下关系式

$$f'_i = \frac{1}{S_i} \tag{1-61}$$

(2) **相对定量校正因子** 由于物质量 w_i 不易准确测量，要准确测定定量校正因子 f'_i 不易达到，在实际工作中，以相对定量校正因子 f_i 代替定量校正因子 f'_i。

相对定量校正因子 f_i 定义为：样品中各组分的定量校正因子与标准物的定量校正因子之比。用下式表示

$$f_i(m) = \frac{f'_i(m)}{f'_s(m)} = \frac{A_s m_i}{A_i m_s} \tag{1-62}$$

式中，m 和 A 分别代表质量和面积，下标 i 和 s 分别代表待测组分和标准物。一般来说，热导池检测器标准物用苯，氢火焰离子检测器用正庚烷。$f_i(m)$ 表示相对质量校正因子，由于进入检测器的物质量也可以用摩尔或体积表示，因此也可用相对摩尔校正因子 $f_i(M)$ 和相对体积校正因子 $f_i(V)$ 表示。

$$f_i(M) = \frac{f'_i(M)}{f'_s(M)} = \frac{m_i/(M_i A_i)}{m_s/(M_s A_s)} = \frac{A_s m_i M_s}{A_i m_s M_i} = f_i(m)\frac{M_s}{M_i} \tag{1-63}$$

$$f_i(V) = \frac{f_i(V)}{f_s(V)} = \frac{22.4 m_i/(M_i A_i)}{22.4 m_s/(M_s A_s)} = \frac{A_s m_i M_s}{A_i m_s M_i} = f_i(M) \tag{1-64}$$

式中，M_i 和 M_s 分别为待测组分和标准物的相对分子质量。

1.6.6.3 几种常用的定量计算方法

(1) **归一化法** 归一化法是气相色谱中常用的一种定量方法。应用这种方法的前提条件是试样中各组分必须全部流出色谱柱，并在色谱图上都出现色谱峰。当测量参数为峰面积时，归一化的计算公式为

$$x_i = \frac{A_i f_i}{A_1 f_1 + A_2 f_2 + \cdots + A_n f_n} \times 100\% \tag{1-65}$$

式中，A_i 为组分 i 的峰面积，f_i 为组分 i 的定量校正因子（f_i 分别为摩尔校正因子、体积校正因子和质量校正因子时，x_i 则相应为摩尔分数、体积分数和质量分数）。

归一化的优点是简便准确，当操作条件如进样量、载气流速等变化时对结果的影响较小。适合于对多组分试样中各组分含量的分析。

(2) **外标法** 外标法是所有定量分析中最通用的一种方法，即所谓校准曲线法。外标法简便，不需要校正因子，但进样量要求十分准确，操作条件也需严格控制。它适用于日常控制分析和大量同类样品的分析。

(3) **内标法** 为了克服外标法的缺点，可采用内标校准曲线法。这种方法的特点是：选择一内标物质，以固定的浓度加入标准溶液和样品溶液中，以抵消实验条件和进样量变化带来的误差。内标法的校准曲线是用 A_i/A_s 对 x_i 作图，其中 A_s 为内标物的峰面积。通过原点的直线可表示为

$$x_i = K_i \cdot \frac{A_i}{A_s} \times 100\%$$

式中，K_i 为相应于组分 i 的比例常数，它与校正因子的关系是：

$$K_i = \frac{f'_i}{f'_s} \cdot \frac{m_s}{m_i} = f_i \cdot \frac{m_s}{m_i} \tag{1-66}$$

对内标物的要求是：样品中不含有内标物质；峰的位置在各待测组分之间或与之相近；稳定、易得纯品；与样品能互溶但无化学反应；内标物浓度恰当，使其峰面积与待测组分相差不太大。

1.6.7 毛细管气相色谱法

毛细管气相色谱法是采用高分离效能的毛细管柱分离复杂组分的一种气相色谱法。色谱动力学理论认为，气相色谱填充柱由于存在固定相颗粒，在运行中不可避免地存在较严重的涡流扩散，制约了色谱柱分离柱效的提高。直到 1956 年，美国科学家 Golay 发明了效率极高的空心毛细管色谱柱，并于 1957 年 6 月发表了"涂壁毛细管气液分配色谱理论和实践"的论文，这一发现为毛细管色谱奠定了理论基础。随着新技术的发展，毛细管气相色谱仪发展很快，并在很大程度上取代了原来必须使用的填充柱色谱仪，应用领域也飞速扩大。

毛细管气相色谱仪和填充柱色谱仪十分相似。前者比后者在柱前多一个分流或不分流进样器，柱后加一个尾吹气路。

由于毛细管柱具有柱容量小、出峰快的特点，因此有一些特殊的技术要求。它要求瞬间注入极小量样品，对进样技术要求极严，进样器的好坏直接影响色谱的定量结果。另外它需要响应快、灵敏度高的检测器。

(1) 毛细管色谱柱的分类

① 涂壁开管柱（WCOT） 这是 Golay 最早提出的一种空心毛细管柱，它是先将内壁经预处理后，再把固定液直接涂在毛细管内壁上，不含任何固态载体。

② 多孔层开管柱（PLOT） 在毛细管内壁上有多孔层固定相，不再涂固定液。实质上是使用空心毛细管柱的气固色谱，柱容量大。

③ 载体涂渍开管柱（SCOT） 内壁上沉积载体后涂固定液的空心柱，沉积载体后增大表面积，液膜较厚，可以提高进样量。因此柱容量较 WCOT 柱大。

④ 交联型开管柱 涂渍型 WCOT，SCOT 毛细管柱的柱效虽然较高，一些不可忽视的缺点也较突出，如热稳定性和耐溶剂性较差。采用交联引发剂，在高温处理下，把固定液交联到毛细管内壁上，研制出高效、耐高温及抗溶剂冲刷的交联型开管柱，可以有效克服涂渍型毛细管柱的缺点。

⑤ 键合型开管柱 将固定液用化学键合的方法键合到涂敷硅胶的柱表面或经表面处理的毛细管内壁上，由于固定液是化学键合上去的，大大提高了热稳定性。

(2) 毛细管柱的特点

① 渗透性好，可使用长的色谱柱。柱渗透性好，指载气流流动阻力小。一般毛细管柱的比渗透率为填充柱的 100 倍。

② 相比率（β）大，有利于提高柱效并实现快速分析。β 值大（固定液液膜厚度小），有利于提高柱效。一般毛细管柱 β 值比填充柱 β 值大得多。可用很高的载气流速，从而使分析时间缩短，可实现快速分析。

③ 柱容量小，允许进样量少。进样量取决于柱内固定液含量，由于毛细管柱涂渍的固定液仅几十毫克，柱容量小。对液体样品，一般进样量为 $10^{-3} \sim 10^{-2} \mu L$，故需要采用分流进样技术。

④ 总柱效高。大大提高了分离复杂混合物的能力。

1.6.8 裂解气相色谱分析

裂解气相色谱（PGC）随着色谱技术和裂解装置的不断更新发展，尤其是 PGC-MS 联用技术的应用，它已成为高分子材料研究的重要手段。

裂解气相色谱就是在气相色谱仪的进样器处安装一个裂解器，通过迅速加热使样品裂解，产生的碎片随载气进入气相色谱仪进行分析，这种方法就叫裂解气相色谱（PGC）。

1.6.8.1 裂解气相色谱的特点

① 对于结构类似的样品，可以通过选择适宜的裂解条件，由碎片特征对样品的差异进

行分辨。

② 样品纯度可不作严格要求，不经过分离可以直接对高分子材料及其中的某些助剂、残留单体和溶剂等进行鉴定。

③ 裂解条件确定后，操作较简便，分析速度很快。

④ 应用范围宽，广泛用于高分子研究的各个领域。

⑤ 缺点主要在于影响样品裂解的因素较多，裂解过程较复杂，因此定性定量重复性差。

1.6.8.2 热裂解装置

热裂解装置是裂解气相色谱中最重要的装置，如果温度低，一般高聚物样品降解速度慢，会产生许多副产物，气相产物特征峰可能不明显；若温度太高，裂解成太小的碎片，同样也不适于进行定性定量。如聚苯乙烯，在425℃时主要生成苯乙烯及其二聚体；在825℃时，除单体外，还生成苯、甲苯、乙烯、乙炔等碎片；如裂解温度继续增高，达到1025℃则完全裂成低分子碎片，生成大量的苯和乙烯等，就不具有原来高聚物的特征了。因此对裂解装置有如下的要求：

① 有一定的温度调节范围，且比较容易进行温控；

② 能快速升温，很快上升至高聚物的裂解温度，避免在升温过程中不断分解；

③ 裂解后，产物能很快移出裂解器，消除在裂解器内继续发生二次反应的可能；

④ 裂解器无催化作用。

目前最常用的裂解装置有热丝裂解器、管炉裂解器、居里点裂解器、激光裂解器等。它们各具有优缺点，应根据不同的要求选用合适的裂解器。

1.6.8.3 谱图解析

裂解谱图的解析可采用"指纹图"或"特征峰"的方法来进行。

所谓"指纹图"的方法，是依照整个谱图的形状来鉴别样品。所谓"特征峰"法则不需要对照整个谱图，只需研究特征的几个峰即可。特征峰的方法也可用于高分子材料的定量分析。

1.6.9 气相色谱与质谱联用技术（GC/MS）

色谱的实质是分离，以分离技术见长，而质谱则以结构分析为优势，对于分离则明显不足。二者联用，可以结合二者的长处，成为分析复杂混合物的有效手段。在GC/MS联用系统中，色谱仪相当于谱学方法的分离和进样装置，质谱仪则相当于色谱的定性检测器。

由于质谱仪必须在高真空条件下工作，而气相色谱的出口是处于常压下，并含有大量的载气。为此必须在两者的连接处，用一个过渡装置-接口来解决两者在连接时的矛盾。因此接口是气质联用系统的关键。接口的作用如下。

① 压力匹配——质谱离子源处在高真空度，而GC色谱柱出口压力为高于常压，接口的作用就是要使两者压力匹配。

② 组分浓缩——从GC色谱柱流出的气体中有大量载气，接口的作用是排除载气，使被测物浓缩后进入离子源。

GC-MS被应用于复杂组分的分离与鉴定，其具有GC的高分辨率和MS的高灵敏度，是生物样品中药物与代谢物定性定量的有效工具。

1.7 核磁共振波谱法

核磁共振波谱法（Nuclear Magnetic Resonance，简写为NMR）是鉴定化合物结构的重要工具之一，它与紫外吸收光谱、红外吸收光谱、质谱被人们称为"四谱"。NMR对测定有机化合物的结构有独到之处,在"四谱"中地位非常重要。

1.7.1 核磁共振基本原理

在强磁场中,一些具有磁性的原子核的能量可以裂分为 2 个或 2 个以上的能级。如果此时外加的能量等于相邻 2 个能级之差,则该核就会吸收能量,产生共振吸收,从低能态跃迁至高能态。所吸收能量的数量级相当于频率范围为 0.1~100MHz 的电磁波,属于射频区。同时产生核磁共振信号,得到核磁共振谱。这种方法称为核磁共振波谱法。由此可知,这种方法类似于紫外、可见以及红外吸收光谱法,只是研究的对象是处于强磁场中的原子核对射频辐射的吸收。

1.7.1.1 原子核的自旋

原子核是带正电荷的粒子,许多原子核能绕核轴自旋,形成一定的自旋角动量 P,这种自旋如同电流流过线圈能产生磁场一样,可以产生磁矩。各种不同的原子核,自旋的情况不同,原子核自旋的情况可用自旋量子数 I 表征。I 是核的特征常数,其数值与中子数和质子数有关,一些核的自旋量子数列于表 1-15 。

表 1-15 各种核的自旋量子数

质 子 数	中 子 数	自旋量子数 I	实 例
偶数	偶数	0	$^{12}C_6, ^{16}O_8, ^{32}S_{16}$
奇数	偶数	1/2	$^{1}H_1, ^{19}F_9, ^{31}P_{15}$
偶数	奇数	3/2	$^{11}B_5, ^{79}Br_{35}$
		1/2	$^{13}C_6$
奇数	奇数	3/2	$^{33}S_{16}, ^{9}Be_4$
		1	$^{2}H_1, ^{14}N_7$

表 1-15 中可以看出以下规律性。

① $I=0$ 的原子核,其中子数和质子数均为偶数,质量数也为偶数。核的自旋角动量为零,无自旋现象,如 $^{12}C_6$,$^{16}O_8$,$^{32}S_{16}$ 等核。凡是自旋量子数 $I=0$ 的核称为非磁性核,不能用核磁共振法进行测定。$I\neq 0$ 的核则称为磁性核;

② $I=1/2$,3/2,5/2,…的原子核,中子数和质子数之中一个为偶数,另一个为奇数,质量数为奇数,如 $^{1}H_1$,$^{15}N_7$,$^{19}F_9$,$^{11}B_5$,$^{17}O_8$ 等核,自旋角动量不为零,可以产生核自旋现象;

③ $I=1$,2,…的原子核,其中子数、质子数均为奇数,而质量数为偶数,如 $^{2}H_1$,$^{14}N_7$ 等,自旋角动量不为零,是磁性核。

核磁共振研究的对象即为上面所列的②、③类原子核。其中 $I=1/2$ 的原子核,核电荷呈球形均匀分布于核表面,具有良好的核磁共振的谱线,最宜于核磁共振检测。目前研究和应用最多的是 $^{1}H_1$ 和 $^{13}C_6$ 的核磁共振谱,本节将主要介绍 ^{1}H 核磁共振谱,并简要介绍 ^{13}C 核磁共振谱。

1.7.1.2 核磁共振现象

对于磁性核在磁场中吸收射频辐射的现象,可以用两种模型来描述:量子力学模型和经典力学模型。

(1) 量子力学模型 以氢核为例,可看做电荷均匀分布的球体,自旋量子数 I 为 1/2。当氢核围绕它的自旋轴转动时就产生磁场。由于氢核带正电荷,转动时产生的磁场方向可由右手螺旋定则确定,由此可将旋转的核看成是一个小的磁铁棒。

若将氢核置于外加磁场 H_0 中,核的自旋轴在外加磁场中有 ($2I+1$) 个取向。由于氢核的 $I=1/2$,故只能有两种取向,一种与外磁场方向相同,能量较低,以磁量子数 $m=+1/2$

表示；一种与外磁场方向相反，氢核的能量稍高，$m=-1/2$，如图 1-55 所示。

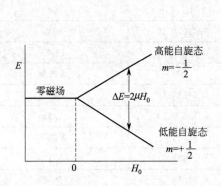

图 1-55 在外磁场中核自旋能级的裂分示意图

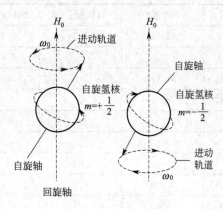

图 1-56 自旋核在外磁场中的两种取向

两种取向不同的氢核，其能量差 ΔE 等于：

$$\Delta E = \frac{\mu H_0}{I} \tag{1-67}$$

由于 $I=1/2$，故

$$\Delta E = 2\mu H_0 \tag{1-68}$$

式中，μ 为自旋核产生的磁矩，以"核磁子 β"为单位，β 是一个常数，称为核磁子，等于 5.049×10^{-27} J/T，H_0 为外加磁场强度，以 T（特斯拉）为单位。

当射频辐射的能量符合式(1-69) 时，氢核便与辐射光子相互作用，体系吸收能量，核由低能态（$m=+1/2$）跃迁至高能态（$m=-1/2$）。

$$\Delta E = 2\mu H_0 = h\nu_0 \tag{1-69}$$

式中，ν_0 为射频辐射频率。

(2) 经典力学模型　以氢核为例，在外部磁场中，核自旋产生的磁场与外磁场相互作用，产生的回旋运动，称为进动（procession）（图 1-56），进动的频率与自旋质点角速度及外部磁场的关系可以用 Larmor 方程表示，即

$$\omega_0 = 2\pi\nu_0 = \gamma H_0 \tag{1-70}$$

式中，γ 是各种核的特征常数，称磁旋比。各种不同的核，γ 不同。由上式得，核的进动频率为：

$$\nu_0 = \frac{\gamma H_0}{2\pi} \tag{1-71}$$

在给定的磁场强度 H_0 下，核的进动频率是一定的。若此时以相同频率的射频辐射进动核，即产生了共振（此时 ν_0=进动频率=光子频率），处于低能态的核将吸收射频能量而跃迁至高能态，使其磁矩在磁场中的取向逆转，产生核磁共振现象。

式(1-69) 说明：

① 不同原子核磁旋比 γ 不同，在同一磁场中，发生共振时的频率各不相同。据此可鉴别各种元素及同位素。表 1-16 给出了数种磁性核的核磁共振数据。

② 同一原子核磁旋比 γ 是一个定值，当外磁场一定时，共振频率一定，若磁场强度改变，共振频率也随之改变。

表 1-16 常见核的核磁共振数据

核	自然丰度/%	自旋量子数	磁矩 μ/核磁子	磁旋比 γ/($G^{-1} \cdot s^{-1}$)	共振频率/MHz $H_0=14092G$
^1H	99.98	1/2	2.79268	2.675×10^4	60
^2H	0.0156	1	0.85741	0.4102×10^4	9.2
^{11}B	81.17	3/2	2.688	0.8583×10^4	19.25
^{12}C	98.9	0	0	0	无共振
^{13}C	1.1	1/2	0.7023	0.6721×10^4	15.28
^{14}N	99.62	1	0.4037	0.1981×10^4	4.33
^{16}O	99.76	0	0	0	无共振
^{17}O	0.039	5/2	-1.893	-0.3625×10^4	8.13
^{19}F	100	1/2	2.628	2.5236×10^4	56.6
^{31}P	100	1/2	1.1305	1.083×10^4	24.29

注：G（高斯），是磁场强度的单位，$1G = 10^{-4}T$。

1.7.1.3 弛豫

在室温（300K）及 1.409T 强度的磁场中，处在高能态与低能态上的原子核数目符合玻耳兹曼方程，处于低能态的核仅比高能态的核稍多一些，约多百万分之十。

$$\frac{N_{(+\frac{1}{2})}}{N_{(-\frac{1}{2})}} = e^{\Delta E/kT} = 1.0000099 \tag{1-72}$$

式中 $N_{(-\frac{1}{2})}$ 和 $N_{(+\frac{1}{2})}$ ——处在高能态和低能态上的核的数目；

ΔE ——两能级之间的能量差；

k ——玻耳兹曼常数；

T ——热力学温度。

处于低能级的核吸收能量后，被激发到高能级上，同时给出共振信号。但随着实验进行，只占微弱多数的低能级核越来越少，最后高能级与低能级上分布的核数目相等。此时，共振信号消失，这种现象称为"饱和"。事实上，共振信号并未中止，因为处于高能级的核通过非辐射途径释放能量后，及时返回低能级，从而使低能级核始终维持多数。处于高能级的核通过非辐射途径而回复到低能级的过程称为弛豫。弛豫过程分为纵向弛豫和横向弛豫。

纵向弛豫又称自旋-晶格弛豫。处于高能级的核将其能量转移给周围分子骨架（晶格）中的其他核变成热能回到低能级，使高能级的核数减少，整个体系能量降低，这种方式称纵向弛豫。纵向弛豫可用弛豫时间 t_1 表示。t_1 越小，表示弛豫过程越快。

横向弛豫又称自旋-自旋弛豫。相邻的同类磁核中发生能量交换，使高能级的核回复到低能级，在这种状况下，整个体系各种取向的磁核总数不变，体系能量也不发生变化，这就是自旋-自旋弛豫。横向弛豫以弛豫时间 t_2 表示。

弛豫时间长，核磁共振信号的谱线窄，但系统易饱和；弛豫时间短，造成谱线变宽，分辨率下降。

值得注意的是，磁场是否均匀对谱线宽度的影响更大，因此在样品测试期间，样品管需高速旋转以便使样品管所在区域磁场强度保持均匀稳定。

1.7.2 核磁共振波谱仪

1.7.2.1 核磁共振波谱仪分类

按工作方式，可将高分辨核磁共振波谱仪分为两大类：连续波核磁共振波谱仪及脉冲傅里叶变换核磁共振波谱仪。

图 1-57 所示为一连续波核磁共振仪的示意图，它有以下几部分组成：电磁铁、磁场扫描发生器、射频发射器、射频接收器及信号记录系统。

（1）磁铁　是核磁共振仪中最贵重的部件，能形成高的场强，磁铁的质量和强度决定了核磁共振波谱仪的灵敏度和分辨率。灵敏度和分辨率随磁场强度的增加而增加。从样品测定的角度要求磁场的均匀性、稳定性及重现性必须很好。

（2）射频发生器　提供稳定的电磁波（射频）加到样品上，以进行磁性核的核磁共振谱的测定。

（3）射频接收器　当射频发生器发射的电磁波频率 ν_0 和磁场强度 H_0 符合核磁共振条件时，放置在磁场和射频线圈中间

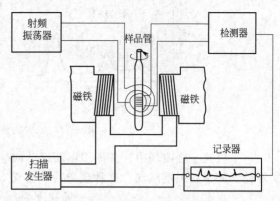

图 1-57　核磁共振仪的示意图

的试样发生共振而吸收能量，这个能量吸收情况被射频接收器检出后，经放大记录成核磁共振谱。

（4）样品管　样品管用来盛放样品，样品管由不吸收射频辐射的材料制成。测定时，使样品管急速旋转，以消除磁场的非均匀性，提高谱峰的分辨率。

核磁共振仪的扫描方式有两种：一种是保持频率不变，线性地改变磁场强度进行扫描，这种方式称为扫场；另一种是保持磁场恒定，线性地改变频率，称为扫频。许多仪器同时具有这两种扫描方式。

1.7.2.2　脉冲傅里叶变换 NMR 仪

脉冲傅里叶变换 NMR 仪（pulsed fourier transform NMR，PFT-NMR）是采用在恒定的磁场中，在整个频率范围内施加具有一定能量的脉冲，使自旋取向发生改变并跃迁至高能态。高能态的核经一段时间后又重新返回低能态，通过收集这个过程产生的感应电流，即可获得时间域上的波谱图。一种化合物具有多种吸收频率时，所得图谱十分复杂，称为自由感应衰减（free induction decay，FID），自由感应衰减信号经快速傅里叶变换后即可获得频域上的波谱图，即常见的 NMR 谱图。

与连续波相比 PFT-NMR 大大提高了分析速度，在连续波 NMR 一次扫描的时间内，PFT-NMR 可以进行约 100 次扫描，大大提高了 NMR 灵敏度，正是由于 PFT-NMR 的广泛使用，才使得 ^{13}C NMR 成为一种常规分析手段。

在 PFT-NMR 中通过对 FID 信号的处理和计算，既能增加灵敏度（在 ^{13}C NMR 中十分重要），又能增加分辨率。由于其分析速度快，可以用于核的动态过程、瞬时过程、反应动力学等方面的研究。

随着 PFT-NMR 的兴起，连续波谱仪已经被其取代。

1.7.3　^{1}H-核磁共振波谱

1.7.3.1　化学位移

同一种磁性核在外磁场中只有一个共振频率，图谱上只有一个吸收峰，但如果应用高分辨率核磁共振仪，可以发现有机物中氢核的共振谱线有许多条，而且存在许多精细结构，如图 1-58 所示。这是由于核所处的化学环境对核磁共振吸收的影响。有两类化学环境的影响：①质子周围基团的性质不同，使它的共振频率不同，这种现象称为化学位移，图 1-58(a) 说明了这一点；②所研究的质子受相邻基团的质子的自旋状态影响，使其吸收峰裂分的现象称

为自旋—自旋裂分。图 1-58(b) 说明了这种情况。

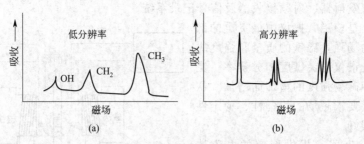

图 1-58 乙醇的核磁共振波谱图

一个核置于强磁场中,其周围不断运动的电子就会产生一个方向相反的感应磁场,使核实际受到的磁场强度减弱。这种现象称为屏蔽,如图 1-59 所示,此时,核所受到的实际磁场强度为:

$$H = H_0 - \sigma H_0 = H_0(1-\sigma) \tag{1-73}$$

式中,H_0 为没有屏蔽作用时,核共振所需磁场强度;σ 为屏蔽常数,反映了感应磁场抵消外加磁场的程度,一般有百万分之几,由于核外电子的屏蔽作用,使原子核实际受到的磁场作用减小,核的进动频率发生了位移。可用式(1-74)表示:

$$\nu_0' = \frac{\gamma(1-\sigma)H_0}{2\pi} \tag{1-74}$$

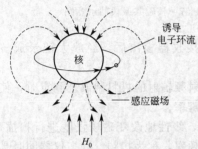

图 1-59 电子对质子的屏蔽作用

屏蔽作用的大小与核外电子云有关,电子云密度愈大,屏蔽作用也愈大,共振时产生的化学位移也愈大。

化学位移的大小用位移常数 δ 来表示,化学位移没有一个绝对标准,因而采用相对表示法。一般用四甲基硅烷(TMS)作参比,用下式表示相对化学位移值 δ:

$$\delta = \frac{\nu_{试样} - \nu_{TMS}}{\nu_{TMS}} \times 10^6 \text{ ppm} \tag{1-75}$$

选用 TMS 做标准的原因是:①TMS 中的 12 个氢核处于完全相同的化学环境中,它们的共振条件完全一样,因此只有一个尖峰;②它们外围的电子云密度和一般有机物相比是最密的,因此这些核都是最强烈地被屏蔽着,位移常数 δ 值最大,不会和其他化合物的峰重叠;③TMS 化学惰性,不会和试样反应。

表 1-17 列出了各种化学环境中的质子的 δ 值大致范围。

表 1-17 各种分子环境的质子化学位移 δ 范围

基 团	化学位移/ppm	基 团	化学位移/ppm
$(CH_3)_4Si$	0	CH_3O	3.3~4.0
R_2NH	0.4~5.0	$RCH_2X(X=Cl,Br,OR)$	3.4~3.8
ROH(单体,稀溶液)	0.5	ArOH(聚合物)	4.5~7.7
RNH_2	0.5~2.0	$H_2C=C$	4.6~7.7
CH_1C	0.7~1.3	$RCH=CR_2$	5.0~6.0
$HCCNR_2$	1.0~1.8	$HNC=O$	5.5~8.5
$CH_3CX(X=F,Cl,Br,I,OH,OR,Oar,N,SH)$	1.0~2.0	ArH	6.0~9.5

续表

基　团	化学位移/ppm	基　团	化学位移/ppm
RCH_2R	1.2~1.4	苯	7.27
$RCHR_2$	1.5~1.8	HCOO	8.0~8.2
$CH_3C=O$　$CH_3C=C$	19~2.6	$ArHN^+$	8.5~9.5
$HC≡C$	2.0~3.1	ArCHO	9.0~10.5
CH_3Ar	2.1~2.5	RCHO	9.4~12.0
CH_3S^-	2.1~2.8	ROOH(二聚体,非极性溶液)	9.7~13.2
CH_3N	2.1~3.0	ArOH(分子内)	10.5~15.5
ArSH	2.8~4.0		11.0~13.0
ROH(聚合物)	3.0~5.2	RCOOH	12.0
RHN^+	7.1~7.7	烯醇	15.0~16.0

1.7.3.2　影响化学位移的各种因素

化学位移是由于核外电子云密度不同而造成的,因此影响核外电子云密度分布的因素都会影响化学位移,包括诱导效应、共轭效应、磁各向异性效应等内部因素和溶剂效应、氢键的形成等外部因素。

(1) 诱导效应　由于电负性基团的存在,如卤素、硝基、氰基等,使与之相接的核外电子云密度下降,从而产生去屏蔽作用,使共振信号移向低场。且屏蔽作用将随电负性基团的元素的电负性大小及个数而发生相应变化(见表1-18),但变化并不具有线性加合性。

表1-18　甲烷中质子的化学位移与取代元素电负性的关系

化学式	CH_3F	CH_3OH	CH_3Cl	CH_3Br	CH_3I	CH_4	TMS	CH_2Cl_2	$CHCl_3$
取代元素	F	O	Cl	Br	I	H	Si	2×Cl	3×Cl
电负性	4.0	3.5	3.1	2.8	2.5	2.1	1.8	—	—
化学位移	4.26	3.40	3.05	2.68	2.16	0.23	0	5.33	7.24

(2) 共轭效应　共轭效应亦可使电子云密度发生变化,从而使化学位移向高场或低场变化。

(3) 磁各向异性效应　如果在外场的作用下,一个基团中的电子环流取决于它相对于磁场的取向,则该基团具有磁各向异性效应。而电子环流将会产生一个次级磁场(右手定则),这个附加磁场与外加磁场共同作用,使相应质子的化学位移发生变化。如苯环上的质子是去屏蔽的(图1-60),它们在比仅仅基于电子云密度分布所预料的磁场低得多的磁场处共振。当苯环的取向与外磁场平行时,则很少有感应电子环流产生,也就不会对质子产生去屏蔽作用。溶液中苯环的取向是随机的,而各种取向都介于这两个极端之间。分子运动平均化所产生的总效应,使得苯环有很大的去屏蔽作用。

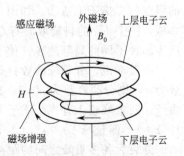

图1-60　苯环上质子的去屏蔽效应

同理,对于具有π电子云的乙炔分子、乙烯分子、醛基分子都会产生电子环流而导致次级磁场产生,分别产生屏蔽作用[图1-61(b)]和去屏蔽作用[图1-61(a)]。

(4) 氢键　当形成分子内氢键时，氢质子周围的电子云密度降低，氢键中质子的信号明显地移向低磁场，使化学位移值变大。其化学位移的变化与浓度无关，只与其自身结构有关。对于分子间形成的氢键，化学位移的改变与溶剂的性质及浓度有关。如在惰性溶剂的稀溶液中，可以不考虑氢键的影响；但随着浓度增加，羟基的化学位移值从 $\delta=1$ 增至 $\delta=5$。

溶剂的选择十分重要，不同的溶剂可能具有不同的磁各向异性，可能以不同方式与分子相互作用而使化学位移发生变化。因此，在进行化合物的谱图比较时，必须在同一种溶剂中才具有可比性。

总之，化学位移这一现象使化学家们可以获得关于电负性、键的各向异性及其他一些基本信息，对确定化合物结构起了很大作用。

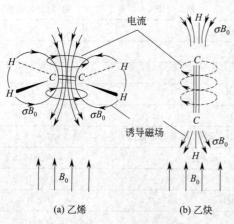

图 1-61　环流电子所引起的次级磁场

1.7.3.3　自旋偶合与自旋裂分

在图 1-58 中，乙醇的低分辨 NMR 图谱只出现三个吸收峰，分别代表—OH，—CH_2，—CH_3。高分辨 NMR 图谱的共振信号发生了裂分，—CH_3 峰是三重峰，—CH_2 峰是四重峰。这是由于相邻的碳原子的质子之间相互作用引起的，这种作用称为自旋-自旋偶合，简称偶合。由自旋偶合引起的谱线增多的现象称自旋-自旋裂分，简称自旋裂分。

每一个质子都可看做一个自旋的小磁体，在外加磁场中，由它自旋而产生的小磁场，只有两种可能性，与外磁场方向一致或相反，这两种可能性出现的概率基本相等。

以乙醇为例，对于甲基中的 H_a 除了受外界磁场的作用外，还受到相邻碳原子上两个 H_b 的影响。也就是在 H_a 的近旁存在着两个小磁铁，通过成键价电子的传递，就必然要对 H_b 产生影响，使受到的磁场强度发生改变。由于质子的自旋有两种取向，两个 H_b 的自旋就可能有三种不同的组合，即① ⇉、② ⇇、③ ⇄、⇆。假使①这种情况产生的磁矩与外界磁场方向一致，使 H_a 受到的磁场力增强，于是 H_a 的共振信号移向低场；②与外磁场方向相反，使 H_a 受到的磁场力降低，于是使 H_a 的共振峰移向高场；③的两种状态所产生的磁场恰好抵消，对于 H_a 的共振不产生影响，共振峰仍在原处出现，这样，亚甲基的两个氢核所产生的三种不同的局部磁场，使邻近的甲基的共振峰一分为三，形成三重峰。又由于上述四种自旋组合的概率相等，因此③的情况出现的概率二倍于①或②，于是中间的共振峰的强度也二倍于①或②，如图 1-58(b) 所示其强度比为 1∶2∶1。同理，H_b 也影响 H_b 的共振，一个 H_a 的自旋取向有八种，但这八种其中只有四种组合是有影响的，故三个 H_a 可产生四种不同的局部磁场，使 H_b 的共振峰分裂为四重峰，各峰的强度比为 1∶3∶3∶1。

一般来说，分裂峰的数目是由相邻碳原子上的氢原子数决定的，若相邻碳原子上的质子数为 n，则分裂峰数为 $n+1$。即二重峰表示相邻碳原子上有一个质子；三重峰表示有二个质子；四重峰表示有三个质子等。而分裂后各组多重峰的强度比为：二重峰 1∶1；三重峰 1∶2∶1；四重峰 1∶3∶3∶1 等，即比例数为 $(a+b)^n$ 展开后各项的系数。

分裂后各多重峰之间的距离用偶合常数 J 表示，单位为 Hz。J 的大小表示偶合作用的强弱，偶合常数与化学位移不同，它不随外加磁场强度变化而变化。质子间的偶合作用是通过成键的价电子传递的，当质子间相隔三个键时，这种力比较显著，J 一般在 1~20Hz 之间；如果相隔四个或四个以上单键，相互间作用力已很小，J 值减小至 1Hz 左右或等于零。由于偶合是质子之间的相互作用，因此互相偶合的二组质子，其偶合常数相等，这一点在结构解析中非常重要。

根据偶合常数 J 的大小,可以判断相互偶合的氢核的键的连接关系,并可帮助推断化合物的结构和构象。目前已积累了大量的偶合常数与分子结构关系的实验数据。表 1-19 列举了部分结构类型的偶合常数。

表 1-19 质子自旋-自旋偶合常数

类型	J_{ab}/Hz	类型	J_{ab}/Hz
H$_a$—C—H$_b$（同碳）	10~15	C=C(H$_a$)(H$_b$)（同碳烯）	0~2
H$_a$—C—C—H$_b$	6~8	C=CH$_a$—CH$_b$=C	9~12
H$_a$—C—C—C—H$_b$	0	H$_a$C=CH$_b$（顺式）	6~12
H$_a$—C—OH$_b$	4~6	H$_a$C=CH$_b$（反式）CH$_3$	1~2
H$_a$—C(=O)—H$_b$	2~3	C=C—CH$_3$—H$_b$	4~10
C(=O)—CH$_a$—CH$_b$	5~7	CH$_3$—C=C—H$_a$	0~2
C=C(H$_a$)(H$_b$)（端烯）	15~18	苯环 H$_a$, H$_b$	邻位 7~10 间位 1~3 对位 0~0.6

1.7.4 ^{13}C-核磁共振波谱

^{13}C-NMR 是目前常规 NMR 方法之一,用于研究有机化合物中 ^{13}C 核的核磁共振状况,给出化合物中碳的信息,与 ^{1}H-NMR 相互参照使用,有力地解决有机化合物结构解析的难题,同时它对于化合物（特别是高分子）中碳的骨架结构的分析测定是很有意义的。

在碳谱中,正确判断碳原子的级数,即碳原子上相连氢原子的数目,对于鉴定有机物结构具有十分重要的意义。其中,以 DEPT 法被普遍使用,配合全去偶图可清楚地鉴别各种碳原子的级数。

与核磁共振氢谱相比,^{13}C-NMR 在测定有机分子结构中具有更大的优越性。

① ^{13}C-NMR 提供的是分子骨架的信息,即它给出了组成分子骨架的碳的信息,而不是外围质子（如氢、氧）的信息,这一点对于结构解析极其重要,因为有机物均含有碳这种必需的元素。

② 对大多数有机分子来说,^{13}C-NMR 谱的化学位移范围达 200,而 ^{1}H-NMR 的化学位移只在 10 左右,两者相比碳谱的化学位移要宽得多,这就意味着在 ^{13}C-NMR 中复杂化合物的峰重叠比质子 NMR 要小得多;一些常见类型的化学位移如图 1-62 所示。

③ 有机化合物中,^{13}C 与相邻的 ^{13}C 不会发生自旋偶合,有效地降低了图谱的复杂性。

④ 全去偶技术及其他去偶技术已经十分成熟,在实验中可以有效地消除 ^{13}C 与质子之间

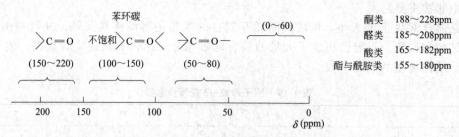

图 1-62 常见官能团的碳谱化学位移值

偶合,可以得到只有单线组成的 ^{13}C-NMR 谱,对图谱解析极其有利。

与 ^{1}H-NMR 相比,^{13}C-NMR 谱应用于结构分析的意义更大。特别是 ^{13}C 在复杂化合物及固相样品分析中有重要作用,随着二维 ^{13}C-NMR 及三维 ^{13}C-NMR 等的日趋成熟和广泛应用,更是彰显出 ^{13}C-NMR 在结构解析方面的重要用途。

二维核磁共振波谱(2D-NMR,two-dimensional NMR spectra)的出现和发展,是近代核磁共振波谱学的最重要的里程碑。一维核磁共振图谱中由于存在自旋-自旋偶合、交叉弛豫及化学位移相近等客观存在,使图谱变得非常复杂,有许多化合物很难根据单一的一维氢谱和一维碳谱完成分子结构解析及分子动力学研究。二维核磁共振波谱法则使波谱解析工作变得直观而清楚。为复杂分子的结构鉴定提供了更有力的工具。

1.7.5 核磁共振波谱法的应用

1.7.5.1 核磁共振波谱参数

核磁共振波谱能提供的参数主要有化学位移值、质子的裂分峰数、耦合常数以及各组峰的积分等。进行谱图解析时注意以下几点。

① 区分出杂质峰,溶剂峰。杂质的含量相比于样品总是少的,因此杂质的峰面积和样品的峰面积相比也是小的,且样品和杂质的峰面积之间没有简单的整数比关系,据此,可将杂质峰区别开来。

核磁共振实验所用试剂为氘代试剂,试剂的纯度不可能达到100%的同位素纯,其中的微量氢会有相应的峰,如 CDCl$_3$,在约 7.26ppm 处出峰。因此,应当对各种常用氘代试剂的出峰位置非常熟悉。

② 确定谱图中各峰组所对应的氢原子的数目,对氢原子进行分配。确定数目时,所依据的主要是积分,如果知道元素组成式,即知道该化合物有多少个氢原子时,根据积分曲线便可确定谱图中各峰组所对应的氢原子数目;如果不知道元素组成式,但是谱图中存在能准确判断氢原子数目的峰组(如甲氧基、甲基等),则可以此为准找到化合物中各种含氢官能团的氢原子的个数。

对于比较复杂的谱图,峰组重叠,各峰组对应的氢原子数目不很清楚时,需结合氢谱和碳谱仔细比较,认真判断。

③ 考虑分子的对称性。若分子中存在对称现象,或是整体对称,或是局部对称,会使谱图出现的峰组数明显减少,则应结合质谱的分子离子峰的判断结果,及积分的大小,分析出其对称性部分。

④ 对每一组峰的化学位移和耦合常数都进行仔细分析。应充分注意峰组内的等间距和峰组间的等间距,因为每组等间距均应对应一个偶合常数,具有相同等间距的峰组说明它们有相互偶合关系。这一点在谱图解析中非常重要。

⑤ 组合可能的结构式。将推断出的若干结构单元进行组合,得出几种可能的结构式。

⑥ 对推断出的结构通过与其他谱图进行综合确认。

1.7.5.2 应用举例

(1) 高分子材料的定性鉴别　NMR 是鉴别高分子材料的有力手段，下面举例说明。

【例 1-7】　制备聚丙烯腈（PAN）

陈厚等以丙烯腈（AN）为单体，四氯化碳（CCl_4）为引发剂，三氯化铁（$FeCl_3$）/亚氨基二乙酸（IDA）为催化体系，抗坏血酸（VC）为还原剂，在配比为 [AN]：[CCl_4]：[$FeCl_3$]：[IDA]：[VC]=200：1：0.01：0.1：0.1，N,N-二甲基甲酰胺（DMF）为溶剂下进行电子转移再生催化剂引发原子转移自由基聚合（ARGET ATRP）。该反应在冰水浴中抽氧充氮 3 个循环，然后放在 65℃ 的油浴中反应一定时间，制备分子量和分子量分布可控的聚丙烯腈（PAN）。对得到的产物 PAN，以氘代二甲亚砜（DMSO-d_6）为溶剂进行 ^{1}H-NMR 分析，分别得氢谱如图 1-63 所示：

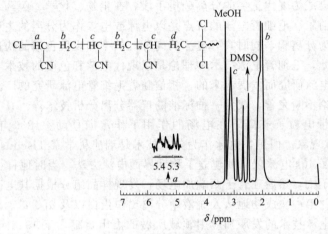

图 1-63　聚丙烯腈的 ^{1}H-NMR

由 ^{1}H-NMR 谱可知 $\delta=5.3\sim 5.4$ppm 处的质子吸收峰归属于 PAN 中基团-CHCl(CN) 中质子的吸收，$\delta=4.3$ppm 处的质子吸收峰归属于 PAN 中基团—CH_2CCl_2 中质子的吸收，$\delta=3.3$ppm 处的质子吸收峰归属于 PAN 中基团—CH(CN) 中质子的吸收，$\delta=2.0$ppm 处的质子吸收峰归属于 PAN 中基团—CH_2 中质子的吸收。由 ^{1}H-NMR 谱可以判断，所得聚合物的两端分别为 CCl_4 碎片和氯原子，为实验设计所预期的产物，由此也证明了该聚合过程为可控/活性自由基聚合过程。

(2) 高分子立构规整性的测定

【例 1-8】　采用 ^{13}C-NMR 谱图判断聚丙烯腈的全同立构规整度。

Lu Jun 等以 3-溴丙腈/Cu_2O/N,N,N',N'-四甲基乙二胺为引发体系，采用原子转移自由基活性聚合（ATRP）合成了聚丙烯腈，采用型号为 Bruker DRX500 的核磁共振波谱仪，以氘代二甲亚砜（DMSO-d_6）为溶剂，分别测定了有 $AlCl_3$ 存在和无 $AlCl_3$ 存在时所得的聚丙烯腈的碳谱，以次甲基（CH）振动峰的相对强度表征聚丙烯腈的立构规整度。图 1-64 是放大的聚丙烯腈次甲基 ^{13}C-NMR 谱图。①为不添加 $AlCl_3$ 的次甲基 ^{13}C-NMR（$rr=23.1, mr=51.0, mm=25.9$），②为

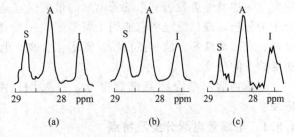

图 1-64　放大的聚丙烯腈次甲基 ^{13}C-NMR
(a) 不加 $AlCl_3$；(b) $AlCl_3$/[AN]$_0$=0.5/100
(c) $AlCl_3$/[AN]$_0$=1/100
(S—间同立构，A—无规立构，I—全同立构)

$AlCl_3/[AN]_0 = 0.5:100$ 的次甲基 ^{13}C-NMR ($rr = 22.9$, $mr = 45.9$, $mm = 31.2$),③为 $AlCl_3/[AN]_0 = 1:100$ 的次甲基 ^{13}C-NMR ($rr = 25.1$, $mr = 42.4$, $mm = 32.5$),其中 rr 代表外消旋/外消旋三元组;mr 代表内消旋/外消旋三元组;mm 代表内消旋/内消旋三元组。通过聚丙烯腈次甲基 ^{13}C-NMR 谱图可以证明,聚合反应中加入 $AlCl_3$ 后可以使聚丙烯腈的全同立构规整度增加。

1.8 毛细管电泳

毛细管电泳(capillary electrophoresis,CE)是 20 世纪 80 年代初迅速发展起来的一种新型的电泳与色谱相结合的分离分析技术,具有分离效率高、分析速度快、样品用量少、应用范围广等待点,已成为现代重要的分离分析手段,在生物、化学、医药、环保、食品等领域具有很好的应用前景。毛细管电泳的特点是以电泳或电渗作为分离的主要动力,以类似于色谱柱的毛细管作为分离管,同时具有电泳的高分离效率和现代色谱的快速、在线检测、自动操作等特点,因此,毛细管电泳技术和理论是以现代电泳和色谱的技术与理论为基础,通过十几年的毛细管电泳研究而发展起来的,相信随着毛细管电泳研究的广泛开展,将使毛细管电泳的技术和理论不断完善,成为一种标准的仪器分离分析技术。

所谓电泳就是带电粒子或离子在电场的作用下作定向移动。1809 年,俄国物理学家 Peace 首次发现电泳现象。但是,电泳作为分离技术是瑞典科学家 Tiselius 在 1937 年首先提出的,他创造了 Tiselius 电泳仪。并建立了移动界面电泳方法。当时他将蛋白质混合物置于装有缓冲溶液的管子中,然后在管子两端加电场,发现样品组分根据其电荷和体积以一定的方向和速度移动,并第一次成功地从人血液中分离出白蛋白以及 α_1、α_2、β 和 γ -球蛋白五种蛋白,由于他对电泳技术的发展和应用领域所做的杰出贡献,于 1948 年获得诺贝尔化学奖。由于 Tiselius 电泳分辨率有限,而且电泳过程产生的焦耳热使自由溶液受热后发生密度变化产生对流,导致区带扰乱,因此在 50 年代以后,出现了各种抗对流支持介质:如滤纸、醋酸纤维、琼脂凝胶和淀粉凝胶的区带电泳。1959 年,Raymnnd 和 Weint 利用人工合成的凝胶作为支持介质,创造了聚丙烯酰胺凝胶电泳,极大地提高了区带电泳的分辨率。此后凝胶电泳在理论和实验上有了很大的发展,较广泛地应用于生物大分子的分离。1981 年,Jorgenson 和 Lukacs 使用 $75\mu m$ 内径 $100cm$ 长的玻璃毛细管在 $30kV$ 的高电压下进行电泳,获得了数十万理论板数的高分离效率。并阐明了其理论,描述了操作条件与分离效率的关系,证明了毛细管电泳作为分析技术的潜力,使该技术有了突破性进展。1989 年以后,毛细管电泳商品仪器的问世及高灵敏度在线检测器的发展,使毛细管电泳研究在世界范围内蓬勃开展,促进了毛细管电泳技术和理论的迅猛发展。迄今已有大量有关毛细管电泳各方面的研究论文、综述及专著发表。毛细管电泳的最大优点是应用范围广。最初认为它主要用于生物大分子的分析,现已经证明它能用于氨基酸、手性药物、维生素、农药、无机离子、有机酸、染料、表面活性剂、肽和蛋白质、碳水化合物、低聚核苷酸和 DNA 片段,甚至整个细胞和病毒粒子的分离。

本章内容简单介绍毛细管电泳,主要阐述毛细管凝胶电泳在生物高分子分析中的应用。

1.8.1 毛细管电泳分类及特点

1.8.1.1 分类

按分离原理不同电泳可分为四种类型,见表 1-20。各种电泳的分离原理示意图见图 1-65。

表 1-20 电泳的分类及与色增的对应关系

电泳(electrophoresis)	色谱(chromatography)
区带电泳(zone)	洗脱或区带(elution or zone)
移动界面电泳(moving boundary)	前沿(frontal)
等速电泳(ITP, isotachophoresis)	置换(displacement)
等电聚焦(IEF, isoelectric focusing)	色谱聚焦(chromatofocusing)

（1）区带电泳（zone electrophoresis）不同的溶质在均一的缓冲溶液（或称载体电解质）系统中分离成独立的区带，如果用光密度计扫描可得出一个个互相分离的峰，与洗脱色谱的图形相似。电泳的区带随时间延长相距离加大扩散严重，影响分辨率。当以凝胶作为载体电解质时，它抑制了组分的扩散，又兼具分子筛的作用，其分辨率大大提高，是传统电泳中应用最广泛的电泳技术。

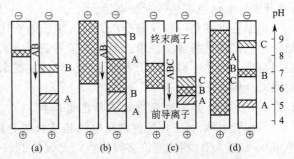

图 1-65 各种电泳分离原理示意图
(a) 区带电泳；(b) 移动界面电泳；
(c) 等速电泳；(d) 等电聚焦

（2）移界电泳 它只能起到部分分离的作用，如将浓度对距离作图，则得出一个个台阶状的图形，与色谱法前沿分析的图形相似。最前面的成分有部分是纯的，其他则互相重叠，各界面可用光学方法显示，这是 Tiselius 最早建立的电泳方法。

（3）等速电泳 样品离子置于前导和终末电解质之间，在电泳达到平衡后，各迁移率不同的离子前后相随，以等速移动。按浓度对距离作图也是台阶状，但异于移界电泳，它的区带没有重叠，而是依次排列。

（4）等电聚焦 被分离的离子和两性电解质溶液混合装入毛细管，在电场的作用下，不同等点的两性载体电解质自动形成 pH 梯度，被分离离子各自移至其等电点，形成很窄的区带。分辨率很高。

毛细管电泳是指所有在极细毛细管内进行的电泳，根据分离原理的不同，毛细管电泳可分为五种不同的分离模式，即自由溶液毛细管电泳（free solution capillary electrophoresis, FSCE），毛细管胶束电动色谱（micellar electrokinetic capillary chromatography, MECC），毛细管凝胶电泳（capillary gel electrophoresis, CGE），毛细管等电聚焦（capillary isoelectric focusing, CIEF），毛细管等速电泳（capillary isotachophoresis, CITP）。各分离模式所要求的载体电解质和分类见表 1-21。

表 1-21 毛细管电泳分离模式

模 式	载体电解质	类 型
自由溶液毛细管电泳(FSCE)	缓冲溶液	区带电泳
毛细管胶束电动色谱(MECC)	胶束-缓冲溶液	区带电泳
毛细管凝胶电泳(CGE)	凝胶-缓冲溶液	区带电泳
毛细管等电聚焦(CIEF)	不同等点的两性电解质	等电聚焦
毛细管等速电泳(CITP)	前导电解质, 终末电解质	等速电泳

1.8.1.2 毛细管电泳与常规电泳比较

电泳分离是基于溶质组分在电场下的迁移率不同而进行的。在 Tiselius 自由溶液电泳中，分离效率受热扩散和对流的影响，因此传统上电泳在抗对流介质如聚丙烯酰胺或琼脂凝胶中进行。平板和管状凝胶主要用于生物分子如核酸、蛋白质等不同体积的分子的分离。虽然平板凝胶电泳是最常用的分离技术，但一般说来存在分析时间长、分离效率低、检测灵敏度低、分析结果难以保存、自动化程度低等不足。

如用小内径管子或毛细管代替平板进行电泳分离，由于小内径的毛细管本身就是抗对流的，因此不一定要加凝胶即可进行高效电泳分离，也就是说在毛细管中既可进行自由溶液（或开管）电泳也可进行凝胶电泳。

毛细管电泳是一种仪器分析方法。用毛细管代替平板凝胶进行电泳在许多方面的改进类似于用色谱柱代替薄层色谱。而且由于毛细管电泳各种分离模式的迅速发展，扩大了电泳的应用范围，电泳不再局限于大分子的分离，也能用于小分子离子，及阴、阳离子和中性分子的同时分析。

1.8.1.3 毛细管电泳与高效液相色谱比较

毛细管电泳（CE）是色谱和电泳相结合的分离分析技术，与目前广泛使用的高效液相色谱相（HPLC）相比有许多异同点，见表 1-22。

表 1-22　毛细管电泳与高效液相色谱比较

比较项目	CE	HPLC
分离原理	基于组分在载体电解质中的电泳迁移率不同	基于组分在流动相和固定相的分配系数不同
分离模式	FSCE,MECC,CGE,CIEF,CITP	正相色谱,反相色谱,亲和色谱,离子色谱,凝胶色谱
分离柱	细内径毛细管,内装不同载体电解质	色谱柱,内装不同固定相
进样方式 进样体积	静压力差或电迁移进样一般为几到几十纳升	微量注射器或六通阀进样一般为几十到几百微升
溶质驱动系统	直流高电压	泵驱动流动相
检测器	两者均可采用紫外、荧光、电化学等检测器,但由于 CE 采用在柱检测,光径长度短,灵敏度和线性范围不如 HPLC	
定性定量方法	CE 的定性定量方法与 HPLC 相同,采用出峰时间定性,峰面积或峰高定量	

1.8.1.4 毛细管电泳特点

在毛细管电泳中，电泳在充满缓冲溶液的细内径毛细管中进行，典型的内径为 $25\sim75\mu m$。使用细内径毛细管电泳有许多优点，首先是利于焦耳热的扩散。细内径毛细管电阻高，能应用高的电场（$100\sim500V\cdot cm^{-1}$）而产生较小的焦耳热，而且大的表面积与体积比有效地扩散了焦耳热。高电场的应用提高了分离效率，缩短了分析时间。平流型的电渗流是导致毛细管电泳高效（通常大于 10^2 理论板数）的主要原因之一，而且使带不同电荷的溶质的同时分析成为可能。毛细管电泳不同的分离模式具有不同的分离机理和选择性，应用范围广。此外样品进样体积小（$1\sim50nL$）、在柱检测、定量分析、自动化程度高，使毛细管电泳迅速成为重要的分离分行技术。

毛细管电泳的另一个主要特点是仪器较为简单。简单地说就是石英毛细管的两端置于装有缓冲溶液的电极瓶中，毛细管内和电极瓶中装有同样的缓冲溶液，两个电极瓶中分别插入电极，在电极上加高电压。简单的进样方法是用样品溶液置换进样端（通常为阳极）的电极瓶，加电场或外压力，进样后换回电极瓶，加上高压，即可进行分离。在进样的另一端装有在柱检测器。

综上所述，毛细管电泳具有以下特点：
① 电泳在细内径（25~75μm）的石英毛细管中进行；
② 毛细管中缓冲溶液具有高电阻，限制了焦耳热的产生；
③ 高压（10~30kV）和高电场强度（100~500V·cm^{-1}）的应用；
④ 高效（$N > 10^5 \sim 10^6$）、快速；
⑤ 在柱检测；
⑥ 进样体积小（1~50nL）；
⑦ 可选择约分离模式多，应用范围广；
⑧ 分离一般在水溶液介质中进行；
⑨ 方法简单，仪器自动化程度高。

1.8.2 毛细管电泳仪

毛细管电泳是基于溶质在高电场下，在装有电泳介质的毛细管中的迁移速度不同而进行分离的技术。毛细管电泳仪器主要包括进样、分离、检测及数据处理系统。仪器的基本设计示意图如图 1-66 所示。

典型的 CE 实验步骤：
① 将载体电解质充满毛细管；
② 移去进样端缓冲溶液瓶，用样品瓶代替；
③ 用静压力或电动进样方式进样；
④ 将进样端缓冲溶液瓶放回；
⑤ 加电压分离、检测。

1.8.3 毛细管凝胶电泳基本原理

由于分离和分析生物高分子材料主

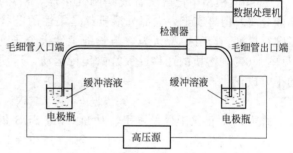

图 1-66 毛细管电泳仪原理示意图

要采用毛细管凝胶电泳（CGE），所以我们重点介绍毛细管凝胶电泳，它是以凝胶或聚合物网络作为分离介质，基于被测组分的荷质比和分子体积不同而进行分离。对荷质比相同而分子大小不同的溶质如 DNA 和 SDS-蛋白质主要是基于溶质的分子体积不同而分离。这类溶质在自由溶液中的迁移率相近，不能用 FSCE 模式分离。与 FSCE 一样，CGE 也是采用区带电泳技术，但由于凝胶的分子筛作用，溶质在电泳迁移过程中受阻碍，分子越大，阻碍越大，迁移越慢。

常用 Ogston 模型和爬行（reptation）模型解释大分子在聚合物网络中的迁移行为。Ogston 模型假设凝胶基质是由相互连接的孔组成的无规网络，平均孔径为 ξ，溶质为半径为 R_g 的刚性小球（见图 1-67），溶质在凝胶中的迁移率等于溶质在自由溶液中的迁移率乘以 $\xi \geqslant R_g$ 的概率，即

$$\mu = \mu_0 P(\xi \geqslant R_g) \tag{1-76}$$

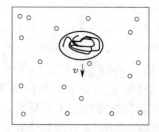 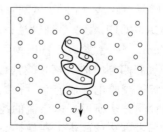

图 1-67 大分子在聚合物网络中的迁移行为

式中　μ——溶质在凝胶中的迁移率；
　　　μ_0——溶质在自由溶液中的迁移率；
　　　ξ——凝胶的平均孔径；
　　　R_g——溶质的半径；
　　　P——$\xi \geqslant R_g$ 的概率。

根据凝胶孔径与浓度的关系可推出：

$$\mu = \mu_0 \exp[-KC_p(\gamma+R_g)^2] \tag{1-77}$$

式中　K——比例常数；
　　　C_p——凝胶或聚合物的浓度；
　　　γ——凝胶聚合物链的厚度。

一般 $R_g \gg \gamma$，有：

$$\mu = \mu_0 \exp(-KC_p R_g^2) \tag{1-78}$$

式(1-78)表明了 $\lg\mu$ 与聚合物浓度 C_p 呈线性，其斜率与 R_g^2 呈正比。

Ogston 模型中把溶质看成是刚性小球，当溶质半径大于孔径时，溶质的迁移率为 0，不能分离，但事实上，大部分溶质都是柔性的链状分子，即使 $R_g \gg \xi$ 也能分离，因此产生了爬行模型。爬行模型认为，当长链柔性大分子通过聚合物网络时，像蛇一样头部先通过（见图 1-67），溶质的迁移过程就像爬行运动，运动的摩擦系数为 f，可导出 f 与分子体积的平方成正比，即

$$f \propto N^2 \tag{1-79}$$

式中，N 正比于分子体积，对 DNA 或 SDS-蛋白质，N 与电荷 q 成正比，因此有：

$$\mu = q/f = 1/N \tag{1-80}$$

也就是说，链状分子在凝胶中的迁移率反比于溶质分子体积。

Gromssman 等以不同碱基的 DNA 为溶质，测定了不同浓度羟乙基纤维素（HEC）作为聚合物网络时溶质分子的迁移行为，发现在 HEC 低浓度时溶质的迁移行为符合 Ogston 模型，$\lg\mu$ 正比于 HEC 浓度；当 HEC 浓度增加时，$\lg\mu$ 与 $\lg(1/N)$ 线性斜率接近于 1，符合爬行模型。

1.8.4　毛细管凝胶电泳在高分子材料分析中的应用

毛细管凝胶电泳中常用的聚合物可分为凝胶和线型聚合物溶液两大类。凝胶又可分为共价交联型和氢键型，CGE 中常用的凝胶是交联聚丙烯酰胺，而氢键型凝胶如琼脂使用不多。CGE 中可以用水溶性线型聚合物溶液代替凝胶，常称之为无胶筛分。常用的线型聚合物有聚丙烯酰胺、羟烷基纤维素、聚乙烯醇和葡聚糖等。

CGE 中使用的毛细管内径通常小于 200μm、最小的可用 25 μm 内径，一般使用 50～100 μm 内径的毛细管。毛细管的长度从几厘米到 1m。一般增加毛细管的长度可提高分辨率，但分析时间也大大增加，常用的毛细管有效分离长度为 15～40cm，图 1-68 为 p(dA)$_{12-18}$ 寡聚腺嘌呤脱氧核苷酸（12-18 碱基）的电泳图。

CE 条件：MICRO-GEL 凝胶毛细管柱；缓冲溶液，75mmol/L Tris-磷酸盐 pH=7.6；电场强度，300V/cm；检测波长，260nM，温度 30℃；毛细管长度，(a) 20cm，(b) 30cm。p(dA)$_{12-18}$ 聚腺四嘌呤脱氧核苷酸（12-18 碱基）。

近几年来，毛细管凝胶电泳研究有了很大的进展，主要包括新的分离方法和理论研究，高灵敏度检测器和检测方法研究，电渗流的控制和毛细管柱技术的研究，迁移时间和峰面积的重现性以及定量分析方法的改进，在柱样品浓缩方法等诸方面的研究。毫无疑问，随着毛细管凝胶电泳应用的发展，它将成为一种标准的生物高分子分离分析技术。

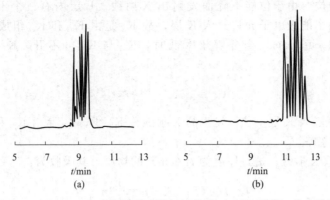

图 1-68 p(d A)$_{12-18}$寡聚腺嘌呤脱氧核苷酸（12-18 碱基）的电泳图

1.9 X射线分析

X射线是在 1895 年由德国物理学家伦琴（W. C. Roentgen）发现的，因为当时对这种射线的本质还不了解，伦琴把它称为 X 射线（源于数学中常用 X 代表未知数）。后来为了纪念伦琴，人们也称为伦琴射线。X 射线一经发现就被医师们用作检查人体伤、病的工具。其后不久，又被工程师们用来检查金属或其他不透明物体的内部缺陷。X 射线的本质，直到 1912 年才被肯定，这年劳埃（Max Von Laue）等发现了 X 射线的晶体衍射现象，证实了 X 射线是一种电磁波。它的波长与在晶体中发现的周期具有相同的数量级。劳埃实验证明了晶体内部原子排列的周期性结构，它使结晶学家手中增添了一种研究物质微细结构极有利的工具，使结晶学进入了一个新时代。稍后，一些科学家已经开始用 X 射线测定聚合物晶体结构，最先是用于研究纤维素晶体的结构。

X射线的波长位于 0.001～10nm 之间，与物质的结构单元尺寸数量级相当。X 射线衍射技术是利用 X 射线在晶体、非晶体中衍射与散射效应，进行物相的定性和定量分析、结构类型和不完整性分析的技术。一般来讲，当一束单色的 X 射线照射到试样上时，可观察到两种过程。

① 如果试样具有周期性结构（晶区），则 X 射线被相干散射，入射光与散射光之间没有波长的改变，这种过程称为 X 射线衍射效应，若在大角度上测定，则称之为广角 X 射线衍射（wide angle X-ray diffraction，WAXD）。

② 如果试样是具有不同电子密度的非周期性结构（晶区和非晶区），则 X 射线被不相干散射，有波长的改变，这种过程称为漫射 X 射线衍射效应（简称散射），若在小角度上测定，则称之为小角 X 射线散射（small angle X-ray scattering，SAXS）。

WAXD 及 SAXS 在高分子材料研究中都有着广泛用途，下面分别对这两种 X 射线方法进行叙述。

1.9.1 X射线概述

当高速电子冲击到阳极靶上时就产生 X 射线。X 射线和光波相同，是一种电磁波，它显示波-粒二象性，但波长较光波更短一些。X 射线的波长范围在 0.01～100Å。但在高聚物的 X 射线衍射方法中所使用的 X 射线波长一般在 0.5～2.5Å 左右（最有用的是 CuK$_\alpha$ = 1.542Å），因为这个波长与高聚物微晶单胞长度 2～20Å 大致相当。

特征 X 射线是由阳极物质原子序数决定的，它的产生是由于高速的电子流冲击在阳极物质上，把其原子内层（如 K 层）的电子击出，此时原子的总能量升高。原子外层电子跃入内层填补空位，由于位能下降而发射出 X 射线。L 层内有三个不同能级，由量子力学选择定则有两个能级电子允许迁入 K 层，故 K_α 是由 $K_{\alpha 1}$ 和 $K_{\alpha 2}$ 组成，$K_{\alpha 1}$ 强度系 $K_{\alpha 2}$ 的 2 倍，波长较 $K_{\alpha 2}$ 短 0.04，当分辨效率低时，$K_{\alpha 1}$ 与 $K_{\alpha 2}$ 分不开。K_α 线的波长用下式表示：

$$\lambda_{K_\alpha} = \frac{2}{3}\lambda_{K_{\alpha 1}} + \frac{1}{3}\lambda_{K_{\alpha 2}}$$

由 M 层电子跃迁入 K 层空位，发生的 X 射线称 K_β 线。K_β 是由 $K_{\beta 1}$ 和 $K_{\beta 2}$ 组成的，$K_{\beta 2}$ 因强度太弱常常被忽略。

强度 I_0 的单色 X 射线，透过厚度为 l（cm）的物质，其吸收为：

$$I = I_0 e^{-\mu l} \quad 或 \quad \mu = \frac{1}{l}\ln\frac{I_0}{I}$$

式中，I_0 为入射 X 射线强度；I 为穿透 X 射线强度；μ 为吸收系数，单位，cm^{-1}；l 为样品厚度，cm。

μ 的数值随物质的状态而变，它可由物质的化学组成、密度（ρ）、质量吸收系数（μ_m）算得：$\mu = \mu_m \rho$，μ_m 与 X 射线波长及吸收物质的原子序数有关，$\mu_m \approx k\lambda^3 Z^3$，$k$ 为常数。可按下式计算某高聚物质量吸收系数：

$$\mu_m = \sum \mu_{mi} W_i$$

式中，μ_{mi} 为第 i 种元素原子的质量吸收系数；W_i 是第 i 种原子的重量分率。例如，聚乙烯 $(C_2H_4)_n$ 重复单元分子量 $= 2 \times 12.01 + 4 \times 1 = 28.02$，$\mu_m(H) = 0.435 cm^2 \cdot g^{-1}$，$\mu_m(C) = 4.60 cm^2 \cdot g^{-1}$，由此聚乙烯的 μ_m 可计算如下：

$$\mu_m = \frac{24.02}{28.02} \times 4.60 + \frac{4}{28.02} \times 0.435 = 4.00 \ (cm^2 \cdot g^{-1})$$

吸收突变的产生可解释为当入射 X 射线光子具有足够能量（波长较短）时，可将样品中 K 电子击出产生荧光 X 射线。当入射 X 射线波长逐渐增加时，对物质穿透减少，相当于 μ_m 逐渐增加。由于 X 射线波长加长，X 射线光子能量下降；而当下降到某一数值不足使物质产生 K 系激发时，此时入射 X 射线光子能量除消耗一部分激发 L、M 系电子外，大部分透过，相当于 μ_m 反而降低，这里就是第一个突变产生的原因，这个突变称 K 吸收限，还有 L 吸收限出现。

利用吸收限的性质，选择滤波材料的吸收限刚好在靶材料特征 X 射线 K_α 与 K_β 辐射波长之间（一般比靶材料元素的原子序数小 1 或 2），可将大部分 K_β 辐射滤掉，而 K_α 很少损失，基本上得到 K_α 单色辐射。

1.9.2 X 射线衍射分析

当一束 X 射线照射到晶体上时，首先被电子所散射，每个电子都是一个新的辐射波源，向空间辐射出与入射波相同频率的电磁波。在一个原子系统中所有电子的散射波都可以近似地看作是由原子中心发出的。因此，可以把晶体中每个原子都看成是一个新的散射波源，它们各自向空间辐射与入射波相同频率的电磁波。由于这些散射波之间的干涉作用使得空间某些方向上的波始终保持互相叠加，于是在这个方向上可以观测到衍射线；而在另一些方向上的波则始终是互相抵消的，于是就没有衍射线产生。所以，X 射线在晶体中的衍射现象，实质上是大量的原子散射波互相干涉的结果。每种晶体所产生的衍射花样都反映出晶体内部的原子分布规律。概括地讲，一个衍射花样的特征可以认为由两个方面组成，一方面是衍射线在空间的分布规律（称之为衍射几何），另一方面是衍射线束的强度。衍射线的分布规律是由晶胞的大小、形状和位向决定的，而衍射线的强度则取决于原子在晶胞中的位置、数量和种类。为了通过衍射现象来分析晶体内部结构的各种问题,必须掌握一定的晶体学知识;并在衍射现象与晶体结构之间建立起定性和定量的关系,这是 X 射线衍射理论所要解决的中心问题。

1.9.2.1 布拉格定律

(1) 布拉格方程的导出

当一束平行的 X 射线以 θ 角投射到一个原子面上时,其中任意两个原子 P、K 的散射波在原子面反射方向上的光程差为:
$$\delta = QK - PR = PK\cos\theta - PK\cos\theta = 0$$
P、K 两原子(任意)的散射波在原子面反射方向上的光程差为零,说明它们的相位相同,是干涉加强的方向。由此看来,一个原子面对 X 射线的衍射可以在形式上看成为原子面对入射线的反射。

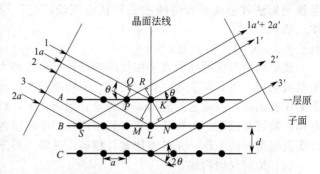

图 1-69 晶体对 X 射线的衍射(布拉格反射)

一束波长为 λ 的 X 射线以 θ 角投射到面间距为 d 的一组平行原子面上。从中任选两个相邻原子面 A、B,作原子面的法线与两个原子面相交于 K、L;过 K、L 画出代表 A 和 B 原子面的入射线和反射线,如图 1-69 所示。经 A 和 B 两个原子面反射的反射波的光程差为:$\delta = ML + LN = 2d\sin\theta$,干涉加强的条件为:布拉格方程 $2d\sin\theta = n\lambda$,n 为整数,称为反射级数;θ 为掠射角或半衍射角,也称为布拉格角,把 2θ 称为衍射角。

(2) 选择反射

X 射线在晶体中的衍射实质上是晶体中各原子散射波之间的干涉结果。只是由于衍射线的方向恰好相当于原子面对入射线的反射,所以才借用镜面反射规律来描述 X 射线的衍射几何。但是 X 射线的原子面反射和可见光的镜面反射不同。一束可见光以任意角度投射到镜面上都可以产生反射,而原子面对 X 射线的反射并不是任意的,只有当 λ、θ 和 d 三者之间满足布拉格方程时才能发生反射。所以把 X 射线的这种反射称为选择反射。有两种几何学的关系必须牢记:①入射光束、反射面的法线和衍射光束一定共面;②衍射光束与透射光束之间的夹角等于 2θ,这个角称为衍射角。

(3) 产生衍射的极限条件

在晶体中产生衍射的波长是有限度的。在电磁波的宽阔波长范围里,只有在 X 射线波长范围内的电磁波才适合探测晶体结构。

根据布拉格方程:$n\lambda/(2d) = \sin\theta < 1$,即 $n\lambda < 2d$。

对衍射而言,n 的最小值为 1($n=0$ 相当于透射方向上的衍射线束,无法观测)。所以产生衍射的条件为:$\lambda < 2d$。

但是波长过短会导致衍射角过小,使衍射现象难以观测,也不宜使用。因此,常用于 X 射线衍射的波长范围为:$0.25 \sim 5$nm。当 X 射线波长一定时,晶体中有可能参加反射的晶面族也是有限的,它们必须满足 $d > \lambda/2$。

1.9.2.2 高聚物结晶度

结晶度是表征聚合物材料中结晶与非晶部分的质量百分率或体积百分率的数值。IUFAC(1988)推荐用 W_c 表示质量分数结晶度,φ_c 表示体积分数结晶度。根据"两相模型"假定:①样品可以划分为"明显"的结晶及非晶相(即所谓"两相"模型);②假定两相与它们理想状态,结晶、非晶相具有相同性质,界面的影响可忽略;③结晶度可以用质量分数或体积分数表示,两者关系如下:$W_c = \varphi_c \rho_c / \rho$,式中,$\rho$ 为整体样品密度,ρ_c 为结晶部分密度。聚合物材料结晶度的测定可以有多种方法,其中最常用的有:X 射线衍射法、量热法、密度法和红外光谱法。不同测量方法反映的晶体缺陷及界面结构不同,因而不同方法获得的定量结果有所不同。为区别不同方法测得的结晶度,1988 年 IUPAC 建议使用 $W_{c,a}$,脚注 a 根据方法不同有不同表示。目前在各种测定结晶度的方法中,X 射线衍射法被公认具有明确意义并且应用最广泛。用 X 射线衍射方法测得的结晶度,用 $W_{c,x}$ 表示。

1.9.2.3 X 射线衍射仪

获取物质衍射图样的方法按使用的设备可分为两大类,照相法和衍射仪法。衍射仪法一般联机使用,具有高稳定、高分辨率、多功能和全自动等性能,并且可以自动地给出大多数衍射实验结果,因此它的应用非常普遍;相比之下,粉晶照相法的应用逐渐减少。衍射仪法是用计数管来接收衍射线的,它可省去照相法中暗室内装底片、长时间曝光、冲洗和测量底片等繁复费时的工作,又具有快速、精确、灵敏、易于自动化操作及扩展功能的优点。

(1) 衍射仪的构成

X 射线衍射仪主要由 X 射线发生器(X 射线管)、测角仪、X 射线探测器、计算机控制处理系统等组成。

① X 射线管　X 射线管主要分密闭式和可拆卸式两种。广泛使用的是密闭式,由阴极灯丝、阳极、聚焦罩等组成,功率大部分在 1~2kW。可拆卸式 X 射线管又称旋转阳极靶,其功率比密闭式大许多倍,一般为 12~60kW。常用的 X 射线靶材有 W、Ag、Mo、Ni、Co、Fe、Cr、Cu 等。X 射线管线焦点为 $1 \times 10 \text{mm}^2$,取出角为 3°~6°。

选择阳极靶的基本要求:尽可能避免靶材产生的特征 X 射线激发样品的荧光辐射,以降低衍射花样的背底,使图样清晰。

② 测角仪　测角仪是粉末 X 射线衍射仪的核心部件,主要由索拉光阑、发散狭缝、接收狭缝、防散射狭缝、样品座及闪烁探测器等组成。测角仪的结构如图 1-70 所示。

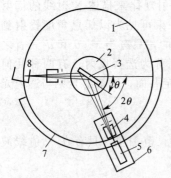

图 1-70　测角仪结构示意图
1—测角仪圆盘;2—试样台;3—试样;4—接收狭缝;5—计数器;6—支架;7—刻度尺;8—X 射线源

在测量过程中,试样表面始终平分入射线和衍射线的夹角 2θ。当 2θ 符合某 (hkl) 晶面相应的布拉格条件时,探测器计数管接受的衍射信号就是由那些 (hkl) 晶面平行于试样表面的晶粒所贡献。探测器计数管在扫描过程中逐个接收不同角度 (2θ) 下的衍射线,从记录仪上就可得衍射谱。

③ X 射线探测记录装置　衍射仪中常用的探测器是闪烁计数器,它是一种利用荧光现象的粒子探测器。带电粒子经过荧光物质时,会引起原子的激发或电离,当它们返回基态时便产生荧光,其强度与粒子的能量成正比。这种荧光再转换为能够测量的电流。由于输出的电流和计数器吸收的 X 光子能量成正比,因此可以用来测量衍射线的强度。闪烁计数管的发光体一般是用微量铊活化的碘化钠(NaI)单晶体。

④ 计算机控制、处理装置　衍射仪主要操作都由计算机控制自动完成,扫描操作完成后,衍射原始数据自动存入计算机硬盘中供数据分析处理。数据分析处理包括平滑点的选择、背底扣除、自动寻峰、d 值计算、衍射峰强度计算等。

(2) 实验参数选择

① 阳极靶的选择　选择阳极靶的基本要求:尽可能避免靶材产生的特征 X 射线激发样品的荧光辐射,以降低衍射花样的背底,使图样清晰。必须根据试样所含元素的种类来选择

最适宜的特征 X 射线波长（靶）。当 X 射线的波长稍短于试样成分元素的吸收限时，试样强烈地吸收 X 射线，并激发产生成分元素的荧光 X 射线，背底增高。其结果是峰背比（信噪比）P/B 低（P 为峰强度，B 为背底强度），衍射图谱难以分清。

X 射线衍射所能测定的 d 值范围，取决于所使用的特征 X 射线的波长。X 射线衍射所需测定的 d 值范围大都在 $1\sim0.1$nm。为了使这一范围内的衍射峰易于分离而被检测，需要选择合适波长的特征 X 射线。一般测试使用铜靶，但因 X 射线的波长与试样的吸收有关，可根据试样物质的种类分别选用 Co、Fe 或 Cr 靶。此外还可选用钼靶，这是由于钼靶的特征 X 射线波长较短，穿透能力强，如果希望在低角处得到高指数晶面衍射峰，或为了减少吸收的影响等，均可选用钼靶。

② 管电压和管电流的选择　工作电压设定为 $3\sim5$ 倍的靶材临界激发电压。选择管电流时功率不能超过 X 射线管额定功率，较低的管电流可以延长 X 射线管的寿命。

X 射线管经常使用的负荷（管压和管流的乘积）选为最大允许负荷的 80% 左右。但是，当管压超过激发电压 5 倍以上时，强度的增加率将下降。所以，在相同负荷下产生 X 射线时，在管压约为激发电压 5 倍以内时要优先考虑管压，在更高的管压下其负荷可用管流来调节。靶元素的原子序数越大，激发电压就越高。由于连续 X 射线的强度与管压的平方呈正比，特征 X 射线与连续 X 射线的强度之比，随着管压的增加接近一个常数，当管压超过激发电压的 $4\sim5$ 倍时反而变小，所以，管压过高，信噪比 P/B 将降低，不可取。

③ 发散狭缝的选择（DS）　发散狭缝（DS）决定了 X 射线水平方向的发散角，限制试样被 X 射线照射的面积。如果使用较宽的发射狭缝，X 射线强度增加，但在低角处入射 X 射线超出试样范围，照射到边上的试样架，出现试样架物质的衍射峰或漫散峰，给定量相分析带来不利的影响。因此有必要按测定目的选择合适的发散狭缝宽度。生产厂家提供 $(1/6)°$、$(1/2)°$、$1°$、$2°$、$4°$ 的发散狭缝，通常定性物相分析选用 $1°$ 发散狭缝，当低角度衍射特别重要时，可以选用 $1/2°$（或 $1/6°$）发散狭缝。

④ 防散射狭缝（SS）与接收狭缝（RS）的选择　防散射狭缝用来防止空气等物质引起的散射 X 射线进入探测器，选用 SS 与 DS 角度相同。接收狭缝的大小影响衍射线的分辨率。接收狭缝越小，分辨率越高，衍射强度越低。通常物相定性分析时使用 0.3mm 的接收狭缝，精确测定可使用 0.15mm 的接收狭缝。

⑤ 扫描范围与扫描速度的确定　不同的测定目的，其扫描范围也不同。当选用 Cu 靶进行无机化合物的相分析时，扫描范围一般为 $90°\sim2°$（2θ）；对于高分子、有机化合物的相分析，其扫描范围一般为 $60°\sim2°$；在定量分析、点阵参数测定时，一般只对欲测衍射峰扫描几度。常规物相定性分析常采用每分钟 $2°$ 或 $4°$ 的扫描速度，在进行点阵参数测定，微量分析或物相定量分析时，常采用每分钟 $(1/2)°$ 或 $(1/4)°$ 的扫描速度。

1.9.2.4　X 射线衍射分析的样品制备

X 射线衍射分析的样品主要有粉末样品、块状样品、薄膜样品、纤维样品等。样品不同，分析目的不同（定性分析或定量分析），则样品制备方法也不同。

(1) 粉末样品　X 射线衍射分析的粉末试样必需满足这样两个条件：晶粒要细小，试样无择优取向（取向排列混乱）。所以，通常将试样研细后使用，可用玛瑙研钵研细。定性分析时粒度应小于 $44\mu m$（350 目），定量分析时应将试样研细至 $10\mu m$ 左右。较方便地确定 $10\mu m$ 粒度的方法是，用拇指和中指捏住少量粉末，并碾动，两手指间没有颗粒感觉的粒度大致为 $10\mu m$。

常用的粉末样品架为玻璃试样架，在玻璃板上蚀刻出试样填充区为 20×18mm^2。玻璃样品架主要用于粉末试样较少时（约少于 500mm^3）使用。充填时，将试样粉末一点点地放进试样填充区,重复这种操作,使粉末试样在试样架里均匀分布并用玻璃板压平实,要求试样面与玻璃表面齐平。如果试样的量少到不能充分填满试样填充区,可在玻璃试样架凹槽里先滴一薄层用醋酸戊酯稀释的火棉胶溶液,然后将粉末试样撒在上面,待干燥后测试。

(2) 块状样品 先将块状样品表面研磨抛光,大小不超过 $20 \times 18 mm^2$,然后用橡皮泥将样品粘在铝样品支架上,要求样品表面与铝样品支架表面平齐。

(3) 微量样品 取微量样品放入玛瑙研钵中将其研细,然后将研细的样品放在单晶硅样品支架上(切割单晶硅样品支架时使其表面不满足衍射条件),滴数滴无水乙醇使微量样品在单晶硅片上分散均匀,待乙醇完全挥发后即可测试。

(4) 薄膜样品制备 将薄膜样品剪成合适大小,用胶带纸粘在玻璃样品支架上即可。

1.9.2.5 WAXD 在高分子材料研究中的应用

图 1-71 是几种型聚集态衍射谱图的特征示意图。其中图(a)表示晶态试样衍射,特征是衍射峰尖锐,基线缓平。同一样品,微晶的择优取向只影响峰的相对强度。图(b)为固态非晶试样散射,呈现为一个(或两个)相当宽化的"隆峰"。图(c)与图(d)是半晶样品的谱团。图(c)有尖锐峰,且被隆拱起,表明试样中晶态与非晶态"两相"差别明显;图(d)呈现为隆峰之上有突出峰,但不尖锐,这表明试样中晶相很不完整。由上可知,广角 X 射线衍射(WAXD)分析首先可用来区分高聚物的晶型,更进一步的,WAXD 还可以对高聚物进行定性分析以及结晶参数的鉴定等。因此 WAXD 技术已广泛用于高聚物材料的结构研究。

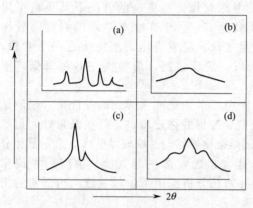

图 1-71 四种典型聚集态衍射谱图的特征示意图

(1) 高分子材料的定性鉴定

① 聚合物晶型及有规立构的分析鉴定 用 X 射线对高聚物各种晶型及不同有规立构的鉴定,有其独到之处。举例说明如下。

图 1-72 系等规立构 α、β、γ 晶型的聚丙烯 X 射线衍射图。若在 iPP 中是混晶结构,β 和 γ 晶含量可用以下公式计算:

$$K_\beta = \frac{H_{300}}{H_{300} + H_{110} + H_{040} + H_{130}}$$

$$K_\gamma = \frac{H_{117}}{H_{117} + H_{110} + H_{040} + H_{130}}$$

式中,H_{300},H_{110},H_{040},H_{117} …分别是各强衍射峰的高度,K_β 和 K_γ 分别是各单一晶型的重量分数。

主要差别是:在 α-PP 晶型中有 $2\theta = 18.6°$ 强(130)晶面反射,但 γ-PP 晶型中无此衍射峰;而在 γ-PP 晶型中存在着 $2\theta = 20.1°$ 强(117)晶面反射。α-PP 晶型中则不存在此衍射峰。β-PP 在 $2\theta = 16.08°$ 存在最强峰(300)。图 1-73(a) 系六方聚甲醛($a = 7.74Å$,$c = 17.35Å$;$\alpha = \beta = 90°$,$\gamma = 120°$);图 1-73(b) 系正交聚甲醛($a = 4.767Å$,$b = 7.660Å$,$c = 3.563Å$;$\alpha = \beta = \gamma = 90°$)。

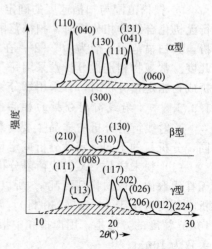

图 1-72 不同晶型聚丙烯的 X 射线衍射(CuK_α)图

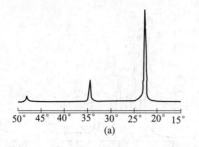 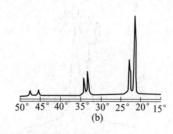

图 1-73 聚甲醛 X 射线 （CuK$_\alpha$）图
(a) 六方；(b) 正交

② 高聚物物相鉴定分析　这与低分子物质的物相分析无原则差别,除了可参阅 PDF "粉末衍射卡组"（由 JCPDS 编辑 1992 年以后称为 ICDD）收集的高分子粉末数据外，还可借助标准样品及有关文献所列出的粉末衍射数据。但因高聚物衍射条较少，且又宽阔，还常常受非晶弥散环重叠的影响，给鉴定工作带来困难。因此往往要求助于红外光谱、核磁共振、裂解气相色谱等测试工具。但对一些通用的结晶高聚物材料，如聚乙烯、聚丙烯、聚四氟乙烯、聚酰胺类、聚甲醛、聚酯等，可用 X 射线方法鉴定，无需破坏原来的试样，且又快速方便。对于定性鉴定一个合成高聚物材料是否结晶，是否和已知材料相同，用 X 射线衍射方法测定一目了然。图 1-74 列举了一些典型高聚物材料（CuK$_\alpha$）X 射线图，如用其他靶子则在每个衍射图中标明，图中每个峰标的数值，从下至上依次为 (hkl)，$2\theta°$ 及 d (Å) 值，A 代表非晶峰。

③ 高聚物材料中各种添加剂的剖析　对高聚物材料中各种添加剂的剖析，特别是无机填料，X 射线衍射是不可缺少的手段。它不仅能测定每一组分的状态（结构），而且还能给出各组分是否有同分异构。目前国外应用在高聚物材料中的添加剂，组分复杂，作用广泛，种类繁多，如消光剂、颜料、抗静电剂、抗紫外线剂、降低摩擦系数剂、阻燃剂、充填剂、抗氧化剂、防老剂、结晶成核剂等，其中有的像石墨、有机磷化合物、钛白粉、聚氧化烯烃、石棉、各种金属粉末、云母、滑石粉、高岭土以及废矿渣等。其添加量多至 80% 以上，少则万分之几。由此可见，对高聚物材料中的各种添加剂的剖析，除 X 射线衍射外，有机及无机质谱、红外、等离子体质谱、发射光谱、X 射线荧光分析、化学分离分析等作配合也是必不可少的。

(2) 聚合物结晶参数的测定

一般 X 射线衍射法测定晶体结构的步骤如下：①测定晶胞的形状和大小；②测定晶胞中原子数目；③将 X 射线衍射线条指标化；④测定点阵类型及对称情况；⑤根据衍射线条的强度测定晶胞中的原子位置。

① 晶粒尺寸　如果高分子的晶粒尺寸是无限的，满足布拉格公式的理想条件，那么某晶面的衍射曲线应当是一条线，而不是峰。但实际上除了仪器的加宽因素外，主要出于高分子的晶粒尺寸有限，衍射峰有一定宽度。晶粒尺寸可根据谢乐（Scherrer）方程计算：

$$D = \frac{K\lambda}{B\cos\theta_B}$$

式中，D 为晶粒尺寸；λ 为入射 X 射线波长；B 为因晶粒减小导致的衍射峰增宽量；θ_B 为入射线与晶面夹角；K 是与晶粒形状及 B，D 定义有关的常数，一般取 0.9。

计算晶粒尺寸时要注意，晶粒是三维的，每一维的方向与特定的晶面有关。

② 结晶度　结晶高聚物实质上都是半结晶的，其 X 射线衍射是结晶区和非晶区两相贡献的总和，从图 1-75 清楚可见，聚乙烯的衍射曲线中结晶峰与非晶峰交叠。分峰法就是设法用手工或计算机的方法把这两类峰分开，然后计算结晶度。这种方法适用于峰数目有限，

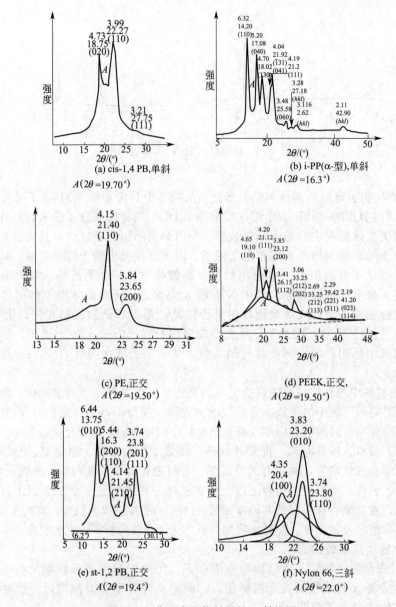

图 1-74 典型高聚物材料的 X 射线图

且易于把结晶锐衍射峰与非晶漫散射峰分开的聚合物，如聚乙烯、聚丙烯、聚四氟乙烯、聚甲醛等。

最经典的 X 光分峰技术是六点法。所谓六点法是先用完全非晶样品作衍射图，有些高分子（如无规聚丙烯）能获得非晶样品，有些则只能在熔融状态下（成为各向同性液态）测定。如图 1-76 所示，在纯非晶峰上确定六点，分别是最大位处、0.9 最大值处，切点两个和基线交点两个。用手工将非晶峰绘到样品的衍射图上，总衍射峰扣除非晶峰就得到结晶峰。

③ 结晶的取向度　对取向的非晶高聚物，弥散环在赤道线上形成两个弥散的斑点[图(1-77)]。

对于取向的结晶高聚物，平板照片上不再是圆环，而是退化成弧以至成为衍射点。图

1-78是不同拉伸倍数的聚丙烯薄膜的平板照片。随着拉伸倍数增加，圆环分裂成弧，最终成为衍射点排列在层线上。

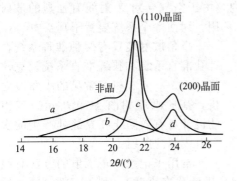

图 1-75　聚乙烯粉末衍射图

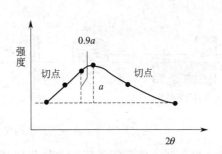

图 1-76　六点法示意图

X射线法常用取向指数 R 来表征结晶的取向程度。

定义取向指数：$R = \dfrac{180-W}{W} \times 100\%$

例如，尼龙6拉伸后，（200）晶面和（002）晶面部平行于纤维轴（b 轴）取向，衍射环退化成赤道弧，在方位角 φ 上（注意不是衍射角）扫描得峰。求得半峰宽 W，显然半峰宽越小，取向越好。

1.9.3　小角X射线散射

对于高聚物亚微观结构，即研究尺寸在数百埃乃至上千埃以下的结构时，需采用小角X射线散射（SAXS）方法。原因是由于电磁波的所有散射现象都遵循着反比定律，即相对波长来

图 1-77　典型的取向非晶聚合物的平板照片

说，被辐照物体的有效尺寸越大则散射角越小，因此，当X射线穿过与本身的波长相比具有很大尺寸的高聚物和生物大分子体系时，散射效应皆局限于小角度处。

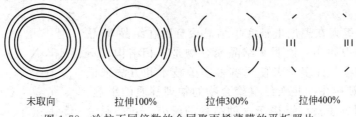

图 1-78　冷拉不同倍数的全同聚丙烯薄膜的平板照片

X射线小角散射是在靠近原光束附近很小角度内电子对X射线的漫散射现象，也就是在倒易点阵原点附近处电子对X射线相干散射现象。在20世纪30年代，Mark等观察纤维素和胶体粉末时发现了SAXS现象并提出了SAXS的原理。此后，SAXS理论逐渐丰富并得到广泛应用。理论证明，小角散射花样、强度分布与散射体的原子组成以及是否结晶无关，仅与散射体的形状、大小分布及与周围介质电子云密度差有关。可见，小角散射的实质是由于体系内电子云密度差异所引起。

1.9.3.1　SAXS原理

在仪器的构造、测试的原理和应用范围上，SAXS与WAXD都有很大的差异。WAXD的衍射角（又称为布拉格角）$\theta = 10° \sim 30°$，而SAXS的散射角 $\theta < 2°$。由于测定的 θ 角较小，这就要求入射的X射线是一束单色准直的平行光。为防止入射光的发散对散射光的干

扰，在入射光与试样之间需要装一准直系统。另外，照相底片与试样的距离必须很远，才能使入射光与小角度的散射光分开，但是距离增加后会使散射光减弱，因此要求试样加厚，曝光时间延长。在整个准直系统和很长的工作距离内，由于空气会对X射线有强烈的散射作用，因而整个系统要置于真空中。

小角散射装置有两种准直系统，即针孔准直系统和狭缝准直系统。克拉特凯（Kratky）相机是常见的小角散射相机，基本原理如图1-79所示。该相机的设计可有效防止在狭缝处产生的次级X射线源的照射。

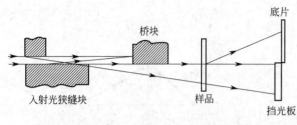

图1-79 克拉特凯（Kratky）相机的原理图

常用来记录小角散射的方法有照相法和计数器法。前者能观察到散射花样全貌（特别是用针孔准直时），利于定性分析，后者沿子午线作连续扫描，可得到散射强度分布曲线，便于数据处理。近年来采用位置灵敏检测器记录小角散射花样，并结合采用电子同步辐射加速器X光源（高强度、低发散、连续可调的脉冲偏振X射线），不但可大大节省测定时间，而且可显著提高测定质量。

1.9.3.2 SAXS在高分子材料研究中的应用

高分子材料，包括单一体系的均聚物、聚合物共混物的混合体系、嵌段与支化共聚物体系、纤维增强塑料的复合体系及高分子磁性材料等，这些体系都具有各自的不同结构。对于高分子材料，SAXS分析方法可进行以下几方面的研究：①粒子（微晶、片晶、球晶、填充剂、离子聚集簇和硬段微区等）的尺寸、形状及其分布；②粒子的分散状态（粒子重心的空间分布、取向度及相互取向的空间相关性）；③高分子的链结构和分子运动；④多相聚合物的界面结构和相分离（特别是近年来对嵌段聚合物微相分离研究）。这些参数用SAXS方法都能给出明确的信息和结果。

图1-80是高聚物典型小角散射曲线。由图可知，不均一体系实验曲线是凹面曲线（曲线 a）。对于稠密体系除了考虑每个粒子（微孔）的散射外，还必须考虑粒子间相互干涉的影响，因而实验曲线产生极大部分（曲线 b，曲线 c），有长周期存在的纤维小角散射曲线常属此类型。

Flory P. J. 等人在理论上证实了结晶聚合物在结晶-非晶之间存在着一个中间相，说明了结晶聚合物是三相结构，不是传统的两相结构。许多学者使用各种实验技术和方法来证明Flory理论，研究中间相对结晶聚合物的物理性质的影响。小角X射线散射方法被广泛用于这种结构的研究。刘开源等应用小角X射线散射技术研究了聚丙烯的长周期，用于实验的结晶聚合物样品是使用不同型号的Zigler-Nata催化剂采用热压法制备的聚丙烯均聚物（i-PP）；样品在220℃热压成70mm×70mm×2mm的片材。所有的样品厚度均匀，并具有很低的粗糙度。样品的小角X射线散射测试在北京同步辐射装置（BSRF）的4B9A光束线上的小角散射实验站完成。实验条件为储存环的电子能量为2.2GeV，平均束流强度为80mA，使用点狭缝准直系统，入射线的波长为0.154nm，

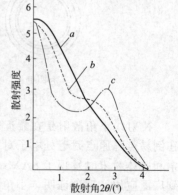

图1-80 典型高聚物小角X射线散射曲线

用成像板记录散射信号的强度，散射强度扣除了背底和空气散射的信号。聚丙烯的小角散射曲线上存在至少一个干涉峰，从散射曲线干涉峰的角位置，直接使用Bragg定律把实验样品的Bragg长周期计算出来。它的干涉峰对应的散射矢量是 $q=0.41\text{nm}^{-1}$。可以计算出它的

Bragg 长周期是 15.3nm。结果表明，聚丙烯的相关函数长周期与它的 Bragg 长周期不相等；应用小角散射理论和结晶聚合物的三相结构模型研究了聚丙烯的 2 种长周期不同的原因，得到结论，聚丙烯的 Bragg 长周期接近于它的相关函数长周期与结晶过渡层的厚度之和。这个结论与小角散射实验的结果一致。

小角 X 射线散射测试是研究结晶聚合物的重要方法。Strobl 等提出的一维相关函数法是测定结晶聚合物过渡层厚度的公认方法。Porod 定律是基于理想的两相系统的理论，但是 Ruland 修正的 Porod 定律考虑了过渡层存在的情况。所以可以探讨用修正的 Porod 定律来求结晶聚合物的过渡层厚度。赵辉等应用小角 X 射线散射长狭缝准直条件下所测得的模糊强度数据，用相关函数法和 Porod 法对结晶聚合物过渡层的厚度进行了计算和比较。采用热压法制备聚合物样品：1-3 号样品为不同型号的 Zigler-Nata 催化剂生产的聚丙烯均聚物（i-PP），4-10 号样品为不同商品牌号的聚丙烯树脂（PP）。样品在 220℃热压成 70mm×70mm×2mm 的片材。样品的小角 X 射线散射测试在北京同步辐射装置（BSRF）的 4B9A 光束线上的小角散射实验站完成。实验条件为储存环的电子能量为 2.2GeV，平均束流强度为 80mA，使用长狭缝准直系统，入射 X 射线的波长为 0.154nm，用成像板记录散射信号的强度。散射强度扣除了本底和空气散射的信号。结晶聚合物的 Porod 曲线是负偏离的［图 1-81(a)］。这说明结晶区和非晶区之间的电子密度是逐步过渡的，存在一个过渡区，这个过渡区的厚度可以由 Porod 曲线求出。相关函数法是求结晶聚合物结构参数的公认方法。从相关函数曲线的自相关三角形的斜边存在一段弯曲部分可以断定［图 1-81(b)］，所研究的结晶聚合物的结晶区和非晶区之间的电子密度是逐渐过渡的，过渡层的厚度就是弯曲部分的横向长度。对一批样品的分析，比较上述两种方法的结果如表 1-23 所示，可以知道它们的结果是比较一致的。所以，可使用 Porod 曲线简单地求出结晶聚合物的结晶区和非晶区之间的过渡层厚度。

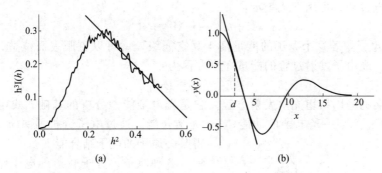

图 1-81　样品 3 的 Porod 曲线（a）及相关函数曲线（b）

表 1-23　结晶聚合物样品的过渡层厚度　　　　　　　　　　　　单位：nm

样品号	1	2	3	4	5	6	7	8	9	10
相关函数法	2.04	1.78	1.75	1.83	1.54	2.05	2.05	2.24	2.24	2.20
Porod 定律法	2.11	1.84	1.76	1.82	1.69	2.00	2.03	2.18	2.14	2.09

1.10　X 射线光电子能谱法

电子能谱分析法是采用单色光源（如 X 射线、紫外光）或电子束照射样品表面，使样品中的原子或分子受到激发而发射电子，通过测量这些电子的能量分布，获得物质的结构组成等有关信息的一类分析方法。电子能谱分析法在研究高分子材料的结构组成、表面性能、粘接和改性等方面具有重要的应用。根据激发光源和测量参数的不同，电子能谱法有多种分支。以 X 射线作为激发源的称为 X 射线光电子能谱（XPS）；用紫外光作为激发源致样品光电离而获得的光电子能谱称为紫外光电子能谱（UPS）；如果用电子束（或 X 射线）作为激发源，测量发射的俄歇电子的称为俄歇电子能谱（AHS）。对于化学分析来说，以 XPS 使用最为广泛。由于 X 射线光电子能谱对样品的表面损伤轻微，样品处理要求简单、适用性广泛、可获取丰富的化学信息等特点在材料科学领域中有着广泛的应用。利用这种方法可以进行除氢和氦以外的所有元素的定性、定量和化学状态分析。

XPS 具有以下优点：①从能量范围看，如果把红外光谱提供的信息称之为"分子指纹"，那么电子能谱提供的信息可称作"原子指纹"，它提供有关化学键方面的信息，即直接测量价层电子及内层电子轨道能级，相邻元素的同种能级的谱线相隔较远，相互干扰少，因此元素定性的标识性强；②XPS 可以分析除 H 和 He 以外的所有元素；可以直接测定来自样品单个能级光电发射电子的能量分布，且可以直接得到电子能级结构的信息；③分析样品深度约 2nm，分析所需试样约 10^{-8}g，是一种高灵敏超微量无损表面分析技术。

1.10.1　X 射线光电子能谱的基本原理

1.10.1.1　X 射线光电子能谱的能量

X 射线光电子能谱分析法（X-ray photoelectron spectrum，XPS）是瑞典的西格巴赫（Siegbahn）于 1954 年首先发现的。它是以 X 射线作为激发光源，将样品表面原子中不同能级的电子激发成自由电子，然后收集这些带有样品表面信息并具有特征能量的电子，通过研究它们的能量分布，就可以确定样品表面的组成和结构。

光电子能谱的基本原理是光电效应。当一束具有足够能量（$h\nu$）的 X 射线照射到某一固体样品（M）上时，所吸收的 X 射线的能量可激发出物质中原子或分子中某个轨道上的电子，使原子或分子电离，激发出的电子获得一定的动能 E_K，从而留下一个离子 M^+。这一过程就是光电过程，可用下式表示：

$$M + h\nu \longrightarrow M^+ + e^-$$

e^- 称为光电子，若这个电子的能量高于真空能级，就可以克服表面位垒，逸出体外而成为自由电子。光电子发射过程的能量守恒方程为：

$$E_K = h\nu - E_B$$

这就是著名的爱因斯坦光电发射方程，它是光电子能谱分析的基础。式中，$h\nu$ 为入射光子的能量，E_K 为某一光电子的动能，E_B 为结合能。通过电子分析器测定 E_K 就可以求得某一原子的电子结合能 E_B。

各种原子、分子轨道的电子结合能是一定的。在实际分析中一般采用费米能级作为基准（即结合能为零），测得样品的结合能（E_B）值，通过对样品产生的光子能量的测定，就可以了解样品中元素的组成。样品在 X 射线作用下，各轨道的电子都有可能从原子中激发成为光电子。为便于区分各种光电子，通常采用被激发电子所在能级来标志光电子。一般可用元素的最强特征峰来鉴别元素，如果最强特征峰与其他元素的光电子峰发生重叠，此时可以选用其他光电子峰来鉴别元素。例如，由 K 层激发出来的电子称其为 1s 光电子，由 L 层激发出

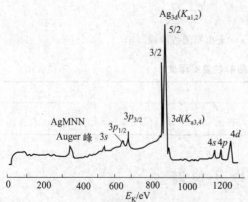

图 1-82　Ag 的 X 光电子全扫描图（激发源为 MgK$_\alpha$）

来的电子分别记为 2s，$2p_{1/2}$，$2p_{3/2}$ 光电子，依此类推。可以根据 XPS 电子结合能标准手册对被分析的元素进行鉴定。图 1-82 是 Ag 的 X 光电子能谱，横坐标表示电子的结合能，有

时以光电子动能表示，纵坐标为光电子强度。由图可见，Ag$_{3d3/2}$和Ag$_{3d5/2}$光电子是Ag的两个最强特征峰。

1.10.1.2 化学位移

元素所处的化学环境不同（原子价态的变化、原子与不同电负性的原子结合等），其结合能会有微小的差别，则X射线光电子能谱的谱峰位置会发生移动，称为化学位移。化学位移在XPS中是一种很有用的信息，通过对化学位移的研究，可以了解原子的状态、可能处于的化学环境以及分子结构等。如聚对苯二甲酸乙二酯，此化合物中有三种完全不同的碳：苯环上的碳、碳基中的碳和连接对苯二甲酸单元上—CH$_2$中的碳。每种碳所处的化学环境不同，因此呈现不同的化学位移，导致碳的1s峰出现在谱图不同的位置上。分子中两种氧原子所处的化学环境不同，谱峰的位置也不同。如图1-83所示。

由此可见，当一种原子构成不同的化合物时，由于本身在化学结构中所处的化学环境不同，同一元素会表现出不同的结合能。化学位移现象可以用原子的静电模型来解释。内层电子一方面受到原子核强烈的库仑作用而具有一定的结合能，另一方面又受到外层电子的屏蔽作用。当外层电子密度减少时，屏蔽作用将减弱，内层电子的结合能增加；反之则结合能将减少。因此当被测原子的氧化价态增加，或与电负性大的原子结合时，都导致其结合能的增加，相反如果被测原子氧化态降低或得到电子成为负离子，则结合能会降低。从被测原子内层电子的结合能变化可以判断其价态变化和所处的化学环境。

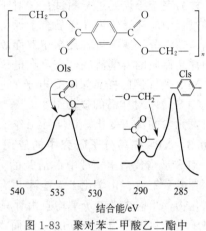

图1-83 聚对苯二甲酸乙二酯中C和O的1s谱图

1.10.2 实验技术

1.10.2.1 仪器装置

X射线光电子能谱仪是精确测量物质受X射线激发产生光电子能量分布的仪器，图1-84给出简单示意图。主要组成部分有X光源（激发源），样品室，电子能量分析器和信息放大、记录（显示）系统等。当具有一定能量的X射线与物质相互作用后，从样品中激发出光电子。带有一定能量的光电子经过特殊的电子透镜到达分析器，光电子的能量分布在这里被测量，最后由检测器给出光电子的强度，按电子的能量展谱，再进入电子探测器。由计算机组成的数据系统用于收集谱图和数据处理。为了使数据的可靠性增加，可以多次重复扫描，使信号逐次累加而提高信噪比。

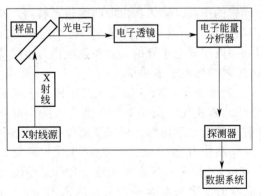

图1-84 X射线光电子能谱仪示意图

XPS仪器通常用Al或Mg靶作为X射线源（其能量分别是1486.6eV和1253.6eV），用以激发元素各壳层（内壳层和外壳层）的电子。同步辐射源也常用作XPS的入射源。XPS扫谱方式包括宽扫描和窄扫描两种。对一个未知化学成分的样品，首先要进行宽扫描（在整个光电子能量范围全扫描），以确定样品中存在的表面化学成分。由于XPS谱中各元素特征峰分立性强，因此，可在一次宽扫中检出全部或大部分元素。然后再对所研究的元素进行比较详细的窄扫描以提高分辨率，确定化学状态。

1.10.2.2 样品处理

XPS 对样品没有特殊要求，气态、液态和固态样品原则上都可进行分析。对气体样品，通常采用差分抽气法，把气体样品引入分析室进行测定。对一些易冷凝的蒸气样品，冷冻处理也是常用方法之一。液体样品除直接予以探测外，也可通过升华为气体或冷冻为固体来研究。对固体样品的处理可通过以下几种方法制样：①如果聚合物样品能溶解在某种溶剂中，可采用浸渍法、涂层法或浇铸法沉积在金片上形成聚合物膜，必须注意制膜选用的溶剂要纯，样品完全干燥后进行测试；②对于粉末样品，可直接用双面胶带将粉末粘于样品托上，制样过程中应注意粉末在样品台上保持平整、覆盖均匀，否则会导致信噪比加大，干扰实验数据；③高分子薄膜可直接粘于双面胶纸上进行测试。为防止薄膜表面可能的污染，可用不影响样品性质的溶剂清洗，也可在谱仪处理室内加热处理。

XPS 所探测的样品深度受电子的逃逸深度所限，一般在几个原子层，故属表面分析方法。XPS 技术对样品的损伤很小，基本是无损分析。但是，在 X 射线的长时间照射下，可能引发元素的价态变化，在实际工作中应引起足够的重视。

1.10.3 XPS 在高分子研究中的应用

XPS 是当代谱学领域中最活跃的分支之一，虽然只有十几年的历史，但其发展速度很快，在电子工业、化学化工、能源、冶金、生物医学和环境中得到了广泛应用。对于金属及其氧化物，X 射线光电子平均自由程只有 0.5~2.5nm；对于有机物和聚合物材料，X 射线光电子平均自由程为 4~10nm，因而 X 射线光电子能谱法是一种表面分析方法。以表面元素定性分析、定量分析、表面化学结构分析等基本应用为基础，可以广泛应用于表面科学与工程领域的分析、研究工作，如表面氧化、表面涂层、表面催化机理等的研究，表面能带结构分析（半导体能带结构测定等）以及高聚物的摩擦带电现象分析等。

1.10.3.1 元素及其化学状态的定性分析

定性分析是以实测光电子谱图与标准谱图相对照，根据元素特征峰位置及其化学位移确定样品的组分、化学态、表面吸附、表面态、表面价电子结构、原子和分子的化学结构、化学键合情况等信息。元素定性分析的主要依据是组成元素的光电子线的特征能量值，因为每种元素都有唯一的一套芯能级，其结合能可用作元素的指纹。如果激发源的能量足够高，就可以得到元素周期表中除 H 和 He 以外的全部内层能级谱。在一般情况下，各个能级的强度是不一样的，其峰位一般很少重合，因此可以利用内层光电子峰的位置和强度作为指纹特征对其进行指纹定性。常用 Perkin-Elmer 公司的 X 射线光电子谱手册。

除了可以根据测得的电子结合能确定样品的化学成分外，XPS 最重要的应用在于确定元素的化合状态。当元素处于化合物状态时，与纯元素相比，电子的结合能有一些小的变化，表现在电子能谱曲线上就是谱峰发生少量平移。测量化学位移，可以了解原子的状态和化学键的情况。测定时中通常先通过宽扫描确定样品中存在的元素，然后再对所研究的元素进行细致的窄扫描以确定化学状态。如图 1-85(a) 为聚乙烯吡咯烷酮（PVP）稳定的金纳米粒的 XPS 图谱。谱图中碳、氮、氧结合能峰的出现表明金核的表面吸附有 PVP 分子。图 1-85(b) 为 C_{1s} 的 4 个峰，峰位分别是 (C_1) 285.0、(C_2) 285.4、(C_3) 286.2 和 (C_4) 287.9eV，它们分别对应于 PVP 分子单元骨架中化学环境不同的 4 种 C。

1.10.3.2 定量分析

需要确定材料中各种元素含量或元素各价态的含量时，可通过谱线强度作定量分析，这主要借助于能谱峰强度的比率，将观测到的信号强度转变为元素的含量。

Powell 将定量方法概括为三类：标样法、元素灵敏度因子法和一级原理模型。在一定

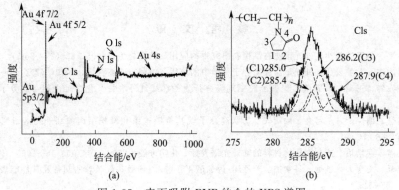

图 1-85　表面吸附 PVP 的金的 XPS 谱图

条件下谱峰强度与其含量成正比，因而可以采用标样法（与标准样品谱峰相比较的方法）进行定量分析，精确度可达 1%～2%。但由于标样制备困难费时，应用具有一定的局限性，故标样法尚未得到广泛采用。目前 XPS 定量分析中大多采用元素灵敏度因子法，即以能谱中谱峰强度比率为基础，通过元素灵敏度因子（又称光电散射截面）将峰面积转换为相应元素的相对含量。灵敏度因子是运用标样得出的经验校准常数：

$$n_X = \frac{I_X/S_X}{\sum_{i=1}^{N} I_j/S_j}$$

式中，I_X 为元素 X 的峰面积；S_X 为元素 X 相应能级的灵敏度因子；n_X 为元素 X 在样品中所占的原子个数的百分含量；N 为样品中总的元素数目。

1.10.3.3　固体研究领域的应用

近几年来由于高分子催化剂研究的进展，对高分子金属络合物的表征显得十分重要。如对聚乙烯吡咯烷酮和聚丙烯酸与某些金属或稀土元素的氯化物形成的三元络合物结构进行 XPS 研究，发现各金属络合物中金属离子的结合能较其在氯化物中的结合能值低，如图 1-86 所示。另外，聚乙烯吡咯烷酮中的 N_{1s} 为单峰，而金属络合物中的 N_{1s} 显双峰结构，如图 1-87 所示。低结合能的峰与聚乙烯吡咯烷酮中的 N_{1s} 结合能相近（399.3eV），高结合能的峰比聚乙烯吡咯烷酮中的 N_{1s} 结合能高 1.0eV 以上。这说明金属氯化物与聚丙烯酸和聚乙烯吡咯烷酮反应形成的络合物中，金属离子（M）与 N 原子间形成了 M—N 配位键。络合物中金属离子结合能的降低说明金属离子得到了电子；而 N_{1s} 高结合能的峰是有电荷转移的表征，N_{1s} 低结合能的峰是未参与络合的聚乙烯吡咯烷酮中 N_{1s} 的体现。

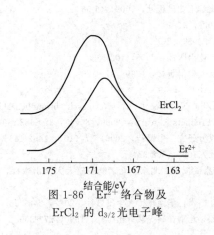

图 1-86　Er^{2+} 络合物及 $ErCl_2$ 的 $d_{3/2}$ 光电子峰

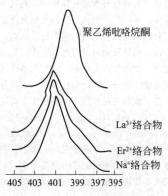

图 1-87　聚乙烯吡咯烷酮及部分金属络合物的 N_{1s} 光电子峰

参 考 文 献

[1] 张杰，黄一平. 傅里叶变换红外光谱法在高聚物研究中的应用. 广东化工, 2006, 33 (2): 56-57.
[2] 张俊生，马志东，尤美云. 红外光谱法在高分子科学中的应用. 内蒙古农业科技, 2010, (2): 119-120.
[3] 郑敏侠，钟发春，王蔺，罗毅威. 聚氨酯胶黏剂降解行为的在线红外表征. 化学推进剂与高分子材料, 2009, 7 (6): 64-66.
[4] 石海峰，赵莹，谢保全，王笃金，徐端夫. 梳状高分子烷基侧链构象和堆积结构的红外光谱研究. 高分子学报, 2008, (3): 266-270.
[5] 孙胜童，汤慧，武培怡. 液晶聚合物材料的红外光谱表征. 化学进展, 2009, 21 (1): 182-199.
[6] 谢桃华，蓝鼎，王育人，姚灿，马文杰. 苯乙烯/丙烯酸正丁酯/丙烯酸共聚微球的制备及其性能表征. 化学通报, 2008, (5): 368-372.
[7] 杨渊，刘小珍，宋玲玲，谢以璋，俞亚钧. 不同掺杂态聚苯胺的合成及其红外光谱的研究. 上海应用技术学院学报, 2007, 7 (1): 18-22.
[8] 秦吉喜，胡志勇，朱海林，翟丽军. 二苯甲酮类高分子水溶性紫外线吸收剂的合成与表征. 天津化工, 2009, 23 (2): 32-33.
[9] 薛奇，王永霞，徐贤秀，董雪吟. 傅里叶变换激光拉曼光谱在高分子及生物材料结构研究中的应用. 功能高分子学报, 1993, 6 (4): 357-362.
[10] 延卫，魏志祥，王丽莉，戴李宗，田中群. 聚｛吡咯-2,5-二［(对二甲氨基)苯甲烯］｝的电化学和原位拉曼光谱. 物理化学学报, 2001, 17 (10): 908-912.
[11] 陈凤恩，石高全，徐景坤，傅明笑，洪啸吟，郁鉴源. 拉曼光谱研究电化学沉积聚吡咯掺杂程度对膜厚度的依赖性. 光散射学报, 2002, 14 (1): 54-57.
[12] 桂张良，安全福，钱锦文，朱怀江. 高分子表面活性剂 P (AM-co-OPMA) 的合成与表征. 高分子学报, 2008, (10): 955-960.
[13] 王卫，李承祥，张国斌，盛六四. 聚酰亚胺的合成与研究. 材料导报, 2008, 22 (2): 119-120.
[14] 钱人元，李惠鸣. 低苯乙烯含量的丁二烯-苯乙烯共聚物的激基缔合物荧光研究, 高分子通讯, 1981, 6: 443-448.
[15] 钱人元，曹锑，陈尚贤. 用分子间激基缔合物荧光研究聚苯乙烯良溶剂溶液. 中国科学, 1983, 12: 1080-1084.
[16] Barto R R, Frank C W, Bedworth P V. Bonding and molecular environment effects on near-infrared optical absorption behavior in nonlinear optical monoazo chromophore-polymer materials. Macromolecules, 2006, 39 (22): 7566-7577.
[17] Jiang M, Li M, Xiang M, et al. Excimer fluorescence as a molecular probe of polymer-polymer interactions in the amorphous solid state. Adv. Polym. Sci, 1999, 164: 121-126.
[18] 武汉大学化学系. 仪器分析. 北京: 高等教育出版社, 2005, 184-201, 211-234, 348-361, 385-403.
[19] 方惠群，于俊生，史坚. 仪器分析. 北京: 科学出版社, 2002, 104-121, 371-380.
[20] 王彤. 仪器分析与实验. 青岛: 青岛出版社, 2000, 282-283, 351-360.
[21] 宁永成. 有机化合物结构鉴定与有机波谱学. 北京: 科学出版社, 2002, 90-130, 176-220.
[22] 汪昆华，罗传秋，周啸. 聚合物近代仪器分析. 北京: 清华大学出版社, 2000, 101.
[23] 刘虎威. 气相色谱方法及其应用. 北京: 化学工业出版社, 2010, 17-39.
[24] 金熹高，黄俐研，史燚. 裂解气相色谱方法及应用. 北京: 化学工业出版社, 2009, 46-68.
[25] 张庆合. 高效液相色谱实用手册. 北京: 化学工业出版社, 2008, 45-56.
[26] 于世林. 高效液相色谱方法及应用. 北京: 化学工业出版社, 2005, 12-67.
[27] 云自厚，欧阳津，张晓彤. 液相色谱检测方法. 北京: 化学工业出版社, 2005, 102-166.
[28] 北京大学化学系仪器分析教学组. 仪器分析教程. 北京: 北京大学出版社, 1999, 310-326.
[29] 高汉宾. 核磁共振原理与实验方法. 武汉: 武汉大学出版社, 2008, 5-49.
[30] Liu QW, Tan CH, Zhang T, Zhang SJ, Han LJ, Fan X, Zhu DY. Urceolatol, a tetracyclic bromobenzaldehyde dimmer from Polysiphonia urceolata. Journal of Asian Natural Products Research, 2006, 8 (4): 379-383.
[31] 柳全文，李桂华，刘珂，张婷，范晓，郭引艳. 多管藻化学成分研究. 中草药, 2006, 37 (10): 1462-1465.
[32] 薛奇. 高分子结构研究中的光谱方法. 北京: 高等教育出版社, 1995, 308-324.
[33] 高家武，雷媛，张复盛，张秋禹，伍必兴. 高分子材料近代测试技术. 北京: 北京航空航天大学出版社, 1994, 320-342.
[34] 曾幸荣，吴振耀，侯有军，刘岚. 高分子近代测试分析技术. 广州: 华南理工大学出版社, 2007, 246-256.
[35] 张承圭，王传怀，袁玉苏，王新昌. 生物化学仪器分析及技术. 北京: 高等教育出版社, 1990, 277-300.

[36] Guangxi Zong, Hou Chen, Chunhua Wang, Delong Liu, Zhihai Hao, Synthesis of polyacrylonitrile via ARGET ATRP using CCl_4 as initiator. Journal of Applied Polymer Science, 2010, 118 (6): 3673-3677.

[37] Jianguo Jiang, Xiaoyan Lu, Yun Lu. Preparation of polyacrylonitrile with improved isotacticity and low polydispersity. Journal of Applied Polymer Science, 2010, 116, 2610-2616.

[38] 徐健君, 翟海云, 陈缵光, 蔡沛祥, 莫金垣. 毛细管电泳电化学检测在生物分子分析中的进展. 理化检验-化学分册, 2006, 42 (12): 1057-1063.

[39] 刘开源, 赵辉, 李志宏, 董宝中. 聚丙烯三相结构长周期的小角 X 射线散射研究. 中国科学院研究生院学报, 2005, 22 (2): 135-139.

[40] 赵辉, 郭梅芳, 董宝中. 小角 X 射线散射结晶聚合物过渡层厚度的测定. 物理学报, 2004, 53 (4): 1247-1250.

第 2 章 分子量与分子量分布的测定

分子量及分子量分布是表征高分子材料的最基本参数之一，也是聚合物材料性能研究和生产过程中需要控制的重要参数。分子量及分子量分布与聚合物材料的机械强度、加工成型及聚合反应机理等密切相关。聚合物的许多优异性能是由于其分子量大带来的，聚合物的分子量只有达到一定数值后才能显示出适当的机械强度，若分子量太低，材料的机械强度和韧性都很差，没有应用价值；而分子量太高时熔体黏度增加，给加工成型造成一定困难。因此聚合物的分子量与分子量分布一定要控制在合适的范围之内。准确测定这两个参数，在聚合物材料科学研究及生产中具有重要意义。

高分子由于聚合反应过程的复杂性、聚合过程中存在链转移反应等因素使得聚合物的分子量不均一、具有多分散性。因此聚合物的分子量具有统计的意义，只能用统计平均值表示。即使平均分子量相同的聚合物，分子量分布也可能不同。因此要准确而清晰地表明聚合物分子的大小，除了知道分子量的统计平均值以外还必须知道聚合物的分子量分布。

2.1 聚合物分子量及分子量分布的表示

2.1.1 分子量的统计意义

聚合物的分子量是多分散性的，一般以平均分子量表示，按不同的统计方法可得到不同的平均分子量。常用的聚合物统计分子量有数均相对分子量、重均相对分子量、Z 均相对分子量和黏均相对分子量。

假定某一高分子试样的总质量为 w，总摩尔数为 n，第 i 种分子的相对分子质量为 M_i，摩尔数为 n_i，重量为 w_i。

(1) 数均分子量 按照聚合物中含有的分子数目统计的平均分子量为数均相对分子量，等于高分子样品中所有分子的总质量除以分子摩尔总数。

$$\overline{M}_n = \frac{w}{n} = \frac{\sum_i n_i M_i}{\sum_i n_i} = \sum_i N_i M_i \tag{2-1}$$

(2) 重均分子量 按照聚合物的重量进行统计的平均分子量。体系的重均分子量等于 i-聚体的分子量乘以其重量分数的加合：

$$\overline{M}_w = \frac{\sum_i n_i M_i^2}{\sum_i n_i M_i} = \frac{\sum_i w_i M_i}{\sum_i w_i} = \sum_i W_i M_i \tag{2-2}$$

(3) Z 均分子量 以 Z 值为统计权重的相对分子质量，第 i 个样品的 Z 值定义为 $w_i M_i$，则 Z 均相对分子质量的表达式为：

$$\overline{M}_z = \frac{\sum_i z_i M_i}{\sum_i z} = \frac{\sum_i w_i M_i^2}{\sum_i w_i M_i} = \frac{\sum_i n_i M_i^3}{\sum_i n_i M_i^2} \tag{2-3}$$

(4) 黏均分子量 聚合物的黏度与分子量有关，通过测定溶液黏度的方法可以得到聚合物的黏均分子量。黏均分子量的定义为：

$$\overline{M}_\eta = (\sum_i W_i M_i^\alpha)^{1/\alpha} \tag{2-4}$$

α 是与聚合物、溶剂有关的常数。一般，α 值在 0.5~1 之间，故 $\overline{M}_n < \overline{M}_\eta < \overline{M}_w$。

2.1.2 聚合物分子量分布的表示方法

只知道聚合物的统计平均分子量还不能够准确地表征高聚物分子的大小，因为无法了解体系内分子量的多分散程度，要更仔细和全面地描述聚合物分子量的大小还需要研究其相对分子质量分布。分子量分布是指聚合物试样中各个级分的含量和相对分子质量的关系。分子量分布能够揭示聚合物中各个同系物组分的相对含量。分子量分布也是影响聚合物性能的因素之一，不同用途的聚合物应有其合适的分子量分布。分子量过高的部分使聚合物强度增加，但加工成型时塑化比较困难；低分子量部分易于加工，但会使聚合物强度降低。聚合物相对分子量分布的表示方法有两种。

2.1.2.1 分布曲线

高聚物的级分分数可达成千上万，每个级分最小只差一个结构单元，因而可用连续曲线来表示分子量分布。常用的分布曲线有微分重量分布曲线、对数微分重量分布曲线与积分重量分布曲线（图 2-1）。其中，微分重量分布曲线是不对称的，而对数微分重量分布曲线是对称的，符合正态分布。

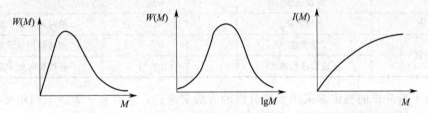

(a) 高聚物分子量微分分布曲线 (b) 高聚物分子量对数微分分布曲线 (c) 高聚物分子量积分分布曲线

图 2-1 重均分子量分布曲线

2.1.2.2 多分散系数与分布宽度指数

分子量不均一的试样称为多分散性试样，分子量均一的试样则称为单分散性试样。多分散系数和分布宽度指数可简明的表示聚合物试样分子量的多分散性。

（1）多分散系数（polydispersity index） 试样的重均分子量与数均分子量的比值或 Z 均分子量与重均分子量的比值称为多分散系数，一般用 d 表示。

$$d = \overline{M}_w / \overline{M}_n \text{（或 } d = \overline{M}_z / \overline{M}_w\text{）} \tag{2-5}$$

分子量分布越宽，d 越大，对于单分散性试样，$d=1$。

（2）分布宽度指数 试样中各个分子量与平均分子量之间差值的平方平均值，可用 σ_n^2 或 σ_w^2 表示：

$$\sigma_n^2 = \overline{[(M-\overline{M}_n)^2]_n} = \overline{M}_n^2(d-1) \tag{2-6}$$

$$\sigma_w^2 = \overline{[(M-\overline{M}_w)^2]_w} = \overline{M}_w^2(d-1) \tag{2-7}$$

分子量分布越宽，σ_n 和 σ_w 越大，对于单分散性试样，$\sigma_n^2 = \sigma_w^2 = 0$。

综上所述，对于分子量均一的试样，$\overline{M}_z = \overline{M}_w = \overline{M}_\eta = \overline{M}_n$（只有极少数如 DNA 等生物高分子才是单分散的）；对于分子量不均一的试样，$\overline{M}_z > \overline{M}_w > \overline{M}_\eta > \overline{M}_n$。

2.1.3 聚合物分子量与分子量分布的测定方法

聚合物分子量的测定方法很多，测定依据是聚合物稀溶液某些物理、化学性质相对于纯溶剂而发生的改变与溶液浓度和聚合物分子量之间存在某种定量关系。

根据不同物理量与聚合物分子量之间的关系，测定方法大体可分为以下几类：①化学方法，如端基分析法；②热力学方法，包括沸点升高，冰点降低，蒸气压下降，渗透压法；③光学方法，如光散射法；④动力学方法，如黏度法和凝胶渗透色谱法。根据不同测试方法的依据不同，聚合物分子量的测定方法又可分为绝对法和相对法。绝对法不需要有关聚合物结构的假设，直接根据测定的实验数据与分子量之间关系而求得聚合物的分子量，包括端基分析法、依数性方法（沸点升高、冰点降低、蒸气压下降和膜渗透）、散射方法（静态光散射、小角X射线散射和中子散射）、沉降平衡法以及体积排除色谱法。相对法测定的物理量与分子量之间的关系需要利用其他绝对分子量测定方法进行校准，有稀溶液黏度法和体积排除色谱法。各种方法都有其各自的优缺点和适用的分子量范围，不同方法得到的分子量的统计平均值也不相同，如表2-1所示。

表 2-1　各种分子量测定方法及其适用范围

方法类型	测试方法	分子量范围	分子量类型
化学方法	端基分析法	$<3\times10^4$	绝对数均分子量
热力学方法	沸点升高和冰点降低法	$<3\times10^3$	
	蒸气压法	$<3\times10^4$	
	膜渗透法	$3\times10^4\sim10^6$	
光学方法	光散射法	$5\times10^3\sim10^7$	绝对重均分子量
动力学方法	黏度法	$10^4\sim10^7$	相对黏均分子量
	凝胶渗透色谱法	$10^3\sim10^8$	各种相对分子量

聚合物分子量分布的测定多采用实验分级的方法来进行，主要有三类。①利用聚合物溶解度的分子量依赖性，将试样分成分子量不同的级分，从而得到试样的分子量分布，如沉淀分级、溶解分级。在高分子稀溶液（1%）中逐步加入沉淀剂，使之产生相分离，将浓相取出，称为第一级分（先沉下的是大分子），然后在稀相中再加入沉淀剂，又产生相分离，取出浓相（较小分子），称为第二级分……各级分的平均分子量随着级分序数的增加而递减。②利用聚合物在溶液中的分子运动性质，得到分子量分布，如超速离心沉降速度法。③利用高分子尺寸的不同，得到分子量分布，如凝胶渗透色谱法、电子显微镜法等。其中凝胶渗透色谱法因测量速度快，灵敏度高，用样量少，数据重现性好的等优点是成为目前应用最广泛的一种测量聚合物分子量分布的方法。

2.2　数均分子量的测定

聚合物数均分子量的测定是基于聚合物稀溶液的某些性质变化是溶质分子数目的函数，包括基于基团间化学反应的方法（如端基分析法）和利用稀溶液的依数性的方法（如沸点升高和冰点降低法、蒸汽压下降法和膜渗透法）。

2.2.1　端基分析法

端基分析法是通过测定一定质量聚合物中特性基团的含量而求得平均分子量的方法。如果线形聚合物的化学结构明确，而且每个高分子链的末端带有可以用化学方法定量分析的基团，那么测定一定质量的高聚物中端基的数目也就知道了分子链的数目，由此可求得试样的数均分子量。

例如，尼龙6的化学结构为：$H_2N(CH_2)_5CO[NH(CH_2)_5CO]_nNH(CH_2)_5COOH$，这个线型分子链的一端为氨基，另一端为羧基，分子链中间没有氨基或羧基，所以通过酸碱滴定法测定一定量试样中氨基或羧基的物质的量即可得知试样中高分子链的数目，从而可计算出聚合物的数均分子量：

$$\overline{M}_n = zm/n \tag{2-8}$$

式中，m 为试样质量；n 为被测端基的摩尔数；z 为每条链上待测端基的数目，对于尼龙 6 来说，$z=1$。

聚合物的分子量越大，单位质量聚合物中所含的可供分析的端基数就越少，分析误差也就越大，用经典的质量分析和容量分析法，当聚合物分子量为 2 万～3 万时，实验误差可达 20% 左右，因此端基分析法只适合于分子量较小的聚合物，可测定的分子量上限为 3×10^4 左右。

利用端基分析法测定聚合物的分子量时要求聚合物必须具有明确的化学结构，并且每根分子链都应具备可供化学分析的基团。烯类单体加成聚合得到的产物一般分子量较大，通常又不带有可供化学分析的端基，故不能用端基分析法测定分子量，除非在反应过程中加入带有可分析基团的引发剂或终止剂，使分子链的末端引入可分析的基团。由带有活性基团的单体进行缩聚反应得到的聚合物，在链末端将仍留有可反应的活性基团（如羧基、羟基、氨基等），且聚合物分子量一般不太大，这些基团可用化学滴定的方法予以测定。滴定终点可通过指示剂、电位、电导等变化来指示。因此端基分析法对于缩聚物分子量的测定应用较广。

对于化学结构不均匀、高分子链中有支化、交联、环化或在聚合过程中由于其他因素使可供分析的端基数目减少，都会使端基数与分子链数关系不确定，从而不能得到真正的分子量。另一方面，如果分子量用其他方法测得，也可利用式 (2-8) 求出每条链上端基的数目 z。对于支化高分子，通过端基分析法，可求得支链数目。

2.2.2 沸点升高法和冰点降低法

利用溶液的依数性测定溶质分子量的方法是经典的热力学方法。当在溶剂中加入不挥发性溶质后，溶液的蒸气压下降，导致沸点升高，冰点降低。溶液的沸点升高值 ΔT_b 或冰点降低值 ΔT_f 正比于溶液中溶质的摩尔分数，而与其大小和状态无关，这种性质称为溶液的依数性。

$$\Delta T_b = K_b \frac{c}{M} \tag{2-9}$$

$$\Delta T_f = K_f \frac{c}{M} \tag{2-10}$$

式中　ΔT_b ——沸点的升高值；

ΔT_f ——冰点的降低值；

c ——溶液的质量浓度［通常以每千克溶剂中含溶质的质量（克）来表示］，g/kg；

M ——溶质的相对摩尔质量；

K_b，K_f ——溶剂的沸点升高常数和冰点降低常数，是溶剂的特性常数，取决于溶剂的性质。常用溶剂的 K_b 和 K_f 可由手册查得。

对于小分子稀溶液，通过式 (2-9) 和式 (2-10) 可直接计算分子量。然而高分子溶液的热力学性质与理想溶液有很大偏差，只有在无限稀释的情况下才符合理想溶液的规律。因此必须在各种浓度下测定沸点升高值 ΔT_b 或冰点降低值 ΔT_f，然后以 $\Delta T/c$ 对 c 作图，外推至浓度为 0 计算分子量：

$$\left(\frac{\Delta T}{c}\right)_{c\to 0} = \frac{K}{M} \tag{2-11}$$

高聚物的相对分子质量一般较大，测定所用的溶液浓度又很稀，溶剂的 K 值一般在 0.1～10 之间，因而 ΔT 的数值很小。如果待测聚合物的相对分子质量为 10^4 左右，则温差测定必须精确至 10^{-4}～10^{-5}℃。因此测定时一般采用热电堆或热敏电阻将温度差转变成电信号。

采用沸点升高或冰点降低法测定分子量时需注意：①溶剂的选择，采用沸点升高法时，对溶剂要求有较大的 K_b 且所用溶剂的沸点不能太高，以防止聚合物的降解；采用冰点降低法时，同样希望溶液的 K_f 值要大，而且高聚物不能在溶剂的凝固温度以上先行析出；②测量时要等足够的时间以达到热力学平衡；③应用沸点升高法时，整个测定过程对大气压的稳定要求很高；④限于温度测量的精度，沸点升高法和冰点降低法所能测量的聚合物分子量一般在 3×10^4 以下，随着测温技术的发展，目前用沸点升高和冰点降低法测定的聚合物试样的分子量范围已可达 1×10^5 左右；⑤对样品和溶剂纯度要求很高，微量的小分子杂质就足以使分子量的测定值降低很多。

2.2.3 蒸气压下降法

蒸气压下降法又叫气相渗透法（VPO）。根据拉乌尔定律，溶液的蒸气压低于纯溶剂的蒸气压。在一密闭容器中，将含有不挥发性溶质的溶液滴和另一纯溶剂滴同时悬吊在恒温为 T_0 的纯溶剂的饱和蒸气中，由于溶液中溶剂的蒸气压较低，蒸汽相中的溶剂分子将向溶液滴凝聚，同时放出凝聚热；使溶液滴的温度升高至 T。当达到平衡时，溶液滴和溶剂滴之间将产生温差 ΔT，ΔT 与溶液中溶质的摩尔分数 x_2 成正比：

$$\Delta T = A x_2 = A c \frac{M_1}{M_2} \tag{2-12}$$

式中　A——常数；
M_1、M_2——分别为溶剂、溶质的分子量。

测蒸气压下降法的装置包括恒温室、热敏元件和电测量系统。恒温室的恒温要求一般在 0.001℃ 以内。热敏元件多半采用热敏电阻，要求溶剂滴和溶液滴的两个热敏电阻很好地匹配组成惠斯顿电桥，电讯号的测量用直流电桥。由于温差而引起热敏电阻阻值的变化导致电桥失去平衡，将 ΔT 转换成电信号 ΔG 输出。利用 ΔG 和 c 呈线性关系，可求得聚合物的分子量：

$$\Delta G/c = K(1/\overline{M}_n + A_2 c + \cdots) \tag{2-13}$$

式中　c——溶液的质量浓度，g/kg；
　　　K——仪器常数，与溶剂种类、测试温度、电桥电压及仪器结构等有关，与溶质的种类、分子量等无关，可通过一已知分子量的标样来标定。

为了校正高分子和溶剂之间的相互作用，也需要测定几个不同浓度溶液的 ΔG 值，然后外推到 $c=0$，得到 $(\Delta G/c)_{c\to 0}$ 值，计算聚合物的数均分子量。

$$(\Delta G/c)_{c\to 0} = K/\overline{M}_n \tag{2-14}$$

用蒸气压下降法测量聚合物分子量时，应选择蒸气压大，蒸发潜热小的溶剂。溶剂的蒸气压越大，则测定的灵敏度越高。该法的优点是：样品用量少，测试速度快，可连续测试，测试温度的选择余地很大。不足之处是，热效应小，仪器常数低，分子量愈大仪器愈不灵敏。因此，可测的聚合物分子量上限不够高，一般测定上限为 3×10^4。

2.2.4 膜渗透压法

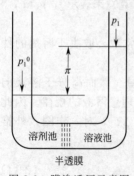

图 2-2　膜渗透压示意图

当高分子溶液与纯溶剂被一层只允许溶剂分子透过而不允许溶质分子透过的半透膜隔开时，由于膜两边的化学位不等，纯溶剂将透过半透膜向高分子溶液一侧渗透，从而导致溶液池的液面升高，当达到渗透平衡时溶液池与溶剂池的液柱高差为渗透压 π，如图2-2所示。渗透压 π 的大小与溶质浓度及分子量有关，通过测定不同浓度下溶液的渗透压，外推至浓度为零即可计算聚合物的分子量。与前几种测量聚合物数均分子量的方法相比，膜渗透压法测定聚合物的分子量数据更准确,测量范围也更广。

渗透压产生的根本原因是由于溶液中溶质的存在导致溶剂的化学位和蒸气压降低。设纯溶剂的化学位和蒸气压分别为 μ_1^0 和 p_1^0,溶液中溶剂的化学位和蒸气压分别为 μ_1 和 p_1。当达到渗透平衡时,纯溶剂的化学位与溶液中溶剂的化学位相等,即纯溶剂的蒸气压要与溶液中溶剂的蒸气压加上液柱的高度相等,即

$$\mu_1^0(T,P) = \mu_1(T, P+\pi)$$
$$= \mu_1(T,P) + \left(\frac{\partial \mu_1}{\partial P}\right)_T \cdot \pi$$
$$= \mu_1(T,P) + \overline{V}_1 \pi \tag{2-15}$$

式中,$\overline{V}_1$ 为溶剂的偏摩尔体积。

根据 Flory-Huggins 晶格模型理论:

$$\Delta \mu_1 = RT\left[\ln\varphi_1 + \left(1 - \frac{1}{x}\right)\varphi_2 + \chi_1 \varphi_2^2\right] \tag{2-16}$$

代入上式并整理后得到高分子溶液的渗透压公式:

$$\frac{\pi}{c} = RT\left[\frac{1}{M_n} + \left(\frac{1}{2} - \chi_1\right)\frac{c}{\overline{V}_1 \rho_2^2} + \frac{1}{3}\frac{c^2}{\rho_2^3 \overline{V}_1} + \cdots\right]$$
$$= RT\left(\frac{1}{M_n} + A_2 c + A_3 c^2 + \cdots\right) \tag{2-17}$$

其中,A_2 和 A_3 表示与理想溶液的偏差,$A_2 = \left(\frac{1}{2} - \chi_1\right)/(\overline{V}_1 \rho_2^2)$,称为第二维利系数;$A_3 = \frac{1}{3}\left(\frac{1}{\overline{V}_1 \rho_2^3}\right)$,称为第三维利系数。

式中 $\overline{V}_1$——溶剂的偏摩尔体积,对高分子稀溶液,$\overline{V}_1 \approx V_{m,1}$;

ρ_2——高分子密度。

当溶液浓度很低时,c^2 项可忽略,上式简化为:

$$\frac{\pi}{c} = RT\left[\frac{1}{M_n} + A_2 c\right] \tag{2-18}$$

对小分子溶液,可直接由公式 $\frac{\pi}{c} = RT \frac{1}{M_n}$,在一个给定浓度下测定渗透压 π,从而求得分子量。由于高分子溶液的热力学性质与理想溶液有很大偏差,π/c 除了与分子量有关外,还与浓度有关,只有在无限稀释的情况下才符合理想溶液的性质。因此,一般以 π/c-c 作图得一直线,外推到 $c=0$ 时,由曲线斜率可求出 A_2,由截距可求出 $\overline{M}_n$。

$$\left(\frac{\pi}{c}\right)_{c \to 0} = \frac{RT}{M_n} + RTA_2 c \tag{2-19}$$

当溶液浓度较高时,$A_3 c^2$ 项不能忽略,π/c 与 c 失去线性关系,以 π/c-c 作图时曲线有明显的弯曲,此时可用根号表达式来求 $\overline{M}_n$。以 $(\pi/c)^{1/2}$-c 作图,得一直线,外推到 $c=0$ 时,由斜率可求出 A_2,截距为 $\sqrt{RT/\overline{M}_n}$,可求出 $\overline{M}_n$。

$$\sqrt{\frac{\pi}{c}} = \sqrt{\frac{RT}{M_n}} + \sqrt{RTM} A_2 c \tag{2-20}$$

第二维利系数 A_2 是一个判断溶剂优劣的重要参数,取决于不同溶剂体系和实验温度。A_2 与 χ_1 有关,也可以表征大分子在溶液中的形态,当 $\chi_1 = 1/2$,$A_2 = 0$,已知此时溶液处于 θ 状态,链段与链段间及溶剂分子间的相互作用恰好相等,大分子链处于自由伸展的无扰

状态，溶液性质符合理想溶液的行为。由式(2-20)得知，此时渗透压公式变为：$\frac{\pi}{c}=RT\frac{1}{\overline{M}_n}$。当$\chi_1<1/2$，$A_2>0$，此时聚合物处于良溶剂中，由于强烈的溶剂化作用，高分子链段间的相互作用以斥力为主，高分子线团舒展。当$\chi_1>1/2$，$A_2<0$，此时链段间的引力作用强，链段-溶剂间的相互作用小，大分子链线团紧缩，溶解能力差，甚至从溶液中析出，溶剂为不良溶剂。

A_2除与高分子-溶剂体系有关外，还与实验温度相关。一般温度升高，A_2值增大；温度下降，A_2值降低。原本一个良溶解体系，随着温度下降，有可能变成不良溶解体系。当$T>\theta$时，$\chi_1<1/2$，$A_2>0$，体系为良溶剂；当$T=\theta$时，$\chi_1=1/2$，$A_2=0$，体系为θ溶剂；当$T<\theta$时，$\chi_1>1/2$，$A_2<0$，体系为不良溶剂。

通过渗透压的测定，还可以求出高分子溶液的Huggins参数χ_1和θ温度。Huggins参数χ_1的测定是利用π/c-c作图，外推到$c=0$，由斜率可求出A_2，再利用A_2与χ_1的关系式求出χ_1。χ_1可作为判断溶剂优劣的重要参数。θ温度的测定通常是在一系列不同温度下测定某聚合物-溶剂体系的渗透压，求出第二维利系数A_2。以A_2对温度作图，得一直线，此直线与$A_2=0$的交点所对应的温度即为θ温度。

渗透压法测得的分子量是数均分子量$\overline{M}_n$，而且是绝对分子量。这是因为溶液的渗透压是各种不同分子量的大分子共同贡献的。其测量的分子量上限取决于渗透压计的测量精度，下限取决于半透膜的大孔尺寸，膜孔大，很小的分子可能反向渗透。因此，用渗透压法测分子量时半透膜的选择非常重要。半透膜应该使待测聚合物分子不能透过，因此孔径不能太大，且与该聚合物和溶剂不起反应，不被溶解。另外，半透膜对溶剂的透过速率要足够大，以便能在一个尽量短的时间内达到渗透平衡。常用的半透膜材料有硝化纤维素、聚乙烯醇、聚三氟氯乙烯等。渗透计的种类很多，目前使用较多的是Knauer型快速膜渗透压计，这种渗透压计采用了高灵敏度的检测手段，在较短时间内达到渗透平衡，可以大大缩短检测时间。

基于稀溶液的依数性测量数均分子量的方法，测量结果由溶液中溶质的数目决定。如果溶质分子有缔合作用，则测得的表观分子量将大于其真实分子量；反之如果溶质发生电离作用，则测得的表观分子量将小于其真实分子量。而且数均分子量对于质点的数目很敏感，如果高分子试样中混有小分子杂质，例如少量的水或溶剂，则测定的表观分子量将远远低于真实分子量。

2.3 光散射法测量重均分子量

重均分子量可以用多种方法测定，其中主要有光散射法、超速离心沉降速度法、超速离心沉降平衡法、凝胶渗透色谱法等。超速离心沉降速度法及超速离心沉降平衡法，由于仪器昂贵，测定方法复杂、耗时，应用较窄，这里主要讨论光散射法，凝胶渗透色谱法将在后面详细介绍。

光散射技术是利用聚合物稀溶液对光的散射性质测量聚合物分子量的绝对方法，测量范围可达$5\times10^3\sim10^7$。由于激光散射仪光源强、单色性好、测量准确度高、所需时间短等原因在高分子研究中占有重要地位，为了解高分子、高分子电解质、凝胶粒子等在溶液中的各种形态、分子间作用等提供了有力的工具。随着光散射技术的发展，光散射法已成为测定高聚物的重均分子量$\overline{M}_w$、均方半径S^2、第二维利系数A_2以及高分子在溶液中的扩散系数D_0和流体力学体积的重要方法。

2.3.1 基本原理

当一束光通过介质（气体、液体或溶液）时，在入射光方向以外的各个方向也能观察到光强的现象称为光散射现象。光散射的实质是由于光波作为一种电磁波在电场作用下，介质中的带电质点被极化产生强迫振动向各个方向发射电磁波。对于溶液来说，散射光的强度及其对散射角和溶液浓度的依赖性除与入射光波长、观察点与散射中心的距离有关外，还与溶质的分子量、分子尺寸以及分子形态有关。分子量大的分子，其中散射质点多，对溶液散射光强贡献大。而分子量小的分子，其散射质点就少，从而对散射光强贡献就小。因此测量一定浓度的高分子溶液在各个方向上的散射光强可计算聚合物的分子量，研究聚合物在溶液中的各种形态。

根据光学原理，光的强度与光的频率的平方成正比，而频率是可以叠加的。因此，研究散射光的强度，必须考虑散射光是否干涉。若从溶液中某一分子所发出的散射光与从另一分子所发出的散射光相互干涉，称为外干涉。若从分子中的某一部分发出的散射光与从同一分子的另一部分发出的散射光相互干涉，称为内干涉。当溶液比较浓时，会产生外干涉。由于外干涉情况比较复杂，因此实验中避免使用浓溶液。

对于稀溶液，又分为小粒子和大粒子两种情况。所谓大小粒子，是与入射光的波长相对而言的。小粒子是指尺寸小于入射光在介质里波长的 1/20 的分子。此时粒子间的距离比较大，没有相互作用，各个分子产生的散射光不相干，介质的散射光强是各个分子散射光的加和，即小粒子没有内干涉。假若分子的尺寸与入射光波在介质里的波长同数量级时就称为大粒子。大粒子溶液由于同一粒子内部有多个散射中心，因此存在内干涉，使总的散射光强减弱，而且减弱的程度与散射角相关。

2.3.1.1 小粒子溶液的光散射公式

小粒子溶液一般包括蛋白质、多糖以及分子量小于 $10^5\,\text{g/mol}$ 的聚合物分子。小粒子溶液的散射光强是各个分子散射光强的简单加和，没有干涉。根据溶液光散射理论，对于入射光垂直偏振光，散射角为 θ、距离散射中心 r 处每单位体积溶液中溶质的散射光强 $I(r,\theta)$ 为：

$$I(r,\theta)=\frac{4\pi^2}{\lambda^4 r^2}n^2\left(\frac{\mathrm{d}n}{\mathrm{d}c}\right)^2\frac{KTc}{\partial\pi/\partial c}I_0 \tag{2-21}$$

式中，λ 为入射光在真空中的波长；I_0 为入射光强；n 为溶液的折光指数，溶液浓度很稀时近似等于溶剂的折光指数；$\mathrm{d}n/\mathrm{d}c$ 为溶液的折光指数增量；c 为溶液的浓度；π 为溶液的渗透压。

根据渗透压表达式

$$\pi=cRT\left(\frac{1}{M}+A_2c\right)=cN_AkT\left(\frac{1}{M}+A_2c\right)$$

则式(2-21)可写成

$$I(r,\theta)=\frac{4\pi^2}{N_A\lambda^4 r^2}n^2\left(\frac{\mathrm{d}n}{\mathrm{d}c}\right)^2\frac{c}{\dfrac{1}{M}+2A_2c}I_0 \tag{2-22}$$

定义单位散射体积所产生的散射光强 I 与入射光强 I_0 之比乘以观测距离的平方为瑞利因子 $R(\theta)$，也称为瑞利比。当观测距离、入射光强度以及散射体积确定后，瑞利比就是散射光强的度量：

$$R(\theta)=r^2\frac{I(r,\theta)}{I_0}=\frac{4\pi^2}{N_A\lambda^4}n^2\left(\frac{\mathrm{d}n}{\mathrm{d}c}\right)^2\frac{c}{\dfrac{1}{M}+2A_2c} \tag{2-23}$$

当高分子-溶剂体系、温度、入射光波长固定时，$\dfrac{4\pi^2}{N_A\lambda^4}n^2\left(\dfrac{\mathrm{d}n}{\mathrm{d}c}\right)^2=K$，称为光学常数。$K$ 是一个与溶液浓度、散射角以及溶质分子量无关的常数。

所以

$$R(\theta) = \frac{Kc}{\frac{1}{M} + 2A_2 c} \tag{2-24}$$

此式即为小粒子溶液光散射法测分子量的基本公式,该式表明小粒子的散射光强与散射角无关。

若入射光是非偏振光（自然光），则散射光强将随散射角而变化，用下式表示：

$$R(\theta) = \frac{Kc(1+\cos^2\theta)}{2(1/M + 2A_2 c)} \tag{2-25}$$

当散射角等于 90°时，散射光受杂散光的干扰最小，因此实验上常测定散射角为 90°时的瑞利比以计算小粒子溶液的分子量。

$$\frac{Kc}{2R_{90}} = 1/M + 2A_2 c \tag{2-26}$$

实验方法是配制一系列不同浓度的溶液，测定其在 90°的瑞利比 $R(90)$，以 $Kc/2R(90)$ 对 c 作图，得一直线，截距为 $1/M$，斜率为 $2A_2$。

2.3.1.2 大粒子溶液的光散射公式

大多数高分子的分子量为 $10^5 \sim 10^7$ g/mol，在良溶剂中的尺寸至少在一维方向超过了小粒子的范围，约在 20～300nm，即大于 $\lambda/20$。每个大粒子不同部分发出的散射光会相互干涉，使散射光强度减小。引入散射因子 $P(\theta)$ 表示散射角 θ 处散射光强度因干涉而减弱的程度。$P(\theta)$ = 大分子的散射强度/无干涉时的散射强度。$P(\theta)$ 的值与大分子形状、大小及光波波长有关。当 $\theta = 0°$ 时，$P(\theta) = 1$。

对于无规线团状分子链，散射因子 $P(\theta)$ 为

$$P(\theta) = 1 - \frac{8\pi^2}{9(\lambda')^2} \overline{h^2} \sin^2 \frac{\theta}{2} \tag{2-27}$$

式中 $\overline{h^2}$——均方末端距；

λ'——入射光在溶液中的波长，$\lambda' = \lambda/n$。

将散射因子 $P(\theta)$ 代入小粒子溶液散射公式，并利用 $\frac{1}{1-x} \approx 1+x$，得到无规线团状分子、大粒子溶液光散射的基本公式：

$$\frac{1+\cos^2\theta}{2} \cdot \frac{Kc}{R(\theta)} = \frac{1}{M}\left[1 + \frac{8\pi^2}{9(\lambda')^2}\overline{h^2}\sin\frac{\theta}{2}\right] + 2A_2 c \tag{2-28}$$

式中各符号的含义同前，K 为光学常数。

具有多分散体系的高分子溶液的光散射，在极限情况下（即 $\theta \to 0$ 及 $c \to 0$）可写成以下两种形式：

$$\left(\frac{1+\cos^2\theta}{2\sin\theta} \cdot \frac{Kc}{R(\theta)}\right)_{\theta \to 0} = \frac{1}{\overline{M}_w} + 2A_2 c \tag{2-29}$$

$$\left(\frac{1+\cos^2\theta}{2\sin\theta} \cdot \frac{Kc}{R(\theta)}\right)_{c \to 0} = \frac{1}{\overline{M}_w}\left[1 + \frac{8\pi^2}{9\lambda^2}\overline{h^2}z\sin^2\frac{\theta}{2}\right] \tag{2-30}$$

实验中测定不同浓度和不同角度下的瑞利比，首先以 $\frac{1+\cos^2\theta}{2} \cdot \frac{Kc}{R_\theta}$ 对 $\sin^2\frac{\theta}{2} + qc$ 作图，先外推 $c \to 0$，再以 $Kc/R(\theta)$ 对 $\sin^2(\theta/2)$ 作图，截距给出 $1/\overline{M}_w$，斜率为 $\frac{8\pi^2}{9\lambda^2 \overline{M}_w}(\overline{h^2})$，从而

又可求得高聚物的均方末端距$\overline{h^2}$；外推$\theta=0°$，然后以$Kc/R(\theta)$对c作图，斜率为$2A_2$。这就是著名的Zimm双重外推作图法。这样，通过配制一系列不同浓度的溶液，测定各个溶液在不同散射角时的散射光强，用Zimm作图法进行数据处理后，可同时得到反映高分子链特征的三个基本参数$\overline{M}_w$、$\overline{h^2}$和A_2。

2.3.2 实验技术

2.3.2.1 激光散射仪器

由于散射光强极弱，溶液光散射行为的测定必须使用极灵敏的光度计。现常用的激光散射光度计有广角和小角两类，前者能测定散射光强角度分布，测定角度范围为$30°\sim140°$，后者约在$2°\sim7°$范围内。

图2-3为多角度激光散射仪的光度计示意图，该光度计由光源、聚焦光路、测量光路和信号处理系统四部分组成。目前激光散射仪一般采用He-Ne激光发生器作为散射光源，该种仪器发出的光源强、单色性和准直性好、光束可汇聚得很细，只需使用很少的散射体积，减少了溶液用量。

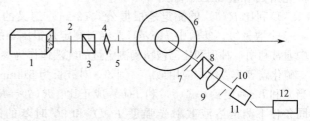

图2-3　广角激光散射光度计结构示意简图
1—激光器；2,7,10—光阑；3—起偏器；4,9—透镜；
5—散射池；6,8—检偏镜；11—光电倍增管；12—放大系统

2.3.2.2 溶液制备及除尘处理

光散射实验是一个要求较为严格的工作，它对实验室环境，实验器皿的净化，溶液除尘等都有一定的要求。因为大气中的灰尘随时有沾污散射池、溶剂及溶液的可能，从而会产生强烈的散射光，严重干扰聚合物溶液光散射测试的结果。因此溶液除尘是光散射方法成败的关键，测试中所用的玻璃器皿和砂芯漏斗、注射器、散射池等都要经过严格的除尘处理。

（1）散射池的清洗　无论用过或未用过的散射池，一般都要先用硫酸铬洗液浸泡后，用超声波清洗机清洗，然后用清水和蒸馏水洗净烘干，最后在索氏萃取器中用丙酮蒸汽冲洗净化。洗净的散射池烘干后，用铝箔封好倒置在干燥、清洁、有盖的瓷盆中待用。散射池的外表面不能用去污粉擦洗，以免磨损表面，也不能留有手印。使用时倒转散射池，立即用盖子拧紧，以免空气灰尘玷污散射池。所有用来盛放溶剂和配制溶液的容量瓶、圆底烧瓶、移液管、烧杯等玻璃器皿都要用同样的方法清洗。

（2）溶剂及溶液除尘　光散射实验的任何溶剂都必须经过严格净化处理，对于多数有机溶剂，可用多次重复蒸馏提纯。溶液的净化要比溶剂困难得多，既要除去溶液中的尘埃，又不能使溶液浓度发生变化。溶液净化主要有两种方法：高速离心沉降法和压滤法。视溶液黏度不同，可采用高速离心机，离心几十分钟到几小时，用移液管吸出上层溶液即可。为了防止尘粒上浮，吸取上层溶液时不能抖动，而又必须在停机后10min内完成。压滤法较为简便，可用$0.2\mu m$或$0.45\mu m$的超滤膜过滤，过滤的次序应该是先稀溶液后浓溶液。检查溶液除尘效果的好坏，一般是将处理后的样品置于激光束中，若有灰尘等异物则会观察到明显的亮点，应处理至尽量不见亮点为止。

（3）溶液浓度范围的选择　光散射实验所需溶液的浓度既取决于分子量又与折光指数增量dn/dc有关。一般来说，样品分子量越大，dn/dc值越大，所需浓度范围越低。如果找不到所需分析样品的有关浓度范围资料，就必须先做预备性测试。选取一个比纯溶剂散射光强大$3\sim5$倍的浓度作为该溶液的最高浓度，然后按一定比例逐步稀释制备$4\sim5$个不同浓度的待测溶液。

2.3.2.3 测试方法

光散射实验就是用光散射法测定高聚物相对分子质量和分子尺寸等的实验,主要是在恒温下测定溶液折光指数的浓度依赖性、折光指数增量值 dn/dc 和由溶液、溶剂的散射强度角度依赖性数据而得到的瑞利比 $R(\theta)$。

因为光学常数 K 与 dn/dc 的平方成正比,所以此值的准确测定十分重要,一般用示差折光仪测定。测定中溶液和溶剂池的温度必须非常均匀和恒定。测定不同浓度的溶液与溶剂在不同波长下折光指数差 Δn,要求精确到 10^{-3}。再以 Δn 对浓度 c 作图,直线的斜率就是折光指数增量 dn/dc 值。

瑞利比 $R(\theta)$ 的测定是根据公式(2-24)定义的。因散射光强很弱,一般要比入射光小 4~5 个数量级。实验中 $I(r,\theta)$ 要绝对测定是很困难的,观察距离 r 也不容易准确测定。实验中通常利用一种瑞利比已被精确测定过的纯液体作为参比标准。常用的绝对标准物有苯、甲苯和二硫化碳等,以纯苯应用最广。例如,对波长为 514nm 的非偏振光,$R(90)_{苯}=3.2\times10^{-5}\mathrm{cm}^{-1}$。当 r 和 I_0 确定后,$R(\theta)$ 和 $I(\theta)$ 成正比:$R(\theta)=R(90)_{苯}I(\theta)/I(90)_{苯}$。这样,只要在相同条件下测得溶液散射光强度 $I(\theta)$ 和 90°时苯的散射强度 $I(90)_{苯}$,即可计算出溶液的 $R(\theta)_{液}$ 值,并不需要直接测定 r 和 I_0。

光散射法测定的相对分子质量范围为 $1\times10^4\sim1\times10^7$。当相对分子质量较低时,溶液的散射强度低,灰尘及杂质的干扰就相应占了较大的比例,使测定的可靠程度较差;而当相对分子质量较高时,需用小角度散射数据外推作图,使作图的误差增大,测定的精度也会降低。因为光散射法可以同时得到重均相对分子质量 $\overline{M}_\mathrm{w}$、均方旋转半径 $\overline{S^2}$ 和第二维利系数 A_2 等高分子链的基本参数,所以这一方法在高分子溶液性质及有关高分子的结构与形态研究中占有重要地位。尤其是近年来发展的激光小角光散射仪,测定可在很小的角度下(2°~7°)进行,测定相对分子质量不需要对角度外推,测量更加简便,实验精度提高。尤其对相对分子质量较大的试样,可以避免角度外推引起的误差。

2.4 黏度法测定聚合物的黏均分子量

在聚合物分子量的测定方法中,黏度法因为设备简单,操作方便,测试及数据处理较快,精确度较高、测量分子量范围较宽等原因应用最为广泛。黏度法不像前几种方法可直接求出聚合物的绝对平均分子量,而是间接通过分子量与黏度经验关系式计算其分子量,并且这种经验公式需用膜渗透压法或光散射法等求得的绝对分子量来加以校正。因此黏度法测分子量是一种相对的方法,测量范围为 $1\times10^4\sim1\times10^7$ 之间。

与低分子化合物不同,聚合物溶液即使在极稀的情况下,仍具有较大的黏度,并且其黏度值与分子量有关,因此可利用这一特性来测定聚合物的分子量。另一方面,高分子溶液的黏度除与聚合物的分子量有关,也取决于高分子结构、形态和在溶剂中的伸展程度。因此,黏度法与其他方法配合,还可以研究高分子在溶液中的尺寸、形态及高分子与溶剂分子相互作用的热力学性质等。

2.4.1 黏度的定义

黏度是分子运动时内摩擦阻力的量度,溶液浓度增加,分子间相互作用力增加,运动时阻力就增大。高分子稀溶液属于牛顿型流体,液体流动发生层流时受到的剪切应力 τ 与剪切速率 $\dot{\gamma}$ 成正比,比例系数称为剪切黏度,即

$$\tau=\eta\dot{\gamma} \tag{2-31}$$

该式称为牛顿黏性定律表示式。式中,τ 为剪切应力;$\dot{\gamma}$ 为剪切速率;η 为剪切黏度,

表示抵抗外力引起的液体流动变形的能力，单位为牛顿·秒/米^2（$N·s/m^2$）或帕斯卡·秒（$Pa·s$）。牛顿流体的黏度仅与流体分子的结构和温度有关，与切应力和切变速率无关。

高聚物在稀溶液中的黏度主要反映了液体在流动时的内摩擦力。其中因溶剂分子之间的内摩擦表现出来的黏度叫纯溶剂黏度（η_0）；溶剂分子与溶剂分子之间、高分子与高分子之间和高分子与溶剂分子之间三者内摩擦力的综合表现为溶液的黏度，记作（η）。在黏度法测聚合物分子量中，常用的不是绝对黏度，而是高分子进入溶剂中引起的溶液黏度的变化。溶液黏度的表示方法主要有以下几种。

(1) 相对黏度（η_r）
$$\eta_r = \eta/\eta_0 \tag{2-32}$$
η_r 表示溶液黏度相当于纯溶剂黏度的倍数，是一个无因次的量。

(2) 增比黏度（η_{sp}）
$$\eta_{sp} = (\eta - \eta_0)/\eta_0 = \eta_r - 1 \tag{2-33}$$
η_{sp} 表示溶液的黏度比纯溶剂的黏度增加的分数，意味着已扣除了溶剂分子之间的内摩擦效应，也是一个无因次的量。

(3) 比浓黏度（η_{sp}/c）与比浓对数黏度（$\ln\eta_r/c$）

对于高分子溶液，增比黏度 η_{sp} 往往随溶液的浓度 c 的增加而增加。为了便于比较，将单位浓度下所显示出的增比黏度，即 η_{sp}/c 称为比浓黏度。其数值随溶液浓度 c 的表示方法而异，也随浓度的大小而变，其单位为浓度单位的倒数。$\ln\eta_r/c$ 称为比浓对数黏度，其值也是浓度的函数，单位与比浓黏度相同。

(4) 特性黏度（$[\eta]$）

为了进一步消除高聚物分子之间的内摩擦效应，必须将溶液浓度无限稀释，使得每个高聚物分子彼此相隔极远，其相互干扰可以忽略不计。这时溶液所呈现出的黏度行为基本上反映了高分子与溶剂分子之间的内摩擦，这一黏度称为特性黏度，
$$[\eta] = \lim_{c \to 0} \frac{\eta_{sp}}{c} = \lim_{c \to 0} \frac{\ln\eta_r}{c} \tag{2-34}$$
$[\eta]$ 表示高分子单位浓度的增加对溶液增比黏度或相对黏度对数的贡献，其数值不随溶液浓度 c 的大小而变化，单位是浓度单位的倒数，即 dL/g 或 mL/g。

特性黏度 $[\eta]$ 的大小受以下几个因素影响。①分子量：线型或轻度交联的聚合物，随分子量增大，$[\eta]$ 增大。②溶剂特性：根据 Floy 特性黏度理论，高分子溶液的特性黏度 $[\eta]$ 正比于单位质量高分子在溶液中的流体力学体积。在良溶剂中，大分子链较伸展，$[\eta]$ 较大，而在不良溶剂中，大分子较卷曲，$[\eta]$ 较小。③温度：在良溶剂中，温度升高，对 $[\eta]$ 影响不大，而在不良溶剂中，温度升高使溶剂变为良好，分子链伸展，则 $[\eta]$ 增大。当聚合物的化学组成、溶剂、温度确定以后，$[\eta]$ 值只与聚合物的分子量有关。

2.4.2 特性黏度与分子量的关系

当聚合物的化学组成、溶剂、温度确定以后，$[\eta]$ 值只与聚合物的分子量有关。因此如果能建立分子量与特性黏度之间的关系，就可以通过测定聚合物的特性黏度得到聚合物的分子量。常用的聚合物的特性黏度与分子量的关系式是马克-豪温（Mark-Houwink）经验公式：
$$[\eta] = KM^\alpha \tag{2-35}$$
式中，K 为比例常数，与体系的性质有关，但关系不大，在一定的相对摩尔质量范围内可视为常数；α 是与分子形状有关的经验常数，称为扩张因子。线形柔性大分子链在良溶剂中，高分子线团松懈，α 较大，接近于 $0.8\sim1.0$；在 θ 溶剂中，高分子线团紧缩，$\alpha = 0.5$；在不良溶剂中 $\alpha < 0.5$；温度升高，α 值增大。对于一定的高分子-溶剂体系，在一

定的温度下，一定的相对摩尔质量范围内，K 和 α 值为常数，可查阅聚合物手册得到。因此只要知道参数 K 和 α，即可根据所测得的 $[\eta]$ 值计算试样的黏均相对摩尔质量 $\overline{M_\eta}$。

因为马克-豪温（Mark-Houwink）经验公式中的 K 和 α 的数值只能通过其他绝对方法，如渗透压法、光散射法等测量聚合物的分子量后确定。因此黏度法测定的分子量为相对分子量。

2.4.3 特性黏度的测定

2.4.3.1 实验仪器

测定高分子稀溶液的特性黏度时，毛细管黏度计应用最为方便。常用的毛细管黏度计有两支管的奥氏黏度计和三支管的乌氏黏度计，它们都属于重力型毛细管黏度计，是依据液体在毛细管中的流出速度来测量液体的黏度。乌氏黏度计由于使用方便，应用最广。乌氏黏度计又叫气承悬柱式黏度计，其构造如图 2-4 所示。黏度计的内部有一根内径为 r、长度为 l 的毛细管，毛细管上端有一个体积为 V 的小球，小球上下有刻线 a 和 b。测量时将液体自 A 管加入黏度计内，捏住 C 管，将 A 管内液体经 B 管吸到刻度线 a 以上。放开 C 管使其通大气，B 管内的液体在自身重力作用下沿毛细管壁自然流下，形成气承悬液柱，避免了产生湍流的可能。由于 B 管中液体的流动压力（即高度为 h 的液体自身的重力）与 A 管中液面高度无关，因而每次测定时溶液的体积不必相同，可以在黏度计里逐渐稀释进行不同浓度的溶液黏度的测定，从而节省了许多操作手续。

当液体在毛细管黏度计内因重力作用而发生流动时，假定没有湍流发生，则外加力（即高度为 h 的液体自身的重力）用以克服液体对流动的黏滞阻力。根据牛顿黏性定律得到液体在毛细管中流动时黏度的表达式：

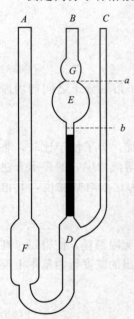

图 2-4 乌氏黏度计

$$\frac{\eta}{\rho} = \frac{\pi h g r^4 t}{8lV} - m\frac{V}{8\pi l t} \tag{2-36}$$

该式称为动能校正后的泊肃叶（Poiseuille）公式，式中，η 是液体的黏度；ρ 是液体的密度；l 是毛细管长度；r 是毛细管半径；t 是流出时间；h 是流经毛细管液体的平均液柱高度；g 是重力加速度；V 是流经毛细管的液体体积；m 是与仪器几何形状有关的常数（一般在 $r/L \ll 1$ 时，可以取 $m=1$）。

对于某一支给定的黏度计，令 $A = \dfrac{\pi h g r^4}{8lV}$，$B = m\dfrac{V}{8\pi l}$，则式（2-36）可以写成：

$$\frac{\eta}{\rho} = At - \frac{B}{t} \tag{2-37}$$

其中，A 和 B 为黏度计的仪器常数，与液体浓度和黏度无关。η/ρ 称为运动黏度或密度黏度。当流出时间 t 大于 100s 时，第二项（也称动能校正项）可以忽略。

通常黏度的测定是在稀溶液（$c < 1 \times 10^{-2} \text{g/cm}^3$）中进行的，溶液的密度和溶剂的密度近似相等，因此，

$$\eta_r = \frac{\eta}{\eta_0} = \frac{t}{t_0} \tag{2-38}$$

式中，t 为溶液的流出时间；t_0 为纯溶剂的流出时间。

实验中通过测定溶剂和溶液在毛细管中的流出时间 t_0 和 t，从式(2-38)可求得溶液的相对黏度 η_r，进而可计算得到增比黏度 η_{sp}，比浓黏度 η_{sp}/c 和比浓对数黏度 $\ln\eta_r/c$。

2.4.3.2 外推法求特性黏度

黏度是分子运动时内摩擦力的量度,因溶液浓度增加,分子间相互作用力增加,运动时阻力就增大。在稀溶液范围内,溶液相对黏度 η_r 和增比黏度 η_{sp} 与聚合物溶液的浓度有一定关系,通常用以下两个经验公式表示:

$$\frac{\eta_{sp}}{c}=[\eta]+k[\eta]^2c \tag{2-39}$$

$$\frac{\ln\eta_r}{c}=[\eta]-\beta[\eta]^2c \tag{2-40}$$

上式分别称为 Huggins 和 Kraemer 方程,其中 k 与 β 对于给定的高分子-溶剂体系均为常数,与分子量无关。实验中一般配制几个不同浓度的溶液,分别测定溶液及纯溶剂的黏度,然后计算出 η_{sp} 和 $\ln\eta_r$,以 η_{sp}/c 和 $\ln\eta_r/c$ 为纵坐标,浓度 c 为横坐标作图,外推到 $c\to 0$,两条直线会在纵坐标上交于一点,其共同截距即为特性黏度 $[\eta]$,这称为外推法求特性黏度。如图 2-5 所示。

由于黏度对温度依赖性较大,为了提高实验精度,测量时需注意使恒温槽内温度保持恒定,测量温差至少控制在 ± 0.02℃ 之内。为了得到可靠的外推 ($c=0$) 值,应使溶液浓度足够稀。但如果浓度太稀,测得的 t 和 t_0 很接近,则 η_{sp} 的相对误差比较大。因此配制的溶液浓度应恰当,尽量使 η_r 在 1.2~2.0 之间。另外,由于 Huggins 公式在推导过程中只作了一次近似处理,而 Kraemer 公式的推导过程作了两次近

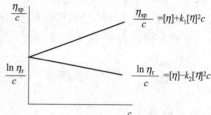

图 2-5 外推法求特性黏度 $[\eta]$

似处理,当溶液浓度太高或分子量太大时,作图线性不好,两条直线不能在纵坐标上交于一点时,此时应以 η_{sp}/c 对 c 作图的直线与纵坐标的交点为特性黏度值。

黏度法测分子量具有下列优点:设备简单,操作方便,只需配制一个溶液就可以在黏度计内多次稀释测量几个点;适用分子量范围较宽,一般在 $1\times 10^4 \sim 1\times 10^7$。

2.4.3.3 一点法求特性黏度

在实际工作中,往往由于试样较少或要测定大量同品种的试样,为了简化操作,可采用只测一个较低浓度溶液黏度值便可算出聚合物分子量的方法,称为一点法。使用一点法,通常有两种途径:一是求出一个与分子量无关的参数 γ,然后利用马龙(Maron)公式推算出特性黏度;二是直接用程镕时公式求算。

(1) 求 γ 参数 在 Huggins 方程和 Kraemer 方程中,k、β 都是与分子量无关的常数,令其比值为 γ,即 $\gamma=k/\beta$,γ 也是一个与分子量无关的常数。用稀释法求出两条直线斜率即 k 与 β 值,进而求出 γ 值。然后可利用 Maron 公式推算出特性黏度:

$$[\eta]=\frac{\eta_{sp}/c+\gamma\ln\eta_r/c}{1+\gamma}=\frac{\eta_{sp}+\gamma\ln\eta_r}{(1+\gamma)c} \tag{2-41}$$

从公式(2-41)可以看出,若 γ 值已预先求出,则只需测定一个浓度下的溶液流出时间就可算出 $[\eta]$,从而算出该聚合物的分子量。

(2) 利用程镕时公式

$$[\eta]=\frac{\sqrt{2(\eta_{sp}-\ln\eta_r)}}{c} \tag{2-42}$$

程镕时公式是在假定 $k+\beta=1/2$ 或者 $k\approx 0.3\sim 0.4$ 的条件下才成立。因此在使用时体系必须符合这个条件,而一般在线形高聚物的良溶剂体系中都可满足这个条件,所以应用较广。

2.4.4 聚电解质溶液的黏度

聚电解质在非极性溶剂中的行为与一般高分子溶液性质一样，如聚丙烯酸在二氧六环溶液中。但聚电解质在离子化溶剂中，由于发生电离作用分子链上同性电荷排斥导致分子链扩张，溶液浓度越低，电离度越大，因此溶液的黏度随着浓度的降低而急剧增加。在较高的浓度范围内，黏度随着浓度的增加而增加，与非电解质的情况相同。如果在溶液中加入无机盐，溶液离子强度的增加，抑制了聚电解质的电离作用，使其黏度减小，外加盐浓度越大，黏度越小，当外加盐浓度接近 0.1mol/L 时，黏度性质可变正常。因此，对于聚电解质溶液的黏度不仅与聚合物、溶剂以及温度有关，还是外加盐浓度的函数，若用黏度法测定其分子量，最好在非离子化溶剂中进行，否则需要一定浓度的外加盐。

2.4.5 支化高分子的黏度

高分子支化后，链段在空间的排布较线形分子更加紧密。因此支化分子在溶液中的尺寸小于同样分子量的线形分子的尺寸，其流体力学体积以及与之相关的特性黏度都要减小。随着大分子链的支化程度的增加，溶液的特性黏度值降低，降低值越大，聚合物的支化程度越大。因此通过测量相同分子量的支化聚合物和线形聚合物的特性黏度，由 $G = [\eta]_{支化}/[\eta]_{线形}$ 可求得聚合物的支化度 G。

2.5 凝胶渗透色谱法测定聚合物分子量与分子量分布

2.5.1 概述

凝胶渗透色谱法（gel permeation chromatography，GPC）是 20 世纪 60 年代发展起来的一种新型柱色谱技术，是色谱技术中最新的分离技术之一。它是一种利用聚合物溶液通过填充有特种凝胶（或多孔性填料）的色谱柱把聚合物分子按尺寸大小进行分离的方法。

凝胶色谱最早是在 1964 年由 J.C. Moore 研制成功，他在总结前人经验的基础上，结合网状结构离子交换树脂制备的经验，将高交联度聚苯乙烯凝胶用作柱填料，同时配以连续式高灵敏度的示差折光仪，制成了快速且自动化的高聚物分子量及分子量分布的测定仪，从而创立了液相色谱中的凝胶渗透色谱技术。60 年代末这种方法已经发展成熟，成为生物化学和高分子化学中常用的分离和分析方法。到了七八十年代，它已经逐渐在一般小分子化合物的分析和分离中继吸附、分配、离子交换型液体色谱之后成为名副其实的第四类液体色谱——体积排除色谱。

凝胶色谱有许多其他色谱所不具备的特点，它对流动相要求不高，不需要使用梯度淋洗，实验操作比较简单，重复性好。体积排除的分离机理也决定了试样在色谱柱中的保留体积不会超出色谱柱中溶剂的总体积，这就比其他液体色谱的保留时间要短得多。较短的保留时间意味着溶质峰相对窄，比较容易检测。但是凝胶色谱最主要的缺点是它的峰容量较小，在柱效不够高时，较难分离两种分子量大小差别不大的混合物。这也是为什么它没有能在小分子化合物领域内得到广泛重视和应用的重要原因。

2.5.2 工作流程与原理

GPC 法分离聚合物与沉淀分级法或溶解分级法不同。聚合物分子在溶液中依据其分子链的柔性及聚合物分子与溶剂的相互作用，可分为无规线团、棒状或球体等各种构象，其尺寸大小与其分子量大小有关。GPC 法是利用不同尺寸的聚合物分子在多孔填料中孔内外分布不同而进行分离分级，而沉淀分级法或溶解分级法是依据溶解度与聚合物的分子量相关性分级。

GPC 是一种特殊的液相色谱，所用仪器实际上就是一台高效液相色谱（HPLC）仪，主要配置有输液泵、进样器、色谱柱、浓度检测器和计算机数据处理系统。GPC 与 HPLC 最明显的差别在于二者所用色谱柱的种类（性质）不同：HPLC 根据被分离物质中各种分子与色谱柱中的填料之间的亲和力不同而得到分离，GPC 的分离则是体积排除机理起主要作用。GPC 色谱柱装填的是多孔性凝胶（如最常用的高度交联聚苯乙烯凝胶）或多孔微球（如多孔硅胶和多孔玻璃球），它们的孔径大小有一定的分布，并与待分离的聚合物分子尺寸可相比拟。GPC 仪工作流程如图 2-6 所示。

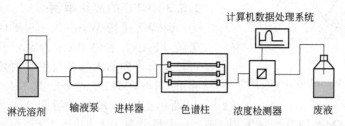

图 2-6　GPC 仪工作流程

当被分析的样品随着淋洗溶剂（流动相）进入色谱柱后，体积很大的分子不能渗透到凝胶（固定相）空穴中而受到排阻，最先流出色谱柱；中等体积的分子可以渗透凝胶的一些大孔，而不能进入小孔，产生部分渗透作用，比体积大的分子流出色谱柱的时间稍后；较小的分子能全部渗入凝胶内部的孔穴中，而最后流出色谱柱（图 2-7）。因此，聚合物淋出体积与其分子量有关，分子量越大，淋出体积越小。

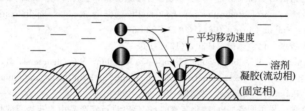

图 2-7　GPC 的分离原理

色谱柱的总体积 V_t 包括三部分

$$V_t = V_g + V_0 + V_i \tag{2-43}$$

式中，V_g 为填料的骨架体积；V_0 为填料微粒紧密堆积后的粒间空隙；V_i 为填料孔洞的体积；$(V_0 + V_i)$ 是聚合物分子可利用的体积。由于聚合物分子在填料孔内、外分布不同，故实际可利用的体积为

$$V_e = V_0 + K V_i \tag{2-44}$$

式中，K 为分布系数，其数值 $0 \leqslant K \leqslant 1$，与聚合物分子尺寸大小和在填料孔内、外的浓度比有关。当聚合物分子完全排阻时，$K=0$；在完全渗透时，$K=1$。尺寸大小（分子量）不同的分子有不同的 K 值，因此有不同的淋出体积 V_e。当 $K=0$ 时，$V_e = V_0$，此处所对应的聚合物分子量，是该色谱柱的渗透极限，聚合物分子量超过渗透极限值时，只能在 V_0 以前被淋洗出来，没有分离效果。实验表明，聚合物分子尺寸（常以等效球体半径表示）与分子量有关，淋出体积与分子量可以表示为

$$V_e = f(\lg M)$$

通常用一个线性方程表示色谱柱可分离的线性部分，直线方程为

$$\lg M = A + B V_e \tag{2-45}$$

式中，A、B 为特性常数，与聚合物、溶剂、温度、填料及仪器有关。

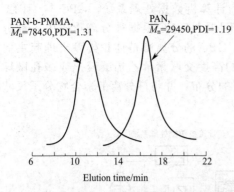

图 2-8 PAN 和 PAN-b-PMMA 的 GPC 谱图

通过使用一组单分散性分子量不同的试样作为标准样品,分别测定它们的淋出体积 V_e 和分子量,做 $\lg M$ 对 V_e 直线,可求得特性常数 A 和 B。这一直线就是 GPC 的校正曲线。待测聚合物被淋洗通过 GPC 柱时,根据其淋出体积,就可从校正曲线上算得相应的分子量。

2.5.3 GPC 的应用举例

陈厚等采用 Waters 1515 型 GPC,测定了聚丙烯腈(PAN)和以 PAN 为大分子引发剂通过活性可控聚合得到的丙烯腈与甲基丙烯酸甲酯嵌段共聚物 PAN-b-PMMA 的分子量和分子量分布,如图 2-8 所示。PAN 的分子量为 29450,分子量分布为 1.19;PAN-b-PMMA 的分子量为 78450,分子量分布为 1.31。

参 考 文 献

[1] 何曼君等. 高分子物理. 3 版. 上海:复旦大学出版社,2008,152-174.
[2] 华幼卿,金日光. 高分子物理. 4 版. 北京:化学工业出版社,2013,99-107.
[3] 杨万泰. 聚合物材料表征与测试. 北京:中国轻工业出版社,2008,91-101.
[4] 梁伯润. 高分子物理学. 北京:中国纺织出版社,2000,166-209.
[5] 白颖,李建伟. 凝胶色谱法测定高聚物的平均分子量及分子量分布. 塑料科技,2007,35(4):70-71.
[6] Moore J C. Gel permeation chromatography. I. A new method for molecular weight distribution of high polymers. J. Polym. Sci.,Part A:Polym. Chem,1964,2(2):835-843.
[7] 施良和. 凝胶色谱的新进展. 化学通报,1980,(12):1-6.
[8] Chen Hou,Wang Chunhua,Liu Delong,Song Yuting,Qu Rongjun,Sun Changmei,Ji Chunnuan. AGET ATRP of acrylonitrile using 1,1,4,7,10,10-hexamethyltriethylenetetramine as both ligand and reducing agent. Journal of Polymer Science,Part A:Polymer Chemistry,2010,48(1):128-133.
[9] 端裕树,周海霞,秦亚萍. 采用配备 GPC 纯化装置的 GC/MS 进行农产品中农药残留的快速分析. 分析科学学报,2005,21(4):441-443.

第 3 章 形态与形貌表征

随着高分子材料的迅速发展，应用范围日益广泛，高分子材料的结构形貌、形态-性能-加工之间的内在联系成为高分子领域中重要的研究课题。高分子材料的结构形貌分为微观结构形貌和宏观结构形貌。微观结构形貌指的是高分子聚合物在微观尺度上的聚集状态，如晶态、液晶态或无序态（液态），以及尺寸、纳米尺度相分散的均匀程度等。高分子聚合物的微观结构状态决定了其宏观上的力学、物理性质，进而限定了其应用场合和范围。宏观结构形貌是指在宏观或亚微观尺度上高分子聚合物表面、断面的形态，以及所含孔结构的分布状况。观察高分子聚合物表面、断面及内部的微相分离结构，孔结构的分布，晶体尺寸、性状及分布，以及纳米尺度相分散的均匀程度等形貌特点，将为高分子材料的加工制备条件的改进、共混组分的选择、材料性能的优化等提供数据。

目前，显微技术是观察和研究高分子材料形态与形貌的最直观的方法之一。近年来发展了多种电子显微镜，高分子材料形态及形貌分析应用中主要是以扫描电子显微镜、透射电子显微镜以及原子力显微镜为主。除电子显微镜外，光学显微镜中的偏光显微镜则是一种研究高分子晶体结构及取向度非常有用的仪器。

具有多孔结构的高分子材料不仅具有较大的比表面积，而且具有特殊的表面性质，在催化剂、光子带隙材料、反折射材料、细胞培养介质、纳米结构材料的制备模板等方面蕴含着巨大的应用价值。因此，高分子材料孔结构的测试在高分子多孔材料中发挥了重要的作用。

而表征高分子材料尺寸的粒度，能显著影响产品的性质及用途，因而对粒度的测量也日益受到人们的重视。20 世纪以来发展了多种粒度测量方法，其中激光法是目前常用的方法。

本章介绍了研究高分子材料的形貌及形态常用的方法及其基本原理，以及它们在高分子材料中的典型应用。

3.1 扫描电子显微镜

1942 年，英国研制成分辨率为 50nm 的第一台扫描电子显微镜（scanning electronmicroscope，SEM），简称扫描电镜。1965 年，第一台商用扫描电镜问世。扫描电镜问世以来，在各个科学技术领域得到了广泛的应用，成为一种使用效率极高的大型分析仪器。扫描电镜在高分子科学、高分子材料科学和高分子工业中成为一种必备的分析研究手段，并且是重要的原料与产品的检验工具。它可以研究高分子多相体系的微观相分离结构，聚合物树脂的颗粒形态、泡沫聚合物的孔径与微孔分布，填充剂和增强材料在聚合物基体中的分布情况与结合情况，高分子材料的表面、界面和断口，黏合剂的黏结效果以及聚合物涂料的成膜特性等。扫描电镜之所以具有如此广泛的应用是因为它具有以下独特的优点。

① 制样方法简单。对于金属等导电试样，在电镜样品许可的情况下可以直接进行观察分析；对于高分子材料等不导电的试样需要表面喷射或溅射一层金属薄膜即可观察其表面形貌。

② 景深长、视野大。其景深三百倍于光学显微镜，且比透射电镜高一个数量级，可直接观察各种如拉伸、挤压、弯曲等粗糙表面、断口形貌以及松散的粉体试样，图像富有立体感、真实感、易于识别和解释。

③ 有效放大倍数高。一般为 10~200000 倍，一旦聚焦后，可以任意改变放大倍率，无

需重新聚焦。

④ 分辨本领大。其分辨率可达 1nm 以下。

⑤ 电子损伤小。扫描电镜的电子束直径一般为三至几十纳米,强度约为 $10^{-11} \sim 10^{-9}$ mA,电子束的能量较透射电镜的小,加速电压可以小到 0.5kV,并且电子束作用在试样上是动态扫描,并不固定,因此对试样的电子损伤小,污染轻,这尤为适合高分子试样。

⑥ 实现综合分析。扫描电镜可以同时组装其他观察仪器,如配有波谱仪、能谱仪等,可实现观察形貌的同时进行微区成分分析;配有光学显微镜和单色仪等附件时,可观察阴极荧光图像和进行阴极荧光光谱分析等。

⑦ 图像质量好。可以通过电子学方法有效地控制和改善图像的质量,如通过调制可改善图像反差的宽容度,使图像各部分亮暗适中。采用双放大倍数装置或图像选择器,可在荧光屏上同时观察不同放大倍数的图像或不同形式的图像。

3.1.1 扫描电子显微镜的结构与工作原理

扫描电镜的基本结构可分为电子光学系统、扫描系统、信号检测放大系统、图像显示和记录系统、真空系统和电源及控制系统六大部分。其中电子光学系统是扫描电镜的主要组成部分。电子光学系统主要由电子枪、电磁透镜和扫描线圈组成,其基本结构如图 3-1 所示。

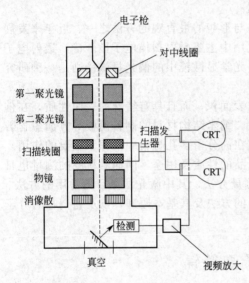

图 3-1 扫描电镜的基本结构

扫描电镜是用聚焦电子束在试样表面逐点扫描成像。试样为块状或粉末颗粒,成像信号可以是二次电子、背散射电子或吸收电子。其中二次电子是扫描电镜中应用最广泛、分辨率最高的一种成像信号。其成像过程为:从电子枪发出的直径 $20 \sim 50 \mu m$ 的电子束,受到阳极的 $1 \sim 40$ kV 高压的加速射向镜筒,并受到第一、第二聚光镜(或单一聚光镜)和物镜的会聚作用,缩小成直径约几纳米的狭窄电子束射到样品上。与此同时,在扫描线圈驱动下,于试样表面按一定时间、空间顺序作栅网式扫描,经物镜再次会聚成很小的斑点聚焦在样品表面上。轰击到样品表面的聚焦电子束密度高、能量大,大约在 10nm 的表面层内与试样相互作用,并激发出二次电子(以及其他物理信号),其中最重要的是二次电子。二次电子发射量随试样表面形貌而变化。二次电子信号被探测器收集、转换成电讯号;经加速极加速后打到闪烁体上转变成光信号,然后通过光电倍增管及视频放大器后输入到显像管栅极,调制与入射电子束同步扫描的显像管亮度,在荧屏上得到反映试样表面形貌的二次电子像。

扫描电镜二次电子像的放大倍率由屏上图像的大小与电子束在样品上扫描区域的大小的比例决定:M=像的大小/扫描区域的大小。通常显像管屏的大小是固定的,例如多用 9 寸或 12 寸显像管,而电子束扫描区域大小很容易通过改变偏转线圈的交变电流的大小来控制。因此,扫描电镜的放大倍数很容易从几倍一直达到几十万倍,而且可以连续地迅速地改变,这相当于从放大镜到透射电镜的放大范围。

扫描电镜的衬度观察主要有表面形貌衬度和原子序数衬度。高分子试样表面的实际形貌是十分复杂的,扫描电镜的表面形貌衬度主要是由样品表面的凸凹决定的。二次电子信号来自于样品表面层 $5 \sim 10$nm,信号的强度对样品微区表面相对于入射束的取向非常敏感,随着样品表面相对于入射束的倾角增大,二次电子的发射量增多。因此,二次电子像适合于显示表面形貌衬度。扫描电镜图像表面形貌衬度几乎可以用于显示任何样品表面的超微信息，其应用已渗透到许多科学研究领域，在失效分析、刑事案件侦破、病理诊断等技术部门也得到广泛应用。

原子序数衬度是利用对样品表层微区原子序数或化学成分变化敏感的物理信号，如背散射电子、吸收电子等作为调制信号而形成的一种能反映微区化学成分差别的像衬度。实验证明，在实验条件相同的情况下，背散射电子信号的强度随原子序数的增大而增大。在样品表层平均原子序数较大的区域，产生的背散射信号强度较高，背散射电子像中相应的区域显示较亮的衬度；而样品表层平均原子序数较小的区域则显示较暗的衬度。由此可见，背散射电子像中不同区域衬度的差别，实际上反映了样品相应不同区域平均原子序数的差异，据此可定性分析样品微区的化学成分分布。吸收电子像显示的原子序数衬度与背散射电子像相反，平均原子序数较大的区域图像衬度较暗，平均原子序数较小的区域显示较亮的图像衬度。对于都是由C、H等元素组成的高分子材料来说，为了增加背射电子信号，需要在样品表面喷射一层很薄的重金属（Au、Ag、Pt等）导电层。此外，扫描电子束入射试样时产生的背散射电子、吸收电子、X射线，对微区内原子序数的差异相当敏感。实验指出，当入射电子的能量为10～40keV时，试样的背散射系数 η 随元素原子序数 Z 增大而增加。

3.1.2 扫描电子显微镜高分子材料样品的制备方法

扫描电镜的优点之一是样品制备简单，对于新鲜的金属断口样品不需要做任何处理，可以直接进行观察。但在有些情况下需对样品进行必要的处理。

① 样品表面附着灰尘和油污时，可用有机溶剂（乙醇或丙酮）在超声波清洗器中清洗。

② 样品表面锈蚀或严重氧化，可采用化学清洗或电解的方法处理。清洗时可能会失去一些表面形貌特征的细节，操作过程中应该注意。

③ 对于不导电的样品，如高分子样品，观察前需在表面喷镀一层导电金属或碳，镀膜厚度控制在5～10nm为宜。

SEM高分子样品的具体制备方法是：取材、干燥、黏合、喷金、观察。由于高分子材料大多数都是由低原子序数的C、H、O、N等元素所组成的，而且绝大多数是绝缘材料，在高能电子束的轰击下，容易产生充放电效应，从而降低仪器的分辨率。所以，需要在高分子材料样品表面喷镀一层导电层，一般采用金、铂或碳等材料。当高分子材料样品是由结晶相和非结晶相组成的，在观察之前必须经过表面处理，使所希望的结构细节有较大的反差。

3.1.3 扫描电子显微镜在高分子材料研究中的应用

扫描电镜在高分子材料结构研究的许多领域发挥了重要应用，如可以观察高分子材料表面形态与结构；高分子材料多相复合体系填充体系表面的相分离尺寸及相分离图案形状；纳米材料断面中纳米尺度分散相的尺寸及均匀程度等有关信息。现以实例介绍如下。

3.1.3.1 观察高分子材料的形态与结构

扫描电镜可用于直接观察高分子材料的形态与结构。

单分散高交联的高分子微球材料，因其较高的耐热性、耐溶剂性、较好的力学强度、良好的表面反应活性而广泛应用于分析化学、色谱技术、生物医学、微电子技术催化等领域。微球的主要参数是分散性、粒径等，这些参数可用扫描电镜测量。图3-2是使用交联剂后以滴加法得到的高交联度的聚苯乙烯微球的扫描电镜照片。图3-2中（a）～（d）所代表的单体的含量分别为15.0%、18.0%、19.0%、23.5%时的扫描电镜照片。如图3-2所示，当初始单体含量低于18%时，得到的微球粒径较小，微球表面粗糙，微球之间稍有黏结，单分散性较差。当初始单体含量高于19%时，微球严重凝聚，球形度和单分散性极差。此外，通过切片等处理后,还可通过扫描电镜观察微球内部结构,以弄清微球的聚合机理,进而改进微球的聚合工艺而提高产品性能。

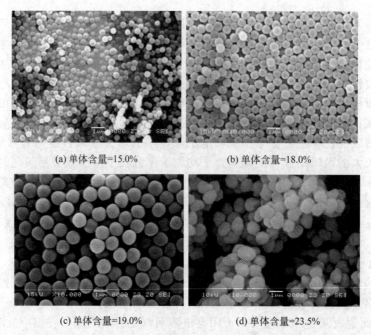

图 3-2　不同单体浓度下交联聚苯乙烯微球的 SEM 照片

3.1.3.2　观察高分子材料的晶态结构

扫描电镜可用于直接观察高分子材料的结晶形态。图 3-3 为聚偏四氟乙烯(PVDF)在较低温度下结晶形成极性的正交相 β 晶,图 3-4 为在较高温度下结晶形成非极性的单斜相 α 晶。如图 3-3、图 3-4 所示,低温处理得到的薄膜以典型的球形颗粒堆积为主,且膜厚小时以非晶态出现;在高温处理得到的薄膜中,晶相颗粒间已相互关联,更趋向于形成整体。同时,质量分数相同的薄膜在较低的温度下结晶时,分子链的扩散运动困难,分子链只能就近团聚,链节间相互作用形成 β-PVDF 亚稳晶相,以典型的球形颗粒存在,颗粒堆积疏松,空隙大,薄膜致密性较差,薄膜的厚度也较大。而当结晶温度较高时,聚合物分子链的扩散运动比较容易,颗粒之间逐步交融,消除薄膜间的空隙,体积收缩,致密性较好,薄膜厚度较小。同时,分子链间的进一步作用使薄膜向稳定的 α-PVDF 单斜相转变。

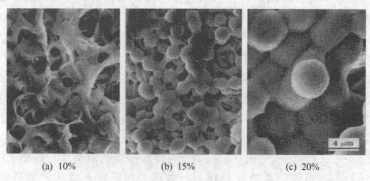

图 3-3　60℃下结晶 48h 的不同厚度的 PVDF 薄膜的 SEM 图

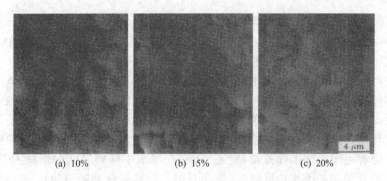

图 3-4 150℃下结晶 24h 的不同厚度的 PVDF 薄膜的 SEM 图

3.1.3.3 观察高分子材料的共混相容性

扫描电镜广泛应用于观察和分析共混复合材料的相容性。图 3-5 为不同配比下聚碳酸酯/聚对苯二甲酸乙二醇酯（PC/PET）共混合金的微观结构。结果显示，随着 PC 相含量的增加（PC/PET＝50/50），PC 在基体中分散地更加紧密，分散相尺寸出现较大差别，但仍表现为规则的纤维状分布，断裂面上 PC 相表面整齐，塑性变形较少。PC/PET 配比为 70/30 时，由于所用 PET 黏度远小于 PC，PET 相仍表现为连续相，而 PC 相则由于相互间的挤压变形，纤维的形状尺寸变得很不规则，由图 3-5 可以看出两相间界面清晰，相容性较差。

图 3-5 PC/PET 共混合金的微观形态

3.1.3.4 观察高分子/纳米复合材料的结构

图 3-6 是壳聚糖和壳聚糖/蒙脱土纳米复合材料拉伸断面的 SEM 照片。壳聚糖拉伸断面较光滑，无明显的拉伸屈服现象，表现为典型脆性断裂特征。而复合材料拉伸断面整体形貌呈粗糙的纤维状，从而说明复合材料断裂方式已从脆性断裂转变为典型的韧性断裂，表明蒙脱土纳米片层已与壳聚糖基体很好地结合。这主要是由于复合材料在受到外力作用时，纳米片层起到分散和传递应力的作用，在断裂过程中吸收了大量的塑性变形能，促使其韧性增加。

图 3-6 （a）壳聚糖和（b）壳聚糖/蒙脱土纳米复合材料断面的 SEM 图

3.1.3.5 观察高分子材料的生物降解性

通过 SEM 观察材料表面被微生物侵蚀、降解及代谢后的形态变化，可初步判断高分子材料是否具有生物降解性。图 3-7 为聚己内酯（PCL）样条在海水中历经 10 个月的可降解性能。如图 3-7 所示，降解前 PCL 样条韧性较好，故其淬断断面由于分子链间的缠结可以看到明显的抽丝拔出；降解 10 个月后 PCL 样条并没有出现明显的空洞和裂纹，但样品淬断断面变得光滑，没有抽丝拔出的现象。可以推断由于在海水中的降解作用减少了 PCL 分子链之间的相互作用，降低了材料的力学性能。PCL 的冲击强度、拉伸强度和断裂伸长率均随着在海水中降解时间的增加而逐渐减小；随着在海水中降解时间的增加 PCL 的冲击强度下降的趋势逐渐变缓；在海水中降解 3~7 个月时，拉伸强度和断裂伸长率下降的趋势变缓，之后其下降速度加快。

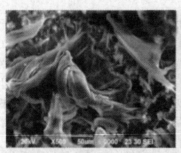 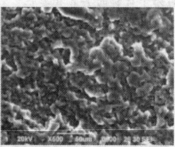

(a) 降解前　　　　　　　　(b) 海水中降解10个月后

图 3-7　海水中降解前后 PCL 断面的电子显微镜照片

3.1.4　场发射扫描电子显微镜

场发射扫描透射电镜（field emission scanning electron microscopy，FESEM）是由美国芝加哥大学的 A. V. Crewe 教授在 20 世纪 70 年代初期创造出来的。自 20 世纪 90 年代以来，FESEM 在材料科学等许多领域得到日益广泛的应用。FESEM 的基本结构与普通扫描电子显微镜相同。所不同的是场发射的电子枪不同。场发射电子枪由阴极、第一阴极（减压电极）和第二阴极（加压电极）组成。第一阳极的作用是使得阴极上的电子脱离阴极表面，第二阳极与第一阳极之间有一个加速电压，阴极电子束在加速电压的作用下，其直径可以缩小到 1nm 以下。场发射电子枪可分为三种：冷场发射式、热场发射式及肖特基发射式。当在真空中的金属表面受到 108V/cm 大小的电子加速电场时，会有可观数量的电子发射出来，此过程叫做场发射，其原理是高压电场使电子的电位障碍产生 Schottky 效应，亦即使能障宽度变窄，高度变低，致使电子可直接"穿遂"通过此狭窄能障并离开阴极。场发射电子是从很尖锐的阴极尖端发射电子，要求阴极表面必须完全干净，所以要求场发射电子枪必须保持超高真空度以便防止阴极表面黏附其他的原子。一般情况下，阴极材料由单晶钨制成。场发射放大倍率为 25~650000 倍，在使用加速电压 15kV 时，分辨率可达 1nm，加速电压 1kV 时，分辨率可达 2.2nm。一般钨丝型的扫描式电子显微镜仪器上的放大倍率可到 200000 倍。

与一般扫描电镜相比，场发射扫描电子显微镜能以更高的分辨率观察固体样品表面显微结构和形貌，广泛用于生物学、金属材料、高分子材料、医学、化工原料等分析。最大特点是超高的分辨扫描图像观察能力可达 1.5nm，是传统 SEM 的 3~6 倍，图像质量好，尤其是采用最新数字化图像处理技术，提供高倍数、高分辨扫描图像，并能即时打印或存盘输出。

3.1.5　低真空扫描电子显微镜与环境扫描电子显微镜

所谓低真空扫描电镜（low vacuum scanning electron microscope，LSEM）和环境扫描电镜（environmental scanning electron microscope，ESEM）是指扫描电镜的样品室处于低

真空状态（气压可接近270Pa）或环境状态（气压可接近2600Pa）。它的成像原理基本上与普通扫描电镜一样，只是在样品室的上方加一个压差光阑。样品室以上光路保持高真空状态（用分子泵直接抽电子枪），而样品室处于低真空状态。普通扫描电镜样品上的电子由导电层引走，而低真空或环境扫描电镜样品上的电子是被样品室内的残余气体离子中和，因此即使样品不导电也不会出现放电现象。当然探测器的机理也不一样，一般环境扫描电镜都具有高真空和低真空扫描电镜的功能，可根据需要相互转换。只是低真空和环境扫描电镜的图像观察对电镜的污染相对较大，获得好图像的难度也大，导致观察成本提高。因此，可以用高真空观察样品，不要用低真空和环境扫描电镜观察。

低真空扫描电镜主要用于非导体材料的观察，如高分子材料，如图3-8(a)、(b)分别是对尼龙-6/热塑性聚酰胺弹性体（Nylon-6/TPAE）合金高真空和低真空模式下的分散形态。图3-8(a)中的空洞表示TPAE分散粒子，空洞内部和空洞周围存在有身份不明的"小粒子"，这些"小粒子"是没有被完全刻蚀的TPAE粒子还是Nylon-6粒子？难以确认。图3-8(b)中的"白点"是染色的TPAE分散粒子。由图3-8(a)和(b)可知：①高真空扫描电镜和低真空扫描电镜均能表征Nylon-6合金的分散形态，但低真空扫描电镜照相中不存在不明身份的"小粒子"；②Nylon-6合金中的TPAE分散粒子相当微小，平均分散粒子直径最大的为$1\mu m$、最小的仅$0.3\mu m$。环境扫描电镜主要用于含水样品的观察，如各种植物的根茎叶及生物样品和各种含水材料。如图3-9为聚丙烯酰胺含水微球，在ESEM观察中微球保持原貌。

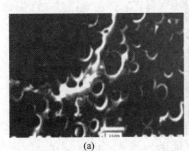
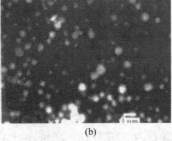
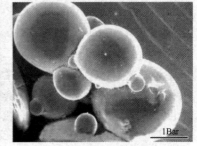

(a)　　　　　　　　　　(b)

图3-8　尼龙-6合金分散形态　　　　图3-9　聚丙烯酰胺含水微球（1Bar=$100\mu m$）

3.2　透射电子显微镜

在电子光学微观分析仪器中，透射电镜历史久，发展快，应用范围也最广泛。早在20世纪30年代末期，透射电镜就已初步定型生产，并已达到分辨率优于2nm的水平。到40年代末，透射电镜的主体已基本定型。由电子枪和两个聚光镜组成照明系统，产生一束聚焦很细、亮度高、发散度小的电子束；由物镜、中间镜和投影镜三个透镜组成三级放大的成像系统；给出分辨率优于1nm放大几十万倍的电子像。透射电镜的发展带动了电子光学仪器和技术的发展。

3.2.1　透射电子显微镜的结构与工作原理

透射电子显微镜（transmission electron microscope，TEM）的结构包括照明系统、成像系统、观察、记录成像。图3-10是电子光学系统的组成部示意图。

由图3-10可见透射电镜电子光学系统是一种积木式结构，上面是照明系统、中间是成像系统、下面是观察与记录系统。照明系统主要由电子枪和聚光镜组成。电子枪是发射电子

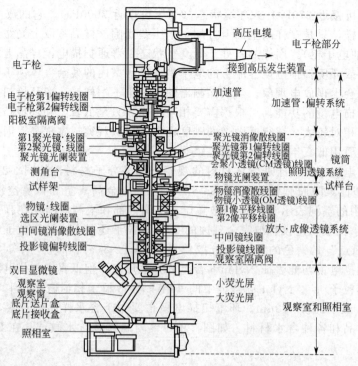

图 3-10 透射电子显微镜（JEM-2010F）主体截面图

的照明光源。聚光镜是把电子枪发射出来的电子会聚而成的交叉点进一步会聚后照射到样品上。照明系统的作用就是提供一束亮度高、照明孔径角小、平行度好、束流稳定的照明源。电子枪是透射电子显微镜的电子源。常用的是热阴极三极电子枪，它由发夹形钨丝阴极、栅极帽和阳极组成。聚光镜用来会聚电子枪射出的电子束，以最小的损失照明样品，调节照明强度、孔径角和束斑大小。一般都采用双聚光镜系统，第一聚光镜是强激磁透镜，束斑缩小率为 10~50 倍，将电子枪第一交叉点束斑缩小为 1~5μm；而第二聚光镜是弱激磁透镜，适焦时放大倍数为 2 倍左右，结果在样品平面上可获得 2~10μm 的照明电子束斑。高性能的透射电镜大都采用 5 级透镜放大，即中间镜和投影镜有两级，分第一中间镜和第二中间镜，第一投影镜和第二投影镜。图 3-11 为透射电镜的光路构造和成像原理。成像系统主要由物镜、中间镜和投影镜组成。物镜是用来形成第一幅高分辨率电子显微图像或电子衍射花样的透镜。透射电子显微镜分辨本领的高低主要取决于物镜，因为物镜的任何缺陷都被成像系统中其他透镜进一步放大。观察和记录装置包括荧光屏和照相机构，在荧光屏下面放置一个可以自动换片的照相暗盒。照相时只要把荧光屏竖起，电子束即可使照相底片曝光。

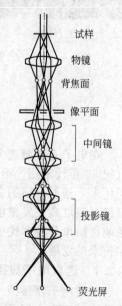

图 3-11 透射电镜的光路构造和成像原理

透射电镜的成像原理是由照明部分提供的有一定孔径角和强度的电子束平行地投影到处于物镜物平面处的样品上，通过样品和物镜的电子束（透射电子）在物镜后焦面上形成衍射振幅极大值，即第一幅衍射谱。这些衍射束在物镜的象平面上相互干涉形成第一幅反映试样为微区特征的电子图像。通过聚焦（调节物镜激磁电流），使物镜的像平面与中间镜的物平面相一致，中间镜的像平面与投影镜的物平面相一致，投影镜的像平面与荧光屏相一致，这样在荧光屏上就观察到一幅经物镜、中间镜和投影镜放大后有一定衬度和放大倍数的电子图像。由于试样各微区的厚度、原子序数、晶体结构或晶体取向不同，通过试样和物镜的电子束强度产生差异，因而在荧光屏上显现出由暗亮差别所反映出的试样微区特征的显微电子图像。电子图像的放大倍数为物镜、中间镜和投影镜的放大倍数之乘积，即 $M=M_{物}M_{中}M_{投}$。透射电镜的主要性能指标是分辨率、放大倍数和加速电压。

3.2.2 透射电子显微镜高分子材料样品的制备方法

透射电镜可以观察到非常细小的结构，因此供透射电镜观察的样品既小又薄，通常可观察的最大尺度不超过 1mm。高分子材料一般不能够直接观察，而是需要通过各种技术将高分子材料制备为适合电镜观察的样品。透射电镜常用的加速电压为 50～100kV，样品厚度一般应小于 100nm。较厚的样品会产生严重的非弹性散射，因色差而影响图像质量；太薄的样品则没有足够的衬度也不行。

3.2.2.1 金属载网和支持膜

光学显微镜的样品是放置在载玻片上进行观察。而在透射电镜中，由于电子不能穿透玻璃，只能采用网状材料作为载物，通常称为载网。载网因材料及形状的不同可分为多种不同的规格。其中最常用的是直径为 200～400 目、厚度为 20～100μm 的铜网。纤维、高分子膜、切片等可直接安放在铜网上。对于很小的粉末、高分子单晶、乳胶粒等细小材料必须有支持膜支撑。支持膜应对电子透明，其厚度一般应低于 20nm，在电子束的冲击下，该膜还应有一定的机械强度、能保持承载的稳定并有良好的导热性，此外，支持膜在电镜下应无可见结构，且不与承载的样品发生化学反应，不干扰对样品的观察，其厚度一般为 15nm 左右。支持膜可用火棉胶膜、聚乙烯甲醛膜、碳膜或者金属膜（如铍膜等）。在常规条件下，用火棉胶膜或聚乙烯甲醛膜就可以达到要求，而火棉胶膜的制备相对容易，但强度不如聚乙烯甲醛膜。碳膜也是一种性能优异的支持膜，能忍受电子的冲击，化学性能稳定，力学性能好，是一种较好的支持膜。具体的制备过程为用超声波分散器将需要观察的细小材料在溶液中分散成悬浮液，用滴管滴几滴在覆盖有碳加强火棉胶支持膜的电镜铜网上。待其干燥后，再蒸上一层碳膜，即成为电镜观察用的样品。

3.2.2.2 超薄切片技术

在透射电镜的样品制备方法中超薄切片技术是最基本、最常用的制备技术。超薄切片的制作过程基本上和石蜡切片相似，需要经过取材、固定、脱水、浸透、包埋聚合、切片及染色等步骤。高分子材料结构致密，包埋剂不发生渗透，所以包埋只是起到加固试样以便切片的作用，为此要求包埋试样体积越小越好，可小到几个微米。常用的包埋剂有环氧树脂、邻苯二甲酸二丙烯酯、甲基丙烯酸甲酯与甲基丙烯酸丁酯的混合体等。由于高分子材料反差弱，所以超薄切片要经过染色的化学处理使材料增加反差及硬度，才能得到较好的结果。在高分子材料中通常采用"正染色"，使目标区域染色而在电镜下成为黑色，用得较多的染色剂是四氧化锇和四氧化钌。四氧化锇对不饱和键的聚合物可同时起到交联固化和染色两个作用，已广泛用于聚苯乙烯、聚氯乙烯、苯乙烯-丁二烯嵌段共聚物等的染色，用它固定的样品图像反差较好。冷冻超薄切片可以省去普通超薄切片的长时间的固定、脱水和包埋过程，特别是对高分子软质材料更为适用。高分子材料冷冻超薄切片一般取样品 0.05mm 切面，样品冷冻温度比材料的玻璃化温度低 20℃，刀具温度比样品温度可以高 10～20℃，切片速度 10mm/s。

3.2.2.3 复型技术

应用复型技术制样对试样表面或内部形态结构都可以进行观察。所谓复型技术就是把样品表面的显微组织浮雕复制到一种很薄的膜上，然后把复制膜（叫做"复型"）放到透射电镜中去观察分析,这样才使透射电镜应用于显示材料的显微组织。对复型的要求既要能够将颗粒表面形态精确地复制,又要不显露复型材料本身的细微结构,还要求有足够薄而又能耐电子束辐射的沉积膜,并且在高真空下试样及表面不挥发。复型方法中用得较普遍的是碳一级复型、塑料二级复型和萃取复型。

3.2.3 透射电子显微镜在高分子材料研究中的应用

3.2.3.1 观察高分子材料的形态与结构

利用 TEM 可以观测高分子材料的形态和结构。李振泉等采用一锅法制备 pH 响应和热敏的 P(NIPAM-co-AA)高分子空心球。图 3-12(a)是在第二阶段结束后,得到的核壳结构的电镜照片。从电镜照片中可以观察到微球具有较为清晰的壳层,内部仍含有未扩散出去的 NIPAM 低聚物,可以视为一种核壳结构。图 3-12(b)是核壳结构经过第三阶段,即自去除过程之后的电镜照片。在照片中可以清晰地观察到微球内部的 NIPAM 低聚物大部分已经扩散出去,微球呈空心结构。值得指出的是非交联核对于空心球的制备起着至关重要的作用。若交联剂 BMA 和 AA 不是在核已经形成后加入,而是和 NIPAM 一起聚合,得到的是普通 P(NIPAM-co-AA)微球。图 3-12(c)是普通 P(NIPAM-co-AA)微球的电镜照片,从照片中可以看到微球为实心结构。这说明最初形成的未交联的核的确起到了模板的作用,在接下来的核的增长阶段,加入的交联剂使得形成的壳层被交联固定,经过降温扩散后,最终得到空心球。

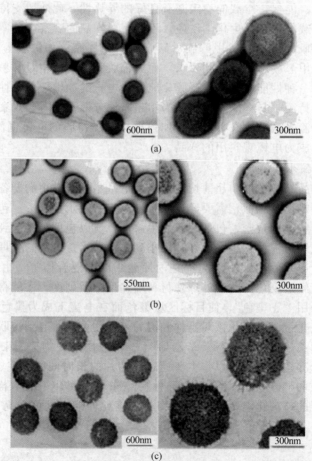

图 3-12 球形核壳结构(a)中空球(含 4.76%AA)(b)以及常规微凝胶(c)的 TEM 图

3.2.3.2 观察高分子材料的晶态结构

利用 TEM 可以观测高分子聚合物的晶体结构、形状、结晶相的分布。高分辨率的透射电子显微镜可以观察到高分子聚合物的晶体缺陷。单晶的发现是电镜在高分子研究方面的一个重大成就。1957 年，英国的 Keller、美国的 Till 和德国的 Fischer 分别独立发表了聚乙烯单晶的电镜照片。高分子单晶一般只能从极稀的高分子溶液（浓度小于 0.1%）中缓慢结晶得到，是具有一定规整形状的薄片晶，其电子衍射显示典型的单晶衍射花样。图 3-13 是典型的聚乙烯单晶的 TEM 图片，单晶为菱形，属于斜方晶系。结合扫描力显微镜测出其厚度为 $10\sim11\mu m$。图 3-14 则是聚乙烯环形单晶的 TEM 图片。

 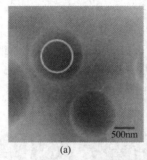 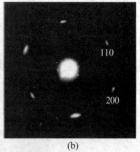

图 3-13 二甲苯稀溶液中形成的线性聚乙烯的菱形单晶的 TEM 图，插入为电子衍射图

图 3-14 熔融条件下树形聚乙烯的环状单晶 TEM 图（a）及其电子衍射图（b）

若溶液浓度增加，结晶时容易生成树枝状晶体，是由许多晶片堆积而成。图 3-15 是由癸二酸与过量的 1,6-己二醇反应生成的聚酯的 TEM 图片，图 3-16 为其电子衍射花样图。制样方法如下：将经过处理后得到的晶体沉淀在镀碳的铜网上，再经 C-Pt 喷涂后，观察其形态。电子衍射数据经计算机处理，得到该晶体为单斜晶型。

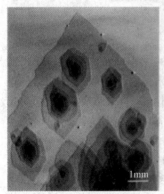 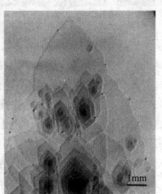 

(a) Pt/C 阴影的单晶厚度接近 8nm 且形态多变　(b) 修饰的 6-10 聚酯晶体

图 3-15　6-10 聚酯的片状晶体的 TEM 图

图 3-16　6-10 聚酯晶体所选部分区域的电子衍射图
（a^* 表示晶体取向为晶体的大维度方向）

从高分子浓溶液或从熔融冷却结晶时可以得到更复杂的多晶体，其中球晶是高分子最常见的一种聚集态形式。全同立构（sPS）和无规立构（aPS）的聚乙烯粉末通过按压成膜，得到球晶，如图 3-17 所示。

3.2.3.3 观察多相高分子体系

高分子的共混改性是高分子材料的重要技术，可通过简便的化学或无力共混获得新材

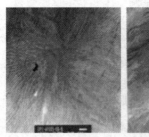 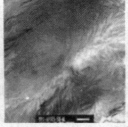 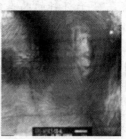

(a) Ⅰ类球晶　　　(b) 双眼特征的Ⅱ类球晶　　　(c) 单眼特征的新型球晶

图 3-17　sPS/aPS=50/50 掺杂的球晶 TEM 图

料。透射电镜可用于观察共混、共聚、填充、增强等高分子多相体系的相结构及界面。图 3-18 是聚芳醚腈（PPEN）-聚二甲基硅氧烷（PDMS）嵌段共聚物样品不同位置的透射电镜图，由于链段之间具有较大的相容性差异，体现为对光的折射率的不同，因而可以直观地观察到共聚物明显的相分离特征。图 3-18 中暗的区域为 PDMS 相，亮球状的区域为 PPEN 相。球状粒径分布很均匀，且粒径为 $0.1\sim 0.3\mu m$。

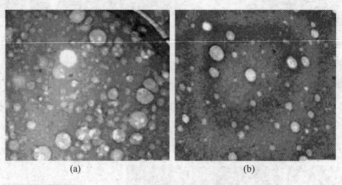

图 3-18　PPEN-b-PDMS 聚合物的 TEM 图

透射电镜可用于观察纳米复合材料的结构与形态及纳米粒子的大小。黄利坚等以缓慢的水热合成法制备聚乙二醇（PEG）包覆的银纳米线，并用电子显微镜对其微观形貌和结构进行了表征。这些纳米线均具有一些轴向的条纹［图 3-19(b) 和 图 3-19(d)］，这些条纹的出现意味着银纳米线存在一些平行于轴的堆积位错，并推断该实验制备的 PEG 包裹的银纳米线具有轴对称五重孪晶结构。为了证实银纳米线的这种孪晶结构，对这些银线进行了选区电子衍射（SAED）分析。如图 3-19(c) 和图 3-19(e) 所示，银纳米线具有两套以上衍射斑（仅两套斑点较清晰，还有个别衍射斑点不属于这两套衍射斑）。多套衍射斑的并存证实银纳米线具有孪晶结构，同时进行了银纳米线横截面切片的 TEM 观察［见图 3-19(a) 插图，横截面呈五边形］，并最终确认这种银纳米线具有五重孪晶结构。图 3-20、图 3-21 分别是聚乙二醇（PEG）包覆的银纳米和金纳米颗粒的透射电镜图。

透射电镜还可用于观察互穿网络聚合物。利用聚氨酯（PU）和环氧树脂（EP）制备乳液互穿聚合物网络（LIPN）可兼顾物理共混和化学共聚两种改性方法的优点，有望制备高 EP 含量的 LIPN 以获得良好的改性效果。游晓亮以甲苯二异氰酸酯（TDI）、聚己二酸丁二醇酯（PBA2000）和环氧树脂（E220）为主要原料，制备了高环氧树脂含量的 PU/EP 乳液互穿聚合物网络（LIPN）。分别制备了 EP 质量分数为 10%（LIPN10）、30%（LIPN30）、50%（LIPN50）的 LIPN，对应样品编号为 LIPN10、LIPN30、LIPN50。图 3-22 为 PU 和 LIPN 的透射电镜图。不同含量的 PU/EP LIPN 样品的乳胶粒子的形貌和粒径与 PU 乳液空

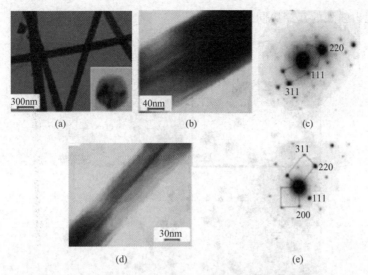

图 3-19　银纳米线样品的 TEM 图 [(a), (b) 和 (d)] 以及 SAED 分析 [(c) 和 (e)];
图 (a) 中插图为银纳米线截面切片的 TEM 图

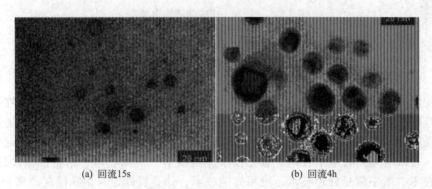

图 3-20　Ag^+/PVP 摩尔比为 0.1 时所得 0.76mM 银纳米样品的 TEM 图

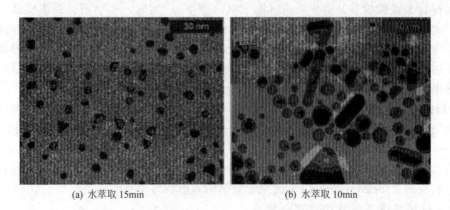

图 3-21　金纳米粒子的 TEM 图

白样基本一致,均为较规整的球形,乳胶粒子的尺寸均在 100nm 左右。随着 EP 含量的增加,乳胶粒子的形貌和尺寸均无明显的突变。说明环氧树脂都是均匀分散在 PU 乳胶粒子内,没有形成单独的粒子。乳液中乳胶粒子为非核壳结构,两种聚合物强迫互容,实现分子尺度的互穿,宏观上表现为一均相体系,改性 PU 成膜后耐溶剂性大幅提高,EP 改性效果明显,二者表现出强烈的互穿协同效应。

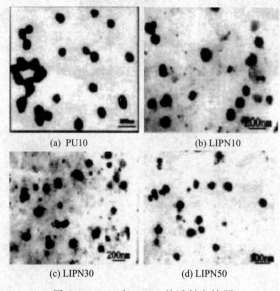

图 3-22　PU 和 LIPN 的透射电镜图

3.3　扫描探针显微镜

扫描探针显微镜(scanning probe microscope,SPM)是扫描隧道显微镜及在扫描隧道显微镜的基础上发展起来的各种新型探针显微镜(原子力显微镜 AFM,扫描隧道显微镜 STM,激光力显微镜 LFM,磁力显微镜 MFM 等)的统称,是国际上近年发展起来的表面分析仪器,是综合运用光电子技术、激光技术、微弱信号检测技术、精密机械设计和加工、自动控制技术、数字信号处理技术、应用光学技术、计算机高速采集和控制及高分辨图形处理技术等现代科技成果的光、机、电一体化的高科技产品。

扫描探针显微镜以其分辨率极高(原子级分辨率)、实时、实空间、原位成像,对样品无特殊要求(不受其导电性、干燥度、形状、硬度、纯度等限制)、可在大气、常温环境甚至是溶液中成像、同时具备纳米级操纵及加工功能、系统及配套相对简单、廉价等优点,广泛应用于纳米科技、材料科学、物理、化学和生命科学等领域,并取得许多重要成果。

在这里,主要介绍扫描隧道显微镜和原子力显微镜。

3.3.1　扫描隧道显微镜

扫描隧道显微镜(scanning tunneling microscope,STM)由科学家 G. Binning 和 H. Rohrer 于 1981 年利用量子力学隧道效应原理首次制成,并于 1986 年 10 月获诺贝尔物理学奖。使人们能够观察到原子在物质表面的排列状态,了解与表面电子行为有关的物理、化学性质。它克服了 SEM 不能提供表面原子级结构和形貌等信息的不足。

3.3.1.1　扫描隧道显微镜的原理与特点

扫描隧道显微镜的主要原理是利用量子力学中的隧道效应,基本原理如图 3-23。其原理是将原子线度的极细探针和被研究物质的表面作为两个电极,当样品与针尖的距离缩小到原子尺寸(通常小于 1nm)时,在外加电场的作用下,电子会穿过两个电极之间的势垒流向另一电极。针尖材料一般为钨丝、铂丝或金丝,针尖长度一般不超过 0.3mm,理想的针尖端部只有一个原子。代表针尖的原子与样品表面原子并没有接触,但距离非常小,于是形成隧道电流,这种现象即是隧道效应。隧道电流 I 是电子波函数重叠的量度,与针尖和样品之间距离 S 呈指数关系。令针尖在被测表面上方作光栅扫描,如保持隧道电流不变,则针尖必须随表面起伏上下移动。针尖位置的移动靠压电陶瓷。压电陶瓷的位移灵敏度在 0.5nm/V 量级,因此完全有可能使针尖和表面距离控制并维持在纳米量级。当针尖在样品表面逐点扫描时,就可获得样品表面各点的隧道电流谱,再通过电路与计算机的信号处理,可在终端显示屏上呈现出样品的原子排列等微观结构形貌,并可拍摄、打印输出表面图像。总之,通俗地讲,STM 就是在给定的偏压下(针尖和样品之间)通过测量表面隧道电流和针尖与表面的距离对应关系。

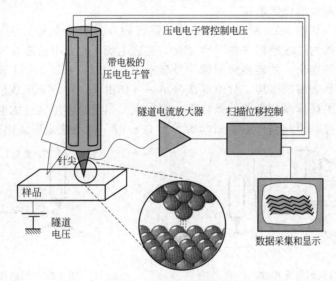

图 3-23 STM 结构原理图

STM 与前述的电子显微镜或 X-射线衍射技术等比具有以下特点。

① 具有原子级的空间分辨率,其横向空间分辨率为 1Å,纵向分辨率达 0.1Å。

② 可直接探测样品的表面结构,可绘出表面原子立体三维结构图像,如表面原子扩散运动的动态观察等。

③ 工作条件要求不高,可在真空、常压、空气、甚至溶液中探测物质的结构。

④ 三态(固态、液态和气态)物质均可进行观察,而普通电镜只能观察制作好的固体标本。样品无需特别制样,没有高能电子束,对表面没有破坏作用(如辐射,热损伤等),样品不会受到损伤而保持完好。

⑤ 扫描隧道显微镜的扫描速度快,获取数据的时间短,成像也快,有可能开展动力学研究。

⑥ 不需任何透镜,体积小,有人称其为"口袋显微镜"。

尽管 STM 有着 SEM 等仪器所不能比拟的诸多优点,但由于仪器本身的工作方式所造成的局限性也是显而易见的,这主要表现在以下两个方面。

① 在 STM 的恒电流工作模式下,有时对样品表面微粒之间的某些沟槽不能够准确探测,与此相关的分辨率较差。

② 所观察的样品必须具有一定程度的导电性,对于半导体,观测的效果就差于导体;对于绝缘体则根本无法直接观察。如果在样品表面覆盖导电层,则由于导电层的粒度和均匀性等问题又限制了图像对真实表面的分辨率。宾尼等人于 1986 年研制成功的原子力显微镜(AFM)可以弥补扫描隧道显微镜(STM)这方面的不足。

3.3.1.2 扫描隧道显微镜的成像模式

STM 常用的工作模式有恒电流模式和恒高模式两种。

(1) 恒电流模式 如图 3-24 所示,利用一套电子反馈线路控制隧道电流 I,使其保持恒定。再通过计算机系统控制针尖在样品表面扫描,即是使针尖沿 x、y 两个方向作二维运动。由于要控制隧道电流 I 不变,针尖与样品表面之间的局域高度也会保持不变,因而针尖就会随着样品表面的高低起伏而作相同的起伏运动,高度的信息也由此反映出来。这就是说,STM 得到了样品表面的三维立体信息。这种工作方式获取图像信息全面,显微图像质量高,应用广泛(图 3-24 中,S 为针尖与样品间距,I、V_b 为隧道电流和偏置电压,V_z 为控制针尖在 z 方向高度的反馈电压)。

(2) 恒高模式 如图 3-25 所示,在对样品进行扫描过程中保持针尖的绝对高度不变;于是针尖与样品表面的局域距离 S 将发生变化,隧道电流 I 的大小也随着发生变化;通过计算机记录隧道电流的变化,并转换成图像信号显示出来,即得到了 STM 显微图像。这种工作方式仅适用于样品表面较平坦、且组成成分单一(如由同一种原子组成)的情形。这是因为隧道效应只是在绝缘体厚度极薄的条件下才能发生,当绝缘体厚度过大时,不会发生隧道效应,也无隧道电流,因此当样品表面起伏大于 1nm 时,就不能采用该模式工作了。

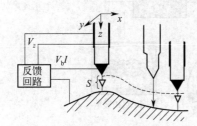

图 3-24 恒电流模式

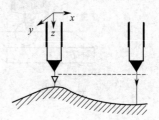

图 3-25 恒高模式

3.3.1.3 扫描隧道显微镜在高分子材料研究中的应用

扫描隧道显微镜可以获取高分子聚合物的表面形貌,高分子链的构象,高分子链堆砌的有序情况和取向情况,纳米结构中相分离尺寸的大小和均匀程度,晶体结构、形状等。但是扫描隧道显微镜的应用有一定的局限性,即扫描隧道显微镜只能用于导电性的高分子材料表面的观察。图 3-26 即为宋延林利用大气中扫描隧道显微镜对新型有机功能材料腈基-苯基-脲(CPU)的聚合物(PCPU)薄膜研究得到的表面二维 STM 图。从二维扫描图可以看到 5~8 个棒状分子连在一起形成聚合分子链,这些聚合分子链在 x 方向上首尾相压呈周期性排列。AB 样品表面的高度呈锯齿形。

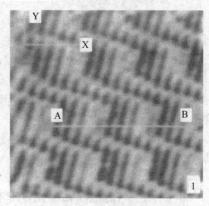

图 3-26 CPU 聚合物膜的 STM 图像

3.3.2 原子力显微镜

扫描式显微技术使我们能观察表面原子级影像,但是 STM 的样品基本上要求为导体,同时表面必须非常平整,从而使 STM 使用受到很大的限制。1986 年,G. Binning 等利用探针的原理又发展出原子力显微镜(atomic force microscope,AFM),AFM 不但具有原子尺寸解析的能力,亦解决了 STM 在导体上的限制。同时,AFM 超越了光和电子波长对显微镜分辨率的限制,可在三维立体上观察物质的形貌和尺寸,并能获得探针和样品相互作用的信息。

3.3.2.1 原子力显微镜的基本原理

AFM 设计是一种类似于 STM 的显微镜技术，它的许多组件与 STM 是相同的，如用于三维扫描的压电陶瓷系统以及反馈控制器等。它与 STM 主要不同点是用一个对微弱力极其敏感的悬臂针尖（cantilever）代替了 STM 的针尖，并以探测悬臂的偏折代替了 STM 中的隧道电流。总的来讲，原子力显微镜的工作原理就是将探针装在一弹性微悬臂的一端，微悬臂的另一端固定，当探针在样品表面扫描时，探针与样品表面原子间的微弱的（$10^{-8}\sim 10^{-6}$N）排斥力会使得微悬臂轻微变形，这样，微悬臂的轻微变形就可以作为探针和样品间排斥力的直接量度。一束激光经微悬臂的背面反射到光电检测器，可以精确测量微悬臂的微小变形，这样就实现了通过检测样品与探针之间的原子排斥力来反映样品表面形貌和其他表面结构的三维信息。

3.3.2.2 原子力显微镜的成像模式

原子力显微镜的工作模式是以针尖与样品之间的作用力的形式来分类的。主要有以下 3 种工作模式：接触模式（contact mode），非接触模式（non-contact mode）和敲击模式（tapping mode）。

(1) 接触模式　从概念上来理解，接触模式是 AFM 最直接的成像模式。正如名字所描述的那样，AFM 在整个扫描成像过程中，探针针尖始终与样品表面保持亲密的接触，而相互作用力是排斥力。扫描时，悬臂施加在针尖上的力有可能破坏试样的表面结构，因此力的大小范围为 $10^{-10}\sim 10^{-6}$N。若样品表面柔嫩而不能承受这样的力，便不宜选用接触模式对样品表面进行成像。

(2) 非接触模式　非接触模式探测试样表面时悬臂在距离试样表面上方 5~10nm 的距离处振荡。这时，样品与针尖之间的相互作用由范德瓦尔斯力控制，通常为 10~12N，样品不会被破坏，而且针尖也不会被污染，特别适合于研究柔嫩物体的表面。这种操作模式的不利之处在于要在室温大气环境下实现这种模式十分困难。因为样品表面不可避免地会积聚薄薄的一层水，它会在样品与针尖之间搭起一小小的毛细桥，将针尖与表面吸在一起，从而增加尖端对表面的压力。

(3) 敲击模式　敲击模式介于接触模式和非接触模式之间，是一个杂化的概念。悬臂在试样表面上方以其共振频率振荡，针尖仅仅是周期性地短暂地接触/敲击样品表面。这就意味着针尖接触样品时所产生的侧向力被明显地减小了。因此当检测柔嫩的样品时，AFM 的敲击模式是最好的选择之一。一旦 AFM 开始对样品进行成像扫描，装置随即将有关数据输入系统，如表面粗糙度、平均高度、峰谷峰顶之间的最大距离等，用于物体表面分析。同时，AFM 还可以完成力的测量工作，测量悬臂的弯曲程度来确定针尖与样品之间的作用力大小。

(4) 三种模式的比较

① 接触模式　优点：扫描速度快，是唯一能够获得"原子分辨率"图像的。AFM 垂直方向上有明显变化的质硬样品，有时更适于用接触模式扫描成像。

缺点：横向力影响图像在空气中的质量，因为样品表面吸附液层的毛细作用使针尖与样品之间的黏着力很大，横向力与黏着力的合力导致图像空间分辨率降低，而且针尖刮擦样品会损坏软质样品（如生物样品，高分子材料等）。

② 非接触模式　优点：没有力作用于样品表面。

缺点：由于针尖与样品分离，横向分辨率低；为了避免接触吸附层而导致针尖胶黏，其扫描速度低于 tapping mode 和 contact mode AFM。通常仅用于非常怕水的样品，吸附液层必须薄，如果太厚，针尖会陷入液层，引起反馈不稳，刮擦样品。由于上述缺点，non-contact mode 的使用受到限制。

③ 敲击模式　优点：很好的消除了横向力的影响。降低了由吸附液层引起的力，图像分辨率高，适于观测软、易碎、或胶黏性样品，不会损伤其表面。

缺点：比接触模式 AFM 的扫描速度慢。

3.3.2.3　原子力显微镜在高分子材料研究中的应用

1988 年发表了首篇有关 AFM 应用于高分子材料表面研究的论文。最近几年，AFM 实验方法在这一领域的应用发展迅速并深化。AFM 可以观察聚合物表面的形貌，高分子链的构象，高分子链堆砌的有序情况和取向情况，纳米结构中相分离尺寸的大小和均匀程度，晶体结构、形状，结晶形成过程等信息。

(1) 观察高分子材料表面形貌　AFM 因具有很高而独特的分辨率，能够获得高分子表面的精细结构，这也是 AFM 在高分子研究领域中最常用的功能。AFM 可以用在高分子的表面形态、纳米结构、链堆砌等方面的研究。付美龙等通过 10-羟基癸酸、乙醇、氯丙烯、NaOH 制得了具有长亲水链结构的新型功能单体 B，它可与丙烯酰胺共聚合后再进行水解，得到新型梳形结构的聚合物 comb-1，如图 3-27 所示。实验室合成的聚合物的形状像两面有齿的梳子杂乱组合而成。每把"梳子"的主干长度为 $20\sim60\mu m$，常常是一把"梳子"的生长被另一把与之相交或垂直的"梳子"所限制，从而形成纵横交错的紧密排列。齿上也常有次级齿生成，此时大部分为单侧齿，其结构呈现出一种几何美。

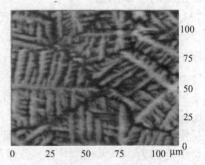

图 3-27　原子力显微镜观察的梳形聚合物 comb-1

图 3-28 为树枝状大分子——聚苯乙烯粒子的 AFM 图片。图中，树枝状大分子——聚苯乙烯粒子形状为球形，粒径在 100nm 以下且大小较为均一。

图 3-28　树枝状大分子——聚苯乙烯粒子的 AFM 图

近来由于 AFM 技术的发展，特别是敲击式 AFM 和相检测技术的发展，AFM 在非均相高分子体系的研究越来越广泛，AFM 不仅可以分辨出不同高分子组分，还可以通过对针尖一些特殊的修饰，特异性地研究高分子表面基团的分布。

(2) 观察高分子材料表面结晶形态及结晶过程　高分子的结晶性能直接关系着高分子的使用性能，因此，对结晶性高分子来说，其结晶性能一直是研究的热点，但一般仪器如 DSC 不能直接观察高分子的结晶过程。AFM 不仅具有高分辨率，且 AFM 的共振模式可通过原位成相为整个动力学过程提供实时观测，这就为直接观测高分子结晶过程提供了可能，极大完善和发展了高分子结晶理论及结晶熔融动力学研究。

图 3-29 为纳米二氧化硅对聚丙烯结晶的影响的 AFM 图，比较了未改性纳米 SiO_2 和苯乙烯接枝改性纳米二氧化硅（SiO_2-g-PS）对 PP 结晶的影响。不管是未改性还是改性纳米 SiO_2 对 PP 的结晶结构均没有明显的影响。在 PP 的熔融结晶过程中，SiO_2 能部

分地起到异相成核剂的作用,从 AFM 图可以看出,纳米粒子的团聚体主要是分布在 PP 结晶薄片上 [图 3-29(b)、图 3-29(c)],或者被推到 PP 球晶的边缘 [图 3-29(a)]。同时发现,基体 PP 分子链可以通过扩散迁移到 SiO_2-g-PS 团聚体内 [图 3-29(d)],因此在团聚体内外都有基体分子链与接枝物的缠结,增强了粒子与基体的界面作用。图 3-30 所示为聚乙烯片晶表面增长的 AFM 图,可以看到,聚乙烯晶体生长呈波浪阵面。

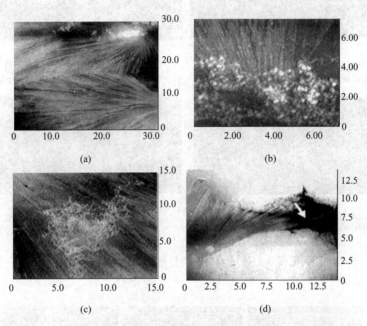

图 3-29　高分子的结晶性能图(单位:μm)

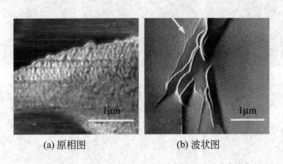

(a) 原相图　　(b) 波状图

图 3-30　聚乙烯片晶表面生长的 AFM 图

孔祥明利用 AFM 详细研究了聚己内酯(PCL)超薄膜及其在特殊限制环境下的结晶形态。AFM 的观察表明,PCL 在石英基板上的结晶形态呈现典型的球晶及比较少见的树枝状晶体两种形态,如图 3-31 所示。在图 3-31(d) 中可以看到,高度图上浅色区域在相图上对应于深色区。一般来讲,相图上的颜色深浅表示深色区域探针的相位滞后大于浅色区域,也就是说深色区域物质的黏弹性大于(或者硬度小于)浅色区域。因此推断,深色区域是 PCL 的结晶区,而浅色区域是裸露的基板。高度图上结晶区比基板高约 15～20nm,而且在 $2\mu m$ 的尺度下看不到进一步的细节,故而可以认为该区域 PCL 结晶是以平躺(Flat-on)的形式存在于基板上。一个有趣的现象是,由图 3-31(a)、(b) 中,可以发现很多聚合物圆环,聚合物结晶是从这些圆环开始生长的。Hobbs 研究了聚乙烯的结晶过程，图 3-32 为聚乙烯膜结晶生长过程。

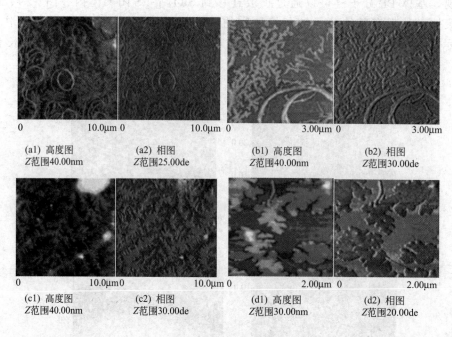

图 3-31　PCL 薄膜的树形结晶的 AFM 图

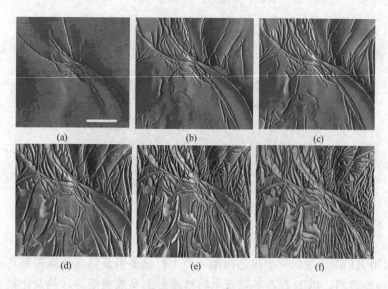

图 3-32　聚乙烯膜冷却结晶的 AFM 图
[图 (a)～图 (d) 最初的生长过程；图 (e)、图 (f) 冷却再生长过程]

罗艳红等用 AFM 在分辨片晶厚度尺寸上（约 10nm）对其合成的具有规整链结构和可控结晶速度的模型聚合物——双酚 A 正 n 烷醚（BA-Cn）系列高聚物的结晶过程（如诱导成核、片晶和球晶的生长等动态过程）进行了原位（in-situ）的研究，见图 3-33～图 3-36。

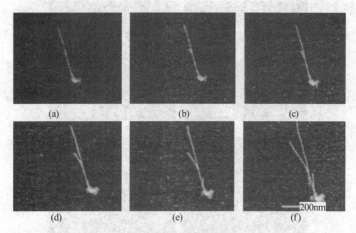

图 3-33 BA-C8 母片晶诱导成核过程

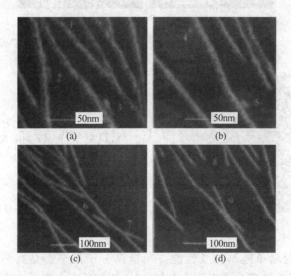

图 3-34 球晶生长前端母片晶与诱导成核

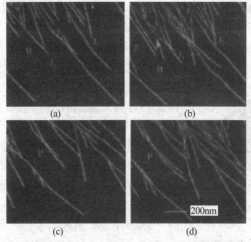

图 3-35 BA-C8 片晶的交叉、平行和弯曲生长

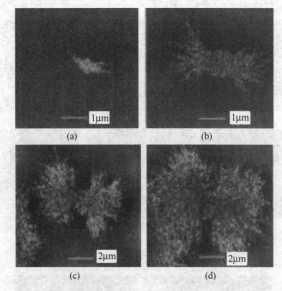

图 3-36　BA-C8 球晶的形成过程

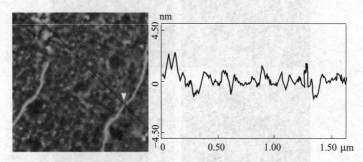

图 3-37　PAM 单分子链数据分析

(3) 观察高分子材料单链结构及性能　单链高分子的形态是高分子凝聚态研究的新领域。AFM 可直接观察单链高分子链形态与结构。它在高度方向具有很高的精度，这对于研究具有纳米尺度的单链凝聚态非常合适；同时，它还提供了进行纳米力学测量的手段，可以使研究者对单链凝聚态的力学性质进行研究。方申文等采用带有双键的 γ-（甲基丙烯酰氧）丙基三甲氧基硅烷（硅烷偶联剂-KH2570）对云母表面进行改性，使之参与丙烯酰胺的聚合，将伸展的聚丙烯酰胺（PAM）单分子固定在云母表面后，进行了用原子力显微镜观察 PAM 单分子的实验。图 3-37 是对 PAM 单分子链的数据分析，其中右图对应左图中黑线沿线横向尺寸分析。何天白等首先通过极稀溶液滴膜的方法得到了聚苯乙烯（PS）的单链颗粒，然后采用稍浓溶液得到了既有单链聚苯乙烯颗粒又有多链（上千根）聚苯乙烯颗粒的样品。图 3-38 为 PS 的 $1\times10^{-4}\%$ 甲苯溶液滴在云母上所得样品的 AFM 三维图像。所得 PS 颗粒的宽度为 50nm，高度为 218nm。AFM 测得的高度是非常准确的，然而，从 AFM 图中得到的表观横向尺寸（apparent lateral dimension）却被针尖形状效应（tip-geometry effect）加宽。当样品的尺寸与针尖的曲率半

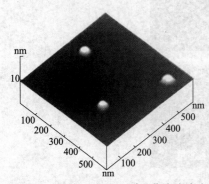

图 3-38　PS 的 $1\times10^{-4}\%$ 甲苯溶液滴在云母上所得样品的 AFM 三维图像

径相当时，这种效应更为显著。经过校正计算后，得到的 PS 颗粒的质量为 $2.06×10^{-19}$ g，与通过 PS 的分子量（$11×10^4$ Da）计算出的单根分子链的质量 $1.83×10^{-19}$ g 非常接近，因此认为所得的 PS 颗粒为单链颗粒。

利用 AFM 研究单链导电高分子的导电性是其最新的进展之一。它首先要求 AFM 的基底和针尖都必须为导体，因而需要对原子力显微镜的针尖镀金并采用了金质基底。让高分子极稀溶液在 AFM 针尖下流过，设置针尖与基底之间距离稍大于单链高分子颗粒直径，在期间施加一定电势，导电高分子颗粒随溶液流到针尖与基底之间时，体系由于电荷的诱导作用会产生一个微小的电流，这种诱导作用可使高分子颗粒变形，并最终吸附在基底和针尖之间。此时，可以通过改变加电时间或电流方向来考察单链导电高分子的电性能。

原子力显微镜从根本上改变了人们对单个原子和分子的作用和认识方式。单分子力谱是基于原子力显微镜力的测量方法。单分子力谱仪是用于研究聚合物单链力学性质的仪器，图 3-39 所示为单分子力谱实验的示意图，高分子样品通过物理吸附的方法固定在基片表面，形成一个很薄的高分子吸附层，然后将原子力显微镜的针尖接触样品层，由于针尖与样品之间的相互作用，一些高分子链将吸附在针尖上，当分离针尖与样品时，这些高分子链将受到拉伸，引起微悬臂的弯曲，其位移通过激光检测系统检测，悬臂的形变与样品的拉伸曲线将会被记录下来，并转化成应力-应变长度曲线。沈家骢等将聚丙烯酸溶

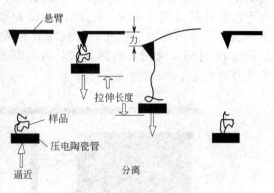

图 3-39 单分子应力-应变实验示意图

于高纯水中浓度约为 1mg/mL，然后将聚丙烯酸溶液铺在清洗干净的玻璃基片上吸附数小时，再仔细地除去多余的溶液，聚丙烯酸吸附层的厚度大约 50～90nm。图 3-40 是不同长度的聚丙烯酸单链的典型力曲线。从图 3-40 可以看到，所有力曲线都具有相似的特征，即力随着拉伸而呈单调上升，拉伸到一定程度时拉力突然下降为零。将不同长度的聚丙烯酸链的力曲线进行长度归一化后，画在同一张图上，如图 3-41 所示。经归一化后，所有的力曲线都很好地重叠在一起，表明聚丙烯酸链的弹性性质与它们的链长呈线性关系。这一结果表明在聚丙烯酸体系中高分子链间的相互缠结和高分子链之间的相互作用对高分子链的弹性性质贡献很小。由此，可以充分肯定拉伸的是聚丙烯酸的单链，所测得的应力-应变行为是聚丙烯酸单链的弹性行为。单分子力谱不仅可用来研究单个聚合物链的力学性质，获得一些用常

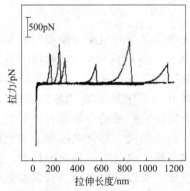

图 3-40 具有不同长度的聚丙烯酸的典型力曲线
（缓冲液为 10^{-3} mol/L KCl 水溶液）

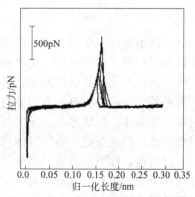

图 3-41 归一化后的力曲线的叠加

规方法无法得到的聚合物单链的力学参数,也可用于探测聚合物分子的二级或三级结构,并且结合分子动力学及模拟,可以揭示拉伸聚合物单链引起的一些结构及构象转变本质。马玉洁等概述了近年来利用基于原子力显微镜的单分子力谱研究单个高分子分子内及分子间作用力的进展。可以预言,随着该方法的进一步改进,如允许在拉伸过程中施加多种变量,如温度、电场等,可以进一步研究聚合物单链纳米力学性质及影响因素,从而为设计合成高性能的聚合物材料奠定基础。

(4) 观察高分子/纳米复合材料 高分子/纳米复合材料具有常规复合材料所没有的形态和更优异的综合性能。图 3-42 所示为在尼龙-6 基体含 3% 的交换镍基土的复合材料原子力显微镜观察图。由图 3-42 可见,在尼龙-6 的基体中,均有许多细的暗线,它们相当于几个纳米厚的硅酸盐薄层。由此可见,蒙脱土在加热聚合过程中可以被解离成纳米尺寸的片层。由于这些片层的尺寸很小,它的比表面积很大,表面能很高,所以这些片层易于团聚而形成大尺寸的颗粒。因此,蒙脱土在尼龙-6 的基体中可能会有大尺寸的分布。同时由图 3-42 可知,通过有效的方法,可以制备出均匀地分散在尼龙-6 基体中的聚合物纳米复合材料来。

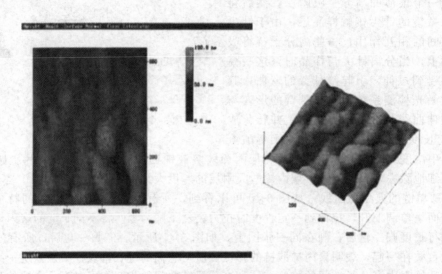

图 3-42 尼龙-6/镍基土的原子力显微镜图

3.4 偏光显微镜

光学显微镜经过多年的发展,已成为精密复杂的仪器。光线通过某一物质时,如光的性质和进路不因照射方向而改变,这种物质在光学上就具有"各向同性",又称单折射体,如普通气体、液体以及非结晶性固体;若光线通过另一物质时,光的速度、折射率、吸收性和光波的振动性、振幅等因照射方向而有不同,这种物质在光学上则具有"各向异性",又称双折射体,如晶体、纤维等。一条天然光线在两种各向同性的介质的分界面上折射时,折射光线只有一条,但光线折入各向异性的介质中即分裂成两条光线(寻常光线和非常光线)沿不同的方向折射,称为双折射。高分子晶体和其他晶体一样,也是对光各向异性的。对光各向异性的介质最常见的是呈现光的双折射和光的干涉现象,所以可以利用具有偏振光的光学显微镜即偏光显微镜(polarizing microscopy, POM)进行观察和研究。结晶高分子的性能与其结晶形态有着密切的关系,对高聚物结晶形态的研究有着十分重要的意义。

3.4.1 偏光显微镜的基本原理

偏光显微镜有两个偏振镜，一个装置在光源与被检物体之间的叫"起偏镜"；另一个装置在物镜与目镜之间的叫"检偏镜"，其上有旋转角的刻度。从光源射出的光线通过两个偏振镜时，如果起偏镜与检偏镜的振动方向互相平行，即处于"平行检偏位"的情况下，则视场最为明亮；反之，若两者互相垂直，即处于"正交校偏位"的情况下，则视场完全黑暗，如果两者倾斜，则视场表明出中等程度的亮度。由此可知，起偏镜所形成的直线偏振光，如其振动方向与检偏镜的振动方向互相垂直，则完全不能通过。因此，在采用偏光显微镜检测时，原则上要使起偏镜与检偏镜处于正交检偏位的状态下进行。通常将两块偏振镜的振动方向置于互相垂直的位置，这种显微镜成为正交偏光显微镜。在正交的情况下，视场是黑暗的，如果被检物体在光学上表现为各向同性（单折射体），无论怎样旋转载物台，视场仍为黑暗，这是因为起偏镜所形成的直线偏振光的振动方向不发生变化，仍然与检偏镜的振动方向互相垂直的缘故。若被检物体中含有双折射性物质，则这部分就会发光，这是因为从起偏镜射出的直线偏振光进入双折射体后，产生振动方向互相垂直的两种直线偏振光，当这两种光通过检偏镜时，由于互相垂直，或多或少可透过检偏镜，就能看到明亮的像。光线通过双折射体时所形成两种偏振光的振动方向，依物体的种类而有不同。

高分子材料在熔融和无定形时呈光学各向同性，即各方向折射率相同。只有一束与起偏镜振动方向相同的光通过，而该束光完全不通过检偏镜，因而视野全暗。但当高分子材料存在晶态或取向时，光学性质随方向而异，当光线通过它时，就会分解成振动平面互相垂直的两束光。它们的传播速度一般是不相等的，于是就产生两条折射率不同的光线，这种现象称为双折射。若晶体的振动方向与上、下偏振镜方向不一致，则视野明亮，可以观察到结构形态。图 3-43 为偏光显微镜的工作原理图。

可以用数学式进一步分析这一关系。图 3-44 中用 P-P 代表起偏镜的振动方向，用 A-A 代表检偏镜的振动方向，如果光线与 P-P 不一致，设 N-N 与 P-P 的夹角为 α。光进入起偏镜后透出的平面偏振光的振幅为 OB。光继续射到晶体上，由于 M-M、N-N 与 P-P 都不一致，因而将矢量分解到这两振动面上，N 方向和 M 方向的光矢量分别为 OD 和 OE。自晶体透出的平面偏光继续射到检偏镜上，由于 A-A 与 M-M、N-N 也不一致，故再次将每一平面偏光一分为二。最后在 A-A 面上的光为方向相反、振幅相同的 OG、OF。最终透过检偏镜的合成波为：

$$Y = OF - OG = OD\sin\alpha - OE\cos\alpha$$

由于这两束光速度不等，会存在相位差 δ。

$$OD = OB\cos\alpha = A\sin\omega t\cos\alpha$$
$$OE = OB\sin\alpha = A\sin(\omega t - \delta)\sin\alpha$$

所以

$$Y = A\sin2\alpha\sin\frac{\delta}{2}\cos\left(\omega t - \frac{\delta}{2}\right)$$

光的强度与振幅的平方成正比，所以合成光的强度 I 为：

$$I = A^2\sin^2 2\alpha\sin^2\frac{\delta}{2}\cos^2\left(\omega t - \frac{\delta}{2}\right)$$

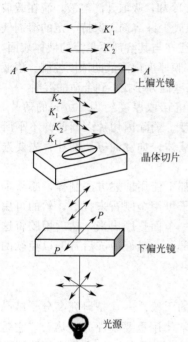

图 3-43 偏光显微镜的工作原理图

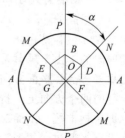

图 3-44 在偏光显微镜正交场中穿过晶体的光矢量分解图

3.4.2 偏光显微镜的制样方法

样品的制备是非常关键的一步,因为样品制备不好会丢失很多重要的结构信息,甚至造成假象而导致完全错误。高分子试样的制样方法主要有熔融法、溶液法、切片法、热压膜法、打磨等。

(1) 熔融法 首先把已洗干净的载玻片、盖玻片、干净的砝码放在恒温熔融炉内在选定温度(一般比熔点高 30℃)下恒温 5min,然后把少许聚合物(几毫克)放在载玻片上,盖上一个盖玻片,整个置于热台上加热,使高分子样品充分熔融后(样品可以流动),压上砝码,轻轻压试样使之展开成膜并除去气泡,再恒温 5min,然后自然冷却到室温。有时,为了使晶体长得更完整,可在稍低于熔点的温度恒温一定时间,再自然冷却至室温。熔融法的优点是可以改变不同热处理条件(如熔融温度、时间和冷却介质)以观察结构变化,此法简单快捷,但也有缺点,例如高分子材料的降解问题。

(2) 溶液法 先把高分子试样溶于适当的溶剂中,然后缓慢冷却,吸取几滴溶液,滴在载玻片上,用另一清洁盖玻片盖好,静置于有盖的培养皿中(培养皿放少许溶剂,保持一定的溶剂气氛,防止溶剂挥发过快),让其自行缓慢结晶。或把聚合物溶液注在与其溶剂不相溶的液体表面,让溶剂缓慢挥发后形成膜,然后用玻片把薄膜捞起来进行观察。膜厚度由溶液的浓度控制。溶液法的优点是结构均匀,膜厚度易于控制;缺点是费时颇多,对某些高分子找不到合适的溶剂。

(3) 切片法 在要观察的高分子试样的指定部分用切片机切取厚度约为 $10\mu m$ 的薄片,放于载玻片上,用盖玻片盖好即可进行观察。为了增加清晰度,消除因切片表面凹凸不平所产生的分散光,可于试样上滴加少量与高分子折射率相近的液体,如甘油等。切片首先要选用合适的切片机。通常用钢刀,刀刃为碳化钨更好。

(4) 打磨 大多数热固性高分子和高填充的高分子材料都不能用前述方法制样,必须采用金属学和矿物学中经典的制样方法,即打磨。较硬的高分子可用金刚石来打磨,软的可用三氧化二铝或三氧化二铁(制成砂轮或砂布)打磨。首先将一个面打磨出来,然后用胶将这个面粘到载玻片上,再打磨另一面。如复合材料含有较软的部分,最好冷冻后打磨以免软的部分变形。熟练的打磨技术可以得到 $15\mu m$ 甚至更薄的样品。

3.4.3 偏光显微镜的高分子材料研究中的应用

偏光显微镜是利用偏振光的干涉原理研究物质微观结构的手段之一,是研究高分子结晶过程的有力工具。目前使用偏光显微镜研究高分子结晶时,常使用重要附件——热台,它是一个可以精确控制温度及恒温的特殊样品架。通过使用热台偏光显微镜,在变化升温降温速率及恒温情况下,可以研究聚合物结晶的过程,成核和生长的双折射很容易被分辨,且可以独立观察这两个过程与温度的关系。近年来发展起来的计算机数字图像加工处理技术可以对成核、生长进行定量研究,如球晶生长速率的测定、成核密度、球晶大小分布等。

3.4.3.1 观察高分子结晶中球晶

(1) 球晶的形态 球晶直径一般在 $0.5 \sim 100\mu m$,大的甚至可达厘米数量级。$5\mu m$ 以上较大的球晶很容易在光学显微镜下观察到。球晶的内部结构细节表明,球晶中高分子链的链节是取向的。由于球晶是由径向发射生长的微纤组成的长条状晶片,在这些晶片中,分子链取向垂直于晶片平面方向排列,因而分子链总是与球晶的半径垂直。这样在平行和垂直于球晶半径的两个方向上,折射率是不一样的。各晶片中半径方向与切线方向的折射率差是一样的,即 δ 是常数。因而决定光强的是 α,当 $\alpha=0°$、$90°$、$180°$ 和 $270°$ 时,$\sin 2\alpha$ 为零,这几个角度没有光通过,视野黑暗。当 α 为 $45°$ 的奇数倍时,$\sin 2\alpha$ 有极大值,因而视野明亮。于是,高分子球晶在偏光显微镜的两正交偏转器之间,呈现特有的黑十字消光图像,如图 3-45 所示。球晶只有在孤立的情况下才是圆形的[图 3-45(a)],而一般情况观察到的球晶是多边形的,这是由于球晶生长到一定阶段必然互相碰撞截顶 [图 3-45(b)]。

图 3-45 典型球晶的偏光显微镜照片

(2) 球晶的生长及生长速率的测定 图 3-46 为聚苯乙烯在 125℃等温结晶时球晶生长过程的偏光显微镜图片。从中可以清晰地看到球晶所特有的黑十字消光图案以及聚乙烯的环带状球晶。随着结晶时间的增加,球晶逐渐生长,相邻球晶之间发生碰撞,形成清晰的界面。另处,在背景中还可以发现很多小的亮点,这些小的亮点也在随着结晶时间的增加而增长,只不过增长幅度比球晶要小很多。在偏振光下,这些亮点应该是聚合物中的有序结构,即也是聚合物的结晶,其形态与球晶不同,其生长的空间不大,只能在较小区域内生长。

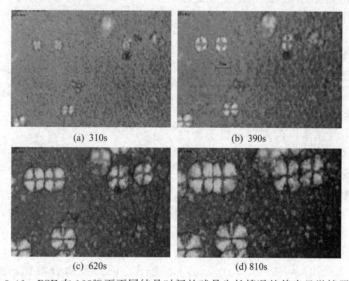

图 3-46 PSE 在 125℃下不同结晶时间的球晶生长情况的偏光显微镜照片

林海云采用偏光显微镜对全同立构聚丙烯 (iPP) 等温结晶行为进行系统的研究。图 3-47 给出了一组实时记录的在 125℃等温结晶的聚丙烯球晶生长过程典型的偏光显微镜照片,由图 3-47 可以清晰地观察到球晶的尺寸随时间的增加而逐渐增大的过程。同时可以得到球晶尺寸和时间之间的定量关系,如图 3-48 所示。由图 3-48 可以看到每一个聚丙烯球晶在没有和另一个球晶相碰时,球晶各部分生长是相同的,呈球状结构,球晶的半径随时间增长而增长,且呈线性关系,即通过原点的一条直线。当球晶相碰后,球晶的生长趋于缓慢,全部相碰后球晶将停止在径向方向的生长。实验中选择的结晶温度范围较窄,随着结晶温度的增加,直线的斜率减小,即结晶的速率减小。但通常情况下,当结晶温度在玻璃化转变温度至熔融温度之间较宽温度范围内变化时,聚合物的结晶速率与结晶温度的关系呈单峰形。

图 3-47 iPP 熔体在 125℃下不同结晶时间的球晶生长情况

3.4.3.2 观察高分子共混体系

偏光显微镜可用于研究共混物的形态和相行为等。

(1) 高分子共混物的结晶形态　显微镜方法研究高分子共混物的结晶形态,最为直观,信息丰富,是研究高分子共混物最重要的手段。胡友良等采用分段聚合的方法制备了 PP/EPR 原位共混物,通过改变乙丙共聚的时间调节聚合物中乙烯的含量。图 3-49(a) 显示了丙烯均聚物的球晶照片,球晶生长得很完善,结晶度很高。图 3-49(f) 显示了乙丙共聚物的偏光照片,在共聚物中聚丙烯球晶的生长被抑制,形成尺寸很小的晶体,因此完全看不到完善的球晶。图 3-49(b)~图 3-49(e) 显示了催化剂首先催化丙烯聚合,接着进行乙丙共聚所

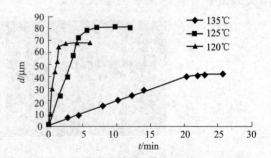

图 3-48 不同温度下 iPP 的球晶直径与时间的关系

得的聚合物的偏光照片,聚合物中乙烯含量的变化显著影响聚丙烯球晶的形态。当共聚时间较短时 [图 3-49(b)、(c)],聚合物中乙烯的含量小于 20%,较少的乙丙共聚物被引入到聚丙烯中,聚丙烯球晶的生长受到阻碍,球晶的尺寸变小,同时结晶开始变得不完善。随着共聚时间的延长,更多的乙丙共聚物进入聚丙烯的球晶中,当聚合物中乙烯的含量超过了 20% 时 [图 3-49(d)、(e)],由于乙丙共聚物分散相与聚丙烯基体之间出现较好的相容性,使长序列丙烯链段的结晶更加困难,聚丙烯球晶以径向发射微纤结构的分枝缓慢生长,形成了结构非常稀疏的球晶,球晶的尺寸也变得更小。

(2) 高分子共混物相容性的判定　显微镜观察法是一种用来定性判断共混物相容与否的简单快捷的方法。如果共混高分子是相容的,那么在显微镜下观察到的是透明的,没有大块团聚的较为均匀溶液;相反如果共混物是不相容的,在显微镜下观察到的却是有团聚的不均匀的溶液。图 3-50 为羟丙基纤维素(HPC)和聚丙烯腈(PAN)共混体系在各种不同质量配比的 HPC/PAN 共混溶液中的偏光显微镜照片,都没有观察到明显的较大的团聚粒子,因此可判定该体系呈较为均一的共混体系,表明 HPC 和 PAN 具有较好的相容性。当 PAN 质量分数为 0.8 时,观察到有少量的团聚现象,说明此时 HPC 和 PAN 相容性较低。

图 3-49　PP/EPR 共混物的偏光显微镜照片

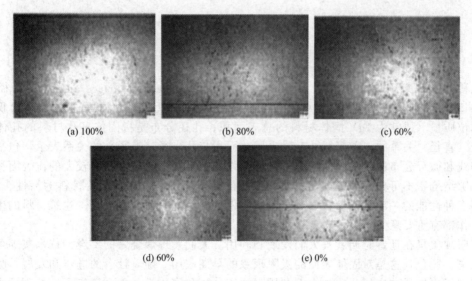

图 3-50　不同 HPC 含量的 HPC/PAN 共混体系的偏光显微镜照片

(3) 高分子共混物体系的球晶形态　吴宁晶采用偏光显微镜和相差显微镜详细研究 PP/PMMA 不相容聚合物共混物体系和 PP/PMMA/PP-g-PMMA 增容共混体系的结晶和相形态。图 3-51 是 PP/PMMA 和 PP/PMMA/PP-g-MAH 共混物在 130℃ 等温结晶不同时间的偏光显微照片。由图可以看出，对于 PP/PMMA 共混物，与相差显微照片相对应，球晶中的黑色区域对应着 PMMA 相区，PP 球晶在生长过程中，绕过 PMMA 相区继续生长，PP 结晶呈现典型的均相成核的特征。当共混体系中加入 PP-g-MAH，在相同的结晶时间内，图 3-51 (b3) 与图 3-51 (a3) 相比，PP 球晶大小不一，且球晶尺寸相对偏小，这说明 PP-g-MAH 对 PP 的结晶有着较大的影响，PP-g-MAH 大分子链上的 MAH 极性侧基使得 PP/PMMA/PP-g-MAH 共混物中的 PP 结晶完善程度降低，结晶尺寸减小。这与非等温结晶偏光显微镜的测试结果是相一致的。

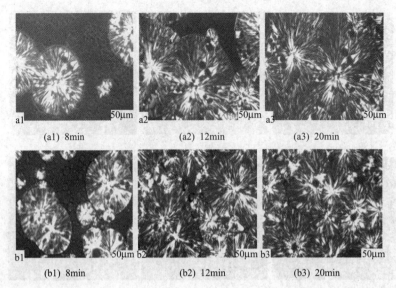

图 3-51　PP/PMMA 与 PP/PMMA/PP-g-MAH 共混体系 130℃下等温结晶的偏光显微镜照片
（b1）～（b3）PP/PMMA/PP-g-MAH（80/20/2）（MAH graft yield 1.22%，质量分数）

3.5　比表面积及孔度分析

3.5.1　概述

在科技化日新月异的今天，多孔材料比表面积（specific surface area）及孔径分布（pore size distribution）的测定在科研和工业生产中越来越引起人们的重视。比表面积通常是指单位质量（通常为1g）固体材料的总表面积；孔径分布是指固体多孔材料的孔体积对孔半径（直径）关系的一种表征，有时也用孔面积与孔半径（直径）的关系表示，包括积分分布曲线和微分分布曲线。固体材料若具有较强的吸附能力，通常与其较大的比表面积和丰富的孔隙结构密不可分。因此，比表面积和孔径分布是评价粉末及多孔材料的活性、吸附、催化等多种性能的一项重要参数，对于吸附、催化、色谱、冶金、陶瓷、建筑材料的生产和研究工作都有重要意义。

吸附现象早在远古时期就被人们发现和利用。人们发现煅烧好的木炭、草木灰等可以吸湿、除臭、脱色，这是对固体表面的吸附现象的早期应用。随着社会的进步和发展，吸附作用也得到了更广泛的应用，比如人们利用吸附来分离和富集贵、重金属离子，处理污水；对混合物进行分离、提纯、回收溶剂；提取各种天然产物，如甜菊糖、叶绿素、栀子黄色素等；对药物尤其是对中草药有效成分进行提取、纯化；净化血液，对其中的安眠药、胆红素与胆酸及其他血液种的内源性与外源性毒物进行吸附处理等。可见固体表面的吸附现象对我们日常生活、工农业生产、医药卫生和科技发展都有着及其重要的意义。

吸附作用有物理吸附（physical adsorption）和化学吸附（chemical adsorption）之分。气体在固体表面发生吸附时，若吸附质分子与吸附剂之间的作用力是物理性的范德华（vander Waals）力或氢键作用力时，则为物理吸附；若吸附质分子与吸附剂之间有电子转移、交换或共有形成化学键时，则为化学吸附。通过气体在固体表面的吸附作用，我们可以测得其吸附等温线（adsorption isotherm），由吸附等温线来计算固体的比表面积和孔径分布，其原理和方法将在下面内容介绍。关于孔的分类，目前一般是根据国际纯粹与应用化学联合会（IUPAC）的分类方法，多孔固体中孔径大于 50nm 的孔为大孔（macro pores），小于 2nm 的孔为微孔（micro pores），介于二者之间（2～50nm）的为中孔（meso pores）。由于微孔有许多特殊性，许多学者对此进行了专门的论著和研究，本书将不再赘述。

3.5.2 比表面积的测定

放到气体体系中的样品，其物质表面（包括颗粒外部和内部通孔的表面）在低温下发生物理吸附，当吸附达到平衡时，测得平衡吸附压力和吸附的气体的量，可得吸附等温线。根据吸附等温线可求出相应吸附剂表面被吸附质分子覆盖满单分子层时的吸附量，即单分子层饱和吸附量，然后再根据每一吸附质分子在吸附剂表面所占有的面积及吸附剂重量，即可计算出吸附剂的比表面积。

3.5.2.1 吸附等温线

在一定温度下，当吸附剂固体在密闭容器中与吸附质气体接触时，如果称量吸附剂的质量就会发现其质量是增加的，而吸附质气体的压力不断减小。一段时间后，吸附质质量不再增加，吸附气体压力不再减小，此时可认为吸附达到平衡。人们在实验中发现，平衡时吸附剂吸附气体的量与吸附剂的质量成比例，平衡吸附量取决于吸附温度 T，气体压力 p 以及吸附剂和吸附气体的性质。

文献中已测得的吸附等温线多达数十万条，虽然它们包括种类繁多的固体吸附剂，但是这些吸附等温线大部分可以分为五类，即最早由 Brunauer，Deming，Deming 和 Teller 提出的（简称 BDDT）五种类型。现在人们已经普遍将它们称为第 I 类吸附等温线、第 II 类吸附等温线……第 V 类吸附等温线，如图 3-52 所示。

I 型吸附等温线限于单层或准单层，2.5nm 以下微孔吸附剂上的吸附等温线属于这种类型。例如，78K 时氮气在活性炭上的吸附及水和苯蒸气在分子筛上的吸附。II 型吸附等温线常称为 S 型等温线，吸附剂孔径大小不一，发生多分子层吸附，在后半段，由于发生了毛细孔凝聚，吸附量急剧增加，吸附等温线急剧上翘。在无孔粉末颗粒或在大孔中的吸附常是

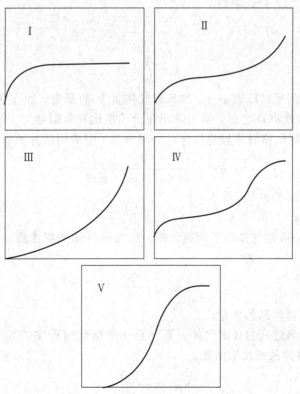

图 3-52　按 BDDT 分类的 I 型到 V 型吸附等温线

这种类型的等温线。Ⅲ型吸附等温线较少见，当吸附剂与吸附质相互作用很弱时会出现这种等温线，如352K时，Br_2在硅胶上的吸附。Ⅳ型吸附等温线是Ⅱ型吸附等温线的变种，多孔吸附剂发生多分子层吸附时会有这种等温线，如在323K时，苯在氧化铁凝胶上的吸附属于这种类型。Ⅴ型吸附等温线是Ⅲ型吸附等温线的变种，发生多分子层吸附，有毛细凝聚现象，例如，在373K时，水蒸气在活性炭上的吸附属于这种类型。

3.5.2.2 BET 理论

根据 BET 方程计算单分子层饱和吸附量是目前应用最广泛的方法，该方程是 1938 年由 Brunauer，Emmett 和 Teller 三人提出的，其表达式为

$$\frac{p}{V(p_0-p)}=\frac{1}{V_m C}+\frac{C-1}{V_m C}\frac{p}{p_0} \tag{3-1}$$

式中，p 为平衡压力；p_0 为实验温度下气体的饱和蒸气压；V 为与平衡压力 p 相应的吸附量；V_m 为单分子层饱和吸附量；C 为与吸附热和凝聚热相关的常量。

将式(3-1)变形，令 $X=\frac{p}{p_0}$，$Y=\frac{p}{V(p_0-p)}$，$A=\frac{C-1}{V_m C}$，$B=\frac{1}{V_m C}$，则可得式(3-2)。

$$Y=AX+B \tag{3-2}$$

以 Y 对 X 作图，可得一条直线，其中直线的斜率为

$$A=\frac{C-1}{V_m C} \tag{3-3}$$

直线的截距为

$$B=\frac{1}{V_m C} \tag{3-4}$$

联立式(3-3)和式(3-4)，可得

$$V_m=\frac{1}{A+B} \tag{3-5}$$

$$C=\frac{A}{B}+1 \tag{3-6}$$

因此，通过一系列相对压力 p/p_0 和吸附气体量 V 的测定，由 Y-X 直线关系图或最小二乘法求出斜率 A 和截距 B 之后，即可求出单分子层饱和吸附量 V_m 及常数 C。通常 V_m 的单位为 cm^3，当把吸附气体看作理想气体时，则单分子层吸附的分子物质的量 n 为

$$n=\frac{V_m}{2.24\times 10^4 cm^3 \cdot mol^{-1}} \tag{3-7}$$

则吸附剂的总表面积 S 为

$$S=A_m \times L \times n \tag{3-8}$$

其中，A_m 为一个吸附气体分子的截面积；L 为阿伏伽德罗常数；n 为吸附气体的物质的量。所以，比表面积 S_{BET} 为

$$S_{BET}=\frac{S}{m} \tag{3-9}$$

其中，m 为所测量样品的质量。

通常认为氮气是最适宜的吸附气体。氮气分子的横截面积在 77K 温度下为 $0.162nm^2$，可按照式(3-10)计算样品的比表面积。

$$S_{BET}=\frac{4.35V_m}{m} \tag{3-10}$$

对于低比表面积的样品，采用氮气测量时，若仪器的灵敏度不够，则可采用较重的分子

或者蒸气压比氮气低的吸附气体比如氩气。在用 BET 方程计算样品的比表面积时，一般常取用 p/p_0 为 0.05～0.30 范围内的数据，此间数据线性关系较好，因为相对压力较低时，多层吸附尚未建立完全，甚至单层尚未铺满；而相对压力较高时，毛细冷凝影响较大，会出现较大偏差。

3.5.3 孔径分布测定的原理

用气体吸附法可测得多孔材料的孔径分布。其测定利用的是毛细冷凝现象和体积等效交换原理，即将被测样品孔中充满的液氮量等效为孔的体积。毛细冷凝现象指的是在一定温度下，对于水平液面尚未达到饱和的蒸汽却对毛细管内的凹液面可能已经达到饱和状态，从而蒸汽凝结成液体的现象。

当多孔材料中的孔处在一定温度（如液氮温度 77.3K）下的某一气体（如氮气）的环境中，则会有一部分气体在孔壁上吸附。如果该气体冷凝后可以润湿孔壁，则随着气体相对压力逐渐升高，除了气体在各孔壁的吸附层厚度相应逐步增加外，当达到与某组孔径相应的临界相对压力时，还发生毛细冷凝现象。半径越小的孔越先被冷凝液充满，随着该气体的相对压力不断升高，半径较大的孔也相继被冷凝液充满。半径更大的孔，孔壁吸附层则继续增厚。当相对压力达到 1 时，所有的孔都会被冷凝液充满，并且在一切表面上都会发生凝聚；反之，随着气体相对压力由 1 开始逐渐下降，半径由大到小的孔则会依次蒸发出孔中的冷凝液，并于孔壁留下与平衡相对压力相应的厚度的吸附层。

简言之，在不同的 p/p_0 下，能够发生毛细冷凝的孔径范围是不一样的，随着值的增大，能够发生毛细冷凝的孔半径也随之增大。对应于一定的 p/p_0 值，存在一临界孔半径 R_k，半径小于 R_k 的所有孔都发生毛细冷凝，液氮在其中填充。临界半径可由凯尔文方程给出：$R_k = -0.414/\lg(p/p_0)$，R_k 完全取决于相对压力 p/p_0。对于已发生冷凝的孔，当压力低于一定的 p/p_0 时，半径大于 R_k 的孔中凝聚液气化并脱附出来。通过测定样品在不同 p/p_0 下凝聚氮气量，可绘制出其等温脱附曲线。

除了第 I 类吸附等温线外，其余四类吸附等温线往往有吸附分支与脱附分支分离的现象，形成所谓吸附回线。吸附回线的形状反映了一定的孔结构情况，因此可以通过对吸附回线的研究来对孔结构进行分析。de Boer 将吸附回线分作五类，即 A 类、B 类、C 类、D 类、E 类，每一类都反映了一些一定结构的孔。

孔径分布的计算可用 BJH 法，它是由 Barrett，Joyner 和 Helena 最早提出的最经典的方法。在该方法中，略去吸附膜对液体化学位的贡献，应用简单的几何方法推导得到应用凯尔文方程计算孔径分布的方法。

3.5.4 ASAP2020 比表面及孔隙度分析仪

美国 Micromeritics 公司生产的 ASAP2020 比表面及孔隙度分析仪，借助于气体吸附原理（典型为氮气）来测定样品的气体吸附等温线，然后根据所得的吸附等温线数据，分别依据相应的原理来求取样品的比表面积及孔径分布等。ASAP2020 分析仪可以测试粉状、粒状及块状样品，测试范围广阔，包括沸石、碳材料、分子筛、二氧化硅、氧化铝、土壤、黏土、有机金属化合物骨架结构等各种材料。气体吸附法一般测量的比表面积为 $0.0005\text{m}^2/\text{g}$ 至无上限，孔径分析范围 0.35～500nm。其外观如图 3-53 所示。

样品在测试时首先要经过脱气处理。由于吸附法测定的关键是吸附气体分子"有效地"吸附在被测样品的表面或填充在孔隙中，因此样品表面是否干净至关重要。对样品进行脱气处理可以让非吸附质分子占据的表面尽可能地被释放出来。在一般情况下，真空脱气分两步，100℃左右脱除的是表面吸附的水分子，350℃左右脱除的是各种有机物，可根据样品的情况选择合适的脱气温度。为了避免难挥发的有机分子进入真空管道造成污染，样品在测试之前最好经过煅烧或者萃取、干燥处理。特殊样品应用特殊的方法进行脱气，对于含微孔或吸附特性很强的样品，常温常压下很容易吸附杂质分子，有时需要通入惰性保护气体，以利于样品表面杂质的脱附。ASAP2020分析仪配备有两套真空系统，即脱气系统和分析系统相互独立，各自有一套独立的双级机械泵（高真空系统分析站还配备了分子涡轮泵），提高了测试效率，真正做到分析与脱气的同时进行，避免了由一套真空系统而带来的污染问题。

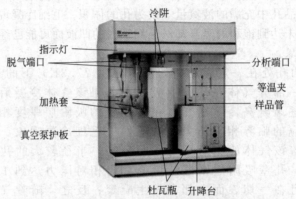

图 3-53　ASAP2020 比表面及孔隙度分析仪示意图

通常待测样品能提供 40~120m² 表面积最适合氮吸附分析。如果过少，会使分析结果不稳定或者吸附量出现负值，导致软件会认为是错误的值而不产生分析结果；过多，则会延长分析时间。对于比表面积很小的样品，要尽量多称，但最好不要超过样品管底部体积的一半。准确称量样品管重量和脱气后总重可得到样品的真实重量。为了提高测试精度，可预先将空样品管在脱气站上进行脱气，记下脱气后的重量，这样可以保障样品脱气后减掉空管重量时管内气体前后一致，以减小测量误差。

分析系统是 ASAP2020 分析仪的核心系统，主要由压力传感器、温度传感器、气动阀以及气体管路等组成，分析过程采用静态吸附平衡体积法来测定样品的吸附等温线。测定时需要在吸附气体的气液两相平衡温度下进行，ASAP2020 分析仪用的分析气体为氮气，因此分析过程需要利用液氮来实现气液两相平衡温度所需的低温（77.3K）。分析过程中样品管浸没在装有液氮的杜瓦瓶中，从而实现低温。此外，分析仪还配置了液氮液面保持装置——液氮等温夹，以确保整个分析过程中等温夹套以下的温度恒定。

ASAP2020 分析仪的供气系统主要由高压氮气和高压氦气组成，氦气主要用来测定样品管的空体积；氮气是分析中所用的吸附质气体，供气纯度在 99.99% 以上。分析仪共配备了六路物理吸附进气口，以便进行不同的气体分析时无须更换气路。除此之外，还配备了自由空间进气口、回填气进气口和水蒸气进气口。

3.5.5　测定实例

3.5.5.1　比表面积测定实例

硅胶是一种常用的吸附剂基体材料，用 γ-氯丙基三乙氧基硅烷偶联剂处理后，可得表面含有氯的硅胶，简写为 SG-Cl，可作为合成新型硅胶基吸附剂的中间体。吸附剂的比表面积及孔结构的相关数据是表征吸附剂的重要参数，可用 ASAP2020 分析仪测定。以 SG-Cl 为例，实验测得的吸附等温线如图 3-54 所示，可见其吸附类型属于 V 型吸附。其 BET 表面积计算图如图 3-55 所示，图中取了 8 个数据点，以 p/p_0 为 X 轴，取值范围为 0.04~0.20，$p/[V(p_0-p)]$ 为 Y 轴，可得如图所示的直线，直线的相关信息及由直线方程计算所得的相关参数及 BET 表面积数值如表 3-1 所示。

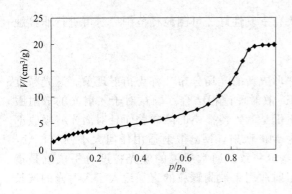
图 3-54 样品 SG-Cl 的吸附等温线

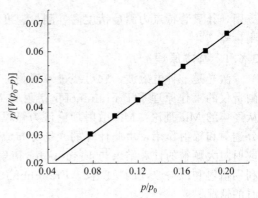
图 3-55 样品 SG-Cl 的 BET 表面积计算图

表 3-1　SG-Cl 的 BET 表面积计算的相关参数

参　数	V	参　数	V
BET 表面积	$(322.1369\pm0.8445)\mathrm{m}^2/\mathrm{g}$	C	42.074698
斜面	$(0.295694\pm0.000787)\mathrm{g/mmol}$	V_m	3.30150mmol/g
Y 向截距	$(0.007199\pm0.000108)\mathrm{g/mmol}$	相关系数	0.9999788
		代表性分子面积	0.1620nm

3.5.5.2　孔径分布测定实例

图 3-56 所示的是 SG-Cl 的吸附-脱附等温线,可以看到图中脱附等温线与吸附等温线并不重合,而是形成一个回环,该回环属 A 型回环,表明 SG-Cl 中的孔为两端开口的圆柱孔。图 3-57 所示的是 SG-Cl 的孔径分布曲线,可以看到该材料中的孔大都集中在 50~150Å 之间,属于介孔材料。

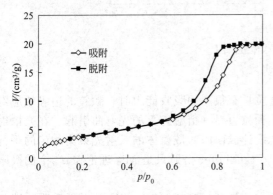
图 3-56　样品 SG-Cl 的吸附-脱附等温线

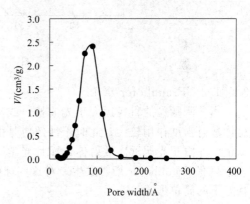
图 3-57　样品 SG-Cl 孔径分布曲线

3.6　激光衍射粒度分析仪

在现实生活中,很多领域的材料诸如能源、化工、医药、建筑、环保等都与粒度分析息息相关,尽管 Fraunhofer 和 Mie 等早在 19 世纪就已经描述了粒子与光的相互作用,但直到 20 世纪随着微电子技术的发展、单色可靠的激光源的使用及快速高效的电子计算机的发展,才使这些理论得以快速地应用到颗粒的粒度分析中。激光粒度分析法是在 20 世纪 70 年代发展起来的一种高效快速的测定粒度分布的方法。目前,激光衍射式粒度测量仪已得到广泛的应用,其显著特点为测量精度高、测量速度快、重复性好、可测粒径范围广、可进行非接触测量等。

3.6.1 基本原理

激光是一种电磁波,它可绕过障碍物,并形成新的光场分布,称为衍射现象。激光粒度测量仪的工作原理基于 Fraunhofer 衍射和 Mie 散射理论相结合。颗粒对于入射光的散射服从经典的 Mie 理论。Mie 散射理论认为颗粒不仅是激光传播中的障碍物而且对激光有吸收部分透射和辐射作用,由此计算的光场分布成为 Mie 散射,Mie 散射适用任何大小颗粒,Mie 散射对大颗粒的计算结果与 Fraunhofer 衍射基本一致。通常所说的激光粒度分析仪就是指利用衍射和散射原理的粒度仪。Fraunhofer 衍射适用于被测颗粒的直径远大于入射光的波长时的情况。

3.6.1.1 Mie 理论

Mie 理论描述了光与任意大小的颗粒之间的相互作用,这种相互作用是角度的函数,假定光波长和极化已知,而且颗粒为光滑、球形、均匀并已知折射率,Mie 理论比 Fraunhofer 提出的理论要复杂,因为它要解决颗粒和光之间所有可能的相互作用。Mie 理论只适用于球体。球体产生的光散射图的特征通常是通过不同位置上出现的最小和最大散射表示(图3-58),这取决于颗粒性质。在最小角度上(通常小于10°)球体的光散射图为中心对称而不是轴对称,即该图显示了入射光方向的同心圆。因此,大颗粒产生的散射角度集中在小角度上,这主要是由于来自颗粒边缘上的衍射效应。

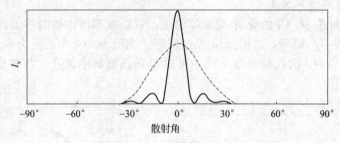

图 3-58 球体散射图

3.6.1.2 Fraunhofer 理论

当被测颗粒的直径远大于光波长,或当物质具有很高的吸收能力时,颗粒的边缘效应对总体散射强度作用较大。此时干涉效应是由于颗粒边界(衍射)上的光弯曲引起。在光散射测量中,由于光源远离散射体,而且光学通常设计成使照射散射体的入射光束为均匀的平行线,只有 Fraunhofer 衍射发生。对这些球体,Fraunhofer 衍射只是 Mie 理论在 $d \gg l$ 的极限状态下的简单形式。

Fraunhofer 理论仅用于以下颗粒:①远远大于波长(通常>30mm)且为不透明,即与介质(折射率通常大于1.2)相比,颗粒具有不同的折射率;②高吸收力(吸收系数通常大于0.5)。在 Fraunhofer 理论中物质的折射率不会产生影响,因为大颗粒的散射强度集中在正向(角度通常小于10°)。为此,Fraunhofer 衍射也被称作正向散射。第一个最小散射强度的角度按公式(3-11)与粒度存在一元关系:

$$\sin\theta = \frac{1.22 \times l}{d} \tag{3-11}$$

大部分的散射强度集中在一个非常尖锐的中央波瓣上,这样便提供了一个比较简单的方法以解决光散射测量大颗粒。

仅就某种意义上讲,光散射是一种绝对常量技术,一旦实验设置正确,对于获取每种成分的体积（或重量）百分比校准或缩放比例就不是必要的了。此外，选择正确的光学模型也是测量结果准确性的关键步骤。

图 3-59 为激光衍射粒度分析仪的原理示意图。激光器中的一束窄光束经扩束系统扩束以后，平行的照射在颗粒槽中的被测颗粒群上，由颗粒群产生的衍射光经聚焦透镜汇聚后在其焦平面上形成衍射图。利用位于焦平面上的一种特制的环形光电探测器进行信号的光电转换，然后将来自光电检测器中的信号放大、A/D 变换、数据采集送入到计算机中，采用预先编制的优化程序对计算值与实测值相比较，即可快速的反推出颗粒群的尺寸分布。

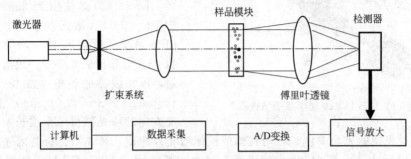

图 3-59 激光衍射粒度分析仪的原理示意图

3.6.1.3 极化强度差示散射（PIDS）技术的应用

许多样品含有亚微米范围内的粒度，从而形成较广的粒度分布范围。但是，在粒度较小时，粒度与光波长比值（d/l）减少，因而干涉效应也减少，散射图变得较为光滑且对角度依赖性减少。在较小的粒度范围内，粒度对散射强度模式的灵敏度也大大减少，这样要获取正确的粒度则越来越困难。显然，如果使用较短波长的光，d/l 比值将变大，所以较低的粒度极限将得到有效的扩展。联合光散射的极化效应和大角度时的波长依赖性，可以将较低的粒度极限扩展到 40nm（几乎达到理论极限）。这便是已取得专利的极化强度差示散射（PIDS）技术。

极化效应的来源可以通过以下路径了解。如果远小于光波长的小颗粒（$d \ll l$）位于光束上，光的振荡电场便会诱发颗粒上的振荡偶极矩，即由颗粒组成的原子中其电子相对于固定颗粒来回移动，被诱发的电子以振荡电场方向运动。由于光的横向运动本性，使振荡偶极子向各个方向（图 3-60 中观察到的振荡方向除外）辐射。这样，如果检测器正向振荡方向，则接收不到单个偶极子的散射。当光束以垂直或水平方向极化时，在指定角度上检测到的散射光强度 I_v 和 I_h 将不一致，I_v 和 I_h 之间的差值（$I_v - I_h$）即为 PIDS 信号。此外，由于 PIDS 信号随不同波长而变化，从多波长对 PIDS 信号进行测量将能够提供详细的信息，用于进一步提炼粒度检索步骤。

3.6.2 仪器结构与组成

以 LS 13 320 型激光衍射粒度分析仪为例，介绍其基本结构与组成。

3.6.2.1 LS 13 320 光工作台

LS 13 320 光学系统是由照明源、样品室（在这里，样品与照明光束相互作用）、用于聚焦散射光的傅里叶透镜系统和记录散射光强度模式的光电探测器装置。激光辐射穿过空间滤波器和投影透镜形成光束。光束穿过样品单元，在这

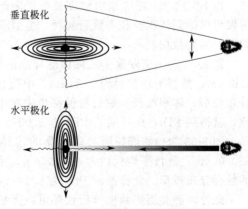

图 3-60 不同方向极化的散射

里，悬浮在液体或气体中的颗粒即按其大小将入射光散射在特征图上。傅里叶光学采集衍射光并将其聚焦在三组检测器上，一组是小角散射，第二组是中等角度散射，第三组是大角散射。LS 13 320 光学系统的结构图见图 3-61。

3.6.2.2 光源

LS 13 320 是使用 750nm（或 780nm）的 5mW 二极管激光器作为主光源，对于 PIDS 系统还存在钨-卤素次级照明源。从钨-卤素灯发出的光穿过一组滤波器时被投射，该滤波器通过每个波长（3 个波长：450nm、600nm 和 900nm）上的两个正交方向的偏光器将三个波长发射出去。

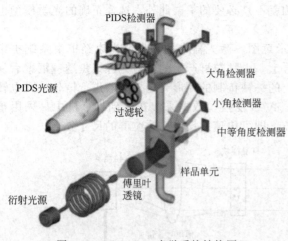

图 3-61　LS 13 320 光学系统结构图

二极管激光器的光为单色光，与气体或液体激光器相反，激光器二极管的光不聚焦，其单色光也必须经过"处理"以生成"干净"光束。最常用于调整照明源的仪器是空间滤波器。大多数空间滤波器包括一组光学元件（如透镜、针孔和孔径等）——设计为精制光速以达到希望品质。

3.6.2.3 样品模块

样品处理模块的主要功能是将样品中的颗粒（不分大小）送至敏感区，避免任何不符合要求的干扰如气泡或热湍流。样品模块通常是由样品单元和传送系统组成。传送系统可能包括某些装置如含有循环泵、超声探针或搅拌棍，以帮助颗粒更好地分散和循环。LS 13 320 运转时含有针对悬浮在液体或干粉中的颗粒进行设计的样品单元。这些样品模块分别为旋风干粉系统（Tornado DPS）、通用液体模块（ULM）、水溶液模块（ALM）和微量液体模块（MLM）。此外，ALM 也可以与自动制备站（APS）联合使用。

3.6.3　激光衍射粒度分析仪在高分子材料中的应用

激光粒度仪由于其集成了激光技术、现代光电技术、电子技术、精密机械和计算机技术，具有速度快、测量范围广、数据可靠、重复性好、自动化程度高、便于在线测量等优点而被广泛应用于能源、化工、医药、建筑、环保等诸多领域中。如高分子材料（聚合物乳液、溶胶、涂料、黏结剂、聚合物微球等），一般用蒸馏水作分散介质，不需超声波分散，只要在适当的浓度下进行充分地搅拌即可，可跟踪测定其粒度随时间变化的趋势。

以 LS 13 320 激光衍射粒度分析仪为例介绍其具体应用。由 LS 13 320 激光衍射粒度分析仪可以得到体积粒径和数目粒径，并且分别给出各自的平均粒径、中位径、标准偏差、方差等一系列数据。

图 3-62 为一交联聚苯乙烯微球样品的粒径分布图，体积平均粒径为 $1.70\mu m$，中位径为 $1.69\mu m$，数目平均粒径为 $1.54\mu m$，中位径为 $1.51\mu m$。从图 3-62 中可以看出，微球的粒径分布较窄，体积粒径和数目粒径都集中在 $1.0\sim 2.5\mu m$。由体积平均粒径和数目平均粒径相比，就得到 PDI，此样品的 PDI 为 1.007。

图 3-63 为一酚醛树脂微球样品的粒径分布图，体积平均粒径为 $562.78\mu m$，中位径为 $550.03\mu m$，数目平均粒径为 $493.36\mu m$，中位径为 $496.96\mu m$。从图 3-63 中可以看出，微球的粒径分布较窄，此样品的 PDI 为 1.141。

此外，激光衍射粒度分析仪还可在无机粉体材料、药品、保健品、化妆品等领域得到应用。无机粉体材料（水泥、粉煤灰、矿渣、硅灰、石膏、玻璃、细砂、铁氧体等），通常采

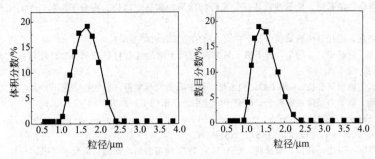

图 3-62　交联聚苯乙烯微球的粒径分布图

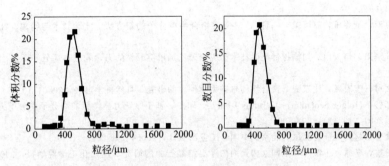

图 3-63　酚醛树脂微球的粒径分布图

用蒸馏水、无水乙醇等溶剂作分散介质，超声波分散 5min 左右。药品、保健品、化妆品（如珍珠粉等），这些材料一般都是超细粉体，最好用无水乙醇作分散介质，并需选用适当的表面分散剂或超声波分散较长时间。

参 考 文 献

[1] 朱和国，王恒志. 材料科学研究与测试方法. 南京：东南大学出版社，2008，230-235.
[2] 傅万里，杜不一，翁文剑，韩高荣. 聚偏氟乙烯压电薄膜的制备及结构. 材料研究学报，2005，19（3）：243-248.
[3] 薛继荣，宁平. PC/PET 共混合金相容性的研究. 中国塑料，2010，24（1）：23-27.
[4] 陈晓蕾，石建高，史航，刘永利，张忾忾，王鲁民. 聚己内酯在海水中降解性能的研究. 海洋渔业，2010，32（1）：82-88.
[5] 祁景玉. 现代分析测试技术. 上海：同济大学出版社，2006，236-239.
[6] 詹茂盛. 尼龙-6 合金的分散形态和破坏机理. 复合材料学报，200，17（1）：32-36.
[7] 张俐娜，薛奇，莫志深，金熹高. 高分子物理近代研究方法. 武汉：武汉大学出版社，2006，266-267.
[8] 李振泉，钱健，曹绪龙，宋新旺，吴飞鹏. 一锅法制备 pH 和热敏的 P(NIPAM-co-AA) 高分子空心球. 高分子学报，2010，（3）：329-333.
[9] Du B Y, Liu J P, Zhang Q L, He T B. Experimental measurement of polyethylene chain modulus by scanning force microscopy. Polymer, 2001, 42 (13): 5901-5907.
[10] Armelin E, Casas M T, PuiggalõÂ J. Structure of poly(hexamethylene sebacate). Polymer, 2001, 42 (13): 5695-5699.
[11] Wang C, Chen C C, Cheng Y W, Liao W P, Wang M L. Simultaneous presence of positive and negative spherulites in syndiotactic polystyrene and its blends with atactic polystyrene. Polymer, 2002, 43 (19): 5271-5279.
[12] 董黎明，廖功雄，刘程，王明晶，蹇锡高. 聚芳醚腈-聚硅氧烷嵌段共聚物的合成. 高分子学报，2008，（9）：887-892.
[13] 黄利坚，汪尔康. 电子显微镜技术表征聚乙二醇包覆的银纳米线的显微结构特征. 分析化学研究快报，2010，38（2）：149-152.
[14] Pastoriza-S I, Liz-Marzán L M. Formation of PVP-protected metal nanoparticles in DMF. Langmuir, 2002, 18 (7), 2888-2894.

[15] 游晓亮,夏修旸,汤嘉陵.聚氨酯乳液互穿聚合物网络的制备与结构.高分子材料科学与工程,2009,25(9):65-68.
[16] 李占双,景晓燕.近代分析测试技术.哈尔滨:哈尔滨工程大学出版社,2005,48-50.
[17] 王娜,田一光,封禄田,张明学,陈千贵.尼龙6/蒙脱土纳米复合材料的制备和性能研究.沈阳化工学院学报,2002,16(2):99-103.
[18] 付美龙,刘杰.梳形聚合物comb-1的结构表征.西安石油大学学报:自然科学版,2009,24(2):67-70.
[19] 周红军,罗颖.原子力显微镜在高分子研究中的应用.广东化工,2007,34(1):83-85.
[20] Hobbs J K, Farrance O E, Kailas L. How atomic force microscopy has contributed to our understanding of polymer crystallization. Polymer, 2009, 50 (18): 4281-4292.
[21] 孔祥明,何书刚,王震,陈宙,谢续明.AFM研究PCL薄膜的结晶形态.高分子学报,2003,(4):571-576.
[22] Hobbs J K. In-situ AFM of polymer crystallization. China Journal of Polymer Science, 2003, 21 (2): 135-140.
[23] 罗艳红,姜勇,金熹高,李林,雷玉国,陈志明.原子力显微镜研究高聚物结晶的最新进展.科学通报,2002,47(15):1121-1125.
[24] 方申文,段明,董兆雄,赵国荣.一种AFM观察聚合物单分子的新方法.实验技术与管理,2009,26(2):45-47.
[25] 张青岭,杜滨阳,何天白.扫描探针显微技术研究聚苯乙烯单链颗粒的力学响应.高分子学报,2000,(5):654-658.
[26] 张希,张文科,李宏斌,沈家骢.聚合物的单链力学性质的研究.自然科学进展,2000,10(5):385-390.
[27] 马玉洁,邹钐,Holger Schênherr,G Julius Vancso,印杰.基于原子力显微镜的高分子单分子力学研究.功能高分子学报,2004,19(3):503-509.
[28] 杨万泰.聚合物材料表征与测试.北京:中国轻工业出版社,2008,208-209.
[29] 林海云,田雪,李冰,王继库.全同立构聚丙烯等温结晶行为的研究.沈阳化工学院学报,2006,20(2):201-210.
[30] 崔楠楠,柯毓才,胡友良.用Z-N催化剂分段聚合制备PP/EPR共混物的结构和形态特征.高分子学报,2006,(6):761-767.
[31] 王冬,李慧,沈新元.HPC/PAN共混溶液的相容性.高分子材料科学与工程,2008,24(11):91-94.
[32] 吴宁晶,杨鹏.PP/PMMA/PP-g-MAH共混物的结晶和相形态研究.高分子学报,2010,(3):316-323.
[33] 严继民,张启元.吸附与凝聚固体的表面与孔.北京:科学出版社,1986,205-229.
[34] 陈诵英,孙予罕,丁云杰,周仁贤,罗孟飞.吸附与催化.郑州:河南科学技术出版社,2001,45-46.
[35] 朱永法.纳米材料的表征与测试技术.北京:化学工业出版社,2006:8-20.
[36] 黄惠忠.纳米材料分析.北京:化学工业出版社,2003:264-270.
[37] 徐云龙,肖宏,钱秀珍.壳聚糖/蒙脱土纳米复合材料的结构与性能研究.功能高分子学报,2005,18(3):383-386.

第 4 章 热分析技术

热分析起始于 1887 年，德国人 H. Lechatelier 用一个热电偶插入受热黏土试样中，测量黏土的热变化，所记录的数据并不是试样和参比物之间的温度差；1899 年，英国人 Roberts 和 Austen 改良了 Lechatelier 装置，用两个热电偶反相连接，采用差热分析的方法研究钢铁等金属材料，直接记录样品和参比物之间的温差随时间变化的规律，首次采用示差热电偶记录试样与参比物间产生的温度差，即目前广泛应用的差热分析法的原始模型；1915 年日本的本多光太郎提出了"热天平"概念，并设计了世界上第一台热天平（热重分析），测定了 $MnSO_4 \cdot 4H_2O$ 等无机化合物的热分解反应。

20 世纪 40 年代末，商业化电子管式差热分析仪问世，60 年代又实现了微量化。1964 年，Watson 和 O'Neill 等人提出了"差示扫描量热"的概念，进而发展成为差示扫描量热技术，使得热分析技术不断发展和壮大。

1977 年在日本京都召开的国际热分析协会（ICTA, International Conference on Thermal Analysis）第七次会议把热分析定义为：热分析是在程序控制温度下，测量物质的物理性质与温度之间关系的一类技术。这里所说的"程序控制温度"一般指线性升温或线性降温，也包括恒温、循环或非线性升温、降温。这里的"物质"指试样本身和（或）试样的反应产物，包括中间产物。

热分析方法的种类是多种多样的，根据 ICTA 的归纳和分类，目前的热分析方法共分为 9 类 15 种（见表 4-1）。

表 4-1 ICTA 对热分析技术的分类

物理性质	技术名称	简称	物理性质	技术名称	简称
质量	热重法	TG	机械特性	机械热分析	TMA
	导热系数法	DTG		动态热	
	逸出气检测法	EGD		机械热	
	逸出气分析法	EGA	声学特性	热发声法	
				热传声法	
温度	差热分析	DTA	光学特性	热光学法	
焓	差示扫描量热法①	DSC	电学特性	热电学法	
尺度	热膨胀法	TD	磁学特性	热磁学法	

① DSC 分类：功率补偿 DSC 和热流 DSC。

热分析是表征材料的基本方法之一，多年来一直广泛应用于科研和工业生产中。近年来在各个领域，特别是高分子材料研究领域，都有了长足发展。根据 DIN EN ISO 9000 标准，热分析仪器已经成为 QA/QC、工业实验室和研究开发中不可缺少的设备。使用现代化的热分析仪器系统，可以使测量操作快速、简便、可靠。在上述热分析技术中，热重法、差热分析法以及差示扫描量热法应用的最为广泛。

4.1 热重分析法

样品在热环境中发生化学变化、分解、成分改变时可能伴随着质量的变化。热重分析就是在不同的热条件（以恒定速度升温或等温条件下延长时间）下对样品的质量变化加以测量的动态热分析技术。

热重法（thermogravimetry，TG）是在程序控温下，测量物质的质量与温度或时间的关系的方法，通常是测量试样的质量变化与温度的关系。热重分析的结果用热重曲线（curve）或微分热重曲线表示。

4.1.1 热重分析原理

热重法（TG 或 TGA）：在程序控制温度条件下，测量物质的质量与温度关系的一种热分析方法。其数学表达式为：

$\Delta W = f(T)$ 或 $f(\tau)$；ΔW 是重量变化，T 是热力学温度，τ 是时间。

热重法试验得到的曲线称为热重曲线（即 TG）。TG 曲线以质量（或百分率%）为纵坐标，从上到下表示减少；以温度或时间作横坐标，从左自右增加。试验所得的 TG 曲线（如图 4-1），对温度或时间求微分（dW/dt）可得到一阶微商曲线 DTG。

图 4-1 中，TG 曲线上质量基本不变的部分称为平台，两平台之间的部分称为台阶。B 点所对应的温度 T_i 是指累积质量变化达到能被热天平检测出的温度，称为反应起始温度。C 点所对应的温度 T_f 是指累积质量变化达到最大的温度（TG 已检测不出质量的继续变化），称之为反应终了温度。

DTG 曲线上出现的峰指示质量发生变化，峰的面积与试样的质量变化成正比，峰顶与失重变化速率最大处相对应。

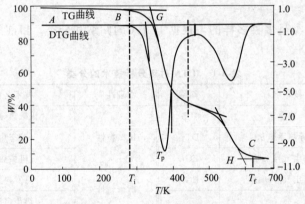

图 4-1 TG 和 DTG 曲线

反应起始温度 T_i 和反应终了温度 T_f 之间的温度区间称反应区间。亦可将 G（切线交点）点取作 T_i 或以失重达到某一预定值（5%、10% 等）时的温度作为 T_i，将 H（切线交点）点取作 T_f。T_p 表示最大失重速率温度，对应 DTG 曲线的峰顶温度。

4.1.2 热重分析装置

热重分析所用的仪器是热天平，它的基本原理是，样品重量变化所引起的天平位移量转化成电磁量，这个微小的电量经过放大器放大后，送入记录仪记录；而电量的大小正比于样品的重量变化量（图 4-2 为带光敏元件的自动记录热天平示意图，天平梁倾斜由光电元件检出，经电子放大后反馈到安装在天平梁上的感应线圈，使天平梁又返回到原点）。当被测物质在加热过程中有升华、汽化、分解出气体或失去结晶水时，被测的物质质量就会发生变化。这时热重曲线就不是直线而是有所下降。通过分析热重曲线，就可以知道被测物质在多少温度时产生变化，并且根据失重量，可以计算失去了多少物质（如 $CuSO_4 \cdot 5H_2O$ 中的结晶水）。从热重曲线上我们就可以知道 $CuSO_4 \cdot 5H_2O$ 中的 5 个结晶水是分三步脱去的。由

DTG 曲线可以得到样品的热变化所产生的物质热性能方面的信息。

4.1.3 影响热重分析的因素

实际测定的 TG 和 DTG 曲线与实验条件,如加热速率、气氛、试样重量、试样纯度和试样粒度等密切相关。影响 TG 曲线的主要因素基本上包括下列几方面:仪器因素——浮力、试样盘、挥发物的冷凝等;实验条件——升温速率、气氛等;试样的影响——试样质量、粒度等。

4.1.3.1 仪器因素

(1) 浮力的影响 由于气体的密度在不同的温度下有所不同,所以随着温度的上升试样周围的气体密度发生变化,造成浮力的变动。

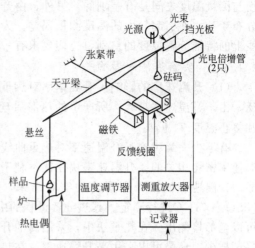

图 4-2 带光敏元件的自动记录热天平示意图

在 300℃时浮力为常温时的 1/2 左右,在 900℃时大约为 1/4。所以,在试样重量没有变化的情况下,由于升温,似乎试样在增重,这种现象通常称之为表观增重。表观增重 (ΔW) 可用下列公式计算:

$$\Delta W = Vd(1 - 273/T) \tag{4-1}$$

式中 d——试样周围气体在 273K 时的密度;
  V——加热区试样盘和支撑杆的体积。

Simons 等对热重分析仪中由浮力引起的表观增重现象作了详细的研究。研究结果表明,200mg 的试样盘升温到 1073℃,其总的表观增重为 5mg。并指出在 200℃以前增重速率最大,在 200℃到 1000℃温度范围内表观增重与温度呈线性关系;不同气氛对表观增重的影响也很不同;除了浮力的影响,还有对流的影响。为了减小浮力和对流影响,可在真空下测定或选用水平结构的热重分析仪,因为水平的天平可避免浮动效应。

(2) 试样盘的影响 试样盘的影响包括盘的大小、形状和材料的性质等。盘的大小实际上与试样用量有关,它主要影响热传导和热扩散;盘的形状与表面积有关,它影响着试样的挥发速率。因此,盘的结构对 TG 曲线的影响是一个不可忽视的因素,在测定动力学数据时影响更加明显。通常采用的试样盘以轻巧的浅盘最好,用浅盘可使试样在盘中摊成均匀的薄层,有利于热传导和热扩散。在热重分析时试样盘应是惰性材料制作的,常用盘材料为铂、铝和陶瓷等。显然,对 Na_2CO_3 一类的碱性试样不能使用铝、石英和陶瓷试样盘,因为它们都会和这类碱性试样发生反应而改变 TG 曲线,这种影响在高聚物分析中也很明显。例如,聚四氟乙烯在一定条件下与石英、陶瓷试样盘反应生成挥发性的硅酸盐化合物。目前常用的试样盘是铂制的,但必须注意铂对许多有机化合物和某些无机化合物有催化作用,并且铂制试样盘也不适用于含有磷、硫和卤素的高聚物,所以在分析时选用合适的试样盘也是十分重要的。

(3) 挥发物冷凝的影响 试样受热分解或升华,逸出的挥发物往往在热重分析仪的低温区冷凝,这不仅污染仪器,而且使实验结果产生严重的偏差。例如在分析砷黄铁矿时,三氧化二砷先凝聚在较冷的悬吊部件上,进一步升温时凝聚的三氧化二砷再蒸发,以致 TG 曲线十分混乱。尤其是挥发物在试样杆上的冷凝,会使测定结果毫无意义。对于冷凝问题,可从两方面来解决:一方面从仪器上采取措施,在试样盘的周围安装一个耐热的屏蔽套管或者采用水平结构的热天平;另一方面可从实验条件着手,尽量减少试样用量和选择合适的净化气体的流量。应该指出,在热重分析时应对试样的热分解或升华情况有个初步估计,以免造成仪器的污染。

(4) 温度测量上的误差 在热重分析仪中,由于热电偶不与试样接触,所以试样真实温度与测量温度之间是有差别的。另外，由升温和反应所产生的热效应往往使试样周围的温度分布紊乱，而引起较大的温度测量误差。为了消除由于使用不同热重分析仪而引起的热重曲线上的特征分解温度的差别，迫切要求有一系列校核温度的标准物质。

4.1.3.2 实验条件的影响

(1) 升温速率的影响　升温速率对热重法的影响比较大，所以在这方面的研究也比较广泛。由于升温速率越大，所产生的热滞后现象越严重，往往导致热重曲线上的起始温度 T_i 和终止温度 T_f 偏高。

有不少文章讨论了升温速率对热重曲线的影响，在热重曲线中，中间产物的检测是与升温速率密切相关的。升温速率快往往不利于中间产物的检出，因为 TG 曲线上的拐点很不明显。升温速率慢可得到明确的实验结果，例如，Fruchart 等用 0.6℃/min 的升温速率对 $NiSO_4 \cdot 7H_2O$ 进行测定。其热分解过程的中间产物（含有 6、4、2 和 1 个结晶水的 $NiSO_4$）可以全部检测出。在热重法中，采用高的升温速率一般对热重曲线的测定是不利的，但是如果试样少，还是可以采用高升温速率，在热分解过程中的中间产物仍然能够被检测，例如在 160℃/min 的升温速率下测定 $CuSO_4 \cdot 5H_2O$ 的热重曲线，整个实验只需 6.5min 就可全部测完。总之，升温速率对热分解的起始温度、终止温度和中间产物的检出都有着较大的影响。在热重法中一般采用低的升温速率为宜。

(2) 气氛的影响　热重法通常可在静态气氛或动态气氛下进行测定。在静态气氛下，如果测定的是一个可逆的分解反应，虽然随着升温，分解速率增大，但是由于试样周围的气体浓度增大又会使分解速率下降。另外炉内气体的对流可造成样品周围的气体浓度不断地变化。这些因素会严重影响实验结果，所以通常不采用静态气氛。为了获得重复性好的实验结果，一般在严格控制的条件下采用动态气氛。目前，在热重法中大多数采用动态气氛。由于气氛性质、纯度、流速等对热重曲线的影响较大，因此为了获得正确而重复性好的热重曲线，选择合适的气氛和通入气氛的条件是很重要的。

4.1.3.3 试样的影响

试样对热重分析的影响很复杂，现就试样用量和粒度的影响作以下简单的讨论。

(1) 试样的用量　在热重法中，试样的用量应在热重分析灵敏度范围内，并尽量少，因为试样用量大会导致热传导差而影响分析结果。Coat 等曾对试样用量做了大量研究工作，研究结果表明试样用量的影响大致有三个方面：①试样的吸热或放热反应会引起试样温度发生偏差。试样用量越大，这种偏差也越大；②试样用量对逸出气体扩散的影响，用量大一般气体扩散慢；③试样用量对热梯度的影响，一般情况，用量大热梯度小。

总之，试样用量大对热传导和气体扩散都是不利的。

(2) 试样粒度的影响　试样粒度同样对热传导、气体扩散有着较大的影响，例如粒度的不同会引起气体产物的扩散过程大不相同，而这种变化可导致反应速率和 TG 曲线形状的改变。粒度越小反应速率越快，使 TG 曲线上的 T_i 和 T_f 温度降低，反应区间变窄，试样颗粒度大往往得不到较好的 TG 曲线。Martinez 用纤蛇纹石做实验，实验结果表明分解温度随粒度变小而下降。粉状试样在 50～850℃ 连续失重，在 600～700℃ 分解得最快。可是块状试样直到 600℃ 左右才开始有少量失重。粒度减小不仅使热分解的温度下降，而且也可使分解反应进行得很完全。所以粒度在热重分析中是一个不可忽视的影响因素。

4.1.4 热重分析在高分子材料分析测试中的应用

热重法的重要特点是定量性强，能准确地测量物质的质量变化及变化的速率，可以说，只要物质受热时发生重量的变化，就可以用热重法来研究其变化过程。目前，热重法已在高分子材料研究的下述诸方面得到应用：

① 高分子材料及聚合物共混材料的热分解；
② 高分子材料的定性和定量鉴定；
③ 高分子材料含湿量、挥发物及灰分含量的测定；
④ 高分子材料脱水和吸湿；
⑤ 高分子材料吸附和解吸。

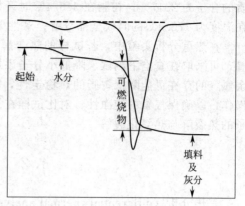

图4-3 填充尼龙的TG曲线

图4-3为填充尼龙的TG曲线和DTG曲线，从TG曲线可以得出填充尼龙中分别含有水分、可燃烧物及填料灰分的百分含量；从DTG曲线可得出填充尼龙的失水温度及燃烧温度等。

图4-4是用NETZSCH-TG209C测得的PC/PBT保险杠的TG曲线和DTG曲线，敞口白金坩埚，氮气气氛（10mL/min），在850℃切换为氧气气氛（10mL/min），升温速率10K/min。TG曲线显示材料从376℃开始分解，失重量为57%，这是PBT的分解。DTG曲线上显示在446℃有一个4.41%失重，这是PE的分解。从470℃开始PC开始分解，失重量为28%。850℃切换为氧气气氛后高温分解的碳烧失为9.4%。剩余的灰分为1.3%。

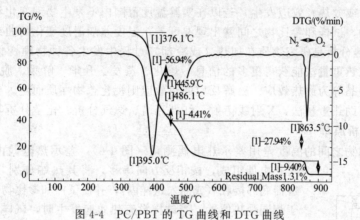

图4-4 PC/PBT的TG曲线和DTG曲线

图4-5为白色涂料（醋丙）的TG曲线，曲线显示白色涂料中溶剂或增塑剂等小分子物

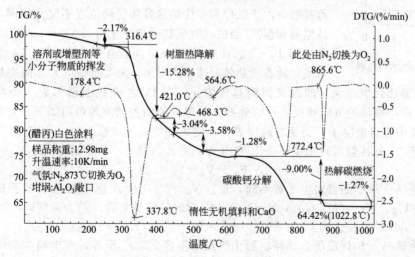

图4-5 白色涂料（醋丙）的TG曲线和DTG曲线

质的含量为2.17%；树脂在316.4℃时开始热分解，其含量为15.28%；碳酸钙含量为8%，在温度为772.4℃的时候全部分解；碱性无机填料和CaO含量为64.42%。

在热重分析实验中，若试样的热分解温度与小分子添加剂（如增塑剂）等挥发温度重叠，可采取在真空下测试、降低小分子添加剂的沸点使两个平台得以有效分离；因为少量残余氧气的存在可能降低树脂的热稳定性，因此在测试前一般需进行抽真空-惰性气氛置换的操作，以确保气氛的纯净性；对比试样在惰性和氧化性气氛中的不同失重现象，可区别高分子的热裂解与热氧化裂解。

4.2 差热分析法

差热分析（differential thermal analysis，DTA），是一种重要的热分析方法，该法广泛应用于测定物质在热反应时的特征温度及吸收或放出的热量，包括物质相变、分解、化合、凝固、脱水、蒸发等物理或化学反应。广泛应用于无机、硅酸盐、陶瓷、矿物金属、航天耐温材料等领域，是无机、有机、特别是高分子聚合物、玻璃钢等方面热分析的重要仪器。

差热分析，也称差示热分析，是在温度程序控制下，测量物质与基准物（参比物）之间的温度差随温度变化的技术。试样在加热（冷却）过程中，凡有物理变化或化学变化发生时，就有吸热（或放热）效应发生，若以在实验温度范围内不发生物理变化和化学变化的惰性物质作参比物，试样和参比物之间就出现温度差，温度差随温度变化的曲线称差热曲线或DTA曲线。差热分析是研究物质在加热（或冷却）过程中发生各种物理变化和化学变化的重要手段。它比热重量法能获得更多的信息。熔化、蒸发、升华、解吸、脱水为吸热效应；吸附、氧化、结晶等为放热效应。分解反应的热效应则视化合物性质而定。要弄清每一热效应的本质，需借助热重量法、X射线衍射、红外光谱、逸气分析、化学分析等分析方法。

4.2.1 差热分析原理

试样和参比物之间的温度差用差示热电偶测量（图4-6），差示热电偶由材料相同的两

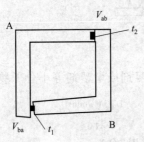

图4-6 差示热电偶

对热电偶组成，按相反方向串接，将其热端分别与试样和参比物容器底部接触（或插入试样内），并使试样和参比物容器在炉子中处于相同受热位置。当试样没有热效应发生时，试样温度T_S与参比物温度T_R相等，$T_S-T_R=0$。两对热电偶的热电势大小相等，方向相反，互相抵消，差示热电偶无信号输出，DTA曲线为一直线，称基线（由于试样和参比物热容和受热位置不完全相同，实际上基线略有偏移）。当试样有吸热效应发生时，$\Delta T=T_S-T_R<0$（放热效应则$T_S-T_R>0$），差示热电偶就有信号输出，DTA曲线会偏离基线，随着吸热效应速率的增加，温度差则增大，偏离基线也就更远，一直到吸热效应结束，曲线又回到基线为止，在DTA曲线上就形成一个峰，称吸热峰；放热效应中则峰的方向相反，称放热峰。热电偶测温差的原理可用如下三点解释。

① 金属中有自由电子，要使之逸出表面，需施加能量V（逸出功）。设有两金属A、B，$V_a>V_b$，则A、B接触时自由电子由B流向A，使A^-，B^+，并形成电位差V'_{ab}。

$$V'_{ab}=V_b-V_a$$

② 原始A、B中的自由电子数不同，设：$N_a>N_b$，从A逸出的电子多于B的，形成另一电位差V''_{ab}。$V''_{ab}=(KT/e)\ln(N_a/N_b)$，$K$为玻尔兹曼常数；$T$为温度；$e$为电子电荷。实际接触时AB的电位差为：$V_{ab}=V'_{ab}+V''_{ab}=V_b-V_a+(KT/e)\ln(N_a/N_b)$。

③ 把金属A、B焊成闭合回路，两个接点的温度t_1、t_2不等，则电路内的电动势为两个接点的电位差之和：$E_{ab}=V_{ab}+V_{ba}=K/e(t_1-t_2)\ln(N_a/N_b)$。

可见在两种不同的金属之间形成 E_{ab}（温差电动势），范围其值与温差 (t_1-t_2) 有关（其他值为常数）。

在 DTA 试验中，把两个接点分别插在样品与参比物之中，它们之间的温度差的变化是由于相转变或反应的吸热或放热效应引起的。如相转变、熔化、结晶结构的转变、沸腾、升华、蒸发、脱氢、裂解或分解反应、氧化或还原反应、晶格结构的破坏和其他化学反应。一般来说，相转变、脱氢还原和一些分解反应产生吸热效应；而结晶、氧化和一些分解反应产生放热效应。测量电动势（电压）可知温差，进一步可知热效应的出现与否及强度。差热分析的原理如图 4-7(a) 所示。图 4-7(b) 为样品温度 T 和样品与参比物温差 ΔT 变化曲线，图 4-7(c)，(d) 分别为吸热峰和放热峰。

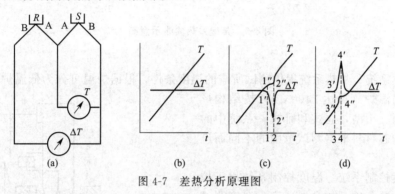

图 4-7　差热分析原理图

将试样和参比物分别放入坩埚，置于炉中以一定速率进行程序升温，以 T_s、T_r 表示各自的温度，设试样和参比物的热容量不随温度而变。若以 $\Delta T = T_s - T_r$ 对 t 作图，所得 DTA 曲线如图 4-7 所示，随着温度的增加，试样产生了热效应（例如相转变），与参比物间的温差变大，在 DTA 曲线中表现为峰、谷。显然，温差越大，峰、谷也越大，试样发生变化的次数多，峰、谷的数目也多，所以各种吸热谷和放热峰的个数、形状和位置与相应的温度可用来定性地鉴定所研究的物质，而其面积与热量的变化有关。图 4-7 为差热分析的原理图，图中两对热电偶反向联结，构成差示热电偶。S 为试样，R 为参比物，在电表 T 处测得的为试样温度 T_s；在电表 ΔT 处测的即为试样温度 T_s 和参比物温度 T_r 之差 ΔT。

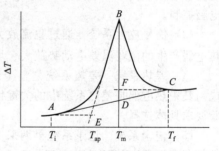

图 4-8　差热曲线放热峰

图 4-8 为某材料的放热峰。反应起始点为 A，温度为 T_i；B 为峰顶，温度为 T_m，主要反应结束于此，但反应全部终止实际是 C 点，温度为 T_f。BD 为峰高，表示试样与参比物之间最大温差。在峰的前坡（AB 段），取斜率最大一点向基线方向作切线，与基线延长线交于 E 点，称为外延起始点；E 点温度称为外延起始点温度，以 T_{ap} 表示。ABC 所包围的面积称为峰面积。

图 4-9 为典型的差热分析 DTA 曲线，其所对应的物理意义分别为：基线：ΔT 近似于 0 的区段（AB，DE 段）；峰：离开基线后又返回基线的区段（如 BCD）；吸热峰、放热峰；峰宽：离开基线后又返回基线之间的温度间隔（或时间间隔）（$B'D'$）；峰高：垂直于温度（或时间）轴的峰顶到内切基线之距离（CF）；峰面积：峰与内切基线所围之面积（$BCDB$）；外推起始点（出峰点）：峰前沿最大斜率点切线与基线延长线的交点（G）。

4.2.2　差热分析装置

一般的差热分析装置由加热系统、温度控制系统、信号放大系统、差热系统和记录系统等组成（如图 4-10）。有些型号的产品也包括气氛控制系统和压力控制系统。现将各部分简

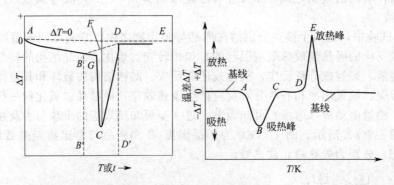

图 4-9 典型差热曲线示意图

介如下。

(1) 加热系统　加热系统提供测试所需的温度条件，根据炉温可分为低温炉（＜250℃）、普通炉、超高温炉（可达 2400℃）；按结构形式可分为微型、小型，立式和卧式。系统中的加热元件及炉芯材料根据测试范围的不同而进行选择。

(2) 温度控制系统　温度控制系统用于控制测试时的加热条件，如升温速率、温度测试范围等。它一般由定值装置、调节放大器、可控硅调节器（PID-SCR）、脉冲移相器等组成，随着自动化程度的不断提高，大多数已改为微电脑控制。

(3) 信号放大系统　通过直流放大器把差

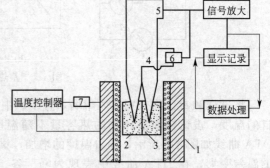

图 4-10 差热分析仪示意图

热电偶产生的微弱温差电动势放大、增幅、输出，使仪器能够更准确的记录测试信号。

(4) 差热系统　差热系统是整个装置的核心部分，由样品室、试样坩埚、热电偶等组成。其中热电偶是差热系统中的关键性元件，既是测温工具，又是传输信号工具，可根据试验要求具体选择。

(5) 记录系统　记录系统早期采用双笔记录仪进行自动记录，目前已能使用微机进行自动控制和记录，并可对测试结果进行分析，为试验研究提供了很大方便。

(6) 气氛控制系统和压力控制系统　该系统能够为试验研究提供气氛条件和压力条件，增大了测试范围，目前已经在一些高端仪器中采用。

4.2.3　影响差热分析的因素

差热分析操作简单，但在实际工作中往往发现同一试样在不同仪器上测量，或不同的人在同一仪器上测量，所得到的差热曲线结果有差异。峰的最高温度、形状、面积和峰值大小都会发生一定变化。其主要原因是因为热量与许多因素有关，传热情况比较复杂所造成的。一般说来，一是仪器，二是样品。虽然影响因素很多，但只要严格控制某种条件，仍可获得较好的重现性。

(1) 气氛和压力的影响　气氛和压力可以影响样品化学反应和物理变化的平衡温度、峰形。因此，必须根据样品的性质选择适当的气氛和压力，有的样品易氧化，可以通入 N_2、Ne 等惰性气体。

(2) 升温速率的影响　升温速率不仅影响峰温的位置，而且影响峰面积的大小，一般来说,在较快的升温速率下峰面积变大,峰变尖锐。但是快的升温速率使试样分解偏离平衡条件的程度也大,因而易使基线漂移。更主要的是可能导致相邻两个峰重叠,分辨力下降。较慢的升温速率,基线漂移小,使体系接近平衡条件,得到宽而浅的峰,也能使相邻两峰更好地分离,因而分辨力高。但测定时间长,需要仪器的灵敏度高。一般情况下选择 8~12℃·min^{-1} 为宜。

(3) 试样的预处理及用量 试样用量大,易使相邻两峰重叠,降低了分辨力。一般尽可能减少用量,最多大至毫克。样品的颗粒度为 100~200 目,颗粒小可以改善导热条件,但太细可能会破坏样品的结晶度。对易分解产生气体的样品,颗粒应大一些。参比物的颗粒、装填情况及紧密程度应与试样一致,以减少基线的漂移。

(4) 参比物的影响 要获得平稳的基线,参比物的选择很重要。要求参比物在加热或冷却过程中不发生任何变化,在整个升温过程中参比物的比热、导热系数、粒度尽可能与试样一致或相近。常用 α-三氧化二铝 (Al_2O_3) 或煅烧过的氧化镁 (MgO) 或石英砂作参比物。如分析试样为金属,也可以用金属镍粉作参比物。如果试样与参比物的热性质相差很远,则可用稀释试样的方法解决,主要是减少反应剧烈程度;如果试样加热过程中有气体产生时,可以减少气体大量出现,以免使试样冲出。选择的稀释剂不能与试样有任何化学反应或催化反应,常用的稀释剂有 SiC、铁粉、Fe_2O_3、玻璃珠、Al_2O_3 等。

(5) 纸速的影响 在相同的实验条件下,同一试样如走纸速度快,峰的面积大,但峰的形状平坦,误差小;走纸速率小,峰面积小。因此,要根据不同样品选择适当的走纸速度。

不同条件的选择都会影响差热曲线,除上述情况外,还有许多因素,诸如样品管的材料、大小和形状、热电偶的材质以及热电偶插在试样和参比物中的位置等。市售的差热仪,以上因素都已固定,但自己装配的差热仪就要考虑这些因素。

4.2.4 差热分析在高分子材料分析测试中的应用

差热分析法可用于测定高分子材料熔点、熔化热、汽化热、纯度、多晶转变、液晶相变、玻璃化温度及居里点,进行定性和定量分析;还可用于制作相图、研究固相反应、脱水反应、热分解反应、异构化反应、催化剂性能、高聚物性能和反应动力学等。差热曲线的峰面积与热量的比值随温度而变化,给热量定量测定带来一定困难。差热分析的主要应用领域有以下几方面。

① 对于含吸附水或结构水的高分子材料,在加热过程中失水时,发生吸热作用,在差热曲线上形成吸热峰。

② 高温下有气体放出的高分子材料,在加热过程中由于 CO_2、H_2O 等气体的放出,而产生吸热效应,在差热曲线上表现为吸热谷。不同类物质放出气体的温度不同,差热曲线的形态也不同,利用这种特征就可以对不同类物质进行区分鉴定。

③ 非晶态高分子材料的重结晶特性分析。有些非晶态高分子材料在加热过程中伴随有重结晶的现象发生,放出热量,在差热曲线上形成放热峰。此外,如果物质在加热过程中晶格结构被破坏,变为非晶态物质后发生晶格重构,则也形成放热峰。

④ 高分子材料晶型转变特性分析,有些高分子材料在加热过程中由于晶型转变而吸收热量,在差热曲线上形成吸热谷。

⑤ 高分子材料的鉴别与成分分析,应用差热分析对材料进行鉴别主要是根据物质的相变(包括熔融、升华和晶型转变等)和化学反应(包括脱水、分解和氧化还原等)所产生的特征吸热或放热峰。有些材料常具有比较复杂的 DTA 曲线,虽然不能对 DTA 曲线上所有的峰作出解释,但是它们像"指纹"一样表征着材料的特性。

图 4-11 为高分子材料的典型 DTA 曲线,从 DTA 曲线中可获得聚合物的玻璃化转变,氧化反应,结晶,熔融及分解等热性能的相关信息。

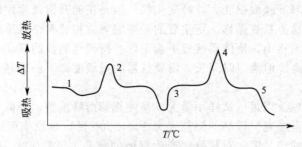

图 4-11 高分子材料的典型 DTA 曲线

1—玻璃化转变；2—氧化放热峰；3—结晶峰；4—熔融峰；5—分解

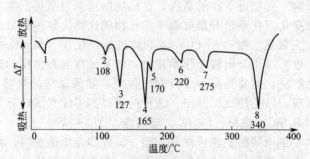

图 4-12 某七组分聚合物共混材料的 DTA 曲线

1—聚四氟乙烯；2—高密度聚乙烯；3—低密度聚乙烯；4—聚丙烯；5—聚甲醛；
6—尼龙；7—尼龙 66；8—聚四氟乙烯

图 4-12 为由七种聚合物混合所得聚合物共混材料的 DTA 曲线，由图可知每一种聚合物都有对应的一个吸热谷，可以根据吸热谷的位置确定各聚合物的分解温度，根据峰面积得到各聚合物的分解热信息。也可以用差热分析确定聚合物共混材料的组成。

4.3 差示扫描量热法

差示扫描量热法（DSC）是在程序控温下，测量物质和参比物之间的能量差随温度变化关系的一种技术（国际标准 ISO 11357-1）。根据测量方法的不同，又分为功率补偿型 DSC（图 4-13）和热流型 DSC 两种类型。常用的功率补偿 DSC 是在程序控温下，使试样和参比物的温度相等，测量每单位时间输给两者的热能功率差与温度的关系的一种方法。DTA 是测量 $\Delta T\text{-}T$ 的关系，而 DSC 是保持 $\Delta T=0$，测定 $\Delta H\text{-}T$ 的关系。两者最大的差别是 DTA 只能用于定性或半定量分析，而 DSC 的结果可用于定量分析。为了弥补 DTA 定量性不良的缺陷，示差扫描量热仪（DSC）在 1960 年前后应运而生。

4.3.1 差示扫描量热原理

DSC 是在控制温度变化情况下，以温度（或时间）为横坐标，以样品与参比物间温差为零所需供给的热量为纵坐标所得的扫描曲线。当样品产生热效应时，参比物和样品之间就出现温差 ΔT，通过微伏放大器 A，把信号输给差动热量补偿器 C，使输入到补

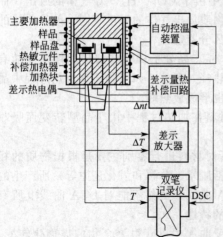

图 4-13 功率补偿式差示扫描量热仪示意图

偿加热丝 F 的电流发生变化。

例如，当样品吸热时，使样品一边的电流 I_S 增大，参比物一边电流 I_R 立即减少，但 I_S+I_R 得保持恒定值；在试样产生热效应时，不仅补偿的热量等于样品放（吸）热量，而且热量的补偿能及时、迅速地进行，样品和参比物之间可以认为没有温度差（$\Delta T=0$）。试样的热量变化（吸热或放热）由输入电功率来补偿，因此只要测得功率的大小，就可测得试样吸热或放热的多少。吸（放）热量与功率补偿之间的关系式为：

$$\Delta T = C(W_S - W_C) \tag{4-2}$$
$$W_C = K\Delta T \tag{4-3}$$

式中，C 为热容量；W_S 为吸（放）热量（即样品产生的热量变化的电功率）；W_C 为电功率补偿量；K 为放大器放大倍数。

将式(4-2)代入式(4-3)可得到下式：

$$W_C = KC(W_S - W_C) \tag{4-4}$$

移项整理得：

$$\frac{1}{K} = C\left(\frac{W_S}{W_C} - 1\right) \tag{4-5}$$

若 $K \gg 1$，则

$$C\left(\frac{W_S}{W_C} - 1\right) \approx 0$$

式中，K 值越大越好，从而使 $W_C \approx W_S$ 即电功率补偿量约等于试样吸（放）热的热量。根据 ICTA 规定：DSC 曲线的纵轴为热流速率 dQ/dt，横轴为温度或时间。表示当保持试样和参比物的温度相等时输给两者的功率之差，曲线的吸热峰朝上，放热峰朝下，灵敏度单位为 $mJ \cdot s^{-1}$。

差示扫描量热测定时记录的结果称之为 DSC 曲线，其纵坐标是试样与参比物的功率差 dH/dt，也称作热流率，单位为毫瓦（mW），横坐标为温度（T）或时间（t）。与在 DTA 曲线中，吸热效应用谷来表示，放热效应用峰来表示所不同的是：在 DSC 曲线中，吸热（endothermic）效应用凸起正向的峰表示（热焓增加），放热（exothermic）效应用凹下的谷表示（热焓减少）。

典型的差示扫描量热（DSC）曲线（如图 4-14）以热流率（dH/dt）为纵坐标、以时间（t）或温度（T）为横坐标，即 dH/dt-t（或 T）曲线。曲线离开基线的位移即代表样品吸热或放热的速率（$mJ \cdot s^{-1}$），而曲线中峰或谷包围的面积即代表热量的变化。因而差示扫描量热法可以直接测量样品在发生物理或化学变化时的热效应。

考虑到样品发生热量变化（吸热或放热）时，此种变化除传导到温度传感装置（热电偶、热敏电阻等）以实现样品（或参比物）的热量补偿外，

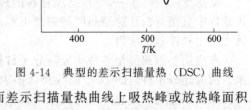

图 4-14 典型的差示扫描量热（DSC）曲线

尚有一部分传导到温度传感装置以外的地方，因而差示扫描量热曲线上吸热峰或放热峰面积实际上仅代表样品传导到温度传感器装置的那部分热量变化。

样品真实的热量变化与曲线峰面积的关系为

$$m\Delta H = KA$$

式中 m——样品质量；
ΔH——单位质量样品的焓变；

A——与 ΔH 相应的曲线峰面积；

K——修正系数，称仪器常数。K 与样品的导热系数和测定池的种类、气氛有关。K 值可由已知焓的标准物测得的热谱图的峰面积求出。

4.3.2 差示扫描量热装置

DSC 和 DTA 仪器装置相似（如图 4-13），所不同的是在试样和参比物容器下装有两组补偿加热丝，当试样在加热过程中由于热效应与参比物之间出现温差 ΔT 时，通过差热放大电路和差动热量补偿放大器，使流入补偿电热丝的电流发生变化，当试样吸热时，补偿放大器使试样一边的电流立即增大；反之，当试样放热时则使参比物一边的电流增大，直到两边热量平衡，温差 ΔT 消失为止。换句话说，试样在热反应时发生的热量变化，由于及时输入电功率而得到补偿，所以实际记录的是试样和参比物下面两只电热补偿的热功率之差随时间 t 的变化的关系。

4.3.3 差示扫描量热法在高分子材料分析测试中的应用

应用差示扫描量热法可以测定高分子材料的玻璃化转变、熔融、结晶、熔融热、结晶热以及共熔温度和纯度，还可以进行高分子材料的鉴别，研究多晶型及相容性，测定高分子材料的热稳定性、氧化稳定性、反应动力学、热力学函数及液相/固相比例及比热等。

如图 4-15 为 PET 的典型 DSC 测量图谱，可以看到玻璃化转变（T_g）、冷结晶和熔融，并且可以通过峰的面积算出结晶吸收的热量和熔融放出的热量以及该 PET 的结晶度。

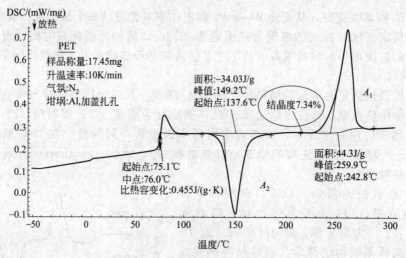

图 4-15 PET 的典型 DSC 测量图谱

结晶度/％=(A_1-A_2)/结晶材料的理论熔融热焓×100％。在实际应用中可在 DSC 分析软件中直接点击计算结晶度按钮即可算出结晶度，其他如玻璃化转变温度、相变热焓等参数也可用软件直接求得。

在应用差示扫描量热法研究高分子材料时一般都需要进行二次升温才能得到更准确的结果，因为高分子材料的 DSC 曲线受众多因素影响，第一次升温得到的是叠加了热历史（如冷却结晶、应力、固化等）与其他因素（水分、添加剂等）的原始材料的性质，测出的材料参数有如下性质：玻璃化转变在转变区域往往伴随有应力松弛峰，所以如果是热固性树脂：若未完全固化，第一次升温 T_g 较低，伴有不可逆的固化放热峰；对部分结晶材料：可计算室温下的原始结晶度；而吸水量大的样品（如纤维等）：往往伴有水分挥发吸热峰，可能掩盖样品的特征转变。

采取冷却后第二次升温可以得到更多的材料信息。对于单个样品采用不同的冷却过程

(如线性冷却、等温结晶及淬冷等）研究冷却条件对结晶度、玻璃化转变温度、熔融过程等的影响；对于多个样品使用相同的冷却条件（使样品拥有相同的热历史）比较材料在同等热历史条件下的性能差异。而且二次升温消除了应力松弛峰，玻璃化转变曲线形状典型而规整；热固性树脂（未完全固化）的玻璃化温度一般会提高；部分结晶材料：经过特定冷却条件（结晶历史）研究结晶度、晶体熔程/熔融热焓与结晶历史关系；易吸水样品：消除了水分的干扰，得到样品的真实转变曲线；横向样品比较，消除了热历史的影响，有利于比较样品的性能差异。图 4-16 为聚酯 P9520-034 的 DSC 曲线，很明显第二次升温得到的 DSC 曲线玻璃化转变更为典型规整。图 4-17 为部分固化的环氧树脂的 DSC 测量图谱，由图知，第二次升温得到的 DSC 曲线玻璃化转变温度升高，曲线典型规整。

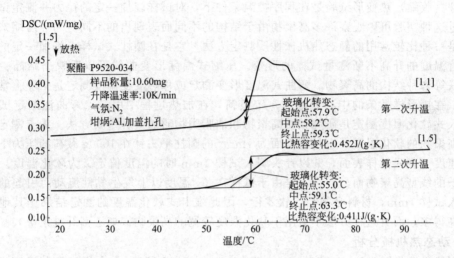

图 4-16　聚酯 P9520-034 的 DSC 测量图谱

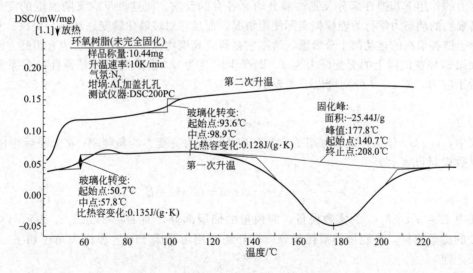

图 4-17　聚酯环氧树脂的 DSC 测量图谱

当然如果测试时更关注样品原始的信息则只要一次升温即可，如果希望消除热历史或力学历史或各样品在相同的起点上进行本身性能的比较则需要二次升温，要注意根据不同情况选择合适的降温条件。

4.4 热机械分析

4.4.1 静态热机械分析法

静态热机械分析（thermomechanic analysis，TMA）是指在程序控温的条件下，分析物质承受拉、压、弯、剪、针入等力的作用下所发生的形变与温度的函数关系。试样通过施加某种形式的载荷，随着升温时间的进行不断测量试样的变形，以此变形对温度作图即可得到各种温度形变曲线。静态法常用的测试方法为热机械曲线法。这种热分析方法对高聚物物质而言特别重要。

拉伸（收缩）热变形试验是在程序控温条件下，对试样施加一定的拉力并测定试样的形变。通过这种实验可以观察许多高聚物由于结构的不同而表现出的不同行为。压缩式温度形变曲线是一种比较常用的静态热机械性质测定方法。它是在圆柱式试样上施加一定的压缩载荷，随着温度的升高不断测量试样的形变。压缩式温度形变曲线可以反映出结晶、非晶线型、交联等各种结构的高聚物。弯曲式温度形变测定或称热畸变温度测定是工业上常用的测定方法。在矩形样品条的中心处施加一定负荷，在加热过程中用三点弯曲法测定试样的形变。针入式软化温度测定是研究软质高聚物和油脂类物质的一种重要方法。维卡测定法常用来测定高聚物的软化温度，它是用截面为 $1mm^2$ 的圆柱平头针在 1000g 载荷的压力下，在一定升温速度下刺入试样表面，并以针头刺入试样 1mm 时的温度值定义为软化温度。对于分子量较低的线型高聚物而言，针入是由于试样在 T_g 温度以上发生黏性流动而引起的。由于针头深入试样 1mm，材料必须相当软才行，因此维卡式软化温度的测定结果比其他方法的测定值高得多，而且这种方法不适用于软化温度较宽的高聚物（如乙基纤维素等）。

4.4.2 动态热机械分析

动态热机械分析（dynamic thermomechanic analysis，DMA）是在程序控制温度下，测量物质在振荡负荷下的动态模量或阻尼随温度变化的一种技术。高聚物是一种黏弹性物质，因此在交变力的作用下其弹性部分及黏性部分均有各自的反应。而这种反应又随温度的变化而改变。高聚物的动态力学行为能模拟实际使用情况，而且它对玻璃化转变、结晶、交联、相分离以及分子链各层次的运动都十分敏感，所以它是研究高聚物分子运动行为极为有用的方法。

如果施加在试样上的交变应力为 σ，则产生应变为 ε。由于高聚物黏弹性的关系其应变将滞后于应力，则 ε、σ 分别可以下式表示：

$$\varepsilon = \varepsilon_0 e^{i\omega t}$$
$$\sigma = \sigma_0 e^{i(\omega t + \delta)}$$

式中，ε_0、σ_0 分别为最大振幅的应变和应力；ω 为交变力的角频率；δ 为滞后相位角。复数模量可表示为

$$E^* = \frac{\sigma}{\varepsilon} = \frac{\sigma_0}{\varepsilon_0} e^{i\delta} = \frac{\sigma_0}{\varepsilon_0}(\cos\delta + i\sin\delta) = E' + iE''$$

其中 $E' = \sigma_0 \cos\delta / \varepsilon_0$ 为实数模量，即模量的储能部分，而 $E'' = \sigma_0 \sin\delta / \varepsilon_0$ 表示与应变相差 $\pi/2$ 的虚数模量，是能量的损耗部分。另外还有用内耗因子 Q^{-1} 或损失角正切 $\tan\delta$ 来表示损耗，即

$$Q^{-1} = \tan\delta = \frac{E''}{E'}$$

动态热机械分析方法包括扭摆法、扭辫法、动态黏弹谱法及振簧法。常用的测试方法中，扭摆法和扭辫法是属自由衰减振动类；动态黏弹谱法属强迫振动非共振类；振簧法属强

迫振动共振类。与静态法相比,采用动态法可以更深入地研究聚合物的力学性能,不仅能得到聚合物的玻璃化转变温度,而且能定量地获得聚合物在受力过程中吸收的能量,即测量消耗于聚合物分子间内摩擦的能量——内耗。

在动态热-力谱中,内耗往往用内耗角正切 $\tan\delta$(又称耗能因子)来衡量,有时也用内耗角 δ 衡量。它与在一个完整的周期应力作用下,聚合物所消耗的能量与所储存的能量之比成正比,可由弹性储存模量和损耗模量求得。在动态力学方法中用不同的仪器时,表示内耗的方式亦不同,故应加以注意。用不同的仪器所测得的模量亦不同,动态黏弹谱仪测量的是杨氏模量 E,扭摆仪和扭辫仪测量的是切变模量 G。

图 4-18 为黏弹性物质在正弦交变载荷下的应力、应变的相应关系示意图。因此在程序控温的条件下不断地测定高聚物 E'、E'' 和 $\tan\delta$ 值,则可得到如图 4-19 所示的动态力学-温度谱。从图中可以看到实数模量 E' 呈阶梯状下降,而在与阶梯下降相对应的温度区 E'' 和 $\tan\delta$ 则出现高峰。表明在这些温度区内高聚物分子运动发生某种转变,即某种运动的解冻。其中对非晶态高聚物而言,最主要的转变当然是玻璃化转变,所以模量明显下降,同时分子链段克服环境黏性运动而消耗能量,从而出现与损耗有关的 E'' 和 $\tan\delta$ 高峰。

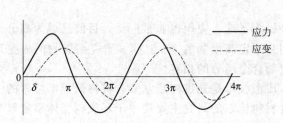

图 4-18 黏弹性物质在正弦交变载荷下的应力应变相关图　　图 4-19 典型的高聚物动态力学-温度图谱

4.4.3 热机械分析仪

目前所常用的动态力学性能测定仪器为热机械分析仪。美国 PERKIN-ELMER 公司热机械分析仪 DMA7 的结构如图 4-20 所示,由马达驱动器、检测器、测量系统和炉子四部分组成。

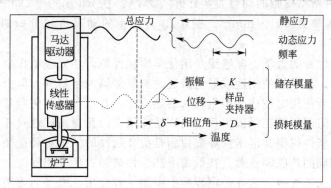

图 4-20　DMA7 结构示意图

(1) 马达驱动器　电磁马达驱动器的原理如图 4-21 所示。根据电磁感应原理,磁场中的线圈通入电流时,线圈将受到电磁力的作用而运动。如通入的电流为正弦交变电流,则将产生上下正弦交变力,使探头按所加电流的频率作上下正弦交变运动。

(2) 检测器　DMA7 采用线性位移传感器即差动变压器来测量试样的形变量,其原理如图 4-22 所示。当铁芯上下运动时,将位移转换成电压输出。通过相敏检测可以分辨出芯棒向上还是向下运动;输出电压的波形的相位即为芯棒运动的波形的相位,从而完成了对试样形变的定量测量。

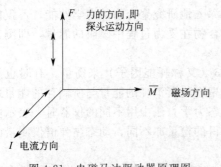
图 4-21 电磁马达驱动器原理图

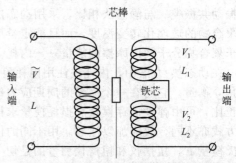
图 4-22 DMA7 线性位移传感器原理图

(3) 测量系统　DMA 的测量系统包括三点弯曲、拉伸、平行板、双悬臂梁和单悬臂梁等多种测量方式，每种测量方式都有不同试样尺寸供选用。

(4) 炉子　DMA7 标准炉的使用温度为 -170~500℃。如试验温度为室温以下，需在炉体保护套内加入冰水作为冷源。如需做低温试验，可配置制冷器，Ⅰ型制冷器可达 -40℃，Ⅱ型可达 -70℃，或直接将液氮倒入炉体内。

4.4.4　热机械分析的应用

热机械分析在高分子材料中的应用发展极为迅速，应用也非常广泛，目前已成为高分子材料测试与研究的一种重要手段。它可以用来测定高聚物的 T_g 温度、研究高聚物的松弛运动、固化过程、分析增塑剂含量、表征高聚物合金组分的相容性等。

树脂基复合材料构件的低温固化、低压成型技术是先进树脂基复合材料低成本技术的一个重要发展方向。目前低温固化树脂与复合材料体系的研究主要集中于环氧树脂体系和氰酸酯树脂体系。黄建智等将 1,3-二（炔丙基氧）苯（BPOB）与 4,4'-二叠氮甲基联苯（DAMBP）通过本体聚合制备出新型的低温固化树脂。玻璃化转变温度（T_g）是表征高分子耐热性能的一个重要指标，是高分子链段从冻结到运动的一个转变温度。由于高分子链段的运动是通过主链的单键内旋转来实现的，因此凡是能影响高分子主链柔性的因素都会影响到高分子的 T_g。对新型树脂的动态力学分析（DMA）在 Rheogel-E4000 分析仪上进行，频率为 11Hz，升温速率为 3℃·min^{-1}。图 4-23 是树脂的动态机械分析曲线。从图中可知，树脂的 T_g 为 131℃。

环氧树脂具有优良的力学、电绝缘及耐化学腐蚀性能，在低温工程中主要被用作纤维增强复合材料的基体，如重复使用运载器上液氢、液氧储箱的制备等。但由于环氧树脂的线膨胀系数很大，在低温使用时往往会产生较大的热应力，甚至会导致树脂基体的破坏。环氧树脂的这种低温脆性阻碍了其在低温工程中的广泛应用。因此提高韧性对环氧树脂在低温下的使用至关重要。热塑性树脂共混增韧环氧树脂是提高韧性的一个重要途径，但是由于热塑性树脂和环氧树脂不同的热收缩系数，在低温下热塑性树脂和环氧相界面上会产生很大的热应力，加之共混增韧工艺性差，这在一定程度上限制了其应用。尚呈元等用自制的端异氰酸基聚醚（ITPs）与环氧树脂（EP）反应，合成了含有柔性侧链的环氧树脂，研究了不同含量柔性侧链环氧树脂在室温和 -60℃下的冲击强度和断裂韧性，用美国产 Pyris Diamond DMA 测试了改性环氧酸酐固化物的动态热机械性能，采用三点弯曲法，测试频率为 2Hz，升温速率为 2℃/min，测试温度范围为 -120~180℃；图 4-24 为低温下不同组成比的 EP/ITPs 的损耗角正切值随温度变化曲线。由图 4-24 可见，酸酐固化环氧树脂在 -80℃左右时，有一个损耗峰，这是玻璃态中的 β 松弛，引入侧链后，随着含量的升高 β 峰向低温有所移动，损耗角正切值 tanδ 峰值比纯环氧树脂变大，而且随着 ITPs 含量的增加，峰值进一步升高，这说明聚醚侧链的引入使得体系柔顺性增加，塑性运动加剧，有利于提高冲击韧性，这与冲击试验结果完全吻合。还可以看出 ITPs/EP 体系在 ITPs 含量为 5％、10％时都是单相体系，低温区没有发现聚醚的其他松弛峰，表明没有发生相分离，低聚醚侧链和环氧树脂相容性良好，因为聚醚侧链和环氧树脂中的羟基反应，成为链段的一部分。

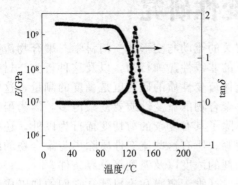

图 4-23　聚三唑树脂 DMA 曲线

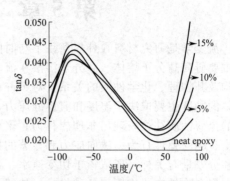

图 4-24　改性环氧树脂低温 DMA 曲线

近年来，国内外对高吸油树脂的研究报道越来越多。徐乃库等从甲基丙烯酸正丁酯（BMA）/甲基丙烯酸 β 羟乙酯（HEMA）共聚出发，研究了共聚体系中甲基丙烯酸 β 羟乙酯对树脂的物理交联作用，采用冻胶纺丝技术制备了纤维状甲基丙烯酸正丁酯/甲基丙烯酸 β 羟乙酯共聚树脂，用德国 NETZSCH 公司 DMA242C 型动态热机械分析仪对纤维状树脂的动态力学性能进行分析。纤维状树脂的动态力学性能测试结果如图 4-25 所示。可以看出，随 HEMA 含量增加，树脂的 tanδ 损耗峰向高温区移动，即玻璃化转变温度随 HEMA 含量增加而升高，表明随 HEMA 含量增加，强极性羟基的引入，树脂大分子间、分子内的氢键缔合作用增强，使得树脂大分子间、分子内的物理交联作用增

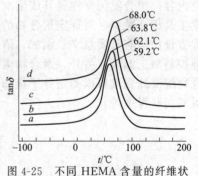

图 4-25　不同 HEMA 含量的纤维状树脂的 DMA 曲线

强，阻碍了链段在较低能量条件下的运动，同时侧链基团数目的增多也增大了链段运动的位阻，综合作用的结果使纤维状树脂的玻璃化转变温度升高。

参 考 文 献

[1] 刘振海，畠山立子，陈学思．聚合物量热测定．北京：化学工业出版社，2002，13-31．
[2] 曾幸荣．高分子近代测试分析技术．广州：华南理工大学出版社，2007，5-12．
[3] 黄伯龄．矿物差热分析鉴定手册．北京：科学出版社，1987，52-61．
[4] 刘振海．热分析导论．北京：化学工业出版社，1991，3-11．
[5] 陈镜弘，李传儒．热分析及其应用．北京：科学出版社，1985，9-21．
[6] 黄建智，万里强，田建军，赵占峰，王晓飞，扈艳红，黄发荣，杜磊．1,3-二（炔丙基氧）苯与 4,4-二叠氮甲基联苯的聚合反应及聚合物性能的研究．化学学报，2007，65（22）：2629-2634．
[7] 尚呈元，王翔，王钧，杨小利，蔡浩鹏．柔性侧链改性环氧树脂的低温增韧研究．武汉理工大学学报，2009，31（19）：41-44．
[8] 徐乃库，肖长发，张燕，封严．纤维状甲基丙烯酸正丁酯/甲基丙烯酸 β 羟乙酯共聚树脂的性能．高分子材料科学与工程，2008，24（9）：143-146．

第5章 流变性研究

流变学是研究材料在外界条件下与时间因素有关的流动与变形的一门科学。聚合物流变学主要研究高分子熔体、高分子溶液在流动状态下的非线性黏弹行为，以及这种行为与材料结构及其物理、化学性质的关系。对于许多简单流体流变性质的研究就是黏度的测量，这些流体的黏度主要取决于温度和流体静压力，但是，聚合物的流变性质要复杂得多，因为聚合物的流变性质往往表现出非理想行为。聚合物流体除了具有复杂的剪切变稀行为以外，还表现出有趣的弹性行为、法向应力和显著的拉伸黏度等。所有这些流变性质除了与聚合物的结构和分子量有关外，还依赖于切变速率、各种添加剂的浓度以及温度等外界条件。

聚合物被广泛应用于各种材料，如塑料、橡胶、纤维、薄膜和涂料等，它们的加工成型和使用性能在很大程度上取决于其流变行为。因此，为了对聚合物成型及其制品的质量进行有效的控制，就需要对高分子材料的流动行为进行深入研究，这便构成了高分子流变学的研究内容。聚合物流变性是其成型加工的基础。研究聚合物在加工过程中黏弹性形变等行为的发生及相互关系，对评定聚合物的加工性能、分析加工过程、正确选择加工工艺条件、指导配方设计均有重要意义。例如，研究顺丁橡胶的流动性，发现它对温度比较敏感，故需严格地控制加工温度。另外，聚合物流变学为研究聚合物的分子结构提供了重要信息，如研究聚合物溶液的黏度可以测定分子量和支链聚合物的支化度；测定橡胶模量的温度依赖性可以了解其交联程度等。

5.1 聚合物的流变性

5.1.1 聚合物流变行为的特性

当温度高于非晶态聚合物的黏流温度 T_f、晶态聚合物的熔融温度 T_m 时，聚合物变为可流动的黏流态或熔融态。热塑性聚合物的加工成型一般需经历加热塑化、流动成型和冷却固化三个基本步骤，黏流态是聚合物成型加工的最基本状态。处于黏流态的聚合物，在外力作用下会发生永久的（不可逆）形变，即分子间的相对位置发生显著的变化。大部分高聚物在加热过程中都具有这种黏流态，但是诸如硫化橡胶、交联高聚物以及酚醛、环氧和聚酯等热固性树脂，不能出现黏流态；另外一些刚性分子和分子链间有强相互作用的聚合物，如纤维素、聚四氟乙烯、聚丙烯腈、聚乙烯醇等，它们虽然是线型聚合物，但由于黏流温度高于其分解温度，因而也不存在黏流态。

由于聚合物分子量很大，且分子链具有柔顺性，故聚合物熔体或溶液的流动行为比小分子液体要复杂得多。在外力作用下，聚合物流体的流动具有以下几个特点。

① 黏度大，流动困难，而且黏度不是一个常数。一般低分子液体的黏度较小，温度恒定时，黏度基本不发生变化。如室温下水的黏度约为 $10^{-3}\mathrm{Pa\cdot s}$，而高聚物液体的黏度绝对值一般很高，故流动起来比低分子困难得多。聚合物的黏度不仅很高，而且在一定温度下也不是一个恒定值。对大多数高分子液体而言，即使温度不发生变化，黏度也会随剪切速率（或剪切应力）的增大而下降，呈现典型的"剪切变稀"行为。在高分子材料加工时，随着工艺条件的变化及剪切应力或剪切速率的不同，材料黏度往往会发生 1~3 个数量级的大幅度变化，这是加工工艺中需要十分关注的问题。

② 流动机理是分段移动，即高分子的流动是通过链段的位移运动来完成的。低分子液

体在外力作用下很容易使整个分子通过分子间的空洞移动，从而实现液体的流动。高聚物分子流动机理与小分子不同，它是通过分段移动来实现的。高分子的流动不需要与整个大分子链相当大的空洞，而只要有相当于链段大小的空洞即可。即高分子链的流动是通过链段的相继跃迁、分段移动从而导致分子链重心沿外力方向的移动。形象地说，高分子链的流动就是一种类似于"蚯蚓式"的蠕动。

③ 流动伴有弹性现象。聚合物分子链在自由状态下一般是蜷曲的，在外力作用下发生黏性流动的同时，分子链由蜷曲状态变为伸展状态，构象发生变化，外力撤除以后，高分子链又会通过链段的运动恢复到原来的蜷曲状态，因而整个形变要回复一部分，表现出高弹形变的特性。在流动过程中，高分子材料的黏性行为和弹性行为交织在一起，使流变性变得十分复杂。弹性现象同样具有松弛特性，这是聚合物熔体区别于小分子流体的重要特点之一。当聚合物的相对摩尔质量很大、温度稍高于熔点或黏流温度，且外力对其作用的时间很短或速度很快的条件下，产生的弹性形变尤为显著。

5.1.2 聚合物黏性流动中奇异的弹性现象

低分子液体流动所产生的形变，是完全不可逆的；而高聚物的黏性流动却包含一部分可逆的高弹形变。因此，高聚物加工时会表现出许多奇特的黏弹现象，如挤出胀大现象、爬杆现象、不稳定流动和熔体破裂现象、拉伸流动等。这是聚合物熔体区别于小分子流体的重要特点之一。聚合物熔体弹性形变的实质是大分子长链的弯曲和延伸，应力解除后，这种弯曲和延伸的回复需要克服内在的黏性阻滞，因而这种回复不是瞬间完成的，而是一个松弛过程。大分子链柔顺性好或温度较高时，松弛时间短，弹性形变回复快。在聚合物加工过程中产生的弹性形变及其随后的回复，对制品的外观、尺寸、产量和质量等都有重要影响。

5.1.2.1 爬杆效应（又称包轴效应、法向应力效应或韦森堡效应）

在各种旋转黏度计或容器中进行搅拌时，低分子液体因受离心力的作用，中间部位液面下降，器壁处液面上升[图 5-1(a)]；与低分子流体不同，盛在容器中的高分子液体，受到旋转剪切的作用时，流体会沿内筒壁或轴上升，发生包轴现象或爬杆现象[图 5-1(b)]。这一现象是由熔体的弹性引起的。由于转轴附近的聚合物流体发生剪切流动速率较大，使流体中卷曲状的大分子链在流线方向上取向并发生拉伸变形，而大分子链的热运动又使其自发回复到原来的卷曲状态，这种回复卷曲的倾向受到转轴的限制，迫使这部分弹性能表现为一种朝向轴心的压力，沿棒爬升。

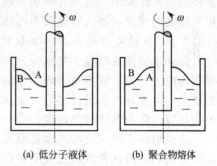

图 5-1 聚合物熔体或浓溶液的爬杆效应

爬杆效应的产生是由于大分子链的剪切或拉伸取向产生的法向应力差所致，故又称法向应力效应，又因是韦森堡（Weissenberg）首先发现的，故又称韦森堡效应。法向应力挤出机、锥板与平行板流变仪等的工作原理都与韦森堡效应相关。

5.1.2.2 挤出物胀大效应

当聚合物熔体从喷丝板小孔、毛细管或狭缝中挤出时，挤出物的直径 d_1 或厚度会明显的大于模口尺寸 D，截面形状也发生变化的现象称作挤出物胀大现象或称 Barus 效应、弹性记忆效应。通常采用胀大比 B（挤出物直径的最大值 d_1 与口模直径 D 之比）表征其胀大效应，如图 5-2 所示。

挤出物胀大是聚合物熔体黏弹性的表现之一，其本质是分子链在挤出过程中来不及松弛而在挤出后松弛所引起的。从流变学的观点看，挤出胀大现象是挤出过程中聚合物熔体不仅有不可逆的塑性形变（真实流动），而且还伴随着可逆的弹性形变——可恢复的弹性形变（非真实流动）的表现。从分子结构观点看，挤出物胀大是大分子链在流动过程中受到高剪切场的作用，从而使分子链舒展和取向，并因为在口模中停留时间短，分子链来不及松弛和解取向，直到流出口模之后才解取向，恢复收缩，因而出口模时发生膨胀。然而，熔体流动中的应力松弛是非常慢的，不是一出口模就马上恢复，而是需要一段时间，所以在出口一段距离之后才变粗。

影响胀大比的因素主要有以下几个方面。

（1）口模的长径比　随口模长径比 L/D 的增加，膨胀比 B 先快速下降，然后变化平缓。当 L/D 较小时，口模流动中的分子取向实际上主要是由口模区的拉伸流动引起

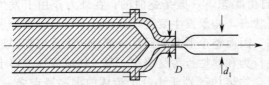

图 5-2　挤出涨大效应示意图

的，口模长度增加时，入口区造成的聚合物分子取向在口模内会部分松弛掉；L/D 较大时，挤出物胀大主要是由剪切流动引起的。

（2）切应力与剪切速率　在一定温度下，切变速率升高（相当于挤出机螺杆转速升高），膨胀比 B 增大。这是因为切变速率升高，作用时间缩短，分子链来不及松弛，故 B 增大。同时切变速率升高，输入熔体中的弹性能增多，也导致 B 增大。

（3）温度　在同一切变速率条件下，温度升高，分子活动能量增大，分子间作用力减小，松弛时间缩短；同时，温度升高，使胶料变软，易流动，弹性减小，故膨胀比减小。

（4）分子量和分子量分布　分子量大，膨胀比变大。这是因为分子量大，分子间作用力增大，黏度增大，流动性变差，松弛时间延长，弹性形变量增大，故流动过程中产生的弹性形变松弛收缩较慢，因而挤出膨胀比大。在平均分子量相同的情况下，分子量分布变宽，高分子量级分的松弛时间较长，故膨胀比增大。

（5）物料配方　软化增塑剂有减弱大分子间相互作用、缩短松弛时间的作用，它的填入使挤出胀大比减小。填充补强剂一般用量较多，填入后使物料中相对含胶率下降，尤其像结构性较强的炭黑，加入到橡胶中可使其胀大比下降。

5.1.2.3　不稳定流动和熔体破裂现象

高分子熔体从口模中挤出时，当挤出速度（或挤出应力）超过某一临界剪切速率（或临界剪切应力）时，就容易出现弹性湍流，导致流动不稳定，挤出物表面粗糙；随着挤出速度的增大，可能分别出现波浪形、鲨鱼皮形、竹节形、螺旋形畸变，最后导致完全无规则的挤出物断裂，称为熔体破裂现象。

造成熔体不稳定流动的重要原因是熔体的弹性。对于小分子液体，在较高的雷诺数下，液体运动的动能达到或超过克服黏滞阻力的流动能量时，则发生湍流；对于高分子熔体，黏度高、黏滞阻力大，在较高的剪切速率下，弹性形变增大，当弹性变形的储能达到或超过克服黏滞阻力的流动能量时，将导致不稳定流动的发生。聚合物这种因弹性形变储能引起的湍流称为高弹湍流。

发生熔体破裂的机理比较复杂，但各种假定都认为这也是高分子液体弹性行为的表现，它与熔体的非线性黏弹性、分子链在剪切流场中的取向和解取向（构象变化及分子链松弛的滞后性）、缠结和解缠结以及外部工艺条件诸因素有关。从形变能的观点看，高分子液体的弹性储能本领是有限的。当外力作用速率很大，外界赋予液体的形变能远远超出液体可承受的极限时，多余的能量将以其他形式表现出来，其中产生新表面、消耗表面能是其中的一种形式，即发生熔体破裂现象。

5.1.3　聚合物熔体的流动曲线

对于高聚物熔体，在低剪切速率范围内，黏度基本保持常数，高聚物熔体表现出牛顿流

体的流动行为；当剪切速率提高到某一数值时，黏度开始随剪切速率增加而降低，发生剪切变稀，表现出假塑性行为；到达很高的剪切速率时，黏度又接近于常数，重新表现出牛顿流体的行为。因此可以将高聚物熔体的流动行为分为三个区域：第一牛顿区；假塑性区和第二牛顿区。以切应力对切变速率作图，所得曲线称为流动曲线，如图5-3所示。

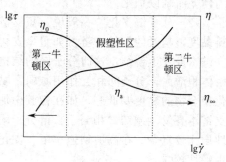

图 5-3　聚合物熔体的流动曲线

(1) 第一牛顿区　当剪切速率较低时，切应力与切变速率呈线性关系，液体流动性质与牛顿流体相似，这一区域称线性流动区或第一牛顿区。熔体黏度趋于常数，称为零剪切黏度，以 η_0 表示。零剪切黏度 η_0 是物料的一个重要材料常数，与材料的平均分子量、黏流活化能相关，是材料最大松弛时间的反映。

(2) 假塑性区（非牛顿区）　当剪切速率超过某一临界剪切速率时，流动曲线的斜率 $n<1$，黏度随剪切速率的增加逐渐下降，出现"剪切变稀"行为，流动性质表现为非牛顿性，这一区域称为假塑性区或非牛顿流动区。通常聚合物流体加工成型时所经受的切变速率在这一范围内。在流动曲线上取一点，切应力与切变速率之比值为高分子熔体的表观黏度 η_a，即 $\eta_a(\dot{\gamma})=\dfrac{\tau(\dot{\gamma})}{\dot{\gamma}}$，它等于曲线上一点与坐标原点连线的斜率。表观黏度表征非牛顿流体在外力作用下抵抗剪切变形的能力，表观黏度大，则流动性差。聚合物在流动过程中除了产生分子链之间的不可逆黏性形变外，还产生高弹形变，因此表观黏度不完全反映流体不可逆形变的难易程度，仅对其流动性的好坏作一个大致相对的比较。表观黏度除与流体本身性质、温度有关之外，还受剪切速率影响，即外力大小及作用的时间也能改变流体的黏稠性。

(3) 第二牛顿区　在高切变速率区，剪切黏度又会趋于另一恒定值，称无穷剪切黏度或极限黏度 η_∞。这一区域内流动曲线的斜率 $n=1$，符合牛顿流动定律，因此又称为第二牛顿区。在聚合物成型加工中，这一区域通常很难达到。

5.1.4　影响聚合物熔体剪切黏度的因素

剪切黏度是高分子材料流变性质中最重要的材料函数之一，也是人们在表征高分子材料流变性时首先进行测量并讨论最多的物料参数。在成型过程中，聚合物熔体在挤出机、注射机或喷丝板等的管道中的流动都属于剪切流动（速度梯度的方向与流动方向垂直）。因此可以用剪切黏度表示聚合物熔体流动性的好坏。

大量实验数据表明，高分子材料的剪切黏度受众多因素影响。这些因素可归并为两类：①大分子链结构参数的影响（平均分子量，分子量分布，长链支化度等）；②实验条件和生产工艺条件的影响（温度 T，压力 p，剪切速度 $\dot{\gamma}$ 或剪切应力 σ 等）。

5.1.4.1　分子结构对剪切黏度的影响

高分子链的流动是通过链段的协同运动完成的，因此从链结构的角度看，凡影响分子链柔顺性的因素，如主链组成、取代基性质、分子链极性、支化情况等均将影响其流动性。

(1) 分子链结构　极性高分子链之间的相互作用大，分子链柔顺性差，因此熔体黏度大，流动性较差。如氯丁橡胶的流动性差于天然橡胶。链刚性较强和分子间吸引力较大的聚合物，熔体黏度大，其流动性亦差，如丁苯橡胶与天然橡胶和顺丁橡胶相比，丁苯橡胶的流动性差，分子链结构最简单的顺丁橡胶流动性很好。主链为杂链的聚合物，链柔顺性好，材料流动性也好。如聚二甲基硅氧烷，不必塑炼就可以直接混炼，而且挤出性能很好。同样，含醚键的高分子材料流动性好，而主链刚性大的聚酰亚胺、芳环缩聚物等由于黏度较大、流动性差而难以加工。

(2) 分子链支化　一般说，短支链（如梳型支化）对材料黏度的影响较小，对高分子材料黏度影响大的是长支链（如星型支化）的形态和长度。若支链虽长，但其长度还不足以使支链本身发生缠结，这时分子链的结构往往因支化而显得紧凑，使分子间距增大，相当于自由体积增大，分子间相互作用减弱，黏度反而会减小。与分子量相当的线型聚合物相比，支化聚合物的黏度要低些。如在橡胶中加入支化的橡胶可改善加工的流动性。若支链相当长，支链本身发生缠结，相当于长链分子增多，从而黏度增加。含有长支链的支化聚合物的流变性质比较复杂。在高剪切速率下，支化聚合物比分子量相当的线型聚合物的黏度低，但其非牛顿性较强。

(3) 分子量　分子量越大，分子链越长，链段数越多，要这么多的链段协同起来朝一个方向运动相对来说要困难些；此外，分子链越长，分子间发生缠结作用的概率大，从而流动阻力增大，黏度增加。分子量与黏度的关系遵循下列公式：

$$\eta_0 = \begin{cases} K_1 \overline{M}_w & \overline{M}_w < M_c \\ K_2 \overline{M}_w^{3.4} & \overline{M}_w > M_c \end{cases} \tag{5-1}$$

M_c 为分子链发生缠结的临界分子量，称为缠结相对分子质量。当 $M < M_c$ 时，大分子链缠结较轻，黏度与分子量成正比，近似呈现牛顿性质；当 $M > M_c$ 时，大分子链缠结严重，黏度随着分子量急剧增大，熔体呈现非牛顿性质。

只要将 M 与 M_c 进行比较，就可以大致确定注射成型生产中所用的聚合物是否具有非牛顿性质。从成型加工考虑，聚合物熔体流动性好，充模好，得到的产品表面光洁。降低分子量可以增加流动性，但降低分子量会影响产品机械强度。所以在加工时应适当调节分子量的大小。

(4) 分子量分布　平均分子量相同，分子量分布宽的试样含长链较多，分子链缠结严重，故黏度较高。另一方面，分子量分布宽的试样对剪切速率敏感性大。随着剪切速率的增加，长链分子的缠结易解开，所以黏度下降明显。

分子量分布宽的试样，其非牛顿流变性较为显著。这主要表现为，在低剪切速率下，宽分布试样的黏度往往较高；但随剪切速率增大，宽分布试样与窄分布试样相比，其发生剪切变稀的临界剪切速率偏低，黏-切敏感性较大。到高剪切速率范围内，宽分布试样的黏度可能反而比相当分子量的窄分布试样低。这种性质使得在高分子材料加工时，特别是橡胶制品加工时，希望材料分子量分布稍宽些为宜。但聚合物的相对分子质量分布太宽时，制品性能比较差。因此，在聚合物的成型加工中也要控制合适的分子量分布。

5.1.4.2　加工条件对剪切黏度的影响

(1) 温度　温度是调节聚合物流动性的重要手段。温度升高，分子热运动加剧，分子间距增大，相互作用减小，使链段更易于活动，因此黏度下降，流动性增加。

当温度远高于玻璃化温度 T_g 和熔点 T_m 时（$T > T_g + 100℃$），高分子熔体黏度与温度的关系可用 Arrhenius 方程描述：

$$\eta_0(T) = K e^{\frac{E_\eta}{RT}} \tag{5-2}$$

式中，$\eta_0(T)$ 为温度 T 时的零剪切黏度；K 为材料常数；E_η 为黏流活化能。

黏流活化能的定义为流动过程中流动单元（对高分子材料而言即链段）用于克服位垒，由原位置跃迁到附近"空穴"所需的最小能量（单位：$J \cdot mol^{-1}$ 或 $kcal \cdot mol^{-1}$）。由于高分子材料的流动单元是链段，因此，黏流活化能的大小与分子链结构有关，而与总分子量的关系不大。一般分子链刚性大，极性强或含有较大侧基的高分子材料黏流活化能较高，如PVC、PC、纤维素等。相反，柔性较好的高分子材料的黏流活化能较低。

黏流活化能既反映了材料流动的难易程度，更重要的反映了材料黏度随温度变化的敏感性。不同高聚物的表观黏度表现出不同的温度敏感性。刚性分子，分子间作用力大，E_η较高，黏度对温度较敏感。如 PC、PMMA，温度每升高 50℃，黏度可下降一个数量级。对这类聚合物，在加工过程可采用提高温度的方法来调节其流动性。对于柔性分子，E_η较小，黏度对温度不敏感，如 PE、PP。在加工过程，不能单靠提高温度来改善其流动性。因为温度过高时，聚合物可发生降解，降低制品质量。

当 $T_g < T < T_g + 100$℃时，E_η 不是常数，此时高分子熔体黏度与温度的关系要用 WLF 方程计算：

$$\lg \frac{\eta(T)}{\eta(T_g)} = \frac{-17.44(T-T_g)}{51.6+(T-T_g)} \tag{5-3}$$

式中，$\eta(T_g)$ 为玻璃化转变温度时的材料黏度，对大多数非结晶高分子材料，$\eta(T_g) \approx 10^{12}$ Pa·s。因此知道材料的 T_g，就可计算 $T_g \sim (T_g+100)$℃范围内材料的黏度。

(2) 切变速率（或切应力） 大多数聚合物熔体为假塑性流体，黏度随剪切速率的增加而下降，表现为"剪切变稀"行为。但不同聚合物，黏度随剪切速率的降低程度不同。对于柔性链高分子，随剪切速率的增加，分子链容易改变构象，缠结结构遭到破坏，黏度下降明显，表现为"切敏性"。对于切敏性聚合物（即柔性高分子），在成型加工中可采用提高切变速率（切应力）的方法，即提高挤出机的螺杆转速或注射机的注射压力等方法来调节熔体的流动性。而刚性链分子，在外力作用下，改变构象比较难，因此剪切速率增加，黏度变化不大。

"剪切变稀"的机理可以认为在外力作用下，材料内部原有的分子链缠结点被打开或者使缠结点浓度下降；也可以理解为在外力作用下，原有的分子链构象发生变化，分子链沿流动方向取向，使材料黏度下降。"剪切变稀"效应对高分子材料加工具有重要实际意义。由于实际高分子材料的加工过程都是在一定剪切速率范围内进行的，因此掌握材料黏-切依赖性对指导改进高分子材料加工工艺十分必要。

(3) 压力 压力增高，高分子材料内部的自由体积减小，分子链活动性降低，材料黏度上升，流动性下降。一般带有体积庞大的苯基的高聚物或分子量较大、密度较低的高聚物，其黏度受压力的影响较大。对聚合物流体而言，压力的增加相当于温度的降低，即遵循"压力-温度等效性"。一般每增加压力 1000 大气压，相当于降温 30~50℃。

5.1.5 拉伸流动与拉伸黏度

除剪切流动外，在纤维纺丝，薄膜拉伸和吹塑过程中还存在一种流动类型是拉伸流动。从流变学意义上讲，拉伸流动是液体流动的速度梯度方向与流动方向平行的流动。液体流动速度沿流动方向改变，产生了纵向的速度梯度场。通常在流动中发生流线收敛或发散的流动中都包含拉伸流动，如在注射、挤出等加工中熔体在口模入口处的流动、在喷丝板的入口处、混炼和压延时滚筒间隙的入口区的流动以及具有截面积逐渐缩小的管道中的流动等。拉伸流动与剪切流动有很大差别，剪切流动与液体的黏性联系在一起，而拉伸流动通常与液体的弹性联系在一起。在拉伸流动中，用拉伸黏度来表示流体对拉伸流动的阻力。

按拉伸是沿一个方向还是相互垂直的两个方向同时进行，拉伸流动分为单轴拉伸流动和双轴拉伸流动。在单轴拉伸流动，拉伸应力为 τ，对应于此方向的拉伸应变速率为 $\dot{\varepsilon}$，则拉伸黏度 $\eta_e = \tau/\dot{\varepsilon}$。

对牛顿流体，拉伸黏度不随剪切速率而变化，拉伸黏度也叫特鲁顿黏度。牛顿流体的单轴拉伸黏度为其剪切黏度 η 的 3 倍，双轴拉伸黏度为其剪切黏度的 6 倍，即

$$\begin{cases} \eta_T = 3\eta_0 & \text{（对单轴拉伸）} \\ \eta_T = 6\eta_0 & \text{（对双轴拉伸）} \end{cases} \tag{5-4}$$

高分子液体的拉伸黏度比特鲁顿黏度复杂得多。拉伸黏度随拉伸应力的变化比剪切黏度随剪切应力的变化复杂得多，主要有三种类型：①低密度聚乙烯、聚异丁烯、聚苯乙烯等高聚合度的支化聚合物，由于熔体中存在局部弱点，在拉伸过程中形变趋于均匀化，又由于存在应变硬化，因而拉伸黏度随拉伸应力增加而增大；②PMMA、ABS、尼龙、聚甲醛、聚酯等低聚合度线型聚合物的拉伸黏度几乎与拉伸应力的变化无关；③HDPE、PP等高聚合度的线型聚合物因局部弱点，在拉伸过程中引起熔体的局部破裂，当拉伸应力增至约等于开始出现剪切变稀的剪切应力值时，拉伸黏度随着应力增大而减小。

拉伸流动的研究在高分子材料的加工工程中十分重要。在纤维纺丝和薄膜吹塑过程中，物料承受强烈的拉伸变形，流动过程主要为拉伸流动。纤维纺丝过程的实践表明，当一种材料的拉伸黏度随拉伸速率增大而增大时，这种材料的纺丝过程将变得容易和稳定。其原因是若在纺丝过程中纤维上某处偶然出现薄弱点，使该处截面积变小，拉伸速率增大，然而由于材料的拉伸黏度随拉伸速率增大而增大，将阻碍该薄弱点进一步发展，从而又使丝条复原，纺丝过程稳定。其他高分子材料加工过程，如压延、挤出、注塑过程中也同样存在拉伸流动。可以说，凡是弹性液体流经截面有显著变化的流道时，都有拉伸流动存在。

5.2 聚合物熔体切黏度的测定

对聚合物流体流动性的研究一般用黏度计进行试验。实验流变学常用的仪器主要有：挤出式流变仪（毛细管流变仪、熔体指数仪）、转动式流变仪（同轴圆筒黏度计、锥板式流变仪）、拉伸流变仪等。比如，通过计算球体在流体中因自身重力作用沉落的时间，据以计算牛顿黏滞系数的落球黏度计法；通过研究的流体在管式黏度计中流动时，管内两端的压力差和流体的流量，以求得牛顿黏滞系数和宾汉流体屈服值的管式黏度计法；利用同轴的双层圆柱筒，使外筒产生一定速度的转动，利用仪器测定内筒的转角，以求得两筒间流体的牛顿黏滞系数与转角的关系的转筒法等。

5.2.1 落球黏度计

落球式黏度计是一种实验室常用的测量透明溶液黏度的仪器，结构简单，如图5-4所示。它是将待测溶液置于玻璃黏度管中，放入加热恒温槽，使之恒温。然后向管中放入不锈钢小球，令其自由下落，记录小球恒速下落一段距离 S 所需的时间 t，由此计算溶液黏度。

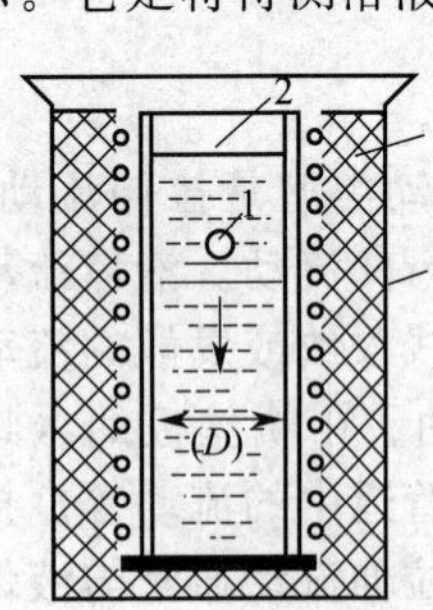

小球下落过程受到重力、浮力、Stokes黏性阻力三个力的作用：

重力
$$W = \frac{4}{3}\pi R^3 \rho_b g \tag{5-5}$$

浮力
$$f = \frac{4}{3}\pi R^3 \rho_s g \tag{5-6}$$

Stokes黏性阻力
$$F = 6\pi R \eta v \tag{5-7}$$

式中，R 为小球半径；ρ_b、ρ_s 分别为小球和待测溶液的密度；v 为小球下落速度；g 为重力加速度；η 为待测溶液的黏度。

式(5-7)是Stokes从小球在无限大牛顿流体中缓慢运动的条件下推导出来的，因此又称Stokes黏度。

图5-4 落球式黏度计示意图
1—小球；2—黏度管；3—加热管；4—外套

初始时小球在溶液内以加速运动下落。待速度 v 升到一定值时，黏性阻力、浮力与重力达到平衡，小球作恒速下落运动。这时有 $W = F + f$，

即
$$\frac{4}{3}\pi R^3 \rho_b g = \frac{4}{3}\pi R^3 \rho_s g + 6\pi R \eta v$$

由此得到

$$\eta = \frac{2gR^2(\rho_b - \rho_s)}{9v} \tag{5-8}$$

式(5-8)中 R，ρ_b，ρ_s 均为已知，因此只需测出小球速度 v，就可求出溶液黏度 η。小球速度 v 的测量一般采用光电测速装置，测量小球恒速通过一定距离 S（通常定为 20cm）所需的时间 t，则小球速度 $v = \dfrac{S}{t}$，代入式(5-8)，得：

$$\eta = \frac{2gR^2(\rho_b - \rho_s)t}{9S} \tag{5-9}$$

为了减小玻璃管壁对小球运动的影响，测黏管半径 D 与小球半径 R 之比大些为宜。根据流体力学分析，小球附近的最大剪切速率可控制在 10^{-2}s^{-1} 以下。由于测定的切变速率很低，不能用于研究黏度的切变速率依赖性。低切变速率下的黏度可视为零切黏度。因此，落球式黏度计常用于测定黏流活化能。

落球式黏度计测量熔体黏度的方法非常适合于低分子量液体、高聚物溶液和低聚物。由于落球法是从牛顿流体建立起来的，如果所研究的流体的黏度依赖于剪切速率，则落球法测得的黏度依赖于球的下落速度。改变落球的材料和半径，可使剪切应力在 1～100Pa 范围变化。由于这个原因，把所得结果外推到零剪切应力时的结果是一种重要的方法。现有的外推方法都是建立在黏度对剪切应力不同的依赖关系之上的。例如，Subbara 等根据下列黏度对剪切应力的依赖关系而获得极好的非牛顿校正结果：

$$\eta = \frac{\eta_0}{1 + C\tau^2} \tag{5-10}$$

式中，C 为经验常数；η_0 为必须测定的起始牛顿黏度。

5.2.2 毛细管流变仪

毛细管流变仪是目前发展得最成熟、最典型、应用最广的流变测量仪。大部分高分子材料的成型都包括熔体在压力下被挤出的过程，用毛细管流变可以得到十分接近加工条件的流变学物理量。毛细管流变仪的主要优点在于操作简单、测量准确、使用范围广泛。它可以在较宽的范围调节剪切速率和温度，最接近加工条件，其剪切速率范围为 $10 \sim 10^6 \text{s}^{-1}$，切应力为 $10^4 \sim 10^6 \text{Pa}$；可以求出施加于熔体上的剪切应力和剪切速率之间的关系，即求出熔体的流动曲线。此外，仪器还配有高档调速机构、测力机构、控温机构、自动记录和数据处理系统，计算机控制、运算和绘图软件，操作运用十分便捷。

毛细管流变仪的基本构造如图 5-5 所示，其核心部分为一套具有不同的长径比（通常 $L/D = 10/1$，20/1，30/1，40/1 等）的毛细管；料筒周围为恒温加热套，内有电热丝；料筒内物料的上部为液压驱动的柱塞。物料经加热变为熔体后，在柱塞高压作用下，强迫从毛细管挤出，由此测量物料的黏弹性。

5.2.2.1 流体黏度的测定

毛细管流变仪测熔体流动性的基本原理是：设在一个无限长的圆形毛细管中，塑料熔体在管中的流动为一种不可压缩的黏性流体的稳定层流，毛细管两端的压力差为 ΔP 由压力传感器测量。由于流体具有黏性，它必然受到自管体与流动方向相反的作用力，通过黏滞阻力

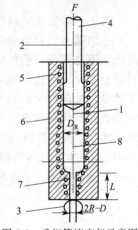

图 5-5 毛细管流变仪示意图
1—试样；2—柱塞；3—挤出物；4—载荷；5—加热线圈；6—保温套；7—毛细管；8—料筒；L—毛细管长度；D—毛细管直径

应与推动力相平衡等流体力学过程原理的推导，可得出管壁处的剪切应力（τ）与压力、剪切速率（$\dot{\gamma}$）与熔体流率的关系，如式(5-11)、式(5-12)所示。

$$\tau = \frac{R\Delta P}{2L} \tag{5-11}$$

式中，R 为毛细管半径，cm；L 为毛细管长度，cm；ΔP 为毛细管两端的压力差，Pa。

$$\dot{\gamma} = \frac{4Q}{\pi R^3} \tag{5-12}$$

式中，Q 为流体容积流率，cm³/s。

由此，在温度和毛细管长径比（L/D）一定的条件下，测量不同的压力下塑料熔体通过毛细管的流动速率（Q）可得到管壁处的剪切速率 $\dot{\gamma}$；测量毛细管两端的压力差（ΔP）可得到管壁处物料所受的剪切应力 τ，由此可计算物料的表观黏度 $\eta_a = \tau/\dot{\gamma}$。将对应的剪切应力和剪切速率在双对数坐标上（$\ln\tau$-$\ln\dot{\gamma}$ 或 $\ln\eta_a$-$\ln\dot{\gamma}$）绘制流动曲线图，曲线上各点切线的斜率即为对应的非牛顿指数 n，即 $n = \mathrm{d}(\ln\tau)/\mathrm{d}(\ln\dot{\gamma})$。改变温度或改变毛细管长径比，则可得到代表黏度对温度依赖性的黏流活化能（E_η）以及离模膨胀比等表征聚合物流变特性的物理参数。

5.2.2.2 非牛顿修正和入口校正

由流变仪测定的数据直接进行计算只能得到产品的表观流变性。对于大多数聚合物熔体来说都属于非牛顿性流体，它在管中流动时具有弹性效应、壁面滑移和流动过程中的压力降等特性。况且在实验中毛细管的长度都是有限的，因此，由上述假设推导的实验结果与真实情况有一定的偏差。为此，对假设熔体为牛顿流体推导的剪切速率和适用于无限长的毛细管的剪切应力必须进行非牛顿修正和入口校正，方能得到毛细管管壁上的真实剪切速率和真实剪切应力。

非牛顿修正常用的方法是 Rabinowitsch 校正法，经校正后管壁处的剪切速率 $\dot{\gamma}_T$ 的计算式为

$$\dot{\gamma}_T = \frac{3n+1}{4n}\dot{\gamma} \tag{5-13}$$

式中，n 为非牛顿指数。

毛细管入口效应修正即 Bargley 校正法。因为在毛细管流变仪测定时，假定流动是稳定流动和等温流动，流体密度不变，压力与半径无关，即流动是具有平行的速度分布，轴向没有速度变化的层流。在实际加工和测试中，毛细管长度有限，熔体从直径较大的料筒进入毛细管时，轴向产生加速度，引起压力损耗，使实际作用在毛细管上的剪切应力减小，即产生入口效应。物料在整个毛细管中的流动可分为三个区域：入口区、完全发展流动区、出口区。图 5-6 给出料筒与毛细管中物料内部压力的分布情况，即 $\Delta P = \Delta P_{ent} + \Delta P_{cap} + \Delta P_{exit}$。其中 ΔP_{ent} 为入口压力降；ΔP_{cap} 为口模内的压力降，表示稳态层流时的黏性能损失；ΔP_{exit} 是出口处的压力，表征材料剩余弹性形变的能力。

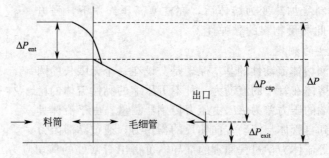

图 5-6　料筒和毛细管口模压力分布

对于黏弹性流体，当从料筒进入毛细管时，存在着很大的入口压力损失 ΔP_{ent}。该压力损失是黏弹性流体流经截面形状变化的流道时的重要特点之一，是物料在入口区经历了强烈的拉伸流和剪切流，储存和损耗了部分能量的结果。对纯黏性的牛顿型流体而言，入口压力降很小，可忽略不计。而对黏弹性流体，则必须考虑因弹性形变而导致的入口压力损失。

在实际测量时，压力传感器安装的位置并不在毛细管上，而是在料筒筒壁处，于是测得的压力包括了入口区的压力降，完全发展流动区上的压力降和出口区的压力降三部分

要得到流体的真实流变关系，必须考虑口模入口处的压力损失。Bargley 校正法是依据在一定剪切速率下，料筒与毛细管的总压力降和毛细管的长径比呈线性关系，入口压力的损失等价于毛细管长度的增加，得到校正后的毛细管壁上的剪切应力计算式为

$$\tau = \Delta P \frac{R}{2L + eD} \tag{5-14}$$

式中，D 为毛细管直径，cm；L 为毛细管长度，cm；ΔP 为毛细管两端的压力差，Pa；e 为 Bargley 校正系数，$e > 0$，必须由实验方法求出。

为确定 Bargley 修正因子 e，设计如下实验方法：选择三根长径比不同的毛细管，在同一体积流量下，测量压差 ΔP 为纵坐标、长径比 L/D 为横坐标作图。延长图中直线交于 ΔP 轴，其纵向截距等于入口压力降 ΔP_{ent}；继续延长直线与 L/D 轴相交，横向截距等于 $L/D = e/2$。

实验发现，当毛细管长径比 L/D 小，而剪切速率大，温度低时，入口校正不可忽视，否则不能求得可靠结果。当长径比很大时，一般要求大于 40/1，入口压力降在总压力降中所占的比重小，此时可不作入口校正。

相对而言，出口压力降比入口压力降小得多。对牛顿型流体来讲，出口压力降为 0，等于大气压。

5.2.2.3 聚合物熔体弹性的研究

毛细管黏度计除了测定黏度外，还可以观察挤出物的直径和外形或改变毛细管的长径比来研究聚合物流体的弹性和不稳定流动现象。对于黏弹性流体，若在毛细管入口区的弹性形变经过毛细管后尚未全部松弛，至出口处仍残存部分内压力，则将表现为出口压力降 ΔP_{exit}。使用毛细管流变仪测量挤出胀大比 B 和出口压力 ΔP_{exit}，然后用以下公式计算法向应力差，从而可以研究聚合物熔体的弹性效应：

Tanner 公式 由挤出胀大比 B 计算第一法向应力差

$$N_1 = 2\sigma_w (2B^6 - 2)^{1/2} \tag{5-15}$$

Han 公式 由出口压力 ΔP_{exit} 计算第一、第二法向应力差

$$N_1 = \Delta P_{exit} + \sigma_w \left(\frac{d\Delta P_{exit}}{d\sigma_w} \right) \tag{5-16}$$

$$N_2 = -\sigma_w \left(\frac{d\Delta P_{exit}}{d\sigma_w} \right) \tag{5-17}$$

挤出胀大比通常是通过在毛细管出口处采用直接照相、激光扫描或冷凝定型直接测量得到的，但测量误差较大。原因在于挤出物料完全松弛的位置不易确定，挤出物直径易受下垂物重力作用而变细。为减少误差，一个补救的方法是让挤出物直接落入冷水槽中冷凝定型。出口剩余压力的测量以采用扁平的缝式毛细管或环形缝式毛细管为宜，由于缝式毛细管宽度较大，压力传感器可直接安装在毛细管上，测出真实的沿毛细管的压力梯度，然后外推得到出口处压力。

5.2.3 旋转黏度计

旋转黏度计是一类相对复杂的黏度计，可用于稳态、振荡或动态模式下黏度的测试。所有旋转黏度计的工作原理都相同，即黏度计一部分相对于另一部分运动。属于这一类的黏度

计有：同轴圆筒黏度计、锥板黏度计、平行板黏度计、圆盘-圆筒黏度计、桨轮-圆筒黏度计、转子圆筒黏度计等。旋转式黏度计的优点是适用范围宽，测量方便，易得到大量的数据，对于性质随时间变化的连续测量来说，可以在不同的剪切速率下对同种材料进行测量，因而广泛地应用于测量牛顿型液体的绝对黏度、非牛顿型液体的表观黏度及流变特性。其缺点是测量精度较低，测得的黏度值一般为相对值。

5.2.3.1 同轴圆筒黏度计

同轴圆筒黏度计多用于低黏度液体、聚合物溶液、塑料溶胶和胶乳的黏度测定。从结构上主要可以分为单圆筒旋转式黏度计和双圆筒旋转式黏度计两种类型。

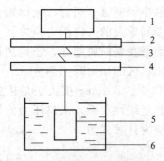

图 5-7 单圆筒旋转式黏度计测量原理图
1—电机；2—上盘；3—弹性元件；4—下盘；5—小圆筒；6—液体

单圆筒旋转式黏度计（图5-7）只有一个圆筒，其工作原理是：由一台微型同步电动机带动上、下两个圆盘和圆筒一起旋转，由于受到流体的黏滞力作用，圆筒及与圆筒刚性连接的下盘的旋转将会滞后上盘，从而使得弹性元件产生扭转，通过测量这个扭转来得到小圆筒所受到的黏性力矩，再根据马克斯公式（5-18）计算得到流体的黏度。

$$\eta = \frac{1}{4\pi h}\left(\frac{1}{R_f^2} - \frac{1}{R_a^2}\right)\frac{M}{\omega} \tag{5-18}$$

式中，η 为液体动力黏度；h 为测量小圆筒浸于待测液体中的高度；R_f 为小圆筒的半径；R_a 为待测液体容器的半径；M 为黏性力矩；ω 为小圆筒旋转角速度。

双圆筒旋转式黏度计又可以分为两种：一种是内筒转动，外筒固定；另一种是外筒转动而内筒不动。内圆筒旋转式黏度计的结构如图 5-8 所示，外圆筒是用来盛被测液体的容器，固定不动，内圆筒为浸入被测流体中进行旋转的空心圆筒，与外圆筒同轴。驱动用的微型同步电动机的壳体采用悬挂式安装，通过转轴带动内圆筒以一定的速率旋转，内圆筒在被测流体中旋转时受到了黏滞阻力的作用，产生反作用迫使电机壳体偏转，电机壳体和两根一正一反安装的金属游丝相连。当壳体偏转时，使游丝产生扭转，当游丝的扭矩与黏滞阻力力矩达到平衡时，扭矩与转筒所受的黏滞阻力成正比。通过式（5-19）计算流体的黏度值。

$$\eta = \frac{M}{4\pi h\omega}\left(\frac{1}{R_1^2} - \frac{1}{R_2^2}\right) \tag{5-19}$$

式中，R_1 为内筒半径；R_2 为外筒半径；M 为转矩；η 为液体动力黏度；h 为测量小圆筒浸于待测液体中的高度；ω 为圆筒旋转角速度。

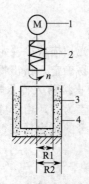

图 5-8 内圆筒旋转式黏度计
1—电机；2—游丝；3—内筒；4—外筒

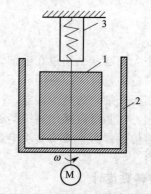

图 5-9 外圆筒旋转式黏度计
1—内筒；2—外筒；3—力矩传感器

外圆筒旋转式黏度计的结构如图 5-9 所示，测量时，将内、外圆筒都浸入被测流体中，由电动机带动外圆筒以一定的速率进行旋转，内圆筒由于受到两圆筒之间的被测流体的黏滞力作用而发生偏转，与内圆筒相连的张丝扭转所产生的恢复力矩与黏滞力矩的方向相反，当张丝的恢复力矩和黏滞力矩达到平衡时，内圆筒的偏转角大小与引起黏滞力矩的黏滞系数成正比。通过光耦合器测量外圆筒的转速和内圆筒的扭矩，也通过式（5-19）计算流体的黏度值。

以切应力对切变速率作图可得流动曲线。对牛顿流体可得直线，斜率为 η（常数）。对非牛顿流体，可按毛细管流变仪的非牛顿修正求得表观黏度。为了得到正确的黏度数据必须对同轴圆筒黏度计进行末端改正。内筒末端的流体，对圆筒的旋转产生附加的阻力。因而，除了环形间隙内流体产生的转矩外，内筒末端的流体还产生一个附加的转矩。所以实际测得的转矩相当于内筒为某个表观长度时测得的结果，而这个宏观长度要比内筒的实际长度长。考虑到上述改正，式（5-19）应改为：

$$\eta = \frac{M}{4\pi\omega(h+h_0)}\left(\frac{1}{R_1^2} - \frac{1}{R_2^2}\right) \tag{5-20}$$

式中，h_0 是改正长度，它可以通过改变浸没长度，并外推至浸没长度为零的方法来估算。但通常更为容易的做法是，用一个已知黏度的液体来标定黏度计，并使用式（5-21）进行计算：

$$\eta = \frac{KM}{\omega} \tag{5-21}$$

只要黏度计中液体的体积保持不变，则仪器常数 K 就包括了一切需要改正的因素。

同轴圆筒黏度计的主要优点是，当内外筒间隙很小时，被测流体各个部分的切变速率接近均一；此外，同轴圆筒黏度计容易校准，且改正量较小。这类仪器的主要缺点是，对于很黏的聚合物熔体装料困难；其次，圆筒旋转时在聚合物中产生的法向应力会使聚合物沿内筒轴往上爬。

5.2.3.2 锥板黏度计

锥板式黏度计属转子型黏度计的一种，是用来测量高黏性聚合物熔体黏度的常用仪器。如图 5-10 所示，其核心结构由一个旋转的锥度很小的圆锥体和一块直径为 R 的圆形平板组成，被测液体充入其间。锥由半径 R，外锥角 θ_c（$\theta_c = \pi/2 - \theta_0$）及转速 ω 等参数确定，可连续调节变化。板间物料的流动为测黏流动，它作用在固定板上的扭矩可通过传感器测出。外锥角为 θ_c，一般很小（$\theta_c \leqslant 4℃$），因此在测量时，锥与板之间的平行度、从锥尖到板的间距均需精心调节。平板以角速度 ω 匀速旋转，检测锥体所受到的转矩 M，当锥板夹角 α 很小时，剪切速率为 $\dot{\gamma} = \frac{dv}{dh} = \frac{r\omega}{ra} = \frac{\omega}{a}$；剪切应力为 $\sigma_s = \frac{3M}{2\pi R^3}$；

则黏度为：

$$\eta = \sigma_s/\dot{\gamma} = \frac{3aM}{2\pi\omega R^3} \tag{5-22}$$

公式中 R、α 为仪器常数，转速 ω 和扭矩 M，可根据具体物料和测试条件进行调节和测量，其测试和数据处理方法比毛细管黏度计简便。

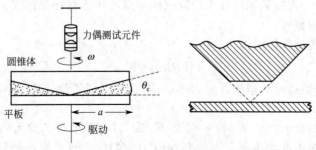

图 5-10 锥板流变仪

锥板黏度计的优点是，当锥板夹角很小时，流场中任一点的剪切速率或剪切应力各处相等，这对于黏度是剪切速率的函数的液体测量来讲是十分重要的。此外，锥的旋转速度还可以控制的很慢，剪切速率小于 $10^{-3}\,\mathrm{s}^{-1}$，因而容易测出零切剪切黏度。锥板黏度计与毛细管黏度计配合使用，扩大了测量范围。经过适当地改装后，锥板黏度计还能直接测出法向应力差函数和用于动态测量。但由于离心力、边缘熔体破裂及二次流动等的影响，锥板黏度计在高剪切速率下的测量受到一定的限制。

5.2.4 熔融指数仪与门尼黏度计

塑料工业中常用熔融指数，橡胶工业中常用门尼黏度来表示聚合物熔体流动性的大小。而熔融指数和门尼黏度的大小也可作为最简单的方法用来判断材料平均相对分子量的大小。一般而言，橡胶的门尼黏度值大，表示流动阻力大，平均相对分子量高；塑料的熔融指数大，表示流动性好，平均相对分子量小。

5.2.4.1 熔融指数仪

塑料工业中经常使用的熔融指数仪实质是一种恒压型毛细管流变仪。熔融指数（MI）、也称为熔体流动指数（MFI）或熔体流动速率（MFR），其定义为：在一定的温度下和规定负荷下，10min 内从规定直径和长度的标准毛细管内流出的聚合物的熔体的质量。单位为 g/10min。它是美国量测标准协会（ASTM）根据美国杜邦公司（DuPont）惯用的鉴定塑料特性的方法制定而成。熔融指数是一种表示塑胶材料加工时的流动性的数值，其值越大，表示该塑胶材料的加工流动性越佳，反之则越差。通过熔融指数的测量可比较物料平均相对分子量的大小，判断其适用于何种成型加工工艺。对同种类型的聚合物，流量大，物料熔融指数高，说明其平均相对分子量小，此类物料多适于注塑成型工艺。流量小，熔融指数低，说明其平均相对分子量大，此类物料多适于挤出成型工艺。

熔融指数最常使用的测试标准是 ASTM D 1238，该测试标准的测量仪器是熔融指数仪（Melt Indexer），也称为熔体流动速率仪。熔融指数仪是在给定的剪切速率下测定黏度参数的一种简易方法，可用于表征热塑性塑料在熔融状态下的黏流特性，也可同时测定其非牛顿性指数 n，反映高聚物熔体的剪切变稀行为。对了解聚合物的分子量及其分布、交联程度以及保证热塑性塑料及制品的质量，调整生产工艺，都有重要的指导意义。

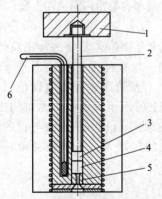

图 5-11 熔体流动速率仪的结构示意图

1—砝码；2—活塞杆；3—活塞；4—料筒；5—标准毛细管；6—温度计

图 5-11 是熔体流动速率试验的结构示意图。料筒外面包裹的是加热器，在料筒的底部有一只口模，口模中心是熔体挤压流出的毛细管。料筒内插入一支活塞杆，在杆的顶部压着砝码。试验时，先将料筒加热，达到预期的试验温度后，将活塞杆拔出，在料筒中心孔中灌入试样（塑料粒子或粉末），用工具压实后，再将活塞杆放入，待试样熔融，在活塞杆顶部压上砝码，熔融的试样料通过口模毛细管被挤出。

熔体流动速率的计算公式为：

$$\mathrm{MFR} = 600W/t \tag{5-23}$$

式中，MFR 为熔体流动速率，g/10min；W 为样条段质量（算术平均值），g；t 为切割样条段所需的时间，s。

熔体流动速率的表示方法是 MFR 温度/负荷，以高密度聚乙烯为例，在 190℃、2160g 荷重条件下测得的熔体流动速率可表示为 MFR190/2160。对于同一种聚合物，在相同条件下，熔体流动速率越大，流动性越好。对于不同的聚合物，由于测定时所规定的条件不同，因此不能用熔体流动速率的大小比较其流动性。

由于熔体黏稠的聚合物一般属于非牛顿流体（假塑体），η不是常数。只有在低的剪切速率下才比较接近牛顿流体，因此从熔融指数仪中得到的流动性能数据，是在低剪切速率下获得的，而实际成型加工过程往往是在较高的切变速率下进行的。所以实际加工中，还要研究熔体黏度与温度和切变应力的依赖关系。此外，熔融指数仪的毛细管长径比小，流体在口模中不能充分伸展，所以同时存在拉伸与剪切变形。因此熔融指数的数据只是一个大体上区别各种热塑性高聚物在熔融状态时流动性的好坏的指标，还不能根据熔融指数数据预测实际成型加工工艺过程。

影响熔体流动速率大小的因素主要有以下几个方面。

（1）弹性因素 聚合物熔体是一种黏弹性流体，在外力作用下，发生不可逆的黏性流动，同时发生可回复的弹性形变。在聚丙烯的熔体挤出实验中发现，将负荷骤然施加到活塞上，熔体挤出量最初反而呈现下降的趋势，这主要是弹性因素造成的。为消除弹性的影响，将试样加入料筒后，应先加上负荷的一部分，使熔体弹性得到一定的恢复。

（2）容量效应 测量过程中，熔体流速逐渐加大，表现为挤出速率与料筒中熔体高度有关。为了避免容量效应，应在同一高度截取样条。

（3）热降解的影响 聚合物在料筒中，受热发生降解，特别是粉状聚合物，由于空气中的氧加速了热降解的速度，使黏度降低，从而加快了流动速率。为了减小这种影响，对于粉状试样，应尽量压实，减少空气；同时加入一些热稳定剂。另一方面，测试时通入氮气保护，也可使热降解减到最小。

（4）试样中水分含量的影响 试样中水分的含量对熔体流动速率有影响。水分子是极性分子，对于极性聚合物大分子，它的存在类似于增塑剂，水分含量越大，熔体流动速率就越快。为了避免或减少水分的影响，在实验前必须对试样进行干燥处理。对于吸湿性大的聚合物，进行MFI实验时应特别小心，如在测量尼龙、聚酯的熔体流动速度时应使用氮气进行保护。

（5）温度波动的影响 熔体流动速率与温度的关系十分密切，温度高则流动速率就大，温度偏低则反之。如对于聚丙烯而言，229.5℃熔体流动速率为1.838/10min，230℃则为1.868/10min，可见温度波动对测试结果有影响。如果料筒内的温度分布不均匀，将给流动速率的测试带来很明显的不确定因素，所以在测试时应保持温度稳定，波动尽量控制在±0.1℃以内。

（6）其他影响因素 由于活塞杆与料筒之间有一层薄的聚合物膜，对其进行剪切需要额外的负荷，从而影响测试结果的准确性。此外，对于高填充的体系，可能会有屈服应力行为发生；对于填充体系，还会出现填料向毛细管中心迁移的现象，上述行为都将给实验带来误差。

5.2.4.2 门尼黏度

门尼黏度实验是用来测定生胶、未硫化胶流动性的一种方法，是衡量橡胶平均分子量及可塑性的一个指标。门尼黏度计的工作原理是一个标准的转子以恒定的转速在密闭室的试样中转动，如图5-12所示。当转子在充满胶料的模腔中转动时，转子对胶料产生力偶的作用，推动贴近转子的胶料层流动。模腔内其他胶料将会产生阻止其流动的摩擦力，其方向与胶料层流动方向相反，此摩擦力即是阻止胶

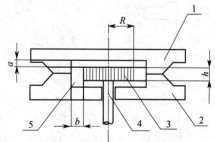

图5-12 门尼黏度计原理
1—上模座；2—下模座；3—转子；4—转子轴；
5—装试样的模腔；R—转子半径；h—转子厚度；
a—转子上下表面至上下模壁的垂直距离；
b—转子圆周至模腔圆周的距离

料流动的剪切力,单位面积上的剪切力即为切应力。转子转动所受到的剪切阻力大小与试样在硫化过程中的黏度变化有关,可通过测力装置显示在以门尼为单位的刻度盘上,以相同时间间隔读取数值作出门尼硫化曲线。当门尼数先降后升,从最低点起上升5个单位时的时间称门尼焦烧时间,从门尼焦烧点再上升30个单位的时间称门尼硫化时间。

当转子在充满胶料的模腔中转动时,对于非牛顿流动符合幂律公式:

$$\tau = K\dot{\gamma}^n \tag{5-24}$$

式中,τ 为切应力,MPa;$\dot{\gamma}$ 为剪切速率,s^{-1};K 为稠度,MPa·s;n 为牛顿指数。幂律公式可以变形为:

$$\frac{\tau}{\dot{\gamma}} = K\dot{\gamma}^{n-1} \tag{5-25}$$

设 $\eta_表 = \frac{\tau}{\dot{\gamma}}$,则

$$\tau = \eta_表 \dot{\gamma} \tag{5-26}$$

在模腔内阻碍转子转动的各点表观黏度 $\eta_表$ 以及剪切速率 $\dot{\gamma}$ 随转动半径的不同而不同,所以需要用统计平均值的方法来描述。由于转子的转速是定值,转子和模腔尺寸也是定值,故剪切速率 $\dot{\gamma}$ 的平均值对于相同规格的门尼黏度计来说是个常数。根据式(5-26),平均表观黏度 $\eta_表$ 与平均的剪切应力 τ 成正比。在平均剪切应力作用下,将会产生阻碍转子转动的转矩 M,关系式如下:

$$M = \tau SL \tag{5-27}$$

式中,S 为转子表面积,mm^2;L 为平均的力臂长,mm。

转矩 M 通过涡轮、蜗杆推动弹簧板,使它变形并与弹簧板产生的弯矩和刚度相平衡,从材料力学可知,存在如下关系:

$$M = Fe = W\sigma = WE\varepsilon \tag{5-28}$$

式中,F 为弹簧板变形产生的反力,N;e 为弹簧板力臂长,mm;W 为抗变形截面系数;σ 为弯曲应力,MPa;ε 为弯曲变形量;E 为杨式模量,MPa。W 和 E 都是常数,所以 M 与 ε 成正比。

综上所述,$\eta_表 \propto \tau \propto M \propto \varepsilon$,所以可用差动变压器或百分表测量弹簧板变形量,来反映胶料黏度大小。

门尼黏度计主要结构如图5-13所示。电动机1带小齿轮2,小齿轮又带动大齿轮12转动,大齿轮又使蜗杆7转动,蜗杆又带动涡轮3,涡轮又带动转子4,使转子在充满橡胶试样的密闭室11内旋转,密闭室由上下模9、10组成,在上下模内装有电热丝,其温度

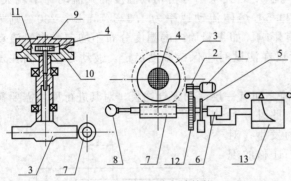

图 5-13 门尼黏度计结构
1—电动机;2—小齿轮;3—涡轮;4—转子;5—弹簧板;
6—差动变压器;7—蜗杆;8—百分表;9—上模;10—下模;
11—密闭室;12—大齿轮;13—记录仪

可以自动控制。由于转子的转动,对橡胶试样产生剪切力矩,在此同时转子也受到橡胶的反抗剪切力矩,此力矩由转子传到涡轮3再传到蜗杆7,在蜗杆上产生轴向推力,方向与涡轮转动方向相反,这个推力由蜗杆一端的弹簧板5相平衡,橡胶对转子的反抗剪切力矩,由装在蜗杆一端的百分表8以弹簧板位移的形式表示出来。如果仪器上有自动记录装置,弹簧板5受蜗杆7轴向推力产生位移时,差动变压器6中的铁芯也产生位移,此位移使电桥失去平

衡，就有交流信号输出，信号经放大由记录仪 13 记录。

记录仪所记录的是门尼黏度与时间的关系曲线，如图 5-14 所示。刚开电机时，强度值较高，如曲线上 A 点，是因为试样温度不均匀，未全部热透，显示其胶料较硬的缘故。对于含有炭黑的胶料，由于炭黑粒子在静止时互相结合成网状结构，能阻止胶料流动，但这种网状结构不坚固，受力即很快破坏，即存在所谓触变效应，这也是造成初始时黏度高的原因之一。然后黏度下降，是试样温度升高和网状结构解脱所致，经过几分钟后曲线下降到 B 点，即为所求的强度值。继续试验，试样若为生料，则曲线如图中 BE 所示，若试样为未硫化胶，曲线如 BC 所示，因胶料产生交联使黏度上升。

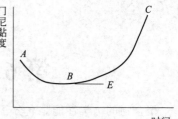

图 5-14 门尼黏度-时间曲线

门尼黏度可反映出橡胶加工性能的好坏、平均分子量大小及分布范围的宽窄。门尼黏度高的胶料不易混炼均匀及挤出加工，其分子量高、分布范围宽。门尼黏度低的胶料易黏辊，其分子量低、分布范围窄，但门尼黏度过低的胶料，即使硫化后，其制品的抗拉强度也低。

参 考 文 献

[1] 金日光. 高聚物流变学及其在加工中的应用. 北京：化学工业出版社，1986，2-58.
[2] 吴其晔，巫静安. 高分子材料流变学. 北京：高等教育出版社，2002，5-12；174-194.
[3] 梁伯润，屈凤珍，潘利华，刘喜军，吴承训. 高分子物理学. 北京：中国纺织出版社，1999，210-222.
[4] 徐佩弘. 高聚物流变学及其应用. 北京：化学工业出版社，2003，69-95.
[5] 周持兴. 聚合物流变学实验与应用. 上海：上海交通大学出版社，2003，22-40.
[6] 童刚，陈丽君，冷健. 旋转式黏度计综述. 自动化博览，2007，24（1）：68-70.
[7] 宋厚春. 高聚物流变学的原理、发展及应用. 合成技术及应用，2004，19（4）：28-32.
[8] 刘长维. 高分子材料与工程实验. 北京：化学工业出版社，2004，31-35.

第 6 章　力学性能测定

聚合物的力学性能是高分子聚合物在作为高分子材料使用时所要考虑的最主要性能。它牵涉到高分子新材料的结构设计，产品设计以及高分子新材料的使用条件。因此了解聚合物的力学性能数据，是我们掌握高分子材料的必要前提。

聚合物力学性能数据主要是模量（E），强度（σ），极限形变（ε）及疲劳性能（包括疲劳极限和疲劳寿命）。由于高分子材料在应用中的受力方式不同，聚合物的力学性能表征又按不同受力方式定出了拉伸（张力）、压缩、弯曲、剪切、冲击、硬度、摩擦损耗等不同受力方式下的表征方法及相应各种模量、强度、形变等可以代表聚合物受力不同的各种数据。由于高分子材料类型的不同，实际应用及受力情况有很大的差异，因此对不同类型的高分子材料，又有各自的特殊表征方法，例如纤维、橡胶的力学性能表征方法各不相同。

6.1　聚合物材料的拉伸性能

拉伸性能是聚合物力学性能中最重要、最基本的性能之一。拉伸性能的好坏，可以通过拉伸实验来检验。拉伸实验是在规定的试验温度、湿度和速度条件下，对标准试样沿纵轴方向施加静态拉伸负荷，直到试样被拉断为止。通过拉伸实验可以得到试样在拉伸变形过程中的拉伸应力-应变曲线。从应力-应变曲线上可得到材料的各项拉伸性能指标值：拉伸强度、拉伸断裂应力、拉伸屈服应力、偏置屈服应力、拉伸弹性模量、断裂伸长率等。通过拉伸试验提供的数据，可对高分子材料的拉伸性能做出评价，从而为产品质量控制，按技术要求验收或拒收产品，研究、开发与工程设计及其他目的提供参考。

6.1.1　应力-应变曲线

应力-应变曲线一般分两个部分：弹性变形区和塑性变形区。在弹性变形区域，材料发生可完全恢复的弹性变形，应力与应变呈线性关系，符合虎克定律。在塑性变形区，形变是不可逆的塑性形变，应力和应变增加不再呈正比关系，最后出现断裂。

不同的高聚物材料、不同的测定条件，分别呈现不同的应力-应变行为。根据应力-应变

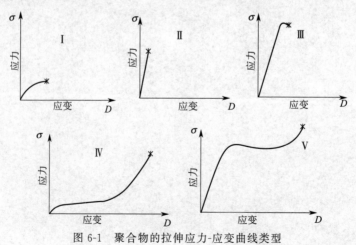

图 6-1　聚合物的拉伸应力-应变曲线类型

曲线的形状，目前大致可归纳成五种类型，如图 6-1 所示。

以上五种应力-应变曲线分别对应高聚物材料的性质如下：

① 软而弱　拉伸强度低，弹性模量小，且伸长率也不大，如溶胀的凝胶等。
② 硬而脆　拉伸强度和弹性模量较大，断裂伸长率小，如聚苯乙烯等。
③ 硬而强　拉伸强度和弹性模量较大，且有适当的伸长率，如硬聚氯乙烯等。
④ 软而韧　断裂伸长率大，拉伸强度也较高，但弹性模量低，如天然橡胶、顺丁橡胶等。
⑤ 硬而韧　弹性模量大、拉伸强度和断裂伸长率也大。如聚对苯二甲酸乙二醇酯、尼龙等。

由以上 5 种类型的应力-应变曲线，可以看出不同聚合物的断裂过程。

6.1.2　影响聚合物拉伸强度的因素

（1）高聚物的结构和组成　聚合物的相对分子质量及其分布、取代基、交联、结晶和取向是决定其机械强度的主要内在因素；通过在聚合物中添加填料，采用共聚和共混方式来改变高聚物的组成可以达到提高聚合物的拉伸强度的目的。

（2）实验状态　拉伸实验是用标准形状的试样，在规定的标准化状态下测定聚合物的拉伸性能。标准化状态包括：试样制备、状态调节、实验环境和实验条件等。这些因素都将直接影响实验结果。现仅就试样制备、拉伸速度、温度的影响阐述如下：

① 在试样制备过程中，由于混料及塑化不均，会引进微小气泡或各种杂质；在加工过程中会留下如裂缝、结构不均匀的细纹、凹陷、真空泡等痕迹。这些缺陷都会使材料强度降低。

② 拉伸速度和环境温度对拉伸强度有着非常重要的影响。塑料属于黏弹性材料，其应力松弛过程对拉伸速度和环境温度非常敏感。当低速拉伸时，分子链来得及位移、重排，呈现韧性行为，表现为拉伸强度减小，而断裂伸长率增大。高速拉伸时，高分子链段的运动跟不上外力作用速度，呈现脆性行为，表现为拉伸强度增大，断裂伸长率减小。由于聚合物品种繁多，不同的聚合物对拉伸速度的敏感不同。硬而脆的聚合物对拉伸速度比较敏感，一般采用较低的拉伸速度。韧性塑料对拉伸速度的敏感性小，一般采用较高的拉伸速度，以缩短实验周期，提高效率。不同品种的聚合物可根据国家规定的试验速度范围选择适合的拉伸速度进行实验（GB/T 1040—2006）。高分子材料的力学性能表现出对温度的依赖性，随着温度的升高，拉伸强度降低，而断裂伸长则随温度升高而增大。因此实验要求在规定的温度下进行。一些重要聚合物材料的拉伸强度和断裂伸长率如表 6-1 所示。

表 6-1　一些常见聚合物的拉伸强度和断裂伸长率

聚合物	性质	拉伸强度/($\times 10^5$ N/m^2)	断裂伸长率/%
PVC	硬质	420～530	40～80
	一般用	350～840	1.0～2.5
PS	耐冲击性	110～490	2.0～90
	耐冲击性	320～530	5.0～60.0
ABS	耐燃性	350～420	5.0～25.0
	玻璃纤维填充(20%～40%)	600～1340	2.5～3.0
	高密度	220～390	20～1300
	中密度	80～250	500～600
PE	低密度	40～160	90～800
	超高分子量	180～250	300～500
EVA		100～200	550～900
PP	非增强	300～390	200～700
	玻璃纤维填充(30%～35%)	420～1020	2.0～3.6
PA-6	非增强	700～830	200～300
	玻璃纤维填充(33%)	910～1760	3
PA-66	非增强	770～840	60～300
	玻璃纤维填充(33%)	160～200	4～5
PC	非增强	560～670	100～130
	玻璃纤维填充(10%～40%)	840～1760	0.9～5.0
尿素树脂	纤维素填充	390～920	0.5～1.0
环氧树脂	玻璃纤维填充	700～1400	4

6.1.3 电子拉力试验机

WDW 系列电子万能试验机的外观如图 6-2 所示。WDW 系列电子万能试验机可以对弹性模量、屈服强度、规定非比例延伸强度、抗拉强度、断裂强度、试样延伸率、断面收缩率等常规数据进行测量，能自动计算试验过程中任一指定点的力、应力、位移、变形等数据结果。WDW 系列电子万能试验机主要适用于橡胶、塑料、电线电缆、复合材料、塑料异型材、防水卷材、金属材料的拉伸、压缩、弯曲、剪切、剥离、撕裂等多种试验，并可根据用户需要添加其他材料的试验方法和试验标准。

图 6-2 WDW 系列微机控制
电子万能试验机

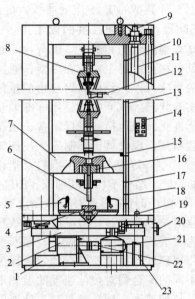

图 6-3 微机控制电子拉力试验机
1—伺服器；2—伺服电机；3—传动系统；4—压缩下压板；
5—弯曲装置；6—弯曲压头；7—移动横梁；8—拉伸楔形夹具；
9—位移传感器；10—固定挡圈；11—滚珠丝杠；12—电子引伸计；13—可调挡圈；14—手动控制盒；15—限位碰块；16—力传感器；17—可调挡圈；18—固定挡圈；19—急停开关；20—电源开关；21—减速机；22—联轴器；23—电器系统（微处理器）

微机控制电子拉力试验机的构成如图 6-3 所示。该机通过交流伺服电机驱动横梁移动，采用进口光电编码器进行位移测量。产品配置的全数字化多通道闭环测控系统是应用了许多先进的专业技术开发的最新一代测控系统，控制软件能自动求取抗拉强度、屈服强度、弹性模量、非比例延伸强度等常规数据；可实现三闭环控制；试验过程中可实时显示力-位移、力-时间、应力-应变等多种试验曲线，并能随时自动切换、观察比较。

微机控制电子拉力试验机属精密设备，在操作材料试验机时要注意下列事项。

① 每次设备开机后要预热 10min，待系统稳定后，才可进行实验工作；如果刚关机，需要再开机，至少保证 1min 的间隔时间。任何时候都不能带电插拔电源线和信号线，否则很容易损坏电气控制部分。

② 试验开始前，一定要调整好限位挡圈，以免操作失误损坏力值传感器。

③ 试验过程中，不能远离试验机。

④ 试验过程中，除停止键和急停开关外，不要按控制盒上的其他按键，否则会影响试验。

⑤ 试验结束后，一定要关闭所有电源。

6.1.4 拉伸实验的试样准备

拉伸实验共有 4 种类型的试样：Ⅰ型试样（双铲型）；Ⅱ型试样（哑铃型）；Ⅲ型试样（8字型）；Ⅳ型试样（长条型）。不同的材料优选的试样类型及相关条件及试样的类型和尺寸参照 GB/T 1040—92 执行。试样通常要求表面平整，无气泡、裂纹、分层、伤痕等缺陷。Ⅰ型试样（图6-4），尺寸及公差参考表 6-2，是由多型腔模具注射成型获得。

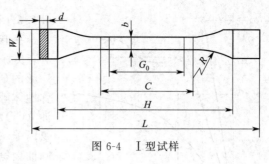

图 6-4　Ⅰ型试样

表 6-2　Ⅰ型试样尺寸及公差

符号	名称	尺寸/mm	公差/mm	符号	名称	尺寸/mm	公差/mm
L	总长（最小）	150	—	W	端部宽度	20	±1
H	夹具间距离	115	±5.0	d	厚度	4	—
C	中间平行部分长度	60	±2	b	中间平行部分宽度	10	±0.2
G_0	标距（或有效部分）	50	±1	R	半径（最小）	60	—

6.1.5 拉伸性能测试的数据处理

用万能材料试验机，换上拉伸实验的样品夹具，在恒定的温度、湿度和拉伸速度下，对按一定标准制备的聚合物试样进行拉伸，直至试样被拉断。仪器可自动记录被测样品在不同拉伸时间样品的形变值和对应此形变值样品所受到的拉力（张力）值，同时自动画出应力-应变曲线。根据应力-应变曲线，找出样品的屈服点及相应的屈服应力值，断裂点及相应的断裂应力值，样品的断裂伸长值。将屈服应力、断裂应力分别除以样品断裂处在初制样时样品截面积，即可分别求出该聚合物的屈服强度和拉伸强度（抗张强度）值。样品断裂伸长值除以样品原长度，即是聚合物的断裂伸长率。应力-应变曲线中，对应小形变的曲线中（即曲线中直线部分）的斜率，即是聚合物的拉伸模量（也称抗张模量）E 值。聚合物试样拉伸断裂时，试样断面单维尺寸（厚或宽的尺寸）的变化值除以试样的断裂伸长率 ε 值，即为聚合物样品的泊松比（μ）的数值。

6.1.5.1 拉伸强度或拉伸断裂应力或拉伸屈服应力（MPa）

$$\sigma_t = \frac{p}{bd} \tag{6-1}$$

式中　p——最大负荷或断裂负荷或屈服负荷，N；
　　　b——试样工作部分宽度，mm；
　　　d——试样工作部分厚度，mm。

各应力值在拉伸应力-应变曲线上的位置如图 6-5 所示。

6.1.5.2 断裂伸长率

$$\varepsilon_t = \frac{L - L_0}{L_0} \tag{6-2}$$

式中，L_0 为试样原始标距，mm；ε_t 为断裂伸长率，%；L 为试样断裂时标线间距离，mm。

计算结果以算术平均值表示，σ_t 取三位有效数值，ε_t 取二位有效数值。

6.1.6 聚合物材料的拉伸性能测试

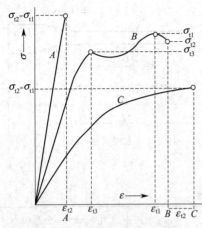

图6-5 拉伸应力-应变曲线
σ_{t1}—拉伸强度；ε_{t1}—拉伸时的应变；σ_{t2}—断裂应力；ε_{t2}—断裂时的应变；σ_{t3}—屈服应力；ε_{t3}—屈服时的应变
A—脆性材料；B—具有屈服点的韧性材料；C—无屈服点的韧性材料

蓖麻油（CO）聚氨酯互穿网络聚合物（CO-PUIPN）具有良好的化学、物理和力学性能，近年来引起了人们广泛的研究，并已在带锈金属黏粘剂、高性能涂料、弹性体等领域得到了较好的应用。彭翠华等利用蓖麻油（CO）、甲苯二异氰酸酯（TDI）和丙烯酸-2-羟-3-氯丙酯（HCAA）等为原料，采用分步法制备出了蓖麻油聚氨酯-羟基丙烯酸酯互穿网络聚合物（CO-PU/HCAA IPN），利用红外光谱进行了结构表征并测定了CO-PU/HCAA IPN的力学性能。用切刀将CO-PU/HCAA IPN样品切割成哑铃状试样，按照GB/T 528—2009标准用RGD-5型电子拉力机（深圳瑞格儿仪器制造公司）测定其拉伸强度，拉伸速度为200mm/min。结果表明，随着固化时间的延长，CO-PU/HCAA IPN的拉伸强度逐渐增大，8天后达到最大值；随着CO-PU预聚体与HCAA双键摩尔比的增加，CO-PU/HCAA IPN的拉伸强度先增大后减小，在6∶1时达到最大值；增加CO-PU预聚体中摩尔比n_{NCO}/n_{OH}，CO-PU/HCAA IPN的拉伸强度先增大后减小，在摩尔比2∶5时达到最大值；过氧化二苯甲酰（BPO）和二月桂酸二丁基锡（DBTDL）的质量分数分别为0.5%和0.2%时，CO-PU/HCAA IPN的拉伸强度最大。

聚合物基无机纳米复合材料是集有机组分和无机纳米组分于一体的一种新型的功能高分子材料。纳米粒子独特的表面效应、体积效应和量子效应对聚合物基体的物理和化学性质产生特殊的作用，受到人们的关注。环氧树脂因具有优良的机械、电气和化学等性能而得到广泛的应用。将纳米SiO_2粉，纳米TiO_2粉，具有层状硅酸盐结构的蒙脱土直接或表面改性后填充到聚合物中可以使聚合物增强或增韧。王娜等通过溶液共混法制备出纳米有序介孔分子筛（MCM-41）/环氧树脂、偶联修饰MCM-41/环氧树脂纳米复合材料。研究了填充MCM-41颗粒的偶联修饰以及不同的填充颗粒含量对分散性和复合材料拉伸性能的影响。用Instron 1211按GB/T 1040—92标准测试MCM-41/环氧树脂、M-NH_2/环氧树脂纳米复合材料的拉伸性能（环氧树脂和MCM-41，M-NH_2质量分数比分别为100/0，100/2.5，100/5，100/8，100/10），拉伸速度为10mm/min。结果表明：在MCM-41/环氧树脂纳米复合材料中，MCM-41仍保持着长程有序的孔道结构。修饰后的MCM-41变成亲油性，有利于增强颗粒与环氧树脂间的界面结合和纳米网络结构的形成，使MCM-41颗粒更能均匀分散在聚合物基体中，提高复合材料的拉伸性能。修饰后的MCM-41添加量为2.5%（质量分数）时，拉伸强度达到最大值，比基体树脂提高99.2%，杨氏模量提高了110%。

6.2 聚合物材料的冲击性能

材料的冲击性能是指材料抵抗冲击载荷的能力。冲击载荷指以较高的速度施加到零件上的载荷，当零件在承受冲击载荷时，瞬间冲击所引起的应力和变形比静载荷时要大得多。可以用冲击强度（也称冲击韧性）来评价材料的抗冲击能力或判断材料的脆性和韧性程度。冲击强度是试样在冲击破坏过程中所吸收的能量与原始横截面积之比。冲击强度根据试验设备不同可分为简支梁冲击强度、悬臂梁冲击强度。

对聚合物试样施加一次冲击负荷使试样破坏，记录下试样破坏时或过程中试样单位截面积所吸收的能量，即得到冲击强度。由于聚合物的制备方法和本身结构的不同，它们的冲击强度也各不相同。在工程应用上，冲击强度是一项重要的性能指标，通过抗冲击试验，可以评价聚合物在高速冲击状态下抵抗冲击的能力或判断聚合物的脆性和韧性程度。

冲击试验的方法很多，根据实验温度可分为常温冲击、低温冲击和高温冲击三种，依据试样的受力状态，可分为摆锤式弯曲冲击（包括简支梁冲击 GB/T 1043.1—2008 和悬臂梁冲击 GB/T 1843—2008）、拉伸冲击、扭转冲击和剪切冲击；依据采用的能量和冲击次数，可分为大能量的一次冲击（简称一次冲击试验或落锤冲击实验 GB 11548—1989）和小能量的多次冲击实验（简称多次冲击实验）。不同材料或不同用途可选择不同的冲击试验方法，由于各种试验方法中试样受力形式和冲击物的几何形状不一样，因此不同的试验方法所测得的冲击强度结果不能相互比较。

6.2.1 悬臂梁冲击试验机

悬臂梁冲击试验机（图 6-6），适用于对塑料、尼龙、橡胶、玻璃钢、复合塑料管材、电气绝缘材料等非金属材料在动负荷下抵抗冲击性能进行检验的检测仪器。该机采用单片机对冲击试验过程控制，试验数据自动处理，自动计算每次冲击能量和平均冲击能量并可打印试验报告，同时采用高精度光学编码器进行测角，使得该机具有高的测量精度。悬臂梁冲击试验机可同时做简支梁和悬臂梁两种冲击强度试验。

图 6-6 悬臂梁冲击试验机

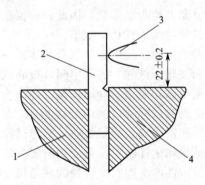

图 6-7 虎钳支座、缺口试样及冲击刃位置图（单位 mm）
1—虎钳固定夹具；2—试样；3—冲击刃；4—虎钳可动夹具

6.2.2 冲击实验的试样准备

试样材料可采用 PP、PE、PS、硬质 PVC 等；简支梁冲击试样类型及尺寸和缺口类型与尺寸参照 GB/T 1043.1—2008 执行；悬臂梁冲击试样类型及尺寸和缺口类型与尺寸参照 GB/T 1843—2008 执行。试样通常要求表面平整，无气泡、裂纹、分层、伤痕等缺陷。

按准备工作要求进行完试样测量和冲击试验机的检查之后，抬起并锁住摆锤，把试样放在虎钳中，按图 6-7 所示夹住试样（也称正置试样冲击）；测定缺口试样时，缺口应在摆锤冲击刃的一边。释放摆锤，记录试样所吸收的冲击能，并对其摩擦损失等进行修正。试样可能会有四种破坏类型，完全破坏（试样断裂成两段或多段）、铰链破坏（断裂的试样由没有刚性的很薄表皮连在一起的一种不完全破坏）、部分破坏（除铰链破坏以外的不完全破坏）、无破坏（指试样未破坏，只产生弯曲变形并有应力发白现象的产生）。测得的完全破坏和铰链破坏的值用以计算平均值。在部分破坏时，如果要求部分破坏的值，则以字母 P 表示。完全不破坏时以 NB 表示，不报告数值。在同一样品中，如果有部分破坏和完全破坏或铰链破坏时,应报告每种破坏类型的算术平均值。

6.2.3 抗冲击性能测试的数据处理

摆锤式弯曲冲击实验方法由于比较简单易行,在控制产品质量和比较制品韧性时是一种经常使用的测试方法。这里介绍摆锤式弯曲冲击(简支梁冲击和悬臂梁冲击)试验机的工作原理,如图 6-8 所示。实验时摆锤挂在机架的扬臂上,摆锤杆的中心线与通过摆锤杆轴中心的铅垂线成一角度为 α 的扬角,此时摆锤具有一定的位能;然后让摆锤自由落下,在它摆到最低点的瞬间其位能转变为动能;随着试样断裂成两部分,消耗了摆锤的冲击能并使其大大减速;摆锤的剩余能量使摆锤继续升高至一定高度,β 为其升角。

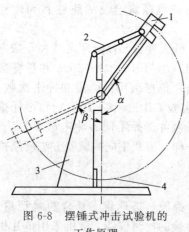

图 6-8 摆锤式冲击试验机的工作原理
1—摆锤;2—扬臂;3—机架;4—试样

如以 W 表示摆锤的重量,l 为摆锤杆的长度,则摆锤的初始功 A_0 为:

$$A_0 = Wl(1-\cos\alpha) \tag{6-3}$$

若考虑冲断试样时克服的空气阻力和试样断裂而飞出时所消耗的功,根据能量守恒定律,可用式(6-4)表示:

$$A_0 = Wl(1-\cos\beta) + A + A_\alpha + A_\beta + mv/2 \tag{6-4}$$

通常,式后三项都忽略不计,则可简单地把试样断裂时所消耗的功 A 表示为:

$$A = Wl(\cos\beta - \cos\alpha) \tag{6-5}$$

式中除 β 角外均为已知数,因此,根据摆锤冲断试样后的升角 β 的数值即可从读数盘直接读取冲断试样时所消耗功的数值。

简支梁冲击试验是使用已知能量的摆锤一次性冲击支承成水平梁的试样并使之破坏,冲击线应位于两支座(试样)的正中间,被测试样若为缺口试样,则冲击线应正对缺口;悬臂梁冲击试验则由已知能量的摆锤一次性冲击垂直固定成悬臂梁的试样的自由端,摆锤的冲击线与试样的夹具和试样缺口的中心线相隔一定距离(参考图 6-7)。根据摆锤的冲击前初始能量与冲击后摆锤的剩余能量之差,确定试样在破坏时所吸收的冲击能量,冲击能量除以冲击截面积,就得到试样的单位截面积所吸收的冲击能量,即冲击强度。

通常,冲击性能实验对聚合物的缺陷很敏感,而且影响因素也很多,聚合物的冲击强度常受到实验温度、环境湿度、冲击速度、试样几何尺寸、缺口半径以及缺口加工方法、试样夹持力等影响,一般应在实验方法规定的条件下进行冲击性能的测定。

6.2.3.1 无缺口试样简支梁冲击强度 α (kJ/m²)

$$\alpha = \frac{A}{bd} \times 10^3 \tag{6-6}$$

式中　A——试样吸收的冲击能量,J;
　　　b——试样宽度,mm;
　　　d——试样厚度,mm。

6.2.3.2 缺口试样简支梁冲击强度 α_k (kJ/m²)

$$\alpha_k = \frac{A_k}{bd_k} \times 10^3 \tag{6-7}$$

式中　A_k——缺口试样吸收的冲击能量,J;
　　　b——试样宽度,mm;
　　　d_k——缺口试样缺口处剩余厚度,mm。

6.2.3.3 无缺口试样悬臂梁冲击强度 α_{iu}（kJ/m²）

$$\alpha_{iu}=\frac{A_{iu}}{bh}10^3 \tag{6-8}$$

式中 A_{iu}——破坏试样所吸收并经过修正后的能量，J；
　　　b——试样宽度，mm；
　　　h——试样厚度，mm。

6.2.3.4 缺口试样悬臂梁冲击强度 α_{iN}（kJ/m²）

$$\alpha_{iN}=\frac{A_{iN}}{b_N h}10^3 \tag{6-9}$$

式中 A_{iN}——破坏试样所吸收并经修正后的能量，J；
　　　b_N——试样缺口处剩余宽度，mm；
　　　h——试样厚度，mm。

6.2.4 聚合物材料的冲击性能测试

微孔发泡聚合物材料是指孔径在（1~100μm），材料密度比发泡前减少5%~98%的一种新型的热塑性高分子材料。微孔发泡材料具有密度低、较高的冲击强度、比强度、抗疲劳强度和热稳定性等优异性能。大量实验表明，微孔对聚合物材料的常温冲击性能常常起增韧的作用。张纯等将发泡母粒、助剂母粒分别与纯的 PP、HDPE 按 1:2:7 的比例混合均匀，在 CJ80m3V 注塑机上通过二次开模注塑成标准的哑铃型芯层发泡样条（表层厚度为 0.6~0.8mm）。作为对比，制备出不含发泡剂而其他组分完全相同的未发泡 PP、HDPE 复合材料样条。按 GB/T 1040—2006 在 WDW210C 型微机控制电子万能试验机上测试拉伸力学性能。通过对比微孔发泡 PP、HDPE 以及相应的未发泡 PP、HDPE 在不同实验温度下的 Izod 冲击强度，研究实验温度对微孔发泡 PP、PE 材料冲击性能的影响。结果表明：在实验温度范围内微孔发泡 PP、HDPE 以及相应的未发泡 PP、HDPE 相比较，随实验温度的降低，两者的 Izod 冲击强度的变化规律存在差异；通过对不同实验温度的冲击断口 SEM 分析，微孔对 PP、HDPE 冲击强度的作用机理为：一是裂纹扩展时微孔周围的树脂变形（及孔的变形）消耗能量，二是微孔的存在松弛了裂纹尖端应力集中，并会诱使主裂纹分解成次生裂纹，使裂纹扩展的方向和方式都发生变化，表现为裂纹扩展的阻力，三是微孔的引入减小了试样（材料）的有效承载面积。

作为一种重要的热固性树脂，环氧树脂具有良好的电性能、化学稳定性、黏结性、加工性，在国民经济领域有着重要的应用。环氧树脂的最大缺陷是固化后质脆、耐冲击性能差。因此，如何提高环氧树脂的抗冲击性能成为研究热点。互穿网络法是目前较为新颖的方法，研究人员已采用了不同的 IPNs 体系来提高环氧的抗冲击性能，环氧/聚氨酯 IPNs 是其中研究较多的一个体系，此方面研究已有大量的文献报导。梯度 IPNs 作为 IPNs 的一个分支，其力学性能往往比相同组成的 IPNs 更为优越，更具研究价值。穆中国等研究了采用梯度 IPNs 方法提高环氧树脂的冲击性能，设计了新型梯度组分分布数学模型描述梯度组分的分布，采用梯度因子和梯度层数控制梯度 IPNs 的结构变化。并采用逐层浇铸的方法制备了不同种类的环氧/聚氨酯（EPPPU）梯度 IPNs 材料，同时对其冲击性能进行了研究。参照 GB/T 1843—2008 制样，采用冲击实验机测试冲击性能。研究结果表明，梯度结构的变化对其冲击性能有所影响，梯度层数越多，梯度因子越大，梯度 IPNs 的冲击强度越大。在质量比相同的情况下，梯度 IPNs 的冲击性能要高于普通 IPNs 和环氧。

6.3 聚合物材料的动态力学性能

在外力作用下,对样品的应变和应力关系随温度等条件的变化进行分析,即为动态力学分析。动态力学分析能得到聚合物的动态模量(E')、损耗模量(E'')和力学损耗($\tan\delta$)。这些物理量是决定聚合物使用特性的重要参数。同时,动态力学分析对聚合物分子运动状态的反应也十分灵敏,考察模量和力学损耗随温度、频率以及其他条件的变化的特性可得到聚合物结构和性能的许多信息,如阻尼特性、相结构及相转变、分子松弛过程、聚合反应动力学等。

6.3.1 高聚物的黏弹性

高聚物是黏弹性材料之一,具有黏性和弹性固体的特性。它一方面像弹性材料具有储存机械能的特性,这种特性不消耗能量;另一方面,它又具有像非流体静应力状态下的黏液,会损耗能量而不能储存能量。当高分子材料形变时,一部分能量变成位能,一部分能量变成热而损耗。能量的损耗可由力学阻尼或内摩擦生成热得到证明。材料的内耗是很重要的,它不仅是性能的标志,而且也是确定它在工业上的应用和使用环境的条件。

如果一个外应力作用于一个弹性体,产生的应变正比于应力,根据虎克定律,比例常数就是该固体的弹性模量。形变时产生的能量由物体储存起来,除去外力物体恢复原状,储存的能量又释放出来。如果所用应力是一个周期性变化的力,产生的应变与应力同位相,过程也没有能量损耗。假如外应力作用于完全黏性的液体,液体产生永久形变,在这个过程中消耗的能量正比于液体的黏度,应变落后于应力 90°,如图 6-9(a) 所示。聚合物对外力的响应是弹性和黏性两者兼

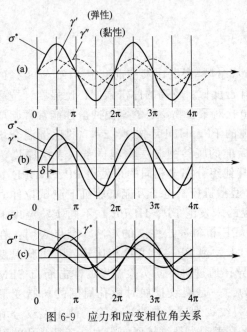

图 6-9 应力和应变相位角关系

有,这种黏弹性是由于外应力与分子链间相互作用,而分子链又倾向于排列成最低能量的构象。在周期性应力作用的情况下,这些分子重排跟不上应力变化,造成了应变落后于应力,而且使一部分能量损耗。图 6-9(b) 是典型的黏弹性材料对正弦应力的响应。正弦应变落后一个相位角。应力和应变可以用复数形式表示如下:

$$\sigma^* = \sigma_0 \exp(i\omega t) \tag{6-10}$$

$$\gamma^* = \gamma_0 \exp[i(\omega t - \delta)] \tag{6-11}$$

式中,σ_0 和 γ_0 为应力和应变的振幅;ω 是角频率;i 是虚数。用复数应力 σ^* 除以复数形变 γ^*,便得到材料的复数模量。模量可能是拉伸模量和切变模量等,这取决于所用力的性质。为了方便起见,将复数模量分为两部分,一部分与应力同位相,另一部分与应力差一个 90°的相位角,如图 6-9(c) 所示。对于复数切变模量

$$E^* = E' + iE'' \tag{6-12}$$

式中

$$E' = |E^*|\cos\delta \tag{6-13}$$

$$E'' = |E^*|\sin\delta \tag{6-14}$$

显然，与应力同位相的切变模量给出样品在最大形变时弹性储存模量，而有相位差的切变模量代表在形变过程中消耗的能量。在一个完整应力作用周期内，所消耗的能量 ΔW 与所储存能量 W 之比，即为黏弹性物体的特征量，叫做内耗。它与复数模量的直接关系为

$$\frac{\Delta W}{W}=2\pi\frac{\Delta E''}{E'}=2\pi\tan\delta \tag{6-15}$$

这里 $\tan\delta$ 称为损耗角正切。

聚合物的转变和松弛与分子运动有关。由于聚合物分子是一个长链的分子，它的运动有很多形式，包括侧基的转动和振动、短链段的运动、长链段的运动以及整条分子链的位移各种形式的运动都是在热能量激发下发生的。它既受大分子内链段（原子团）之间的内聚力的牵制，又受分子链间的内聚力的牵制。这些内聚力都限制聚合物的最低能位置。分子实际上不发生运动，然而随温度升高，不同结构单元开始热振动，并不断外加振动的动能接近或超过结构单元内旋转位垒的热能值时，该结构单元就发生运动，如移动等，大分子链的各种形式的运动都有各自特定的频率。这种特定的频率是由温度运动的结构单元的惯量矩所决定的。而各种形式的分子运动的开始发生便引起聚合物物理性质发生变化而导致转变或松弛，体现在动态力学曲线上的就是聚合物的多重转变（如图 6-10 所示）。

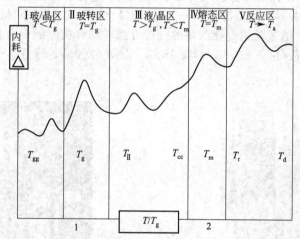

图 6-10　聚合物的多重转变示意图

线形无定形高聚物中，按温度从低到高的顺序排列，有 5 种可能经常出现的转变。

① δ 转变：侧基绕着与大分子链垂直的轴运动。
② γ 转变：主链上 2～4 个碳原子的短链运动——沙兹基（Schatzki）曲轴效应（图 6-11）。

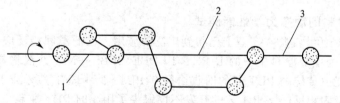

图 6-11　Schatzki 曲轴效应示意图
1—第 1 个键；2—旋转轴；3—第 7 个键

③ β 转变：主链旁较大侧基的内旋转运动或主链上杂原子的运动。
④ α 转变：由 50～100 个主链碳原子的长链段的运动。
⑤ T_{ll} 转变：液-液转变，是高分子量的聚合物从一种液态转变为另一种液态，两种液态都是高分子整链运动，表现为膨胀系数发生拐折。

在半结晶高聚物中，除了上述5种转变外，还有一些与结晶有关的转变，主要有以下转变。

① T_m 转变：结晶熔融（一级相变）。

② T_{cc} 转变：晶型转变（一级相变），是一种晶型转变为另一种晶型。

③ T_{ac} 转变：结晶预熔。

通常使用动态力学仪器来测量材料形变对振动力的响应、动态模量和力学损耗。其基本原理是对材料施加周期性的力并测定其对力的各种响应，如形变、振幅、谐振波、波的传播速度、滞后角等，从而计算出动态模量、损耗模量、阻尼或内耗等参数，分析这些参数变化与材料的结构（物理的和化学的）的关系。动态模量 E'、损耗模量 E''、力学损耗 $\tan\delta = E''/E'$ 是动态力学分析中最基本的参数。

6.3.2 动态力学分析仪

DMA Q800 是由美国 TA INSTRUMENTS 公司生产的新一代动态力学分析仪（见图 6-12）。它采用非接触式线性驱动马达代替传统的步进马达直接对样品施加应力，以空气轴承取代传统的机械轴承以减少轴承在运行过程中的摩擦力，并通过光学读数器来控制轴承位移，精确度达 1nm；配置多种先进夹具（如三点弯曲、单悬臂、双悬臂、夹心剪切、压缩、拉伸等夹具），可进行多样的操作模式，如共振、应力松弛、蠕变、固定频率温度扫描（频率范围为 0.01～210Hz，温度范围为 -180～600℃）、同时多个频率对温度扫描、自动张量补偿功能、TMA 等，通过随机专业软件的分析可获得高解析度的聚合物动态力学性能方面的数据（测量精度：负荷 0.0001N，形变 1nm，$\text{Tan}\delta$ 0.0001，模量 1%）。其中常用的单悬臂夹具如图 6-13 所示。

图 6-12　DMA Q800 动态力学分析仪

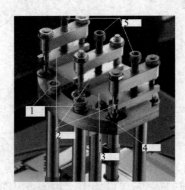

图 6-13　单悬臂夹具示意
1—六角螺母；2—可动钳；3—样品；
4—夹具固定部分；5—中央锁母

6.3.3 聚合物材料的动态力学性能测试

PET 与聚烯烃的共混物在工业上已得到广泛的应用。在低温固相反应挤出工艺条件下，以回收 PET 瓶片为主要原料制备的 R-PET/LLDPE/SEBS-g-MA 共混物具有特殊的相结构和优异的力学性能。传统的 PET 瓶的回收途径有 PET 瓶到 PET 瓶，或 PET 瓶到 PET 纤维等方法，而低温固相反应挤出工艺的开发不仅解决了用废旧 PET 瓶制备工程塑料的问题，并且为塑料回收提供了一种全新的思路，具有一定的社会效益和经济效益。张洪生等通过红外光谱证明在加工过程中，SEBS-g-MA 的酸酐基团与 PET 的端羟基发生反应生成了共聚物，研究了 SEBS-g-MA 用量对共混物的流动性和动态力学性质的影响，熔体流动速率分析结果表明，随着 SEBS-g-MA 用量增加，共混物的流动性呈现先升高后降低趋势。用 Rheo-gel-E4000（日本）通过三点弯曲方式测定了共混物的动态力学性能，测试条件为温度范围 -80～230℃，升温速率 10K/min，振动频率 3Hz。DMA 分析结果表明，SEBS-g-MA 用量为 10%（质量分数）时，共混物的储能模量和损耗模量与未添加 SEBS-g-MA 的共混物的结果接近，且 SEBS-g-MA 用量对共混物的 tanδ 无影响。

团状模塑料（BMC）使用的聚酯树脂的不饱和度较通用树脂高，固化后交联密度大，制品的脆性问题较为突出。因此改善 BMC 的韧性，提高 BMC 制品的性能是进一步拓展 BMC 应用范围的重要研究课题。引入分散的橡胶相对改善普通不饱和聚酯的韧性有较好的改性效果，如通过共混液体丁腈橡胶构造聚氨酯/不饱和聚酯互穿网络等。但对高交联度 BMC 专用树脂，由于交联程度高，屈服变形潜力小，且有大量填料和玻纤填充，弹性粒子的增韧效果并不明显，韧性提高幅度很小；同时，加入增韧剂后材料的模量和热变形温度都明显下降。朱立新等合成了一系列含有反应活性端基的改性聚乙二醇，并用其对 BMC 专用的高交联度不饱和聚酯进行增韧。结果表明，含有反应性马来酸酐端基的聚乙二醇参与了不饱和聚酯的固化反应，可在交联网络中构成不同长度的柔性链段，在显著提高不饱和聚酯的韧性的同时，基本保持了材料的模量及其他力学性能。用 TA Instruments DMA 2980 型动态力学分析仪对不饱和聚酯交联网络结构进行了系统研究，测试条件为：扫描频率 1Hz，振幅 5μm，采点间隔 15.0s/pt。用 DMA 法研究了聚乙二醇/不饱和聚酯共混体系（PEG/PER）和改性聚乙二醇/不饱和聚酯共混体系（PEG-MAH/PER）固化试样的动态力学行为。不同分子量的 PEG/PER 体系在 PEG 含量为 5% 时都是单相体系，试样完全透明。低温区没有发现 PEG 的松弛峰，表明在低 PEG 含量时，两相相容性很好，未析出结晶。纯不饱和聚酯的主转变峰在 100 ℃ 左右。当 PEG 含量较高（15%）时，低温下 PEG 有一定程度的结晶，即出现一定程度的微相分离，可在 −40 ℃ 左右观察到一个对应于 PEG 的松弛峰。PEG 分子量越小，其松弛峰越明显，表明小分子量的 PEG 活动能力较强，低温时因结晶而相分离的程度要更高些。当 PEG 含量为 40% 时，PEG 的松弛峰非常明显。通过不同分子量 PEG 的共混体系的损耗谱可以发现，相同 PEG 含量下，PEG 分子量越大，松弛峰强度越弱；分子量越低，其松弛峰峰温越移向低温，说明小分子量 PEG 在共混物中的活动能力更强些；链段开始运动的温度更低些，高分子量的 PEG 由于其活动能力较弱，需要更高的温度才能激发其链段运动，也可能由于其分子链与不饱和聚酯网络的缠结而活动能力减弱。

6.4　纤维的拉伸性能

化学纤维的科学基础是现代科学的重要组成部分和研究热点。化学纤维的形态、结构和性能上的特点使其用途不断扩展，至今化学纤维不仅是织布制衣的主要原料，而且在工农业、航空航天、医疗卫生、体育、环保以及国防军工等领域都有重要的用途，已经成为经济发展、国防建设不可缺少的重要材料。

化学纤维最重要、最基本的物性之一是其细度。因为，纤维细度不仅影响其力学性能，如拉伸强度、弹性模量等，而且极大地影响着纤维的手感、外观和应用，同时也决定了纤维本身的制备工艺与制备成本。任何纤维必须具有一定的强力才有使用价值，因此强力也是纤维生产中最基本的测试项目。纤维在使用中受到拉伸、弯曲、压缩和扭转作用，产生不同的变形，但主要受到的外力是拉伸。纤维的弯曲性能也与它的拉伸性能有关。纤维材料的拉伸性能主要包括强力和伸长两方面。纤维的拉伸性能可用拉伸曲线来表示，拉伸曲线有两种形式，即负荷-伸长 p-Δl 曲线和应力-应变 σ-ε 曲线。

纤维的拉伸性能与组成它的纤维性质有关。天然纤维中的麻伸长小，其制品刚硬；羊毛伸长大，其制品柔软。化学纤维的强力和伸长可在加工过程中控制。除拉伸断裂特性外，纤维在外力作用下的变形回复能力，影响纺织品的尺寸稳定性和使用寿命。有时还要测定纤维的蠕变、应力松弛、反复拉伸特性等。

6.4.1 纤维细度及拉伸性能指标

6.4.1.1 纤维细度指标

纤维细度（Fineness）是指纤维、长丝、纱线的粗细程度，亦称纤度。纤维细度可用单位长度的质量（线密度）、单位质量的长度以及直径、宽度、横截面等表示。常用的指标有特克斯（号数）、公制支数、英制支数、旦数。总的来说，纤维和纱线的线密度指标主要分定长制和定重制两类。

(1) 支数　单位质量（以 g 计）的纤维所具有的长度称支数，一般用每克纤维所具有的支数来表示。如1g重的纤维长100m，称100支。不同纤维因密度不同不能用支数比较。

(2) 细度　一定长度的纤维所具有的质量。细度的法定单位是特克斯（tex），简称特。是指1000m长纤维所具有质量的克数。纤维越细，细度越细，细度越小。如1000m长的纤维重5g，即为5tex。实际使用时，也可用 ktex（千特）和 dtex（分特）来表示。tex、ktex、dtex 三者之间的换算关系如下：

1ktex = 1000tex；

1tex = 10dtex。

(3) 旦（denier）　符号为 D 或 d，是指9000m长的纤维所具有质量克数称为旦；如9000m 长的纤维重3g，即为3d。

6.4.1.2 强伸性能指标

强伸性能是指纤维断裂时的强力或相对强度和伸长（率）或应变。

(1) 强力 P_b　又称绝对强力、断裂强力。它是指纤维能承受的最大拉伸外力，或单根纤维受外力拉伸到断裂时所需要的力，单位为牛顿（N）。

(2) 断裂强度（相对强度）P_0　简称比强度或比应力，它是指每特（或每旦）纤维能承受的最大拉力，单位为 N/tex，常用 cN/dtex（或 cN/d）。

(3) 断裂应力 σ_b　单位截面积上纤维能承受的最大拉力，标准单位为 N/m^2（即帕）常用 N/mm^2（即兆帕，MPa）表示。

(4) 断裂长度 L_b　纤维重力等于其断裂强力时的纤维长度，单位为 km。

(5) 伸长率　断裂伸长率，纤维材料拉伸至断裂时的伸长量占拉伸前原长的百分率。

(6) 定伸长负荷　在规定条件下，使纤维材料及其制品达到一定伸长时所需的力。以牛顿表示。

6.4.1.3 初始模量

初始模量是指纱线在受到的外力等于预张力处的模量，是指纤维拉伸曲线的起始部分直线段的应力与应变的比值。初始模量的大小表示纤维在小负荷作用下变形的难易程度，即纤维的刚性。纤维的初始模量是决定其弯曲性能的重要因素，一般初始模量越低，则纤维越柔软，其织物越适宜贴身穿。初始模量常用 E_0 表示，单位为 N/tex。

6.4.1.4 屈服应力与屈服伸长率

纤维在屈服以前产生的变形主要是纤维大分子链本身的键长、键角的伸长和分子链间次价键的剪切，所以基本上是可恢复的急弹性变形。而屈服点以后产生的变形中，有一部分是大分子链段间相互滑移而产生的不可恢复的塑性变形，图 6-14 为纤维屈服点的确定方法。图 6-14(a) 为角平分线法和 Coplan 法。角平分线法为作拉伸曲线在屈服点前后两个区域近似直线部分的切线，交于 K 点，作两切线夹角平分线交于 Y 点。Coplan 法是过 K 点作应变轴平行线交于 Y_e 点。图 6-14(b) 为 Meredith 法，作 OA 的平行线并与拉伸曲线相切，切点为 Y。以上的 Y、Y_e 即为屈服点。

6.4.1.5 断裂功指标

(1) 断裂功 W　是指拉伸纤维至断裂时外力所做的功，是纤维材料抵抗外力破坏所具

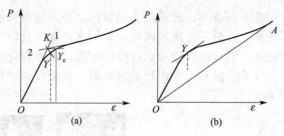

图 6-14 纤维屈服点的确定

有的能量。

$$W = \int_0^{\Delta l} P\,dl \tag{6-16}$$

(2) 断裂比功 W_V 一个定义是拉断单位体积纤维所需做的功 W_V，单位为 N/mm^2。

$$W_V = \frac{W}{Al_0} = \int_0^{\varepsilon_b} \sigma\,d\varepsilon \tag{6-17}$$

另一定义是重量断裂比功 W_W，是指拉断单位线密度与单位长度纤维材料所需做的功，其计算式为：

$$W_W = \frac{W}{N_{tex} \times l_0} = \int_0^{\varepsilon_b} P\,d\varepsilon \tag{6-18}$$

(3) 功系数 η：指纤维的断裂功与断裂强力（P_b）和断裂伸长（Δl_b）的乘积之比：

$$\eta = \frac{W}{P_b \times \Delta l_b} \tag{6-19}$$

断裂功是强力和伸长的综合指标，它可以有效地评定纤维材料的坚牢度和耐用性能。

6.4.2 常见纤维的拉伸曲线

不同纤维的应力-应变曲线分别如图 6-15、图 6-16 所示。

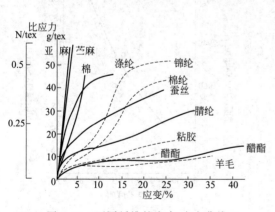

图 6-15 不同纤维的应力-应变曲线

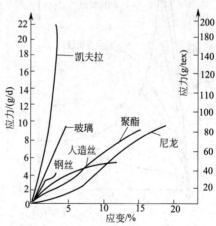

图 6-16 产业用纤维的应力-应变曲线

6.4.3 拉伸断裂机理及影响因素

6.4.3.1 纤维的拉伸破坏机理

纤维开始受力时，其变形主要是纤维大分子链本身的拉伸，即键长、键角的变形。拉伸曲线接近直线，基本符合虎克定律。当外力进一步增加，无定型区中大分子链克服分子链间次价键力而进一步伸展和取向，这时一部分大分子链伸直、紧张的可能被拉断，也有可能从不规则的结晶部分中抽拔出来。次价键的断裂使非结晶区中的大分子逐渐产生错位滑移，纤维变形比较显著，模量相应逐渐减小，纤维进入屈服区。当错位滑移的纤维大分子链基本伸直平行时，大分子间距就靠近，分子链间可能形成新的次价键。这时继续拉伸纤维，产生的变形主要又是分子链的键长、键角的改变和次价键的破坏，进入强化区，表现为纤维模量再次提高，直至达到纤维大分子主链和大多次价键的断裂，致使纤维解体。纤维拉伸断裂时的裂缝和断裂面如图 6-17 所示。

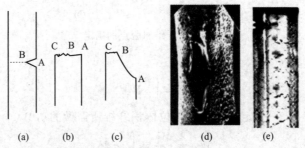

图 6-17　纤维拉伸断裂时的裂缝和断裂面

6.4.3.2　影响纺织纤维拉伸性质的因素

（1）纤维的内部结构

① 聚合度：提高聚合度是保证高强度的首要条件。

② 纤维大分子的取向度：取向度增大，纤维断裂强度增加，断裂伸长率降低。不同取向度纤维的应力应变曲线如图 6-18 所示。

③ 结晶度：纤维的结晶度愈高，纤维的断裂强度、屈服应力和初始模量表现得愈高。聚丙烯纤维结晶度对拉伸性能的影响如图 6-19 所示。

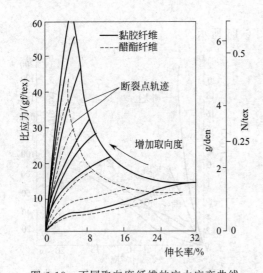

图 6-18　不同取向度纤维的应力应变曲线

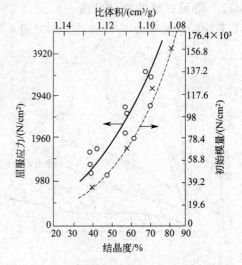

图 6-19　聚丙烯纤维结晶度对拉伸性能的影响

（2）试验条件的影响

① 温度和相对湿度：温度对涤纶拉伸性能的影响如图 6-20 所示；相对湿度对细羊毛的拉伸性能如图 6-21 所示，相对湿度对富强纤维和棉的影响如图 6-22 所示。

② 试样长度：试样越长，弱环出现的概率越大，测得的断裂强度越低。

③ 试样根数：由束纤维试验所得的平均单纤维强力比单纤维试验时的平均强力为低。

④ 拉伸速度：拉伸速度对纤维断裂强力与伸长率的影响较大。高强锦纶、强力黏胶、玻璃纤维在低速和高速下的实验结果如表 6-3 所示。

表 6-3 低速和高速试验结果对比

试样	$v/(\%/s)$	$p_0/(N/tex)$	$\varepsilon_b/\%$	$E_0/(N/tex)$
高强锦纶	1/60	0.55	16.7	3
	5000	0.67	14.7	5
强力黏胶	1/60	0.56	5.4	14
	2000	0.80	5.2	22
玻璃纤维	1/60	0.42	1.8	22
	1000	0.54	1.8	28

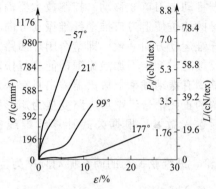

图 6-20 温度对涤纶拉伸性能的影响

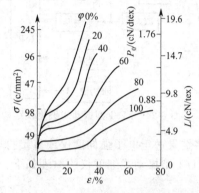

图 6-21 相对湿度对细羊毛拉伸性能的影响

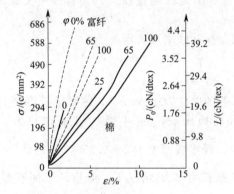

图 6-22 相对湿度对富强纤维和棉的影响

图 6-23 XD-1 型振动式细度仪

6.4.4 纤维细度仪

近年来,国际化学纤维检验方法标准(ISO 5079—1995 和国际化学纤维标准化局发布的 BISFA 试验方法标准)推荐优先采用振动式纤维细度仪与强伸仪联机测试纤维比强度和线密度,我国标准与国际标准试验原理相同。

XD-1 型振动式细度仪(图 6-23),是利用弦振动原理测定纤维线密度的仪器,可直接显示线密度单值、平均值和变异系数,外接打印机可打印测试结果。所谓变异系数,是衡量资料中各观测值变异程度的另一个统计量。当进行两个或多个资料变异程度的比较时,如果度量单位与平均数相同,可以直接利用标准差来比较。如果单位和(或)平均数不同时,比较其变异程度就不能采用标准差,而需采用标准差与平均数的比值(相对值)来比较。标准差与平均数的比值称为变异系数。

本仪器与 XQ-1 型强伸度仪联机,可测定单根纤维的比强度、初始模量和断裂比功。本仪器由微处理器控制,采用自激震荡原理,测试精度高,操作简便,可减小人为试验误差。

XD-1 型振动式细度仪符合国家标准 GB/T 16256—2008、国际标准 ISO 1973—1995 和国际化学纤维标准化局（BISFA）的试验方法标准，适用于单根纤维的线密度测定，可广泛应用于化纤、纺织等生产企业、检验机构和科研单位。

XD-1 型振动式细度仪的结构如图 6-24，纤维试样 1 上端由夹持器 2 所握持，经上刀口 3 和下刀口 4，下端由张力夹 5 加以一定张力使纤维伸直。当放上纤维时，发光二极管 6 与光敏三极管 7 之间光路被遮断而产生一定的脉冲信号，通过放大器放大后送至激振器推动上刀口 3 移动。控制放大器输出信号的相位使上刀口推动纤维振动方向与原纤维运动方向一致，即整个闭环回路为正反馈时，纤维不加激振源即能自行振动于其固有振动频率上放大器输出具有一定频率的正弦信号经整形电路变换为矩形脉冲后送入微机，根据公式计算纤维线密度值，将结果送至电子强伸度仪或直接打印输出。

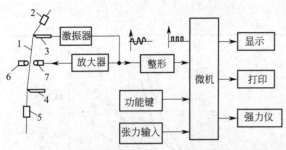

图 6-24　XD-1 型振动式细度仪结构图

XD-1 型振动式细度仪的原理如下：根据振动理论，纤维弦振动的固有振动频率为：

$$f=\frac{1}{2l}\left(\frac{T}{\rho}\right)^{1/2}\left[1+\frac{d^2}{4l}\left(\frac{E\pi}{T}\right)^{1/2}\right] \quad (6-20)$$

式中，l 为纤维的振弦长度；ρ 为纤维的线密度；d 为纤维直径；T 为纤维所受张力；E 为纤维杨氏模量。

当纤维直径 d 与长度 l 之比小得多时，纤维固有振动频率可表示为

$$f=\frac{1}{2l}\left(\frac{T}{\rho}\right)^{1/2} \text{ 或 } \rho=\frac{T}{4l^2f^2} \quad (6-21)$$

式中，ρ 的单位为 g/cm，l 的单位为 cm，张力 T 的单位为 g·cm/s²，频率 f 单位为 Hz。线密度单位转换为 dtex（分特），张力 T 单位转换成 cN（厘牛顿），上式改写为 $\rho=2.5\times10^8\dfrac{T}{l^2f^2}$。当仪器振弦长度 l 固定为 20mm 时，纤维线密度为 $\rho=6.25\times10^7 T/f^2$。

该式即为振动式细度仪设计的基本公式。在已知张力 T 的情况下，测量纤维固有振动频率 f，便可由上式推算出纤维的线密度。

6.4.5　纤维强伸度仪

强力试验仪器种类很多，从原理上分有机械式和电子式两大类。机械式强力仪有摆锤式、斜面式和杠杆式等。从动力来源来分，有电动式、重力式、水压式和液压式。有的强力仪是静态慢速拉伸，有的则对试样进行快速拉伸或冲击试验。但是，尽管强力测试仪器种类很多，它们都由一些基本作用机构组成，包括以下一些部分：

① 夹持和拉伸试样机构，包括拉伸速度的调节，夹持器升降控制和自动操作等；
② 负荷测量系统，用于指示试样受力大小；
③ 伸长测量机构，包括断裂自停装置；
④ 试验结果的数据处理和打印输出；
⑤ 负荷-伸长曲线的绘制。

一般强力仪有较多的人工操作，包括夹持试样、开动机器、

图 6-25　XQ-1 型纤维强伸度仪

读取强力伸长值、清除拉断的试样等。为了减轻操作人员的劳动强度，缩短试验时间，消除人工读数可能产生的误差等，有必要提高仪器的自动化程度，出现了自动夹持试样、自动换管、自动拉伸和数据处理的全自动纱线强力仪。另外，在同一台仪器上使用不同传感器，能测量纤维、纱线和织物的强力。具有较宽负荷测量范围和多种测试功能的万能式材料试验机，在纤维材料测试中也得到广泛的应用。

XQ-1型纤维强伸度仪（图6-25），是测定纤维拉伸性能的试验仪器，可在纤维干态或湿态下进行一次拉伸试验，显示强力、伸长率及定伸长负荷的单值、平均值和变异系数。并可在外接的打印机或绘图仪上打印各次数据，绘出拉伸曲线。

XQ-1型纤维强伸度仪与XD-1型细度仪联机使用，可测定单根纤维的比强度，并可计算出各根纤维的初始模量和断裂比功。仪器结构精密，测试精度高，性能稳定。采用气动夹持器夹持纤维，使用方便，可减小操作误差，提高试验工作效率。仪器负荷测量范围0～100cN或0～200cN或0～300cN，夹持距离10～50mm，下夹持器动程100mm，试验速度0～200mm/min。

XQ-1型纤维强伸度仪符合国家标准GB/T 14337—2008、国际标准ISO 5079和国际化学纤维标准化局（BISFA）的试验方法标准，适用于各种单根化学纤维和天然纤维拉伸性能的测定。可广泛应用于化纤、纺织等生产企业、检验机构和科研单位。

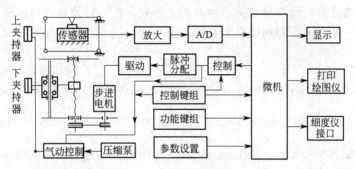

图6-26　XQ-1型纤维强伸度仪结构图

XQ-1型纤维强伸度仪原理如图6-26所示。

在测量纤维强力以前，先进行纤维线密度测试。将被测纤维试样放入振动式细度仪的振动传感器中，纤维会立即自动起振，并在显示器上指示出纤维的线密度值。通过操作按钮，还可显示纤维振动频率和单位线密度张力值。拨盘用于设置张力大小，其数值应与纤维所用张力夹的重量一致。纤维线密度测量结果值经通讯线送入纤维强伸度仪的微机接口。

振动式细度仪也可作为单机使用，所测纤维线密度值由打印机打印出。同一根纤维在用振动式细度仪测完线密度后，再放入纤维强伸度仪的上夹持器和下夹持器中。按操作钮使上下夹持器闭合，下夹持器自动下降拉伸纤维。纤维断裂后通过控制电路使下夹持器自动回升，上下夹持器自动打开，显示器上显示试样断裂强力、断裂伸长率、定伸长负荷位以及试验次数。拨盘用于设置试样拉伸速度。打印机除可打印上述显示指标补，还可打印纤维线密度、比强度、模量和断裂比功的单值和统计值，绘制纤维负荷-伸长曲线。

6.4.6　纤维细度仪、强伸度仪在高分子纤维材料研究中的应用

纤维素是自然界中最丰富的天然高分子材料，其开发和应用一直受到人们的广泛关注。由于天然纤维素在水中以及大多数溶剂中不溶解，制约了其开发应用。近年来，发现咪唑型离子液体1-丁基-3-甲基咪唑氯盐（［BMM］Cl）对纤维素具有优异的溶解效果，离子液体是纤维素的直接溶剂。蔡涛等以离子液体1-丁基-3-甲基咪唑氯盐（［BMM］Cl）为溶剂，水为凝固浴，α-纤维素质量分数95.5%的棉浆为原料，通过干湿法纺丝制备再生纤维素

(ionicell)纤维。探讨了凝固浴温度对纤维结晶结构以及力学性能的影响。用中国纺织大学研制的 XD-1 型纤维细度仪和 XQ-1 型纤维强伸仪测定纤维的线密度以及拉伸强度、模量和断裂伸长率。重复测定 30 次，结果取平均值。实验结果表明：随着凝固浴温度的升高，纤维的结晶度、双折射和非晶区取向都呈现先增大后减小的趋势，纤维的断裂强度、初始模量也呈先增大后减小的趋势，当凝固浴温度为 20 ℃时纤维的力学性能最佳，断裂强度为 2.98 cN/dtex，断裂伸长率为 3.5%，初始模量为 59.7 cN/dtex。

木棉是树上生长的天然纤维素纤维，纤维具有薄壁大中空结构、首尾封闭等特点。现有的有关木棉纤维及其应用的文献中，关于木棉纤维性能的研究方面，基本上集中于单纤维化学成分和性质、纤维结构和物理性能等方面；关于木棉纤维应用领域研究集中于其作为浮力材料、吸油材料、复合材料等方面，近年来关于木棉絮料、纺纱及其织物性能研究逐渐受到关注。强伸性能是木棉纤维重要的力学性能之一，对纤维成纱品质及其制品使用价值有重要影响，但由于木棉纤维短、易碎等缺点，测试非常麻烦。徐广标等设计了单纤维强伸性能的新测试方法，用 XQ-1 单纤维强伸度仪测试了 4 种木棉纤维的拉伸性能，结果发现，木棉纤维拉伸曲线与棉纤维相似，没有明显的屈服点。木棉纤维断裂强力和断裂伸长率在一定范围内均有分布，4 种木棉纤维平均断裂强力 1.44～1.71cN，平均断裂伸长率 1.83%～4.23%，纤维长度、线密度与木棉纤维的断裂强力明显相关，4 种木棉纤维断裂强度接近，而断裂伸长率差异较大，木棉纤维初始模量因其品种和产地不同存在一定差异。与棉纤维相比，木棉纤维断裂伸长率低，断裂强度和初始模量与棉纤维相近，但因木棉纤维细软而容易拉断。

参 考 文 献

[1] 彭翠华，谭晓明，朱志文，王友平．蓖麻油 PU/HCAA 互穿网络型聚合物的合成及其拉伸性能研究．聚氨酯工业，2008，23（3）：29-32.
[2] 王娜，李明天，张军旗，张劲松．MCM-41 填加量与偶联修饰对复合材料拉伸性能的影响．复合材料学报，2005，22（2）：27-33.
[3] 张纯，何力，于杰，周国治，廖永灵，何颖．温度对微孔发泡 PP 和 HDPE 材料冲击性能的影响．高分子材料科学与工程，2008，24（11）：103-110.
[4] 穆中国，王源升．环氧/聚氨酯梯度互穿网络聚合物冲击性能研究．热固性树脂，2007，22（4）：18-20.
[5] 张洪生，张玥，郭卫红，王晓光，李滨耀，吴驰飞．R-PET/LLDPE/SEBS-g-MA 共混物的动态力学分析．高分子材料科学与工程，2008，24（5）：131-134.
[6] 朱立新，许家瑞．改性聚乙二醇修饰高交联度不饱和聚酯网络结构的动态力学分析．高等学校化学学报，2004，25（5）：948-951.
[7] 蔡涛，郭清华，张慧慧，邵惠丽，胡学超．凝固浴温度对 Ionicell 纤维结构及性能的影响．合成纤维工业，2009，32（5）：16-18.
[8] 徐广标，刘维，楼英，王府梅．木棉纤维拉伸性能的测试与评价．东华大学学报：自然科学版，2009，35（5）：525-530.
[9] 李汝勤，宋钧才，朱浩，陈跃华，刘若华．纤维和纺织品测试技术．3 版．上海：东华大学出版社，2009，60-117.

第7章 吸附性能测定

随着世界经济的飞速发展，冶炼、电解、电镀、医药、染料等行业每年都需要排放大量含重金属离子的工业废水。由于重金属污染物无法被生物降解和破坏，因此，一旦排入环境将会成为永久性污染，特别是这些重金属离子通过土壤、水、空气，尤其是食物链，进入包括人体在内的生物体内，对人类及其他生物的生存造成严重危害。另外，随着贵金属资源的日益枯竭，对于贵金属离子的回收利用也日益受到人们的重视。目前，对于含重金属离子污水的处理以及贵金属的回收有很多方法，如化学沉淀法、离子交换法、反渗透法、膜过滤法以及吸附法等，其中吸附法被认为是最好的方法之一。

在金属离子吸附材料里面，高分子材料是最重要的一种。高分子吸附材料既包括聚苯乙烯、聚氯乙烯、聚乙烯醇等合成高分子，又包括壳聚糖、纤维素、淀粉等天然高分子。具有吸附性能的高分子材料正迅速进入人们的生产和生活领域中，目前已经成为重要的功能高分子材料之一。高分子材料对金属离子吸附性能的测定主要涉及的是水溶液中金属离子浓度的测定。目前检测金属离子浓度的大型仪器分析方法主要有原子吸收光谱法和电感耦合等离子体发射光谱法，前者专注于溶液中单一金属离子浓度的测定，而后者除了可以测定单一金属离子浓度尤擅长同时测定溶液中多种金属离子的浓度。在本章内容中主要介绍这两种分析方法。

7.1 原子吸收光谱

原子吸收光谱法自1955年作为一种分析方法问世以来，先后经历了初始的序幕期、爆发性的成长期、相对的稳定期和智能化飞跃期这4个不同的发展时期，由此原子吸收光谱法得以迅速的发展与普及，如今已成为一种备受人们青睐的定量分析方法。原子吸收光谱法作为分析化学领域应用最为广泛的定量分析方法之一，是测量物质所产生的蒸气中原子对电磁辐射的吸收强度的一种仪器分析方法。

原子吸收光谱法是20世纪50年代中期出现并在以后逐渐发展起来的一种新型的仪器分析方法，这种方法根据蒸气相中被测元素的基态原子对其原子共振辐射的吸收强度来测定试样中被测元素的含量。它在地质、冶金、机械、化工、农业、食品、轻工、生物医药、环境保护、材料科学等各个领域有广泛的应用。

7.1.1 原子吸收光谱的基本原理

当有辐射通过自由原子蒸气，且入射辐射的频率等于原子中的电子由基态跃迁到较高能态（一般情况下都是第一激发态）所需的能量频率时，原子就要从辐射场中吸收能量，产生共振吸收，电子由基态跃迁到激发态，同时伴随着原子吸收光谱的产生。由于原子能级是量子化的，因此，在所有的情况下，原子对辐射的吸收都是有选择性的。由于各元素的原子结构和外层电子的排布不同，元素从基态跃迁至第一激发态时吸收的能量不同，因而各元素的共振吸收线具有不同的特征。

$$\Delta E = E_1 - E_0 = h\nu = h\frac{c}{\lambda}$$

原子吸收光谱位于光谱的紫外区和可见区。原子吸收光谱线并不是严格几何意义上的线，而是占据着有限的相当窄的频率或波长范围，即有一定的宽度。原子吸收光谱的轮廓以原子吸收谱线的中心波长和半宽度来表征。中心波长由原子能级决定。半宽度是指在中心波长的地方，极大吸收系数一半处，吸收光谱线轮廓上两点之间的频率差或波长差。半宽度受原子热运动以及原子间的碰撞等因素的影响。

7.1.1.1 吸收曲线与吸光原子数的关系

原子吸收光谱产生于基态原子对特征谱线的吸收。在一定条件下，基态原子数 N_0 正比于吸收曲线下面所包括的整个面积。根据经典色散理论，其定量关系式为：

$$\int K_\nu \mathrm{d}\nu = \frac{\pi e^2}{m_e c} N_0 f$$

式中，e 为电子电荷；m_e 为电子质量；c 为光速；N_0 为单位体积原子蒸气中吸收辐射的基态原子数，亦即基态原子密度；f 为振子强度，代表每个原子中能够吸收或发射特定频率光的平均电子数，在一定条件下对一定元素，f 可视为一定值。

可见，只要测得积分吸收值，即可算出待测元素的原子密度。但由于积分吸收测量的困难，通常以测量峰值吸收代替测量积分吸收，因为在通常的原子吸收分析条件下，若吸收线的轮廓主要取决于多普勒变宽，则峰值吸收系数 K_0 与基态原子数 N_0 之间存在如下关系：

$$K_0 = \frac{2\sqrt{\pi \ln 2}}{\Delta \nu_D} \frac{e^2}{m_e c} N_0 f$$

实现峰值吸收测量的条件是光源发射线的半宽度应小于吸收线的半宽度，且通过原子蒸气的发射线的中心频率恰好与吸收线的中心频率 ν_0 相重合。

若采用连续光源，要达到能分辨半宽度为 10^{-3}nm，波长为 500nm 的谱线，按计算需要有分辨率高达 50 万的单色器，这在目前的技术条件下还十分困难。因此，目前原子吸收仍采用空心阴极灯等特制光源来产生锐线发射。

7.1.1.2 原子吸收测量的基本关系式

当频率为 ν、强度为 I_0 的平行辐射垂直通过均匀的原子蒸气时，原子蒸气对辐射产生吸收，符合朗伯（Lambert）定律，即

$$I = I_0 \mathrm{e}^{-k\nu L}$$

式中，I_0 为入射辐射强度；I 为透过原子蒸气吸收层的辐射强度；L 为原子蒸气吸收层的厚度；k 为吸收系数。

当在原子吸收线中心频率附近很小频率范围 $\Delta \nu$ 测量时，则有

$$A = 0.43 \frac{2\sqrt{\pi \ln 2}}{\Delta \nu_D} \frac{e^2}{m_e c} N_0 f L$$

在通常的原子吸收测定条件下，原子蒸气相中基态原子数 N_0 近似等于总原子数 N。在实际工作中，要求测定的并不是蒸气相中的原子浓度，而是被测试样中的某元素的含量。当在给定的实验条件下，被测元素的含量 C 与蒸气相中原子浓度 N 之间保持一个稳定的比例关系时，有

$$N = \alpha C$$

式中，α 是与实验条件有关的比例常数，因此有

$$A = 0.43 \frac{2\sqrt{\pi \ln 2}}{\Delta \nu_D} \frac{e^2}{m_e c} f L \alpha C$$

当实验条件一定时，各有关参数为常数，可简写为

$$A = kC$$

式中，k 为与实验条件有关的常数。上式即为原子吸收测量的基本关系式。

7.1.2 原子吸收光谱仪

7.1.2.1 原子吸收光谱仪的基本构成

原子吸收分光光度计按光束分为单光束与双光束型原子吸收分光光度计；按调制方法分

为直流与交流型原子吸收分光光度计;按波道分为单道、双道和多道型原子吸收分光光度计。原子吸收光谱仪是由光源、原子化系统、光学系统、检测系统和显示装置五大部分组成的,其中原子化系统在整个装置中具有至关重要的作用,原子化效率的高低直接影响到测量的准确度和灵敏度,其基本构造见图7-1。

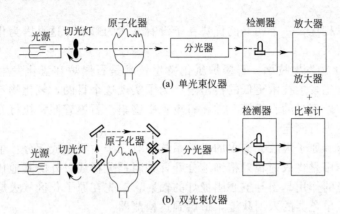

图7-1 原子吸收光谱仪基本构造图

(1) 光源 空心阴极灯和超灯是商品化的用于线光源原子吸收光谱仪具有代表性的光源。光源的功能是发射被测元素的特征共振辐射。原子吸收光谱仪对光源的基本要求是:
① 发射的共振辐射的半宽度要明显小于吸收线的半宽度;
② 辐射强度大、背景低,低于特征共振辐射强度的1%;
③ 稳定性好,30min之内漂移不超过1%;噪声小于0.1%;
④ 使用寿命长于5A·h。

空心阴极放电灯是能满足上述各项要求的理想的锐线光源,应用最广,它用待测元素制成阴极。由于使用的是中或低分辨单色器,所以对该光源谱线宽度的要求非常高,这是因为吸收线的半宽度很小,只有几个皮米(pm)。

(2) 原子化器 原子化器的功能是提供能量,使试样干燥,蒸发和原子化。在原子吸收光谱分析中,原子化系统在整个装置中具有至关重要的作用,原子化效率的高低直接影响到测量的准确度和灵敏度。实现原子化的方法主要有火焰法、石墨炉法、氢化物发生和冷蒸气技术、石墨炉氢化发生技术(石墨炉技术和氢化发生技术联用)等。

① 火焰原子化技术。样品须通过溶解等方式转化为液体状态。雾化器吸抽溶液并使其雾化成非常细的气溶胶。气溶胶与燃气和助燃气混合在一起,并在燃烧头上点燃。在火焰中,溶剂蒸发,固体颗粒熔化、蒸发并分离,成为自由原子。通过常压气体控制系统可以提供具有适当流速的燃气和助燃气。火焰原子化法快速、经济,且可重复。

② 石墨炉原子化技术。这种技术测试的样品可以是液体,也可以是固体。液体或固体样品都可以直接进入石墨管。在石墨管的端口加上控制电压,因其阻抗而迅速加热(至2600℃)。用时间控制石墨管阶梯升温,使样品溶液在第一个阶段干燥,然后破坏或去除共存物质,最终使待测元素原子化。石墨炉在运行中始终通着大量的氩气;作为保护气,氩气可以有效地防止空气进入,并确保石墨管的寿命长且可测定。冷却水装置可以使石墨管在运行结束切断电压后迅速冷却,使之不停地为下一个样品的测定作准备。石墨炉原子化法的检出限和火焰原子化法相比,要好1000倍。必要时,需要完善温度程序以控制基体效应。

③ 氢化物发生技术和冷蒸气系统。汞和那些形成挥发性氢化物的元素(如As、Se、Sb、Te、Sn、Bi等)可以用冷蒸发法(Hg)和氢化物技术进行测定。测定溶液用硼氢化钠溶液混合于适当的设备中,产生的氢化物通过载气从溶液中吹出,使待分析物完全从基体中

分离出来，分离出来的原子被送入光束中的加热石英管中。

汞是唯一在室温常压下以原子状态存在的金属元素。它可以很容易地从溶液中剥离出来，还原成元素（用 $SnCl_2$ 或 $NaBH_4$），然后用原子吸收光谱仪直接测定，无需加入原子化阶段。氢化发生技术的检出限可以和石墨炉技术相比，甚至比石墨炉技术更好。当然，这与使用的样品的体积有关。

与石墨炉技术相比，一个明显的优势在于没有基体的影响，这是因为化学反应已将分析物从基体中分离出来。

④ 石墨炉氢化物发生技术。石墨炉氢化发生技术是石墨炉和氢化发生技术的联合。其使用可以得到比氢化发生技术更低的检出限。为了实现这个目的，氢化物不是引入热解石英管，而是引入用铱处理过的石墨管，并在石墨管中富集。石墨管照常执行升温程序，将待分析物原子化，然后进行测定。

(3) 光学系统　原子吸收光谱仪的光学系统中有三个主要组成部分：单色器、透镜和反射镜。单色器的作用是将入射辐射精细地分开，并阻挡分析线以外的其他任一辐射到达检测器。透镜和反射镜的作用是引导空心阴极灯的辐射，首先在原子化区（火焰、石墨管、石英管）聚焦，然后至单色器的入射狭缝，最后到达检测器。

光谱带宽越小越有利于谱线的分离；而光谱带宽越大，会使更多的辐射进入单色器，会获得更稳定的测定信号。这种矛盾可以通过具有高色散能力的单色器来解决。在实际工作中，光谱带宽通常是在 $0.2\sim1.2nm$。

(4) 检测系统　传统的原子吸收光谱仪所使用的最具代表性的检测器是光电倍增管(PMT)。PMT 能够将光子流转换成电信号，并将电信号放大。PMT 由光阴极和二次电子倍增管组成。

当入射光撞击在光阴极表面时会溅射出电子，这些电子在电场中被加速并撞击到其他电极（称之为打拿极）上，进而溅射出多个二次电子。为了增加电子数量，打拿极毫无疑问地需要增加阳极电位。

7.1.2.2　干扰效应

原子吸收光谱分析中，干扰效应按其性质和产生的原因，可以分为五类，有物理干扰、化学干扰、电离干扰、光谱干扰和背景干扰等。

(1) 物理干扰　物理干扰是指试样在转移、蒸发和原子化过程中，由于试样物理特性（如黏度、表面张力、密度等）的变化而引起的原子吸收强度下降的效应。物理干扰是非选择性干扰，对试样各元素的影响基本是相似的。

配制与被测试样相似组成的标准样品，是消除物理干扰最常用的方法。在不知道试样组成或无法匹配试样时，可采用标准加入法或稀释法来减小或消除物理干扰。

(2) 化学干扰　化学干扰是由于液相或气相中被测元素的原子与干扰物质组分之间形成热力学更稳定的化合物，从而影响被测元素化合物的解离及其原子化。如磷酸根对钙的干扰，硅、钛形成难解离的氧化物、钨、硼、稀土元素等生成难解离的碳化物等。化学干扰是一种选择性干扰。

消除化学干扰的方法有：化学分离；使用高温火焰；加入释放剂和保护剂；使用基体改进剂等。例如磷酸根在高温火焰中就不干扰钙的测定，加入锶、镧等都可消除磷酸根对测定钙的干扰。在石墨炉原子吸收法中，加入基体改进剂，提高被测物质的稳定性或降低被测元素的原子化温度以消除干扰。例如，汞极易挥发，加入硫化物生成稳定性较高的硫化汞，灰化温度可提高到 $300℃$；测定海水中 Cu、Fe、Mn、As，加入 NH_4NO_3，使 NaCl 转化为 NH_4Cl，在原子化之前低于 $500℃$ 的灰化阶段除去 NaCl。

(3) 电离干扰　在高温下原子电离，使基态原子的浓度减少，引起原子吸收信号降低，此种干扰称为电离干扰。电离效应随温度升高、电离平衡常数增大而增大，随被测元素浓度增高而减小。加入更易电离的碱金属元素，可以有效地消除电离干扰。

（4）光谱干扰　光谱干扰包括谱线重叠、光谱通带内存在非吸收线、原子化池内的直流发射、分子吸收、光散射等。当采用锐线光源和交流调制技术时，前三种因素一般可以不予考虑，主要考虑分子吸收和光散射的影响，它们是形成光谱背景的主要因素。

（5）背景干扰　背景干扰也是一种光谱干扰。分子吸收与光散射是形成光谱背景的主要因素。分子吸收是指在原子化过程中生成的分子对辐射的吸收。分子吸收是带状光谱，会在一定的波长范围内形成干扰。光散射是指原子化过程中产生的微小的固体颗粒使光发生散射，造成透过光减小，吸收值增加。通过邻近非共振线、连续光源、Zeeman 效应等仪器校正方法可以来校正背景干扰。

7.1.2.3　测定条件的选择

（1）分析线选择　通常选用共振吸收线为分析线，测定高含量元素时，可以选用灵敏度较低的非共振吸收线为分析线。As、Se 等共振吸收线位于 200nm 以下的远紫外区，火焰组分对其有明显吸收，故用火焰原子吸收法测定这些元素时，不宜选用共振吸收线为分析线。

（2）狭缝宽度选择　狭缝宽度影响光谱通带宽度与检测器接受的能量。原子吸收光谱分析中，光谱重叠干扰的概率小，可以允许使用较宽的狭缝。调节不同的狭缝宽度，吸光度随狭缝宽度而变化，当有其他的谱线或非吸收光进入光谱通带内，吸光度将立即减小。不引起吸光度减小的最大狭缝宽度，即为应选取的合适的狭缝宽度。

（3）空心阴极灯的工作电流选择　空心阴极灯一般需要预热 10~30min 才能达到稳定输出。灯电流过小，放电不稳定，故光谱输出不稳定，且光谱输出强度小；灯电流过大，发射谱线变宽，导致灵敏度下降，校正曲线弯曲，灯寿命缩短。选用灯电流的一般原则是，在保证有足够强且稳定的光强输出条件下，尽量使用较低的工作电流。通常以空心阴极灯上标明的最大电流的 1/2~2/3 作为工作电流。在具体的分析场合，最适宜的工作电流由实验确定。

（4）原子化条件的选择

① 火焰类型和特性：在火焰原子化法中，火焰类型和特性是影响原子化效率的主要因素。对低、中温元素，使用空气-乙炔火焰；对高温元素，宜采用氧化亚氮-乙炔高温火焰；对分析线位于短波区（200nm 以下）的元素，使用空气-氢火焰是合适的。对于确定类型的火焰，稍富燃的火焰（燃气量大于化学计量）是有利的。对氧化物不十分稳定的元素，如 Cu、Mg、Fe、Co、Ni 等，用化学计量火焰（燃气与助燃气的比例与它们之间化学反应计量量相近）或贫燃火焰（燃气量小于化学计量）也是可以的。为了获得所需特性的火焰，需要调节燃气与助燃气的比例。

② 燃烧器的高度选择：在火焰区内，自由原子的空间分布不均匀，且随火焰条件而改变，因此，应调节燃烧器的高度，以使来自空心阴极灯的光束从自由原子浓度最大的火焰区域通过，以期获得高的灵敏度。

③ 程序升温的条件选择：在石墨炉原子化法中，合理选择干燥、灰化、原子化及除残温度与时间是十分重要的。干燥应在稍低于溶剂沸点的温度下进行，以防止试液飞溅。灰化的目的是除去基体和局外组分，在保证被测元素没有损失的前提下应尽可能使用较高的灰化温度。原子化温度的选择原则是，选用达到最大吸收信号的最低温度作为原子化温度。原子化时间的选择，应以保证完全原子化为准。原子化阶段停止通保护气，以延长自由原子在石墨炉内的平均停留时间。除残的目的是为了消除残留物产生的记忆效应，除残温度应高于原子化温度。

(5) 进样量选择 进样量过小,吸收信号弱,不便于测量;进样量过大,在火焰原子化法中,对火焰产生冷却效应,在石墨炉原子化法中,会增加除残的困难。在实际工作中,应测定吸光度随进样量的变化,达到最满意的吸光度的进样量,即为应选择的进样量。

7.1.2.4 分析方法

(1) 标准曲线法 这是最常用的基本分析方法。配制一组合适的标准样品,在最佳测定条件下,由低浓度到高浓度依次测定它们的吸光度 A,以吸光度 A 对浓度 C 作图。在相同的测定条件下,测定未知样品的吸光度,从 A-C 标准曲线上用内插法求出未知样品中被测元素的浓度。

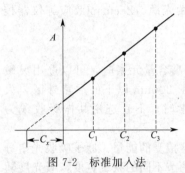

图 7-2 标准加入法

(2) 标准加入法 当无法配制组成匹配的标准样品时,使用标准加入法是合适的。分取几份等量的被测试样,其中一份不加入被测元素,其余各份试样中分别加入不同已知量 C_1、C_2、C_3…C_n 的被测元素,然后,在标准测定条件下分别测定它们的吸光度 A,绘制吸光度 A 对被测元素加入量 C_x 的曲线(参见图 7-2)。

如果被测试样中不含被测元素,在正确校正背景之后,曲线应通过原点;如果曲线不通过原点,说明含有被测元素,截距所对应的吸光度就是被测元素所引起的效应。外延曲线与横坐标轴相交,交点至原点的距离所相应的浓度 C_x,即为所求的被测元素的含量。应用标准加入法,一定要彻底校正背景。

7.1.2.5 原子吸收光谱法的特点

① 检出限低,灵敏度高。火焰原子吸收法的检出限可达到 PPb 级,石墨炉原子吸收法的检出限可达 $10^{-10} \sim 10^{-14}$ g。

② 分析精度好。火焰原子吸收法测定中高含量元素的相对标准差可<1%,其准确度已接近于经典化学方法。石墨炉原子吸收法的分析精度一般约为 3%~5%。

③ 分析速度快。原子吸收光谱仪在 35min 内,能连续测定 50 个试样中的 6 种元素。

④ 应用范围广。可测定的元素达 70 多个,不仅可以测定金属元素,也可以用间接原子吸收法测定非金属元素和有机化合物。

⑤ 仪器比较简单,操作方便。

⑥ 原子吸收光谱法的不足之处是多元素同时测定尚有困难,有相当一些元素的测定灵敏度还不能令人满意。

7.1.3 原子吸收光谱在高分子材料吸附性能研究中的应用

刘春萍等以聚氯乙烯为大分子骨架,经三乙烯四胺胺化,再与二硫化碳和乙醇钠反应,得到的二硫代氨基羧酸盐改性聚氯乙烯树脂(PV-NS)进一步与氯乙酸钠反应,合成了一种同时含 N、S、O 的羧甲基二硫代氨基甲酸酯改性聚氯乙烯树脂(PV-NSO)。对合成树脂的吸附性能研究表明,通过原子吸收光谱法测得合成树脂对 Ag^+、Hg^{2+}、Au^{3+}、Pb^{2+} 的吸附容量在实验条件下分别达 2.058mmol/g、1.514mmol/g、1.125mmol/g 和 0.415mmol/g,而对 Cu^{2+}、Cd^{2+}、Zn^{2+}、Ni^{2+}、Mg^{2+} 等离子的吸附容量很小,甚至不吸附。树脂的选择性吸附表明,树脂对 Ag^+ 的吸附选择性较好,在有 Hg^{2+}、Pb^{2+}、Cd^{2+}、Zn^{2+}、Cu^{2+} 或 Mg^{2+} 共存时,树脂对 Ag^+ 的选择性吸附系数分别达 4.74、17.33、12.98、∞、7.60 和 74.14。

纪春暖等合成了含双亚砜及 3-氨基吡啶的新型螯合树脂,并进行了红外光谱、比表面积、孔径和元素分析表征。借助于原子吸收光谱法研究了不同 pH 下,该树脂对 Mn^{2+}、Cd^{2+}、Pb^{2+}、Cu^{2+}、Zn^{2+}、Hg^{2+} 等金属离子的静态饱和吸附量以及在 pH=6 时,该树脂

对 Hg^{2+} 的动力学吸附和热力学吸附。实验结果表明，该树脂对 Hg^{2+} 的吸附量最大，达到 0.82mmol/g，对 Hg^{2+} 吸附属于液膜扩散控制。等温吸附研究表明，该树脂对 Hg^{2+} 的吸附可用 Langmuir 方程描述。

徐强等制备了水杨酸功能化聚苯乙烯包覆硅胶复合微粒，填充微柱后，测定了微柱的穿透曲线和洗脱曲线。采用 932B 型原子吸收光谱仪（澳大利亚 GBC 公司）检测金属离子浓度；检测预浓集洗脱液时设置为峰面积检测方式，检测持续时间为 90s。将微柱用于低浓度 $Ag(Ⅰ)$ 的分离富集测定，研究了各影响因素，优化了实验条件。原子吸收光谱仪法测定 $Ag(Ⅰ)$ 的线性范围为 0.020~0.50mg/L。方法可用于水样中痕量银的测定。

包装用纸箱板的主要成分为纤维素，由于可用废旧报纸来加工生产纸箱，所以纸箱板中可能含有铅、铬、镉等重金属离子。该类产品在出口时涉及铅、铬、镉的含量测定。梁涛等控制纸板的灰化温度 500℃，灰化 2h，选择硝酸为溶剂，用标准加入法，利用空气-乙炔火焰原子吸收光谱法测定铅、铬、镉含量，测定方法简单、灵敏、快速、准确。

7.2 电感耦合等离子体发射光谱

电感耦合等离子体原子发射光谱法（ICP-AES）是以等离子体为激发光源的原子发射光谱分析方法，可进行多元素的同时测定。样品由载气（氩气）引入雾化系统进行雾化后，以气溶胶形式进入等离子体的轴向通道，在高温和惰性气氛中被充分蒸发、原子化、电离和激发，发射出所含元素的特征谱线。根据特征谱线的存在与否，鉴别样品中是否含有某种元素（定性分析）；根据特征谱线强度确定样品中相应元素的含量（定量分析）。本法适用于各类药品中从痕量到常量的元素分析，尤其是矿物类中药、营养补充剂等药品中的元素定性定量测定。

7.2.1 电感耦合等离子体发射光谱的基本原理

原子处于基态，即能量最低状态的原子，电子吸收特定能量，被激发到高能级后，激发态的电子不稳定，返回基态或较低能级时，将电子跃迁时吸收的特定能量以光的形式释放出来，其中每一种元素都会发出一定波长的谱线（即特征谱线）。ICP-AES 通过其特征谱线和该光的强度，测量待测元素的浓度。

电子由低能级跃迁到高能级所需要的能量，是由射频（RF）发生器产生高频电磁能，通过线圈耦合到有氩气气流的炬管，从而产生等离子体。ICP-AES 就是以等离子炬作为激发光源，使样品中各成分的电子被激发并发射出特征谱线，根据特征谱线的波长和强度来确定样品中所含的化学元素及其含量。

7.2.2 电感耦合等离子体发射光谱仪

7.2.2.1 电感耦合等离子体发射光谱仪的基本构成

电感耦合等离子体原子发射光谱仪由样品引入系统、电感耦合等离子体（ICP）光源、分光系统、检测系统等构成，另有计算机控制及数据处理系统、冷却系统、气体控制系统等。

(1) 样品引入系统　按样品状态不同可以分为以液体、气体或固体进样，通常采用液体进样方式。样品引入系统由两个主要部分组成：样品提升部分和雾化部分。样品提升部分一般为蠕动泵，也可使用自提升雾化器。要求蠕动泵转速稳定，泵管弹性良好，使样品溶液匀速地泵入，废液顺畅地排出。雾化部分包括雾化器和雾化室。样品以泵入方式或自提升方式进入雾化器后，在载气作用下形成小雾滴并进入雾化室，大雾滴碰到雾化室壁后被排除，只有小雾滴可进入等离子体源。要求雾化器雾化效率高，雾化稳定性高，记忆效应小，耐腐蚀；雾化室应保持稳定的低温环境，并需经常清洗。常用的溶液型雾化器有同心雾化器、交叉型雾化器等；常见的雾化室有双通路型和旋流型。实际应用中宜根据样品基质，待测元素，灵敏度等因素选择合适的雾化器和雾化室。

（2）电感耦合等离子体（ICP）光源　电感耦合等离子体光源需具备持续稳定的高纯氩气流，炬管、感应圈和高频发生器，冷却系统等条件。样品气溶胶被引入等离子体源后，在6000～10000K的高温下，发生去溶剂、蒸发、离解、激发、电离、发射谱线等过程。

根据光路采光方向，可分为水平观察ICP源和垂直观察ICP源；双向观察ICP光源可实现垂直/水平双向观察。实际应用中宜根据样品基质、待测元素、波长、灵敏度等因素选择合适的观察方式。

（3）色散系统　电感耦合等离子体原子发射光谱的色散系统通常采用棱镜或光栅分光，光源发出的复合光经色散系统分解成按波长顺序排列的谱线，形成光谱。

（4）检测系统　电感耦合等离子体原子发射光谱的检测系统为光电转换器，它是利用光电效应将不同波长光的辐射能转化成电信号。常见的光电转换器有光电倍增管和固态成像系统两类。固态成像系统是一类以半导体硅片为基材的光敏元件制成的多元阵列集成电路式的焦平面检测器，如电荷注入器件（CID）、电荷耦合器件（CCD）等，具有多谱线同时检测能力，检测速度快，动态线性范围宽，灵敏度高等特点。检测系统应保持性能稳定，具有良好的灵敏度、分辨率和光谱响应范围。

（5）冷却和气体控制系统　冷却系统包括排风系统和循环水系统，其功能主要是有效地排出仪器内部的热量。循环水温度和排风口温度应控制在仪器要求范围内。气体控制系统须稳定正常地运行，氩气的纯度应不小于99.99%。

7.2.2.2　干扰和校正

电感耦合等离子体原子发射光谱法测定中通常存在的干扰大致可分为两类：一类是光谱干扰，主要包括连续背景和谱线重叠干扰；另一类是非光谱干扰，主要包括化学干扰、电离干扰、物理干扰及去溶剂干扰等。

除选择适宜的分析谱线外，干扰的消除和校正可采用空白校正，稀释校正，内标校正，背景扣除校正，干扰系数校正，标准加入等方法。

7.2.2.3　测试样品溶液的制备

所用试剂一般是酸类，包括硝酸、盐酸、过氧化氢、高氯酸、硫酸、氢氟酸，以及混合酸如王水等，纯度应为优级纯。其中硝酸引起的干扰最小，是样品溶液制备的首选酸。试验用水应为去离子水（电阻率应不小于18MΩ）。样品溶液制备时应同时制备试剂空白，标准溶液的介质和酸度应与样品溶液保持一致。

对于固体样品，除另有规定外，一般称取样品适量（0.1～3g），结合实验室条件以及样品基质类型选用合适的消解方法。消解方法一般有敞口容器消解法、密闭容器消解法和微波消解法。微波消解法所需试剂少，消解效率高，对于降低试剂空白值、减少样品制备过程中的污染或待测元素的挥发损失以及保护环境都是有益的，可作为首选方法。样品消解后根据待测元素含量定容至适当体积后即可进行光谱测定。

对于液体样品，根据样品的基质、有机物含量和待测元素含量等情况，可选用直接分析、稀释或浓缩后分析、消化处理后分析等不同的测定方式。

7.2.2.4　元素的定性与定量分析

分析谱线的选择原则一般是选择干扰少，灵敏度高的谱线；同时应考虑分析对象：对于微量元素的分析，采用灵敏线，而对于高含量元素的分析，可采用弱线。

根据原子发射光谱中各元素特征谱线的存在与否可以确定样品中是否含有相应的元素。

元素特征光谱中强度最大的谱线为元素的灵敏线。在样品光谱中,应检出某元素的灵敏线。对元素的定量测定有标准曲线法与标准加入法两种分析方法。

(1) 标准曲线法　在选定的分析条件下,测定待测元素三个或三个以上的含有不同浓度的标准系列溶液(标准溶液的介质和酸度应与样品溶液一致),以分析线的响应值为纵坐标,浓度为横坐标,绘制标准曲线,计算回归方程,相关系数应不低于 0.99。

在同样的分析条件下,同时测定样品溶液和试剂空白,扣除试剂空白,从标准曲线或回归方程中查得相应的浓度,计算样品中各待测元素的含量。内标校正的标准曲线法是在每个样品(包括标准溶液、样品溶液和试剂空白)中添加相同浓度的内标(ISTD)元素,以标准溶液待测元素分析线的响应值与内标元素参比线响应值的比值为纵坐标,浓度为横坐标,绘制标准曲线,计算回归方程。利用样品中待测元素分析线的响应值和内标元素参比线响应值的比值,从标准曲线或回归方程中查得相应的浓度,计算样品中含待测元素的含量。

内标元素的选择原则:①外加内标元素在分析试样品中应不存在或含量极微,如样品基体元素的含量较稳时,亦可用该基体元素作内标;②内标元素与待测元素应有相近的特性;③同族元素,具相近的电离能。

参比线的选择原则:①激发能应尽量相近;②分析线与参比线的波长及强度接近;③无自吸现象且不受其他元素干扰;④背景应尽量小。内标的加入可以通过在每个样品和标准溶液中分别加入,也可通过蠕动泵在线加入。

(2) 标准加入法　取同体积的测试品溶液 4 份,分别置 4 个同体积的容量瓶中,除第 1 个容量瓶外,在其他 3 个容量瓶中分别精密加入不同浓度的待测元素标准溶液,分别稀释至刻度,摇匀,制成系列待测溶液。在选定的分析条件下分别测定,以分析线的响应值为纵坐标,待测元素加入量为横坐标,绘制标准曲线,将标准曲线延长交于横坐标,交点与原点的距离所对应的含量,即为样品取用量中待测元素的含量,再以此计算样品中待测元素的含量。此法仅适用于第 (1) 法中标准曲线呈线性并通过原点的情况。

7.2.3　电感耦合等离子体发射光谱在高分子材料研究中的应用

电感耦合等离子体发射光谱仪的主要优点是可以同时测量溶液中多种金属离子的浓度,其在高分子材料的吸附性能测试方面应用广泛,尤其是在测定高分子材料对金属离子的选择吸附性能方面具有突出的优势。除了测定高分子材料的金属离子吸附性能,ICP 还可以测定高分子材料内重金属离子的含量。

壳聚糖是一种重要的天然高分子。壳聚糖分子中含有活性基团—NH_2 和—OH,可使其与金属离子形成稳定的配合物。李继平等研究了壳聚糖对镧系金属离子在不同浓度,不同时间的吸附性。尽管原子吸收分光光度法在对过渡金属离子浓度的测定上已获成功,但操作较麻烦,一个元素需要更换一个元素灯,且需要一定的条件。近年来,ICP 法由于其灵敏度高,精密度好,多种元素可同时测定,标准曲线范围宽,测试速度快,试验处理几分钟便可测出结果,因而得到迅速发展。用标准溶液在该环境下作出标准曲线,测量待测溶液,由标准曲线可指出对应值。壳聚糖对镧等九种金属离子的吸附率测定结果见表 7-1。由表可知,壳聚糖对镧系金属离子均有一定的吸附性,吸附序列为 $Nd^{3+} > La^{3+} > Sm^{3+} > Lu^{3+} > Pr^{3+} > Yb^{3+} > Eu^{3+} > Dy^{3+} > Ce^{3+}$,其中对 Nd^{3+}、La^{3+}、Sm^{3+} 的吸附率较高。

表 7-1　壳聚糖对镧系金属离子吸附率

金属离子	初始浓度/(mg/L)	残余浓度/(mg/L)	吸附率
La^{3+}	138.80	36.08	74.01
Pr^{3+}	140.60	80.20	42.96
Sm^{3+}	151.00	48.90	67.64

续表

金属离子	初始浓度/(mg/L)	残余浓度/(mg/L)	吸附率
Dy^{3+}	161.91	105.9	34.62
Lu^{3+}	174.82	80.00	54.24
Ce^{3+}	140.42	47.76	13.66
Nd^{3+}	145.00	34.90	75.93
Eu^{3+}	153.70	98.80	35.72
Yb^{3+}	173.53	103.55	40.33

在有机锡与二乙烯苯聚合反应中,如何监控聚合反应的进程和产物尤为重要,采用 ICP-AES 法测定有机锡在聚合物中的含量来监控聚合反应进程是一种非常有效的检测方法。但是,有机锡聚合物的溶解性非常差,在有机溶剂和无机酸中都很难溶解。用灰分法处理后,有机锡损失严重,无法进行定量分析。黄长荣等采用混合酸 $HCl/HNO_3/H_2SO_4/HClO_4$ 硝化聚苯乙烯难溶解高聚物中的有机锡,测定结果准确,快速。方法回收率在 96.4%~100.6%之间。通过 ICP-AES 法测定有机锡的含量,达到有效检测聚合反应产物的目的。

在最近十年内电器和电子制造业已经成为发展极其快速的行业。这就导致电器和电子工业在全球的电子垃圾持续增长,目前,90%以上的电子垃圾是采用地下掩埋法处理。欧盟已经制定了许多关于这方面制造业必须遵守的规定,其中,限制有害物质的指令(ROHS)2002/95/EC,于 2006 年 7 月 1 日已经实施,指令限制铅、汞、镉、六价铬和溴化阻燃剂——多溴联苯(PBB)和多溴联苯醚(PBBE)在新的电器和电子工业中的使用。实践证明,在开放的消解环境中,由于汞在消解过程易蒸发而回收率很低。而封闭微波消解法可得到好的汞回收率,并具有简便、快捷的特点。Hu Jie 采用密闭式微波消解仪为处理手段,ICP-AES 为测试仪器可以准确测定 PVC 材料中无机重金属元素 Pb、Cd 和 Hg 的含量。电感耦合等离子体原子发射光谱仪:Varian 710-ES;分析条件见表 7-2。根据全谱直读光谱仪具有同时测定多条分析谱线的特点,同时考虑到其他共存元素之间的相互干扰,利用仪器提供的操作软件谱线库推荐的谱线,对 Cd、Hg、Pb 三个元素先选择 4 条谱线进行测定,根据实际的光谱干扰情况选出合适的分析线,分别为 Cd 228.802nm,Pb 283.305nm,Hg 194.164nm。使用标准 PVC(编号:EC681 和 NMIJ 8102A)作为样品,得到标准 PVC 样品的分析结果,见表 7-3。从表 7-3 测得的结果可见,标样和样品测试的相对标准偏差均在 2%以下,回收率在 91.6%~102.6%之间,结果令人满意。对于实际样品来说,必须将样品的 PVC 部分和金属部分完全分开,这样得到的均质样品才是准确的测试结果。该方法简单、快捷,可以快速测定同一样品中多种元素的含量,满足日常样品的分析。

表 7-2 ICP-AES 分析条件

条件	数值	条件	数值
功率	1.00kW	每次读数时间	5s
等离子气流量	15.0L/min	仪器稳定延时	15s
辅助气流量	1.5L/min	进样延时	25s
雾化气流量	0.75L/min	泵速	15 转/min

表 7-3 标准 PVC 样品分析结果

元素	EC681				NMIJ 8102A			
	测定值/(mg/L)	标称值/(mg/L)	回收率/%	RSD/%	测定值/(mg/L)	标称值/(mg/L)	回收率/%	RSD/%
Cd	21.2	21.7±0.7	97.69	0.5	10.72	10.77±0.2	99.53	0.62
Pb	13.2	13.8±0.7	95.65	0.76	106.1	108.9±0.89	97.43	0.35
Hg	4.60	4.50±0.15	102.22	1.02	12.8	13.55±0.25	94.46	0.93

参 考 文 献

[1] 刘春萍,孙琳,马松梅,温全武,曲荣君. 羧甲基二硫代氨基甲酸酯功能化聚氯乙烯树脂的合成及对 Ag^+ 的吸附与选择性能. 离子交换与吸附,2009,25(3):265-273.
[2] 时京喜,纪春暖,许国纯,王春华,孙言志,孙昌梅,曲荣君. 含双亚砜及3-氨基吡啶螯合树脂的合成、表征及其吸附性能. 离子交换与吸附,2008,24(6):504-511.
[3] 康丽君,徐强. 水杨酸功能化聚苯乙烯包覆硅胶复合微粒对银的分离富集性能研究. 光谱实验室,2009,26(3):745-748.
[4] 梁涛,姜维,杨迎霞. 原子吸收光谱法测定纸箱板中微量铅、铬和镉. 理化检验(化学分册),2008,44:897-899.
[5] 李继平,邢巍巍,杨德君,陆雅琴. 壳聚糖对镧系金属离子吸附性的研究. 辽宁师范大学学报:自然科学版,2004,24(1):54-56.